Hermann Bueren

„BEWEGT EUCH SCHNELLER!"

Zur Kritik moderner Managementmethoden
Ein Handbuch

Kellner
VERLAG

Dieses Buch ist bei der Deutschen Nationalbibliothek registriert.
Die bibliografischen Daten können online angesehen werden:
http://dnb.d-nb.de

Impressum

© 2. Auflage 2023 Klaus Kellner Verlag, Bremen
Inhaber: Manuel Dotzauer e. K.

St.-Pauli-Deich 3 • 28199 Bremen
Tel. 04 21 77 8 66
info@kellnerverlag.de
www.kellnerverlag.de

Lektorat: Ann-Britt Krüger
Satz und Layout: KellnerVerlag
Umschlag: Jennifer Chowanietz unter Verwendung
     eines Fotos von Pixabay.de
Druck: Der DruckKellner, Bremen

ISBN 978-3-95651-332-9

Inhaltsverzeichnis

Vorwort und Danksagung

Meine erste Begegnung mit Managementmethoden liegt schon viele Jahre zurück. Ende der 1990er-Jahre beschäftigte ich mich mit Maßnahmen zur Senkung von Fehlzeiten in Unternehmen. Besonders größere Unternehmen beließen es schon damals nicht bei einzelnen Maßnahmen wie etwa der Durchführung eines Krankenrückkehrgesprächs. Unter dem Etikett »Fehlzeitenmanagement« praktizierten diese Unternehmen neue, umfassendere personalpolitische Konzepte, in denen betriebliche Maßnahmen gebündelt und im Sinne eines Managementkonzepts vereinheitlicht wurden.[1]

Mein Interesse war geweckt und führte in eine intensivere Auseinandersetzung mit Verfahren, konzeptionellen Hintergründen und Leitbildern einzelner Managementmethoden. Mit der Absicht, die problematischen Folgen und Auswirkungen auf die Beschäftigten zu erörtern, entstand der Wunsch zu einer Veröffentlichung in Form eines kritischen Handbuchs.[2]

Das war, wie ich rückblickend feststelle, leichter gesagt als getan. Zahlreiche Gründe standen einer Veröffentlichung im Wege. Stichwortartig seien hier nicht nur familiäre und berufliche Verpflichtungen oder die Komplexität der Problematik genannt. Auch Schreibblockaden und Selbstzweifel trugen zu einer Verzögerung bei. Erst die Corona-Pandemie mit Lockdown und Homeoffice sowie mein Eintritt in die Rente schafften den Freiraum für den Abschluss dieses Buchs.

Ohne die Hilfe anderer Menschen wäre dieses Buch nicht zustande gekommen. Folgenden Menschen möchte ich meinen Dank aussprechen:

Meinen ersten Lesern Peter Schröder und Stefan Konrad, die (unfertige) Texte lasen und mir freundlich zu verstehen gaben, dass noch viel zu tun ist.

---

1   Vgl. Hermann Bueren: »Weiteres Fehlen wird für Sie Folgen haben!« Fehlzeitenmanagement und Belegschaftsinteressen. Ratgeber für Beschäftigte und Interessenvertretungen, Bremen 2001.

2   Vorbildcharakter hatte dabei das von Thomas Breisig verfasste Buch Betriebliche Sozialtechniken. Handbuch für Betriebsrat und Personalwesen, Neuwied und Frankfurt am Main 1990. Es ist inzwischen nur noch antiquarisch erhältlich. Ihm verdanke ich viele Anregungen für Inhalt und Gliederung der eigenen Texte.

Barbara Reuhl, Wolfgang Hien, Axel Herbst, Sascha Stockhausen und der cgt-Betriebsgruppe eines französischen Konzerns, der Fahrtreppen und Aufzüge herstellt. Sie gaben mir positive Rückmeldungen zum Agil-Kapitel und ermunterten mich, das Buch zu vervollständigen. Der Redaktion der Monatszeitung »express« für die Bereitschaft, die ersten Teile des Buchs zu veröffentlichen. Dr. Ralf Pieper und Michael Bretschneider-Hagemes, die mir fachlichen Rat gaben und mit eigenen Beiträgen dieses Buch bereichern, sowie Manfred Horn für die Unterstützung bei Grafiken und Schaubildern.

Mein besonderer Dank gilt dem Lektor dieses Buches. Gunnar Kutsche hat die Texte korrigiert, optimiert und die Lesbarkeit verbessert.

Die Stiftung Menschenwürde und Arbeitswelt unterstützt die Entstehung dieses Buchs finanziell. Auch dafür herzlichen Dank!

Januar 2022
Hermann Bueren

Zu diesem Buch

Managementmethoden, wie sie in diesem Buch exemplarisch vorgestellt und diskutiert werden, spielen bei der betrieblichen Umsetzung neuer Arbeitsweisen und Organisationsformen eine wichtige Rolle. Sie dienen der Steigerung von Arbeitsleistung und Effizienz sowie der Verbesserung von Leistungsmotivation der Beschäftigten. Hinterlegt sind diesen Methoden bestimmte unternehmerische Vorstellungen und Handlungsvorgaben. Stark beeinflusst sind diese gegenwärtig vom Leitbild der Agilität – ein Konzept, das in der Softwareentwicklung seinen Anfang genommen hat, inzwischen aber auch in anderen Branchen und Bereichen Verbreitung findet. Als unternehmerisches Leitbild betrachtet diese Art der Menschenführung sowohl individuelle Selbstverbesserung und Verantwortungsübernahme der Beschäftigten als auch Arbeitsintensivierung und Sicherung der Wettbewerbsfähigkeit des Unternehmens als Elemente eines einheitlichen Konzepts. Agile Menschenführung offeriert den Beschäftigten Freiräume für Kreativität und Selbstorganisation, schafft aber gleichzeitig Rahmenbedingungen, in denen die Beschäftigten wirksam kontrolliert und gesteuert werden können.

Das Leitbild der Agilität steht exemplarisch für die Bedeutung und Praktizierung von Managementmethoden in Industriebetrieben, Verwaltungen und Dienstleistungsunternehmen. Adressaten dieser Methoden sind in erster Linie die Beschäftigten. An sie richtet sich vorrangig dieses Buch. Als Akteure und »Betroffene« erleben sie alle Härten und Konflikte, die die betriebliche Umsetzung von Managementmethoden begleitet. Das vorliegende Handbuch kritisiert Managementmethoden aus der Perspektive der Beschäftigten. Es thematisiert alte und neue Macht -und Herrschaftsstrukturen in der Arbeitswelt und will die am Thema Arbeitswelt interessierten Leser:innen auf die Mechanismen und Zwänge kapitalistischer Arbeitsorganisation aufmerksam machen.

Darüber hinaus ist es ein Wegweiser für alle diejenigen, die sich für neue Arbeitsweisen und Managementformen vor dem Hintergrund eigener Erfahrungen interessieren und/oder sich mit ihrer eigenen Arbeitssituation beschäftigen. Als weitere Zielgruppe will dieses Buch **betriebliche Interessenvertreter:innen** und **Gewerkschaftssekretär:innen** sowie arbeitnehmernahe **Beratungs- und Bildungseinrichtungen** ansprechen. Unmittelbare Handlungsempfehlungen für die betriebliche Praxis kann dieses Buch nicht liefern, da Managementmethoden in der Praxis unter völlig unterschiedlichen Bezeichnungen auftreten. Aber es bietet einen vertiefenden Einstieg in die Problematik und Hintergründe der Methoden und ihrer Nutzung in der kapitalistischen Arbeitsorganisation. Es kann daher die Beratungstätigkeit der angesprochenen Zielgruppe – hoffentlich – unterstützen.

Leser:innen, die dieses Handbuch zur Hand nehmen, in dem Glauben oder der Hoffnung, einen »Managementleitfaden« vor sich zu haben, sei dagegen empfohlen, einen der zahlreichen auf dem Büchermarkt vorhandenen Ratgeber zu studieren.

Der vorliegende Lesestoff ist umfangreich. Der Umfang erklärt sich aus der Vielzahl der in der Praxis vorfindbaren Managementmethoden. Eine vollständige Darstellung der Methoden im Sinne eines Nachschlagewerks kann dieses Buch aber nicht leisten. Vielmehr nimmt es eine Auswahl vor und konzentriert sich auf die gegenwärtig bekanntesten und am weitesten verbreiteten Managementmethoden.

Wie der Untertitel andeutet, können Leser:innen dieses Buch wie ein Handbuch verstehen und entsprechend nutzen. Handbücher haben den Charme, dass sie nicht vom Anfang bis zum Ende gelesen werden müssen. Der/die Lesende ist stattdessen aufgefordert, eine einzelne Methode auszuwählen, die ihn/sie gerade interessiert oder im Unternehmen aktuell eine wichtige Rolle spielt. Zur Auswahl können Interessierte sich an den Überschriften der einzelnen Kapitel 2 bis 9 orientieren. Wer hier das Gewünschte nicht findet, kann das Stichwortverzeichnis am Ende des Buches zu Rate ziehen. Kapitel 10 enthält abschließende Betrachtungen, und Kapitel 11 stellt rechtliche Grundlagen für eine menschengerechten Gestaltung der Organisation vor.

Die Kapitel (2–9) im Hauptteil dieses Handbuchs sind jeweils einer Managementmethode zugeordnet. Mit Ausnahme der Kapitel 2 und 8 (hier fehlen historische Einordnungen) verfügen alle anderen Kapitel über einen beinahe gleichen dreigliedrigen Aufbau. Im **ersten** Teil des Kapitels wird die Methode vorgestellt sowie Interessen und Ziele erläutert, die Management und Unternehmensleitungen mit ihr verbinden. Diese Darstellung nimmt Bezug auf einen Diskurs, wie er in Fachbüchern, Managementratgebern, auf Internetseiten von Unternehmensberatungen und in Leitfäden für Vorgesetzte geführt wird. Zu den typischen Elementen dieser Darstellung zählen ein Leitbegriff (wie beispielsweise »agil«), der in eine sinnstiftende Erzählung (zum Beispiel: die VUCA-Welt) oder ein Leitbild eingebettet ist, und eine

Win-Win-Situation, die den Beschäftigten die Verwirklichung ihrer Interessen und Bedürfnisse in Aussicht stellt, wenn sie sich den Erfordernissen der jeweiligen Managementmethode stellen. Leitfragen dieses ersten Teils sind: Was versteht das Management unter dieser Methode? Welche Win-Win-Situation wird im Zusammenhang mit dieser Managementmethode aufgebaut?

Im **zweiten** Teil erfolgt eine historische Einordnung. Jede Methode hat Vorläufer oder Vorbilder. Oft ist ihre Existenz ein Reflex auf gesellschaftliche Veränderungen oder das Resultat von Konflikten und Klassenkämpfen, die sich in der kapitalistischen Arbeitsorganisation zwischen Management und Beschäftigten abspielen. Die sich in diesen Kämpfen artikulierende Kritik an den betrieblichen Herrschaftsverhältnissen greift das Management auf, versucht sie umzuformen oder integriert sie in eine Methode zur Steuerung der Beschäftigten und zur Stabilisierung der Herrschaftsverhältnisse im Betrieb. Leitfragen sind: Wie und wann entstand die Methode? Welche sozialen und ökonomischen Gründe führten zum »Aufstieg« dieser Managementmethode? Welche Reaktionen gab es in der Vergangenheit auf Seiten der Beschäftigten?

Der **dritte** Teil diskutiert die jeweilige Managementmethode aus der Perspektive der Beschäftigten. Die Kritik erfolgt in Form einzelner Thesen. Jede These beginnt mit einem Leitsatz, an den sich eine ausführlichere Diskussion beziehungsweise Argumentation anschließt. Soweit das möglich ist, wird diese Argumentation mit empirischem Material untermauert. Thematisiert werden folgende Fragen: Welches Konfliktpotenzial ist in der Methode virulent? Welche Probleme tauchen in der Praxis bei einer betrieblichen Umsetzung auf? Wie wirken sich Managementmethoden auf die Arbeitssituation der Beschäftigten aus? Welche Folgen und Belastungen treten in Zusammengang mit Managementmethoden auf (zum Beispiel Leistungsdruck, Stress, Einschränkung der Persönlichkeit)? Wie reagieren Beschäftigte darauf?

Der thesenförmige Charakter der Diskussion beabsichtigt nicht, die darin angesprochenen Themen abschließend zu erörtern oder als unumstößliche Wahrheit zu betrachten, auch wenn hierin eine unzweideutige Positionierung für die Situation der Beschäftigten zum Ausdruck kommt. Die gewählte Thesenform dient vielmehr der Anregung zur Diskussion. Der/die Leser:in ist aufgefordert, eine eigene Sichtweise zu den Thesen zu entwickeln und die Denkanstöße, die dieses Buch hoffentlich vermittelt, für ein Nachdenken über die eigene Arbeitssituation zu nutzen.

Aus Gründen der besseren Lesbarkeit wird auf die gleichzeitige Verwendung der Sprachformen männlich, weiblich und divers (m/w/d) verzichtet. Sämtliche Personenbezeichnungen gelten gleichermaßen für alle Geschlechter. Soweit in Aussagen oder Zitaten ausdrücklich das männliche oder weibliche Geschlecht als Sprachform verwendet wird, bezieht sich diese Aussage auf das jeweilig genannte Geschlecht.

1. Einführung

1.1 Gründe und Ziele von Managementmethoden

Nahezu alle Mitarbeitende haben in ihren Betrieben oder Unternehmen diese Begriffe schon gehört. Sie bezeichnen Aufforderungen und Anforderungen, die an ihn oder sie gestellt werden: *Sei flexibel! Arbeite mit Zielen! Übernimm Verantwortung für den Unternehmenserfolg! Sei motiviert! Arbeite im Team! Sorge für den Erfolg deines Projekts! Sei agil!* Es handelt sich hierbei nicht um Ratschläge oder Empfehlungen. Den Beschäftigten steht es nicht frei, sie entweder zu beherzigen oder abzulehnen. Am Arbeitsplatz legen wir einen Teil unserer Freiheit ab und unterwerfen uns Regeln, Verhaltensanweisungen und Vorgaben in einer Dimension, die wir in vielen privaten Lebensbereichen nicht ohne weiteres in dieser Stringenz akzeptieren würden. Ob wir wollen oder nicht: Im Betrieb sind wir Teil eines Räderwerks, das Menschen führt, das ihre Arbeit koordiniert, kontrolliert und organisiert. Daher folgen wir diesen Aufforderungen.

Definition und Verständnis

Diejenigen, die führen, kontrollieren und auffordern, werden häufig allgemein als Management bezeichnet. Eine allgemein gültige Definition dieses Begriffs gibt es allerdings nicht. Oft werden auch Begriffe wie Führung oder Leitung als Alternative zum Managementbegriff verwendet. In diesem Buch wird unter »Management« der Personenkreis eines Unternehmens verstanden, der Führungs-, Leitungs- und Kontrollaufgaben wahrnimmt.

Unter Managementmethoden verstehen wir identifizierbare, konkret darstellbare Maßnahmen, die sich auf Verhalten und Arbeitsleistung einzelner Beschäftigter beziehungsweise arbeitender Teams richten und zum Ziel haben, Leistung, Motivation und Identifikation mit dem Unternehmen zu steigern.

Zu den gegenwärtig »angesagten« und für die Beschäftigten folgenreichsten Methoden zählen neben anderen Arbeitszeitflexibilisierung, Arbeiten mit Zielvereinbarungen, Führen von Mitarbeitergesprächen, New Work, Projektarbeit (Projektmanagement), Agile Arbeit, Arbeiten

im Team, Gesundheitsmanagement, Gefühlsmanagement (emotional leadership), Benchmarking, Change Management, Qualitätsmanagement, Leistungsbewertungen, Performance Management, 360°-Feedback, »People Analytics«, Talent Management.

Diese unvollständige Aufzählung zeigt bereits, dass es sich bei Managementmethoden sowohl um einzelne Maßnahmen (wie Feedback) als auch um umfassendere Ansätze (wie Arbeiten mit Zielvereinbarungen) handeln kann. Auch die Zielrichtung der Methoden ist weit gefasst: Sie richten sich an einzelne Beschäftigte (Führen von Mitarbeitergesprächen), an Gruppen (Arbeiten im Team) oder beziehen sich auf spezielle Arbeitsformen (Projektarbeit, Agile Arbeit).

Als eine Art ideologischer Überbau existiert ein unübersichtliches Wissens- und Theoriegebäude zur Fundierung und Legitimierung von Managementmethoden. Zu diesem Komplex gehören umfangreiche Konzepte (beispielsweise Business Process Reengineering, Lean Production, Human Resource Management, Management by Objectives), Leitbilder (agile Unternehmensführung), Glaubenssätze (»In Zeiten von dynamischen Strukturen und globalen Veränderungen hilft Agilität, Unternehmen mit dem Unerwarteten fertig zu werden und erfolgreich aus solchen Herausforderungen zu treten«), pseudowissenschaftliche Theorien (»Wir leben in einer VUCA-Welt«) sowie Erkenntnisse etwa aus Sozial- und Arbeitspsychologie, Betriebswirtschaft, Kybernetik, Selbstorganisationstheorien oder Arbeitswissenschaften.[3]

Dieser Theoriehintergrund soll den Managementmethoden wissenschaftliche Reputation und Evidenz verleihen. Die Verbreitung dieser vorgeblich wissenschaftlich erarbeiteten Erkenntnisse ist das Betätigungsfeld einer umfangreichen Beratungsbranche, in der sich zahllose Psychologen, Coaches, »Scrum-Masters«, teilweise in Form so genannter Business Schools oder Stiftungen, bewegen. Verpackt als Tipps (»Die vier Schlüsselfaktoren für den Projekterfolg«), Tools (»10 Tools für erfolgreiche Projekte mit Scrum & Co.«) bieten sie im Internet und in gedruckten Ratgebern und Beratungsangeboten Unternehmen ihre Unterstützung bei der Umsetzung an, wobei stets die »zeitgeistaktuellen« Modebegriffe (derzeit häufig: agiles Mindset, Purpose, Selbstverwirklichung, Disruption, Silo, usw.) verwendet werden.[4]

---

3   https://www.agile-heroes.de/magazine/agilitaet-kein-hype/ (18.06. 2021)
4   Vgl. https://www.dev-insider.de/die-vier-schluesselfaktoren-fuer-den-
    projekterfolg-a-798111/; https://www.it-zoom.de/it-director/e/10-tools-
    fuer-erfolgreiche-projekte-mit-scrum-co-15388/ (18.06. 2021).

Im Betrieb tauchen Managementmethoden als Teil von Unternehmensstrategien oder in Form von Initiativen, Instrumenten und Führungstechniken auf, mit denen sich die Beschäftigten im Arbeitsalltag auseinandersetzen müssen. Sie lassen sich, wie es der Soziologe Ulrich Bröckling formuliert, auch als Programme des Regierens beziehungsweise unternehmerischer Herrschaft verstehen, indem sie Unternehmens- oder Arbeitsstrukturen kritisch beschreiben und zur Problemlösung Zielvorstellungen und Handlungsempfehlungen mit dem Ziel der Verhaltensänderung der Beschäftigten darlegen. »Sie prägen Wahrnehmungs-, Beurteilungs- und Handlungsweisen, indem sie Ziele anvisieren und Verfahren bereitstellen, um diese zu erreichen oder ihnen mindestens näher zu kommen. Sie rufen Menschen an, sich als Subjekte zu begreifen und sich in spezifischer Weise – kreativ und klug, unternehmerisch und vorausschauend, sich selbst optimierend und verwirklichend usw. – zu verhalten und fördern so bestimmte Selbstbilder und Modi der ›inneren Führung‹.«[5]

Managementmethoden als Maßnahmen oder Programme werfen die Frage nach dem Sinn ihres Einsatzes auf. Warum setzt das Management bestimmte Methoden zur Führung von Beschäftigten ein? Welche Probleme sollen dadurch gelöst werden? Reicht es nicht aus, dass sich die Beschäftigten leistungsbereit zeigen? Warum glaubt das Management, es seien zusätzliche Maßnahmen zur Leistungssteigerung der Beschäftigten erforderlich?

Zur Diskussion dieser Fragen soll zunächst das Verhältnis von Arbeitgeber und Arbeitnehmer näher betrachtet werden.

Die Lücken im Arbeitsvertrag

Erwerbsarbeit ist ein soziales und rechtliches Verhältnis. Am Anfang steht ein Arbeitsvertrag, den Arbeitgeber und Arbeitnehmer miteinander vereinbaren. Auf den ersten Blick scheint dieser Vertrag ein Vertrag wie viele andere zu sein, den ich an dieser Stelle mit einem Kaufvertrag vergleichen will. In einem solchen Kaufvertrag, etwa zum Erwerb eines Fahrrads, werden Leistung und Gegenleistung vorab geklärt. Der Käufer hat vor dem Kauf vielleicht den Katalog des Händlers studiert und eine Probefahrt gemacht. Er weiß, was das Fahrrad leistet. Er kennt die Eigenschaften der Ware und zahlt als Gegenleistung eine vereinbarte Summe Geld zum Kauf.

---

5   U. Bröckling, S. Krasmann, Th. Lemke: Glossar der Gegenwart, Frankfurt am Main 2004, S. 12.

Anders verhält es sich bei einem Arbeitsvertrag. Kauft der Arbeitgeber per Arbeitsvertrag die Arbeitskraft gleichsam als Ware oder Leistung, ist das genaue Verhältnis von Leistung und Gegenleistung nicht geklärt. Zwar ist die Leistung des Arbeitgebers – Art und Höhe der Lohn- oder Gehaltszahlung – festgelegt, die Gegenleistung des Arbeitnehmers, also seine Arbeitsleistung und ihr Umfang, ist aber keineswegs klar. Der Arbeitnehmer erklärt sich im Arbeitsvertrag lediglich dazu bereit, sich gemäß der ihm gestellten Aufgabe für eine bestimmte Zeitspanne (Arbeitszeit) zur Verfügung zu stellen. Der Arbeitgeber hat also keinen Arbeitnehmer oder eine exakt definierte Menge an Arbeitsleistung gekauft. Er hat lediglich die Arbeitskraft oder Arbeitsfähigkeit gekauft, also das Potenzial, Waren oder Dienstleistungen durch Arbeitsleistung zu produzieren. Das Arbeitspotenzial allein nutzt dem Arbeitgeber wenig, und im Sinne einer Gegenleistung hilft es ihm nicht. Bleibt die Arbeitskraft ein bloßes Potenzial oder Vermögen, können keine Produkte oder Dienstleistungen im Unternehmen erstellt werden.

Was der Arbeitgeber im Sinne einer vertraglichen Gegenleistung erhält, ist also das Recht auf eine bestimmte Menge Zeit, in der ihm ein Arbeitnehmer sein Potenzial beziehungsweise seine Arbeitskraft zur Verfügung stellt. Dieses Verfügungsrecht steht zunächst einmal nur auf dem Papier. Es entfaltet erst dann seine Wirkung, wenn es gelingt, die gekaufte zustehende Arbeitszeit tatsächlich in »verausgabte« Arbeit umzusetzen beziehungsweise in Arbeitsleistung zu verwandeln. Weniger anklagend als humorvoll beschreibt Karl Marx das vertragliche Verhältnis der beiden Akteure: »Der ehemalige Geldbesitzer schreitet voran als Kapitalist, der Arbeitskraftbesitzer folgt ihm nach als sein Arbeiter; der eine bedeutungsvoll schmunzelnd und geschäftseifrig, der andere scheu, widerstrebsam, wie jemand, der seine eigene Haut zu Markt getragen und nun nichts anderes zu erwarten hat als die – Gerberei.«[6]

Die Ungewissheiten des Kommandos

Ein weiterer Bestandteil dieses Vertrages regelt, wer in diesem Verhältnis Anweisungen erteilen darf und wer den Anweisungen zu folgen hat.

Ohne diese Regelung wäre der Arbeitsablauf im Unternehmen kaum vorstellbar. Alle Beschäftigten könnten selbstständig entschei-

---

6   Marx, Engels: Werke, Bd. 23, Berlin 1973, S. 191.

den, was sie tun, wie sie arbeiten und in welcher Reihenfolge sie die einzelnen Arbeitsschritte verrichten. Die Folgen wären Unordnung oder Chaos, alle würden für sich arbeiten, ohne sich mit anderen abzustimmen. Ein Unternehmen, das ein gemeinsames Ziel verfolgt oder gemeinsam ein Produkt herstellt, käme gar nicht zustande. Voraussetzung für ein koordiniertes Arbeiten ist also eine Ordnung im Sinne einer Kommandostruktur.

Der Arbeitsvertrag ist daher so angelegt, dass der Arbeitnehmer sich den Unternehmenszielen unterwirft und verspricht, den hierarchischen Anweisungen des Arbeitgebers Folge zu leisten. Das steht natürlich nicht wörtlich im Vertrag, bestimmt aber unausgesprochen das Arbeitsvertragsverhältnis. Der Arbeitnehmer akzeptiert ein »Kommandosystem«, wonach der Arbeitgeber oder das beauftragte Management Anweisungen erteilt. Als Mitarbeiter gelobt er somit eine Art »Generalgehorsam«, er unterwirft sich, wie es die Juristen nennen, dem unternehmerischen Direktionsrecht. Erst durch dieses Kommandosystem wird das Unternehmen zu einer Einheit beziehungsweise einer Organisation, in dem die Arbeitnehmer gemeinschaftlich agieren.

Dieser Generalgehorsam bindet den Arbeitnehmer. Was er im Einzelnen bedeutet, wird allerdings im Arbeitsvertrag nicht weiter konkretisiert. Der Arbeitgeber verzichtet an dieser Stelle auf eine exakte Beschreibung der Gehorsamsverpflichtung. Für den Arbeitgeber liegt der Vorteil dieser Zurückhaltung auf der Hand. Er spart Kosten. Das Unternehmen kann sich so schnell und ohne umständliche und zeitaufwändige interne Verhandlungsprozesse an veränderte Bedingungen anpassen. Anderenfalls hätten alle Beschäftigten das Recht, ihre Vorstellungen zur Unternehmensgestaltung und Arbeitsleistung permanent in die Diskussion einzubringen. Würden Arbeitgeber und Arbeitnehmer alle relevanten Vertragsgegenstände in juristisch eindeutigen Vertragsnormen festlegen, wäre das zeitraubend und kostenintensiv. Die Transaktionskosten wären in diesem Fall zu hoch. Mit diesem Begriff bezeichnen Betriebswirtschaftler die Kosten der Information und Kommunikation, die für Vereinbarung und Kontrolle eines Arbeitsvertrages zwischen den Parteien entstehen.

Die Vermeidung zeitraubender Vertragsverhandlungskosten klärt aber nicht die Frage, wie das Versprechen des Arbeitnehmers, sich den Unternehmenszielen zu unterwerfen, einzulösen ist. Die schlichte Aufforderung des Arbeitgebers: »Sei gehorsam und folge meinen Anweisungen«, löst das Problem nicht. Die Einzelheiten des Gehorsams können sehr unterschiedlich ausgelegt werden. Ebenso verhält es sich mit den vom Arbeitgeber erteilten Anweisungen. Wie eine solche Anweisung umzusetzen oder zu verstehen ist, muss nicht in jedem Fall eindeutig sein. Dasselbe gilt für die Aufforderung:»Unterwirf dich den beziehungsweise arbeite an den Unternehmenszielen mit!« Unter Unternehmenszielen können alle etwas anderes verstehen. Obendrein können sich diese im Laufe der Zeit ändern. Anders gesagt: Das unternehmerische Direktionsrecht hängt in der Luft. Arbeitgeber können sich nicht darauf verlassen, dass Mitarbeiterinnen und Mitarbeiter am neuen Arbeitsplatz unbegrenzt folgebereit sind. Mit dem Generalgehorsam verhält es sich also wie mit der vertraglich gekauften Arbeitszeit. Er ist lediglich Potenzial.

In dieser Vertragssituation finden sich die wichtigsten Motive für die Anwendung von Managementmethoden. Die Lücken des Arbeitsvertrags und die Ungewissheiten der Kommandosituation zwingen die Arbeitgeber zur Initiative. Sie müssen Wege finden und Instrumente suchen, die die gekaufte und ihnen rechtmäßig zustehende Arbeitszeit tatsächlich in verausgabte Arbeitszeit umsetzen. Tun sie dies nicht, werden keine oder nur wenige Produkte oder Dienstleistungen erstellt, geschweige denn Unternehmensgewinne erzielt. Der Einsatz von Methoden ist also eine zwingende Notwendigkeit des Arbeitgebers beziehungsweise des Managements. Als Verantwortliche in den Unternehmen müssen sie der Führung von Mitarbeitern ebenso viel Aufmerksamkeit widmen wie anderen Unternehmensbereichen wie etwa dem Produktmarketing oder dem Finanzcontrolling.

Die Transformation der Arbeitskraft

Aufgrund dieser Überlegungen kommen Managementmethoden ins Spiel.»Ihre erste, allgemeine Funktion ist es, das Arbeitspotenzial [der Beschäftigten, H.B.] in möglichst viel und an den betrieblichen Zielen ausgerichtete Arbeit umzusetzen.«[7] Einige Soziologen bezeichnen diesen Umsetzungsprozess als Transformation der Arbeitskraft. Ein Blick auf die verschiedenen Bereiche, die mit Hilfe von Managementmethoden transformiert werden sollen, zeigt, dass dieser Vorgang über das Schließen von Lücken des Arbeitsvertrags weit hinausgeht.
   Unterscheiden lassen sich folgende Bereiche:

---

7   Heiner Minssen: Arbeits-und Industriesoziologie. Eine Einführung, Frankfurt am Main 2006, S. 21.

Die Verwandlung von Zeit in Arbeitszeit

Im Arbeitsvertrag verzichtet der Beschäftigte auf einen bestimmten Teil seiner Lebenszeit und stellt sie dem Arbeitgeber zur Verfügung. Dieses Quantum an Zeit stellt ein Potenzial dar, das dem Arbeitgeber zur Verfügung steht, um es in Arbeitszeit zu verwandeln. Erst die Transformation dieses Quantums Zeit in Arbeitszeit und die extensive und intensive Nutzung der Arbeitskraft in der zur Verfügung stehenden Zeit schafft die Voraussetzung für die Produktion von Waren und Dienstleistungen. Werden diese dann verkauft, entsteht ein Profit, den der Arbeitgeber sich aneignen kann.

Die Verwandlung eines Arbeitspotenzials in tatsächliche Arbeit

Neben arbeitenden Menschen befinden sich im Betrieb des Arbeitgebers auch Maschinen, Werkzeuge oder Computer. Diese verwandeln sich in Arbeitsgeräte, nehmen ihre Arbeit auf, wenn ihr Arbeitsvermögen mit einem einfachen Tastendruck oder Handgriff gestartet werden. Sie stehen dann dem Arbeitsprozess uneingeschränkt zu Verfügung und können für das Unternehmen gewinnbringende Güter oder Dienstleistungen produzieren. Ihre Transformation ist also vollzogen.

Das Potenzial eines Beschäftigten in Arbeitsleistung zu transformieren ist dagegen ein viel größeres Problem. Betriebe beziehungsweise der Arbeitgeber »müssen nämlich die Differenz zwischen Arbeitskraft und Arbeit bewältigen, das heißt die Differenz zwischen der Fähigkeit zu arbeiten und der Entäußerung dieser Tätigkeit, als tatsächlicher Arbeit. Schließlich bedeutet die Fähigkeit zu arbeiten keineswegs, dass auch wie gewünscht gearbeitet wird [...]. Dies ist nicht einer unzureichenden Vertragsgestaltung, sondern dem Gegenstand selbst geschuldet; motiviertes Arbeiten kann vertraglich schlechterdings nicht vereinbart werden.«[8]

Die Verwandlung von Leistungsbereitschaft in Arbeitsleistung

Laut Arbeitsvertrag hat sich der Beschäftigte gegenüber seinem Arbeitgeber zur Erbringung von Arbeitsleistung verpflichtet. An dieser Erbringung von Leistung ist er auch selbst interessiert, da er im Tausch gegen seine Leistung vom Arbeitgeber Lohnzahlungen erhält. Die Herstellung von Waren oder Dienstleistungen ist nur möglich, wenn zuvor von den Beschäftigten Arbeitsleistungen erbracht worden sind. Was

---

8   Ebd. S. 19.

unter einer Arbeitsleistung zu verstehen ist, ist keineswegs eindeutig oder zwischen den Beteiligten hinreichend geklärt. Da die Arbeitskraft die eine Ware ist, über die der Beschäftigte sein Leben lang verfügt, möchte er zur Erfüllung seines Vertrages eine normale, durchschnittliche Leistung erbringen. Sein Arbeitgeber möchte hingegen, dass der Beschäftigte eine Maximalleistung erbringt, da er an einem möglichst hohen Mehrwert interessiert ist.

Der Zusammenschluss voneinander isolierter Personen zu einer Kooperation, die gemeinsam das Unternehmensziel erfüllen

Die Beschäftigten eines Unternehmens sind nicht aufgrund eines gemeinsamen Entschlusses oder einer kollektiven Absprache zu Mitarbeitern in einem Unternehmen geworden. Sie haben einzeln und individuell ihre Arbeitskraft verkauft. Sie begegnen sich als unabhängige Einzelpersonen und haben untereinander keine persönlichen Verbindungen. Damit die Beschäftigten den Zweck des Unternehmens erfüllen, Waren oder Dienstleistungen zu produzieren, muss ihre Zusammenarbeit hergestellt und ihre Kooperation organisiert werden. Zudem setzt menschliche Kooperation ungeheure Produktivkräfte frei und ermöglicht die Herstellung von Produkten, die über das Leistungsvermögen Einzelner weit hinausgeht.

Managementmethoden sind also die Folge einer besonderen Konstellation und Interessenlage zweier Parteien, die sich aus den Lücken des von ihnen geschlossenen Vertrages herleiten. Die Arbeiter brauchen den Lohn und bieten ihre Arbeitskraft an. Der Unternehmer erwirbt ein Gut (die Verfügung über die Arbeitskraft), gelangt aber gleichzeitig nie in dessen Besitz, denn Arbeitskraft bleibt immer an die Person der Arbeitenden gebunden. Um sein Verfügungsrecht in faktisch Anwendbares zu verwandeln, braucht er Maßnahmen und Methoden zur Verwandlung von Arbeitsvermögen in tatsächlich geleistete Arbeit.

Ein dauerhafter Konfliktherd

Transformationsprozesse zielen nicht nur auf die Bereitschaft zu Leistung und Gehorsam der Beschäftigten. Sie umfassen auch die Aktivierung und Nutzung der so genannten Humanressourcen, worunter in Managementkonzepten wie »Human Resource Management« alle für die Arbeit nutzbaren Eigenschaften eines Menschen verstanden werden: die Bereitschaft zu Flexibilität, Engagement, Eigeninitiative, Kreativität, Wissen, mentale Kompetenzen und Bildung etc. Unterstellt wird dabei ein ökonomistisches Bild vom Menschen als Produktionsfaktor und Träger von Ressourcen, der für das Unternehmen nützlich und wertvoll ist, weil er über nutzbare Eigenschaften verfügt.

In IT-Unternehmen, in Wissenschafts- und Kommunikationsbranchen, teilweise aber auch in anderen Arbeitsbereichen wird die Aktivierung dieser Ressourcen als Schlüsselfaktor für Wachstum und Erfolg von Unternehmen verstanden. Die Mobilisierung kreativer Fähigkeiten, von Wissen und Emotionen der Beschäftigten sind daher Bestandteil von Transformationsprozessen in den genannten Branchen und Bereichen. Individuelle Leistungssteigerung, Erfolgsstreben und Übernahme von Verantwortung spannen die Ressourcenträger ein. Als Gegenleistung werden Arbeitszufriedenheit, Persönlichkeitsentwicklung und Selbstverwirklichung in Aussicht gestellt.[9] Erreicht werden soll diese Transformation durch Managementmethoden, die eine innere Einbindung der Beschäftigten und eine Identifikation mit dem Unternehmen anstreben. Initiator dieser Initiativen ist in der Regel das Management. Ihre Umsetzung erfolgt entlang der hierarchischen Ordnung des Betriebes, also von oben nach unten.

Transformation ist kein isolierter oder singulärer Vorgang. Er erschöpft sich nicht darin, eine bestimmte Methode auf den Weg zu bringen und auf ihre dauerhafte Wirkung zu vertrauen. Sobald es Änderungen in der betrieblichen Arbeitsorganisation gibt, wenn der Markt und die Konkurrenzsituation eine vermeintliche (Neu-)Orientierung der Beschäftigten verlangen oder andere unternehmensrelevante Ereignisse eintreten, sind Transformationsprozesse durch das Management erforderlich. In diesem Sinne ist Transformation ein permanenter Prozess, der stets (neue) Methoden schöpfen muss, damit die Beschäftigten für die Gewinninteressen des Unternehmens eingespannt werden können. Karl Marx bezeichnet diesen Vorgang »als Subsumtion [Unterordnung, H.B.] der Arbeit unter das Kapital«[10]. Erst durch diese Unterordnung, schreibt er weiter, bemächtige sich das Kapital »unmittelbar des Arbeitsprozesses.«

---

9 Vgl. Sabine Donauer: Faktor Freude. Wie die Wirtschaft Arbeitsgefühle erzeugt, Hamburg 2015.
10 Georg Barthel, Jan Rottenbach: Reale Subsumtion und Insubordination im Zeitalter der digitalen Maschinerie. Mit-Untersuchung der Streikenden bei Amazon in Leipzig, in: Prokla, Zeitschrift für kritische Sozialwissenschaft, Nr. 187, S. 252.

Unter Bemächtigung des Arbeitsprozesses ist dabei nicht nur die immer aufs Neue zu erfolgende Unterordnung der Beschäftigten unter die Interessen des Kapitals zu verstehen. Bemächtigung, so Georg Barthel und Jan Rottenbusch in einer Untersuchung zu den Arbeitsverhältnissen bei Amazon, schließt auch die Aneignung und Anwendung der Methoden zur Kontrolle des Arbeitsprozesses durch das Management ein. Um aus investiertem Geld einen Gewinn zu realisieren, »verleibt sich das Kapital zudem die Methoden und Organisationstechniken des Arbeitsprozesses ein, monopolisiert das Wissen über und die Gestaltung des Produktionsprozesses und stellt diese den Arbeitskräften als eine ihnen fremde Rationalität gegenüber (Panzieri 1972a: 21). Diese sind folglich nicht nur mit der Herrschaft des Managements konfrontiert, sondern gleichzeitig mit den technischen Notwendigkeiten »der toten Arbeit in Form der Maschinerie, mit ihren Zeitvorgaben, Produktionsmethoden und Organisationsprinzipien«[11].

Subsumtion oder Transformation ist also kein harmonischer, konfliktfreier Prozess, in dem die Beschäftigten lediglich Objekte oder Betroffene von Maßnahmen sind. Die Umsetzung von Managementmethoden ist verbunden mit einer »Tendenz der Schrankenlosigkeit und Maßlosigkeit«[12]. Sichtbares Zeichen dafür sind einerseits zunehmende Erfahrungen von Instabilitäten in der eigenen Arbeits- und Lebenssituation, aber auch erlebte Überforderung, gesteigerte Leistungsintensität und eine Ausdehnung der Arbeitszeit. Vielfach begreifen Beschäftigte die betrieblichen Veränderungsprozesse und deren Auswirkungen auf ihre Arbeitssituation als Belastung oder Gefährdung – erst recht, wenn diese Arbeitsplatzabbau, Zunahme prekärer Beschäftigung, steigenden Leistungsdruck und Verschärfung der Konkurrenz zur Folge haben.

Das führt zu Verwerfungen, verdeckten Konflikten, Auseinandersetzungen und nicht zuletzt zu widerständigem Verhalten der Beschäftigten im Kontext mit der Umsetzung von Managementmethoden in Betrieben und Unternehmen. Diese begeben sich nicht passiv in die ihnen zugedachte Rolle als Ressourcenträger oder Personal, sondern reagieren auf diese Veränderungen als denkende und handelnde Subjekte. Eigensinnigkeit und widerständiges Verhalten sind Konsequenz und Reaktion auf eine zunehmende Maß- und Schrankenlosigkeit.

---

11   Ebd., S. 253.
12   Dieter Sauer: Arbeit im Übergang. Zeitdiagnosen, Hamburg 2005, S. 184.

1.2 Präsentation und Legitimierung

Als Zielgruppe methodischer Zurichtung müssen die Beschäftigten nicht nur »mitspielen«. Sie sollen darüber hinaus eine eigene Bereitschaft zur Übernahme von Verantwortung und zur Leistungssteigerung entwickeln, was wiederum Eigenaktivität voraussetzt. Daher haben der Aspekt der Überzeugungskraft der Präsentation und die Begründung der Notwendigkeit einer Methodik eine nicht unerhebliche Bedeutung.

Im ersten Abschnitt wurden Managementmethoden als eine Summe von Aussagen unterschiedlicher Reichweite und Qualität vorgestellt, angefangen von einfachen Glaubenssätzen bis zur Aneignung von Erkenntnissen aus der Wissenschaft. In diesem Teil werden Präsentation und Legitimierung der Methoden diskutiert.

Ein Leitbegriff als Kern

Bestandteil einer Managementmethode ist ein Begriffskern, dem ein Leitbildcharakter zugesprochen wird. Dieser Leitbegriff bringt bestimmte, wünschenswerte Vorstellungen und Handlungsvorgaben zum Ausdruck, wie die Beschäftigten sich in ihrer Arbeit und gegenüber den Arbeitsanforderungen verhalten sollen. Gegenwärtig ist die *Agile Arbeit* in aller Munde. Einige Jahre zuvor besaß *Flexible Arbeit* diesen Leitbegriffscharakter. Noch ein paar Jahre früher waren es das gemeinschaftliche *Arbeiten im Team* oder *im Projekt* und die *Schlanke Arbeitsorganisation*, denen dieser Status zugedacht wurde.

In den der Methode zugrunde liegenden Konzepten bilden diese Begriffe einen Kern, um den sich dann weitere Handlungsmuster, identifizierbare Maßnahmen und Vorstellungen über bestimmte Verhaltensweisen ansiedeln und die in ihrer Gesamtheit als Managementkonzepte bezeichnet werden können. Aus agil wird so die *Agile Unternehmensführung*, aus flexibel wird das Konzept der *Flexibilisierung* (von Arbeitszeit). Das schlanke Unternehmen ist Gegenstand der *Lean Management*.

Leitbilder treffen nicht nur Aussagen über das, was wünschenswert ist. Sie sollen auch vermitteln, welche menschlichen Eigenschaften für die Arbeit ungeeignet sind. Flexibilität als erstrebenswerte Eigenschaft steht im Gegensatz zu Unbeweglichkeit oder Wunsch nach Sicherheit, Lean ist das Gegenstück zu Ineffizienz oder nicht wertschöpfend.

Eine sinnstiftende Erzählung

Ein einzelnes Wort allein reicht aber für die Darstellung einer Managementmethode nicht aus. Hinzukommen muss eine »Geschichte« mit einer an die Unternehmen gerichteten Zukunftsvision, wonach die jeweilige Methode ein bislang unentdeckter innovativer Faktor ist, der zu deutlichen Produktivitäts- und Leistungssteigerungen führt. Zur Geschichte der »Agilen Unternehmensführung« gehört eine Skihütte. Zur Zeit der Implementierung des Leitbegriffs »lean« waren die Marktzuwächse der japanischen Automobilindustrie Auslöser für die Propagierung der »Lean Production«. Die Übernahme japanischer Produktionskonzepte war mit der Vision verbunden, durch massive Personaleinsparungen und Verlagerung der Verantwortung auf die verbliebenen Beschäftigten die westeuropäische Wirtschaft im globalen Konkurrenzkampf zu stärken. Die Flexibilisierung wurde zu einer sinnstiftenden Erzählung, als im Zuge einer »forcierten Arbeitszeitflexibilisierung«[13] sogenannte »Bündnisse zur Standortsicherung«[14] in Form zahlreicher Vereinbarungen in den Betrieben zwischen Betriebsräten und Unternehmensleitungen geschlossen wurden.

Die Erzählung stellt die beabsichtigte Umsetzung einer unternehmerischen Maßnahme oder Methode in einen übergeordneten Zusammenhang. Dieser scheint eine anonyme Macht und nicht beeinflussbar zu sein, was ihn für das Unternehmen selbst, aber noch mehr für die Beschäftigten umso gefährlicher erscheinen lässt. Demnach sind Managementmethoden schlicht notwendig und ihre Umsetzung alternativlos, wenn das Unternehmen gesichert und die Arbeitsplätze nicht gefährdet werden sollen. Wahlweise wird diese Alternativlosigkeit begründet mit bestimmten Faktoren wie der Dynamik des Wettbewerbs, den Zwängen der Globalisierung, den Erfordernissen des Marktes oder speziellen Erwartungen der Kunden. All diese übergeordneten Zusammenhänge, so die Schlussfolgerung der Erzählung, machen es einfach zwingend erforderlich, diese oder jene Methode im Betrieb umzusetzen.

Die behauptete Alternativlosigkeit hat in der Erzählung eine wichtige Funktion: Sie entlastet das Management, das die möglichen Härten und Konflikte bei der betrieblichen Umsetzung einer Methode wahl-

---

13 Christa Herrmann: Forcierte Arbeitszeitflexibilisierung: die 35-Stunden-Woche in der betrieblichen und gewerkschaftlichen Praxis. Hans-Böckler-Stiftung: Forschung aus der HBSt; 16/1999.
14 Ebd.

weise mit einem der genannten Faktoren legitimieren kann. Zudem erzeugt die Einordnung in einen übergeordneten Rahmen bei den betroffenen Beschäftigten eher Passivität und Bereitschaft zur widerspruchslosen Hinnahme unternehmerischer Maßnahmen, denn ein Aufbegehren gegen diese »anonymen Mächte« erscheint sinnlos und zudem selbstgefährdend zu sein, denn schließlich könnte der eigene Arbeitsplatz in Gefahr geraten.

Es gibt nur Gewinner

Die Einbettung der Methode in eine Erzählung soll die Beschäftigten also dazu bringen, sich in das Unvermeidliche zu fügen und den »stummen Zwang der Verhältnisse« (Karl Marx) anzuerkennen. Neben Leitbegriff und Erzählung lässt sich aber noch ein drittes Element der Legitimierung ausmachen: die Win-Win-Situation, die auch als Doppelsieg-Strategie bezeichnet wird.

Kennzeichen einer Win-Win-Situation (englisch *win* für »Gewinn«) ist die Erzielung von Nutzen oder Vorteilen aller Beteiligten und Betroffenen in einer bestimmten Situation. Dies soll durch gegenseitigen Respekt und ausreichende Berücksichtigung der Interessen der Beteiligten geschehen, wobei Win-Win-Situationen von der Gleichwertigkeit der Partner und ihrer Interessen ausgehen.[15] Durch die Thematisierung einer Win-Win-Situation versucht das Management zu vermitteln, dass seine Interessen letztlich die Interessen des gesamten Unternehmens einschließlich denen der Beschäftigten seien. Diese sollen sich nicht passiv oder abwartend verhalten, sondern die unternehmerischen Maßnahmen aktiv unterstützen. Den angestrebten unternehmerischen Zielen werden daher Effekte zugemessen, die bei den Beschäftigten Akzeptanz und positives Feedback zum beabsichtigten Vorgehen des Managements hervorrufen sollen.

Einige Beispiele verdeutlichen dies: Die *Flexibilisierung* verspricht den Beschäftigten Zeitsouveränität und damit größere persönliche Freiheit, wenn sie sich an die Verfügbarkeitsinteressen des Unternehmens anpassen. Die *Zielvereinbarung* stellt größere Selbstständigkeit und erweiterte Handlungsspielräume bei der Arbeitsausführung in Aussicht, wenn die Beschäftigten sich den an sie gerichteten Leistungsanforderungen stellen. Die Bereitschaft der Beschäftigten zu einem

---

15 Vgl. https://de.wikipedia.org/wiki/Win-win (09.11.2019).

Mitarbeitergespräch mit Vorgesetzten wird mit einer fairen und offenen Kommunikation »belohnt«, die bei der Umsetzung dieser Methode zum Tragen kommen soll. Und schließlich führt, um die Aufzählung von Beispielen abzuschließen, das *Agile Arbeiten* im *Team* oder im *Projekt* zu mehr Eigenverantwortung und beschert zudem eine hierarchiefreie Arbeitsumgebung.

Auf diese Weise werden vermutete oder tatsächliche Interessen und Bedürfnisse der Beschäftigten nach Freiheit, Selbstverantwortung und Wertschätzung aufgegriffen. Die Win-Win-Situation suggeriert einen Tauschhandel vergleichbarer Güter: Sie bietet den Beschäftigten die Verwirklichung ihrer Interessen und Bedürfnisse an und tauscht diese gegen die Akzeptanz der Unternehmensziele ein.

Tatsächlich handelt es sich vielmehr um einen ungleichen Tausch. Die kritische, thesenförmige Diskussion aus der Perspektive der Beschäftigten in den Schlussteilen (Teil 3) der jeweiligen Methoden verdeutlicht die Diskrepanz zwischen offiziellen Darstellungen und der Realität in Unternehmen, Betrieben und Verwaltungen.

1.3 Vom Kommen und Gehen der Methoden

In der Öffentlichkeit herrscht vielfach der Eindruck, dass es sich bei Managementmethoden um Modeerscheinungen handelt. Von Moden ist bekannt, dass sie kommen und gehen. Wer von Managementmoden spricht, hat daher das Vergängliche ihrer Existenz im Blick. Für diese Einschätzung spricht die Tatsache, dass wir schon seit einigen Jahrzehnten eine ständige Abfolge von Methoden beobachten können: Qualitätsmanagement und Business Re-Engineering prägten die 1980er-, der Kontinuierliche Verbesserungsprozess und Lean Management die 1990er-Jahre. Seit der Jahrtausendwende dominieren Zielvereinbarungen und Agile Unternehmensführung die Methodendiskussion.

Auf das Aufkommen und Abflauen von Management- und Beratungsansätzen hat der Organisationssoziologie Alfred Kieser bereits 1997 (»Moden und Mythen des Organisierens«) hingewiesen.[16] Er sieht im kurvenförmigen Verlauf so genannter »Management-Trends« typische Anzeichen einer Modewelle. Ein Thema komme auf und werde zu einem Trend. Dann folge eine Phase des Hypes mit erfolgreicher Vermarktung des Themas durch Verlage, Seminarveranstaltungen und Webseiten, die allmählich in die Phasen der Marktsättigung und schließlich des Niedergangs übergeht. Die Kapitel zum *Agilen Unternehmen* und zur *Zielvereinbarung* zeigen beispielhaft den von A. Kieser skizzierten Zyklus von Einführung, Wachstum, Sättigung und Niedergang einer Methode.

Ein Kritikansatz geht davon aus, Managementmethoden seien neuer Wein oder »heiße Luft in neuen Schläuchen«[17] oder schlichtweg »kalter Kaffee«[18], wie es der Soziologe Stefan Kühl kurz und prägnant bezeichnet. Demnach seien Methoden, wie sie gegenwärtig mit dem Leitbegriff Agil gehypt werden, keine Neuentdeckung, sondern eine Wiederkehr bereits bekannter Methoden, die lediglich mit einer neuen Begrifflichkeit versehen würden. Das selbstorganisierte Team, das den Inbegriff einer agilen Arbeitsweise verkörpert, sei beispielsweise gar nicht so neu, sondern habe Vorläufer, die bereits in den 1970er- und 1980er-Jahren als »teilautonome Gruppe« zur Diskussion standen.

---

16 Alfred Kieser: Implementierungsmanagement im Zeichen von Moden und Mythen des Organisierens, Wiesbaden 1997. S. 81–102.
17 Vgl. Rolf Hoerner, Katharina Vitnius. Heiße Luft in neuen Schläuchen – Ein kritischer Führer durch die Managementtheorien, 1997.
18 https://www.humanresourcesmanager.de/news/die-agile-organisation-ist-kalter-kaffee.html (30.11. 2021)

Wie in den Kapiteln zu einzelnen Managementmethoden im Mittelteil jeweils ausgeführt, lässt sich tatsächlich ihre Entwicklung teilweise bis zu den Anfängen kapitalistischer Arbeitsorganisation zurückverfolgen. Als »Programme des Regierens«[19] haben die gegenwärtigen Methoden zahlreiche Vorfahren und Vorläufer. Die Kritik an den stets neuen Begriffsfindungen für bereits bekannte Phänomene ist daher genauso nachvollziehbar wie der Eindruck vom Modecharakter der Methoden.

Allerdings übersehen beide Kritikpunkte trotz ihrer Berechtigung zwei entscheidende Gesichtspunkte: Die Kritik am Modecharakter von Managementmethoden verleitet dazu, sie lediglich als Kurzzeitphänomene zu betrachten, die heute auftauchen, wieder vergehen und daher auch keine vertiefende Auseinandersetzung erfordern. Das hat zur Konsequenz, dass die Öffentlichkeit sich nur selten tiefergehend mit den Auswirkungen und Folgen von Managementmethoden befasst. Im Unterschied zu einer Mode hinterlassen sie aber in den Betrieben Spuren und Verwerfungen, mit denen die Beschäftigten weiter konfrontiert sind, wenn die entsprechende Methode bereits aus dem Blickfeld der Öffentlichkeit verschwunden ist. Nicht der Kurzzeitcharakter, sondern die ständige Suche des Managements nach immer neuen und geeigneten Methoden zur Transformation ist der Hintergrund für das Kommen und Gehen der Methoden.

Das gilt auch für den Einwand, der die ständige Wiederkehr und Wiederaufbereitung bereits bekannter Methoden in neuem Gewand thematisiert. Natürlich ist diese Wiederaufbereitung häufig das Werk von Unternehmensberatern, einer Branche, die großes Interesse daran hat, durch die Schaffung immer neuer Begriffe den vorhandenen Markt für Beratungsdienstleistungen aller Art zu »füttern«. Bereitwillig bedienen sich Unternehmensleitungen oder Managementabteilungen in diesem Markt.

Entscheidend ist dabei allerdings weniger, dass sie auf bereits bekannte Rezepturen zurückgreifen. Vielmehr unterstreichen Aneignung und Einverleibung von Methoden die besondere Herausforderung, die durch die Verwandlung von Arbeitskraft beziehungsweise Arbeitsvermögen in Arbeit entsteht. Der Volkswirtschaftler und Journalist Karl Polany betonte: »Menschliche Arbeitskraft ist lediglich eine fiktive Ware, tatsächlich aber ein nicht abtrennbarer Teil lebendiger Wesen, die

---

19   U. Bröckling, S. Krasmann, Th. Lemke: Glossar der Gegenwart, Frankfurt am Main 2004, S. 12.

als Menschen gezeugt, geboren und aufgezogen und nicht als Waren hergestellt werden; die als Menschen den Produktionsprozess vollziehen und sich nicht als Waren ›gegen Kapital austauschen‹, und sich auch als Menschen gegen Fremdbestimmung, eine Einschränkung ihres Freiraums sträuben.«[20]

Die Suche nach Lösungsmöglichkeiten für die Verwandlung des Arbeitsvermögens ist somit eine beständige Aufgabe, die Unternehmensleitung und Management zu bewältigen haben. Dass die Beratungsbranche die Möglichkeiten für diese Aufgabe in immer neuen Kleidern und Begriffen präsentiert, ändert nichts an der Aufgabe.

---

20 Konkurrenz ohne Herrschaft: Mythen der Kapitalismuskritik, in: www.kritisches-netzwerk.de, 2.02. 2014, S. 14/15.

2 Agil – Arbeiten in Echtzeit

2.1 Das agile Unternehmen und die VUCA-Welt

Die gegenwärtig bekannteste Methode dreht sich um den Begriff »agil«. In zahllosen Ratgebern für Führungskräfte wird »agile Organisation« beziehungsweise »agiles Management« gefordert oder den Beschäftigten »agiles Arbeiten« empfohlen. Zunächst nur ein Adjektiv, hat sich mittlerweile ein Hype um die Methode entwickelt, der durch eine Vielzahl an Webseiten von Unternehmensberatungen und Organisationen zusätzlich verstärkt wird. Agilität gilt mittlerweile als *das* Markenzeichen eines aufgeschlossenen Unternehmens. Warum wird das Wort »agil« zum Leitwort einer Unternehmensorganisation und zum Ideal modernen Arbeitens? Zur Beantwortung dieser Frage ist ein Blick auf die Entstehungsweise und Funktion von Managementmethoden hilfreich. Managementmethoden sind von Unternehmensberatern geschaffene Produkte und bedienen einen Markt, auf dem Unternehmen nach geeigneten Instrumenten zur Steuerung ihres Personals und zur Steigerung ihres Gewinns Ausschau halten. Wie andere Produkte unterliegen auch sie einem bestimmten Lebenszyklus. Die Abschnitte dieses Zyklus lassen sich, wie es der Organisationswissenschaftler Alfred Kieser beschrieben hat, in die Phasen Einführung, Wachstum, Sättigung und Niedergang einteilen.[21] Am Beispiel des »Agilen Unternehmens« lässt sich dieser Zyklus darstellen.

Die Einführung

Dass ein kurzes, prägnant erscheinendes Wort wie »agil« zum Leitbegriff einer Managementmethode wird, ist nur auf den ersten Blick ungewöhnlich. Bereits Mitte der 1980er-Jahre hatte das Wort »flexibel« die gleiche Funktion wie heute »agil«. Gefordert wurde ein flexibler Personaleinsatz, flexibles Arbeiten und die von dem damaligen VW-Personalvorstand Peter Hartz propagierte »atmende Fabrik«. Einige Jahre später prägten Ökonomen in einer Studie zur Automobilindustrie »le-

---

21 Vgl. Antonius Engberding: Genese und Lebenszyklus betriebswirtschaftlicher Steuerungskonzepte, in: Hilde Wagner (Hrsg.): Rentier ich mich noch? Neue Steuerungskonzepte im Betrieb, Hamburg, 2005.

an« als Leitbegriff für die Verschlankung der Arbeitsorganisation und die Einführung des »Lean Managements.«[22]

Für die Nutzung des Worts »agil« als Leitwort sprechen seine vielfältigen Verwendungsmöglichkeiten: Der Begriff ist mehrdeutig und unterschiedlich interpretierbar. Vor allem vermittelt er ein positives Image, was ihn als Leitbegriff einer Managementmethode prädestiniert. Laut Wörterbuch bedeutet er »von großer Beweglichkeit zeugend; regsam und wendig«, also alles Eigenschaften, die sich Unternehmen allzu gern auf die Fahnen schreiben und insbesondere von ihren Beschäftigten einfordern.

Zur Geschichte von »agil« gehört eine Skihütte im Bundesstaat Utah in den USA, von der heute noch Bilder im Internet existieren, und ein Manifest, dem zahlreiche Webseiten bahnbrechende Wirkung zuschreiben. In dieser Hütte trafen sich im Februar 2001 17 IT-Spezialisten und Software-Entwickler. Statt gemeinsam Ski zu fahren, schrieben sie das »Agile Manifest der Software-Entwicklung«. Es besteht im Kern aus vier Prinzipien und zwölf Leitsätzen. Diese Erklärung bezog sich ursprünglich auf die Arbeit in Projekten und richtete sich zunächst an Programmierer und Entwickler. Sehr schnell wurde dieses Manifest zu einer Art Ursprungstext des »Agilen Managements«. Die wichtigsten Sätze lauten:

»Wir suchen nach besseren Wegen, Produkte zu entwickeln, indem wir es selbst praktizieren und anderen dabei helfen, dies zu tun.

- *Individuen und Interaktionen* haben Vorrang vor Prozessen und Werkzeugen.
- *Funktionsfähige Produkte* haben Vorrang vor ausgedehnter Dokumentation.
- *Zusammenarbeit mit dem Kunden* hat Vorrang vor Vertragsverhandlungen.
- Das *Eingehen auf Änderungen* hat Vorrang vor strikter Planverfolgung.

Wir erkennen dabei sehr wohl den Wert der Dinge auf der rechten Seite an, wertschätzen jedoch die auf der linken Seite noch mehr.«[23]

Dass diese Grundsätze geistige Basis einer neuen Managementmethode wurden und ihnen der Status von Prinzipien und Werten zuge-

---

22 James P. Womack; Daniel T. Jones; Daniel Roos: Die zweite Revolution in der Autoindustrie. Konsequenzen aus der weltweiten Studie aus dem Massachusetts Institute of Technology, Frankfurt am Main 1999.
23 https://agilemanifesto.org/iso/de/manifesto.html (30.11. 2021)

sprochen wurde, an denen sich in den Folgejahren auch große Konzerne orientierten, ist auf den ersten Blick nicht zu erkennen. Zunächst lesen sich die Grundsätze nicht so aufrüttelnd, wie man es von einem Manifest erwartet. Ähnliches, etwa dass Menschen im Mittelpunkt des Unternehmens stehen und Kundenwünsche vorrangig berücksichtigt werden sollen, finden sich in den Leitbildern vieler Firmen. Auch Kritik an Behinderung spontanen, kreativen Arbeitens durch zunehmende Bürokratie und Dokumentationsvorschriften ist ein Zielkonflikt, der in der kapitalistischen Arbeitsorganisation immer wieder thematisiert wird und auch schon vor dem Entstehen der Grundsätze weit verbreitet war. In der öffentlichen Resonanz spielten diese Einwände (zunächst) keine Rolle. Vielmehr wurde das Manifest als Aufruf zur Schaffung einer innovativen und produktiven Arbeitskultur verstanden, die der eigentlichen Arbeitstätigkeit – dem Entwickeln von Software – eine höhere Priorität gegenüber anderen Aspekten der Arbeit einräumt und den Vorrang dieser Tätigkeit einforderte. Im Verständnis der Verfasser des Manifests soll Entwicklertätigkeit in einem maßvollen (»sustainable«) Tempo erfolgen, das sich an den individuellen Fähigkeiten der einzelnen Entwickler orientiert.

Wachstum

Ursache der Entstehung einer neuen Managementmethode waren wesentlich die Rolle der Software-Entwickler und die Erfahrungen der Unternehmen mit Projektarbeit.

Software-Entwickler sind eine spezielle Gruppe in Unternehmen. Sie bilden – oft über Firmengrenzen hinweg – eine Community, pflegen Erfahrungsaustausch über fachliche Probleme und verbreiten untereinander Informationen über neue Entwicklungen in ihrem Arbeitsbereich. Methoden wie *Scrum*, *Extreme Programming* oder *Pair Programming* kannten sie schon, lange bevor diese unter dem Label »Agile Methoden« populär wurden. Sie nutzen neben Fachzeitschriften auch zahlreiche andere Medien zur aktuellen Information und verfolgen aufmerksam die raschen technischen Entwicklungen ihres Fachs. Als Projektleitung und Entwickler nehmen sie somit eine zentrale Stellung in der IT-Industrie ein. Kritik an Missständen in der Software-Entwicklung aus ihren Reihen hat daher nicht nur einen fachlichen Aspekt. Sie zeigt ebenso eine weit verbreitete Unzufriedenheit mit der Organisation der Projektarbeit in kapitalistischen Unternehmen. Die kritische

Position einer Beschäftigtengruppe mit einer Schlüsselfunktion für die Wertschöpfung in Unternehmen der IT-Branche konnte daher nicht unbeachtet bleiben.

Auch in den Leitungsebenen und den Unternehmensspitzen von IT-Unternehmen gibt es verbreitete Unzufriedenheit mit der Arbeitsform Projekt, besonders hinsichtlich der Rentabilität und Effizienz von Projektarbeit. Die Verzahnung technischer, betriebswirtschaftlicher und personell-arbeitsorganisatorischer Aspekte dieser Arbeitsform sowie die Kooperation mit außerhalb des Projekts stehenden Partnern (z. B. Kunden, Lieferanten, anderen Abteilungen sowie dem eigenen Management) bereiten vielen Unternehmen enorme Schwierigkeiten und bergen Konfliktpotenziale, die charakteristisch für diese Arbeitsform sind: ausufernde Arbeitszeiten, Teamkonflikte, fehlende Personalressourcen, Überschreiten des vereinbarten Budgets oder der mit den Kunden vereinbarten »Deadline«. Häufig werden Projektziele nicht erreicht, andere scheitern gänzlich (so genannte »Investitionsruinen«).

Grund für Kritik ist häufig das so genannte »Wasserfallmodell« – ein typisches Konzept von Projektarbeit, das auf einer linearen Vorgehensweise beruht. Die Arbeit erfolgt Schritt für Schritt, eine Projektphase beginnt erst, wenn die vorhergehende abgeschlossen ist. Dabei bilden die einzelnen Phasen-Ergebnisse wie bei einem Wasserfall bindende Vorgaben für die jeweils folgende Phase. Dieser Ablauf kann Projektarbeit schwerfällig machen und verlangsamen. Methoden wie *Scrum, Extreme Programming* oder *Pair Programming* sind weniger anfällig für diese Risiken. Sie beinhalten kurzzyklische Arbeitsschritte mit getakteten, kleinen Arbeitsintervallen. Die Projektteams arbeiten in enger Kooperation mit dem Kunden. Sie reflektieren ihre Arbeit und tauschen sich über ihren Leistungsstand regelmäßig aus. Von diesen kurzzyklischen Entwicklungsphasen verspricht sich das Management eine Beschleunigung des gesamten Arbeitsprozesses und eine gesteigerte Profitabilität der Arbeitsform Projekt.

Die Hoffnung, Effizienz und Produktivität zu verbessern, führt dazu, dass im »oberen und mittleren Management die Aufmerksamkeit und Offenheit für die ›Experimente‹ der ›agilen Community‹ im Unternehmen wuchs«, wie Andreas Boes in einer Untersuchung zur digitalen Transformation dieser Branche feststellt.[24] So entsteht in den

---

24 Andreas Boes, Tobias Kämpf, Barbara Langes, Thomas Lühr: »Lean« und »agil« im Büro. Neue Organisationskonzepte in der digitalen Transformation und ihre Folgen für die Angestellten, Bielefeld, 2018. S. 86; online verfügbar unter: www.transcript.de

ersten Jahren dieses Jahrtausends eine Situation, in der die Interessen der Software-Entwickler und des Managements der IT- Unternehmen übereinzustimmen scheinen.

Im Management und unter Unternehmensberatern wird eine solche Interessensübereinstimmung gern als klassische Win-Win-Situation bezeichnet: Beschäftigte und Management haben gleichermaßen einen Nutzen, wenn eine neue Methode im Betrieb umgesetzt wird. Dieser behauptete Effekt wird auch bei anderen Managementmethoden ins Feld geführt und soll bei den Beschäftigten Akzeptanz zum beabsichtigten Vorgehen des Managements hervorrufen. Der Nutzen für die Beschäftigten bei Einführung agiler Arbeitsmethoden soll die Realisierung der Grundsätze des »Agilen Manifests« sein: Das Management verspricht, die Voraussetzungen für eine verbesserte Zusammenarbeit mit Fachexperten und Kunden während des Projektes zu schaffen sowie für die Selbstorganisation der Teams bei Planung und Umsetzung zu sorgen. Im Gegenzug erwartet das Management eine schnellere Lieferung von Software, die Beschleunigung der Arbeitsvorgänge in den Teams und damit letztlich Wettbewerbsvorteile.

Marktdruck und Konkurrenzsituation in der IT-Branche tragen dazu bei, dass sich agile Methoden als Arbeitsform schon bald durchsetzen. Die Pilotprojekte, die den Anstoß für das »Agile Manifest« gaben, verlassen das Experimentierstadium und etablieren sich in den Folgejahren als neue Arbeitsform in der Software-Branche. Für Management und Unternehmen scheinen sich die Versprechungen der Win-Win-Situation tatsächlich zu erfüllen: Laut Angaben von BITKOM hat der deutsche IT-Markt seit 2004 konstante Zuwachsraten. Umfragen der Unternehmensberatung Kienbaum ergeben, dass die überwiegende Mehrheit der Unternehmen »ihre IT bereits erfolgreich agil ausgerichtet« hat.[25] Zudem konnten die befragten Unternehmen dadurch eine deutliche Verbesserung der Liefergeschwindigkeit erreichen. Zu den weiteren Vorteilen zählen dieser Umfrage zufolge die Verbesserung der Softwarequalität, erkennbare Produktivitätssteigerungen gemessen an der Anzahl umgesetzter IT-Projekte und schließlich eine deutlich größere Kundenzufriedenheit.

Von der Umsetzung agiler Methoden profitierten also vor allem Management und Unternehmensleitungen in der Software-Entwicklung

---

25 Kienbaum: All Agile IT. Shaping the Future, Kienbaum Studienreport 2017, S. 4; online unter: https://media.kienbaum.com/wp-content/uploads/sites/13/2019/05/New_Kienbaum_Studie_All_Agile_IT_2017.pdf [14.06.2020].

und den IT-Dienstleistungen. Die Erfolge dieser Branche wurden auch von anderen Unternehmen registriert, schienen sie doch zu beweisen, dass es auch unter dem Druck globaler Märkte möglich ist, durch eine Beschleunigung arbeitsorganisatorischer Prozesse hohe Qualität zu niedrigen Kosten zu liefern und dabei die Kundenwünsche zu berücksichtigen. Das Wort »agil« wurde nun auch über die IT-Branche hinaus positiv aufgewertet. Der Begriff erhielt als »Agiles Management« den Charakter einer universellen Managementmethode und wurde als »Agile Unternehmensführung« zum Vorbild für andere Unternehmen.

Damit tritt eine neue Phase ein, deren Verlauf bereits aus anderen Managementmethoden bekannt ist. Zunächst wird diese Aufwertung nur von wenigen registriert. Aber schon bald steigen Unternehmensberater und Wirtschaftsautoren in das Thema ein und erklären Agilität zu einem Trend, dem Unternehmen folgen sollten, wenn sie nicht im globalen Konkurrenzkampf unterliegen wollen. Zur Unterstreichung der Botschaft von »Agilität« als dem innovativen, zentralen und effektiven Managementansatz tragen unzählige Webseiten von Beratern und Unternehmen bei. Manager- und Wirtschaftsmagazine entdecken das Thema und berichten enthusiastisch über erfolgreiche Umsetzungen agiler Konzepte und zufriedene Beschäftigte in den Unternehmen.

Begleitet wird diese Kampagne von einer intensiven kommerziellen Ausschlachtung des neuen Trends: Unternehmensberatungen bieten Ausbildungen zum »Certified Agile Leader« oder zertifizierten »Scrum Master« mit universitärem Siegel an. Andere stellen »agile Instrumente« zur Verfügung, wie »Kanban-Systeme« zur Visualisierung der Arbeitsabläufe innerhalb eines Teams oder »Checklisten zur Prüfung der Autonomie« in Teams. Buchverlage stürzen sich darauf und verkaufen Titel wie *Scrum Revolution* oder *Kanban – mehr als Zettel: Wie die Methode Ihnen zu echtem Mehrwert verhilft.* Ersteres verspricht dank *Scrum* eine Verdoppelung der Produktivität bei Halbierung der Kosten, der zweite Titel spricht etwas bescheidener von einem »wahrnehmbaren Nutzen für das Unternehmen«.[26]

Popularisierung und Verbreitung des Konzepts gehen Hand in Hand. Eine Befragung von Bitkom Research im Jahr 2018 kommt zu dem Ergebnis, dass jedes zweite Großunternehmen bereits auf agiles

---

26 Vgl. zu den genannten Publikationen z. B.: Jeff Sutherland: Die Scrum-Revolution, Frankfurt am Main 2018; die Seite der Beraterfirma Munich Institute for IT Service Management unter https://www.mitsm.de; die Checklisten der Wolf Unternehmensberatung unter https://io-business.de

Projektmanagement setzt und gut 65 Prozent der deutschen Unternehmen agil durchgeführte Projekte für erfolgreicher als »klassisches« Projektmanagement halten.[27] Scrum-Teams finden sich bei Automobilherstellern wie BMW oder Audi ebenso wie bei der Telekom AG. Auch öffentliche Verwaltungen greifen das Thema auf. Schon 2016 bildete sich im Internet ein »Forum Agile Verwaltung«, das sich zum Ziel setzt, »die Verwaltung für die Kultur der Agilität zu öffnen«[28]. Nach der Devise, dass man eigentlich nichts falsch machen kann, wenn man das macht, was alle anderen machen, erreicht die agile Unternehmensführung auch mittelständische Unternehmen. So können die Geschäftsführer und Betriebsleiter unter Beweis stellen, wie umsichtig sie das Unternehmen führen, oder aber sie nutzen das Konzept als Alibi für andere Maßnahmen, die schon lange geplant waren.

Verständnis und Definition

Eine einheitliche Definition für das »agile Unternehmen« gibt es nicht. Allerdings verstehen nahezu alle im Internet nachzulesenden Definitionen darunter ein Unternehmen, das nach einer möglichst hohen Beweglichkeit strebt, um auf Veränderungen von Märkten und Kundenwünschen reagieren zu können. Beweglichkeit wird dabei häufig mit Begriffen wie Schnelligkeit (der Wertschöpfung), Beschleunigung (interner Abläufe) und Effizienz (der Arbeit) in einen Zusammenhang gestellt.

Diese Kombination verdeutlicht das gesteigerte Interesse der Unternehmen an dieser Methode: Es geht um eine Erhöhung des Arbeitstempos, gesteigerte Leistungsintensität und Rationalisierung. In schönem Management-Sprech bringt das eine Führungskraft auf den Punkt, die bei der ING-DiBA für »agile Transformation« zuständig ist: »Schnellere Wertschöpfung, mehr Effizienz, höhere Mitarbeitermotivation, mehr Innovation: Agile Teams sind interdisziplinär, kommen schneller zum Ziel, setzen auf Kollaboration und machen keine Doppelarbeit.«[29] Bei vielen Einträgen fällt auf, dass Agilität als entscheidender Faktor für das Überleben von Unternehmen gesehen wird. Zugrunde liegt

---

27 Alle Zahlen aus: Claudia Niewerth: Methoden und Grundlagen des agilen Projektmanagements, in: Arbeitsrecht im Betrieb, Nr. 4/2019
28 Siehe: https://agile-verwaltung.org/ueber-uns/ (26.12.2019)
29 Katharina Hamacher: Wer überleben will, sollte auf Veränderung setzen, in: Handelsblatt Karriere vom 19. August 2018, online unter: https://www.handelsblatt.com (14.06.2020)

dieser Einschätzung die These von einer Welt voller Bedrohungen und Gefahren, eine so genannte VUCA-Welt. VUCA bezeichnet eine Welt, die durch Volatilität, Unsicherheit, Komplexität und Ambiguität gekennzeichnet ist. Der Begriff kommt aus dem militärischen Kontext und wurde am US Army War College entwickelt, um die »neue Welt« zu beschreiben, die nach dem Zusammenbruch der UdSSR Anfang der 1990er-Jahre entstanden war. Später wurde er genutzt, um die unsichere Lage des amerikanischen Militärs nach der Intervention in Afghanistan im Jahr 2001 zu beschreiben. Als in der Wirtschaftskrise 2008 zahlreiche Banken infolge von Finanzspekulationen in die Krise gerieten, wurde er zu einem erklärenden Faktor für das Versagen von Finanzmärkten.

In dieser VUCA-Welt müssen Unternehmen sich behaupten, wenn sie nicht untergehen wollen. Den Begriff findet man auf zahllosen Webseiten, die sich mit Agilität beschäftigen.[30] Ein Beispiel und eine typische Definition für ein agiles Unternehmen:

»Wir alle merken es: Unsere Welt verändert sich. Sie verändert sich an vielen Stellen gleichzeitig, meist unerwartet, und ein Ende dieses permanenten Wandels ist nicht abzusehen. Das Akronym VUCA beschreibt die Herausforderungen, die unsere sich stets verändernde Welt für Unternehmen bereithält. Niemand kann mit Sicherheit voraussagen, wie Märkte, Wettbewerb, Technologien oder weitere Faktoren sich in Zukunft ändern werden. Nur, dass sie sich verändern werden, ist gewiss. – Und dass wir als Unternehmen auf Veränderungen werden schnell reagieren müssen, um erfolgreich zu bleiben, können wir jetzt schon absehen. Um jedoch unbekannte, sich verändernde Herausforderungen zu bewältigen, brauchen wir die Fähigkeit, unsere Strategien, Strukturen und Prozesse jeweils kurzfristig an die tatsächlichen Gegebenheiten anzupassen. Dieser Prozess wird nach unserem Verständnis mit dem Begriff der Agilität angemessen beschrieben.«[31]

In den Definitionen des agilen Managements wird also die VUCA-Welt auf die Beziehung des Unternehmens zu den Marktverhältnissen im Kapitalismus übertragen. Der Markt gilt als natürliches Wesen und

---

30 Und nicht nur dort: Auch in der IG Metall-Broschüre »Agiles Arbeiten gestalten« wird die VUCA-Welt als Argumentationsfigur zur Notwendigkeit agilen Arbeitens verwendet, siehe: IG Metall Vorstand (Hrsg.): Agiles Arbeiten gestalten. Ergebnisse aus Forschung und Praxis, Frankfurt am Main 2017.

31 Dieses Zitat ist aus Platzgründen gekürzt und orthografisch korrigiert. Die vollständige Fassung findet sich online unter: https://www.berlinerteam.de/magazin/agilitaet-was-macht-ein-agiles-unternehmen-aus/ (30.12. 2019)

wird, ähnlich wie in der Systemtheorie und Kybernetik, als unendlich komplex verstanden: sich ständig verändernd, anpassungsfähig und chaotisch. Diese Eigenschaften machen ihn zu einem undurchschaubaren Phänomen. Weder Unternehmensleitungen noch Management oder die Beschäftigten sind in der Lage, dieses scheinbare Chaos, das sie umgibt und in dem sie täglich agieren müssen, zu begreifen.

Der Markt, so die These, sei viel zu komplex, um ihn zu verstehen; alle Unternehmensstrategien oder Zielsetzungen für wirtschaftliche Planungen laufen daher ins Leere, da diese immer wieder an der Undurchschaubarkeit und Schnelllebigkeit des Marktes scheitern. Daraus wird die Schlussfolgerung gezogen, dass das Unternehmen sich diesen Bedingungen unterwerfen muss, wenn es nicht untergehen will. Es brauche daher fluide, leicht veränderbare Organisationsstrukturen und »empowerte« Beschäftigte voller Selbstverantwortung und Eigeninitiative. Diese müssen bereit sein, den Marktbewegungen umstandslos und ohne Verzögerung zu folgen. Selbstorganisierte Teams und flache Hierarchien sind dazu am besten geeignet.

Der empowerte Beschäftigte wird zur Akzeptanz eines neuen Arbeitsprinzips aufgefordert – dem Arbeiten in Echtzeit: Wie bei einer elektronischen Rechenanlage, bei der das Programm oder die Datenverarbeitung (nahezu) simultan mit den entsprechenden Prozessen in der Realität abläuft, sollen die Beschäftigten eines agilen Unternehmens in kürzester Zeit auf die Markterfordernisse reagieren. Agilität ist daher Antwort und Aufforderung zugleich: Antwort auf die Schnelligkeit des Marktes sowie Aufforderung zu einer agilen Arbeitshaltung, um dem Ziel des Arbeitens in Echtzeit möglichst nahezukommen.

Das ideologische Moment dieser Definitionen ist nicht zu übersehen: Dem Markt wird eine zentrale Stellung eingeräumt, seine Bedeutung wird so überhöht, dass er beinahe religiöse Züge annimmt. Diese Überhöhung des Marktes gehört zum Mantra neoliberaler Denktraditionen und bildet den »Kern« des Neoliberalismus, wie der Wirtschaftswissenschaftler Philip Mirowski 2015 in seinem Buch »*Untote leben länger*« feststellt. Demnach betrachtet der Neoliberalismus den Markt als eine »abwesende Gottheit«[32], der als ein »monolithisches Wesen« auftritt, »weil nur er Dinge weiß, die wir nicht wissen können.« Daher könne der Markt auch Erfolg oder Misslingen von Unternehmen verlässlich sanktionieren, »weil er der Fels ist, an dem sich der komplexe,

---

32 Philip Mirowski: Untote leben länger. Warum der Neoliberalismus nach der Krise noch stärker ist, Berlin 2015, S. 106.

chaotische Mahlstrom bricht; er dient als der Nullpunkt, an dem alle Bewegung und Veränderung gemessen wird. Er selbst ist niemals chaotisch, weil er außerhalb der Zeit existiert«, schreibt Mirowski.[33]

Die Definitionen des agilen Unternehmens lassen die Kritik an der Vergötterung des Marktes außer Acht. So bleibt ausgeblendet, dass der Markt weder ein natürliches noch ein übernatürliches Wesen, sondern eine von Menschen geschaffene Instanz ist, die deshalb auch verändert und Regeln unterworfen werden kann. Stattdessen werden Marktentwicklungen als gegeben und alternativlos dargestellt. Das Unternehmen hat sich der VUCA-Welt anzupassen. So erscheint die Umsetzung des agilen Managements lediglich als Konsequenz der VUCA-Welt. Die Mär vom agilen Unternehmen, zu dem es keine Alternative gibt, ist eine Argumentationsfigur, die auch bei der Umsetzung anderer Managementmethoden bemüht wurde und wird.

In den Leitbildern des *Lean Managements* und des *Business Process Reengineerings* wurde die Alternativlosigkeit der Umsetzung begründet mit der Dynamik des Wettbewerbs, den Zwängen der Globalisierung, den Erfordernissen des Marktes oder den Erwartungen der Kunden. Die behauptete Alternativlosigkeit hat eine wichtige Funktion: Sie entlastet das Management, das mögliche Härten und Konflikte bei der Umsetzung einer Methode im Betrieb wahlweise mit einem der genannten Faktoren begründen kann. Zudem werden bei den betroffenen Beschäftigten Passivität und Bereitschaft zur widerspruchslosen Hinnahme unternehmerischer Maßnahmen erzeugt, scheint doch ein Aufbegehren gegen diese anonymen Mächte sinnlos zu sein.

In den Betrieben und Verwaltungen signalisiert der Einzug neuer Arbeitstechniken den Beschäftigten den Durchbruch einer Managementmethode. Spontanes Brainstorming in Teams oder Abteilungen, bunt bemalte und beschriftete Wände im Meeting-Raum, ein Sammelsurium an kleinen bunten Post-its zur detaillierten Planung von Arbeitsschritten, Open-Space-Runden, Lern- und Feedback-Schleifen, Spielemechanik, Storytelling, Kanban-Boards und vieles mehr verändern den Arbeitsalltag. Um die agilen Arbeitsformen und Methoden herum bildet sich eine neue Sprache mit eigener Begrifflichkeit. Oft werden Anglizismen verwendet wie zum Beispiel *Backlog, Review, Product Owner.* Metaphern aus dem Sport unterstreichen den Beschleunigungsaspekt der Arbeit. *Scrum* ist ein Begriff aus dem Rugby, *Sprint*

---

33 Ebd. S. 286.

eine Disziplin in der Leichtathletik und *Velocity* ein anderes Wort für Geschwindigkeit.

Jüngeren Beschäftigten fällt das Erlernen und Anwenden dieser neuen Techniken relativ leicht, umso bereitwilliger begrüßen sie diese neuen Techniken und sehen darin einen Aufbruch in eine neue, fortschrittliche Arbeitskultur, wie sie bereits im Silicon Valley in Kalifornien realisiert zu sein scheint. Nicht alle Beschäftigten wollen allerdings in dieser Kultur arbeiten. Viele tun sich schwer mit der ständigen Interaktion im Team, den täglichen Ritualen des *Daily Scrum*, den ungeklärten Zuständigkeiten. Statt zwanghafter Vergemeinschaftung in einem empowerten Team und zeitraubenden Meetings sehnen sie sich nach einem Arbeitsumfeld, das ihnen Raum für ungestörtes Arbeiten bietet.

2016 hat agiles Management eine überragende Bedeutung in den Unternehmen erreicht und befand sich im Stadium des Höhenflugs. In einer Pressemitteilung kündigte die ING-DiBa Anfang 2018 an, die »erste vollständig agile Bank in Deutschland« werden zu wollen.[34] Dem Soziologen Andreas Boes zufolge ist Agilität inzwischen »die bestimmende Vorstellung von der Organisation eines Unternehmens und der Arbeitsprozesse«.[35]

Sättigung

Wie lange dieser Höhenflug anhält, ist ungewiss. Noch immer befinden sich viele Betriebe gerade im Stadium des »Entdeckens« dieses Leitbilds. Sie betrachten die agile Unternehmensführung noch als Zukunftsvision, während andere schon Praxiserfahrungen gesammelt haben. Dennoch gibt es bereits Anzeichen für ein Ende des Höhenflugs und das Eintreten in die Sättigungsphase. Sie ist gleichsam der Anfang vom Ende eines Lebenszyklus, den eine Managementmethode durchläuft. Ein Anzeichen für Sättigung ist einsetzende Kritik am Leitbild der agilen Unternehmensführung. Zwar gab es bereits in der Phase der Popularisierung des Leitbildes Kritik, aber anfängliche Lobpreisungen, Erfolgsgeschichten und Vermarktungsinteressen verschafften dem Leitbild ein so gutes Image, dass diese kein Gehör fand.

---

34 Presseerklärung der Ing-Diba vom 1. Februar 2018, online unter: https://www.presseportal.de/pm/59133/3855718 (05.06.2020)
35 Zit. nach Benjamin Fischer: Rugby für das Büro, in: FAZ vom 12. April 2018, online unter: https://www.faz.net (06.06.2020)

Inzwischen sind die Kritiken aber so zahlreich, dass sie sich nicht mehr ausblenden lassen. Unter den Kritikern sind auffallend viele Unternehmensberater und Beratungsinstitute. Für viele von ihnen ist dezidierte Kritik an der Umsetzungspraxis der Anlass, ihre eigenen Lösungsansätze zur Behebung der Probleme gleich mitzuliefern in der Hoffnung, den schon absehbaren Niedergang des Lebenszyklus hinauszögern. Für andere ist die Distanzierung von der agilen Unternehmensführung mit der Suche nach einem neuen Managementtrend verbunden. Im Grunde aber wissen bereits alle, »was die Stunde geschlagen hat.« »Der Markt, an dem viele partizipiert und verdient haben, ist abgegrast. Die Kreation eines neuen Steuerungskonzeptes basiert auf dem Niedergang seines Vorläufers. Das neue braucht das alte zur Kritik, zumindest zum Beweis, dass das alte Probleme schuf, die das neue beseitigt.«[36]

Die Karawane der Vermarkter zieht weiter und wendet sich einem neuen Trend zu. Zurück bleiben die agil arbeitenden Beschäftigten. Ihr Arbeitsalltag verändert sich spürbar. Die enge Zusammenarbeit mit Kunden in den *Scrum-Teams*, die täglichen gemeinsamen Besprechungen untereinander oder die Selbstorganisation stellen durchaus Verbesserungen ihres Arbeitsalltags dar. Diese stehen aber in keinem Verhältnis zu der zunehmenden Leistungsverdichtung im Gefolge der betrieblichen Umsetzung. Das Arbeitstempo in Projekten steigt beträchtlich, die kurzzyklischen Zeiteinheiten von 14-tägigen oder vierwöchigen Sprints führen zu einer Leistungsintensität auf hohem Niveau. Viele Beschäftigte beklagen die größere Kontrolldichte in der täglichen Arbeit und haben das Gefühl, sich rechtfertigen zu müssen, wenn sie im *Daily Scrum* über ihre Arbeitsfortschritte berichten sollen. Mehrere Untersuchungen belegen die gesundheitlichen Belastungen der Projektarbeit: Beschäftigte arbeiten subjektiv an der Grenze ihrer Leistungsfähigkeit. Psychische und psychosomatische Erkrankungen und Beschwerden nehmen in der spezifischen Belastungskonstellation der Projektarbeit zu.[37]

---

36 H. Engberding in: Hilde Wagner (Hrsg.): Rentier ich mich noch? Neue Steuerungskonzepte im Betrieb, Hamburg, 2005, a. a. O., S. 129.

37 Anja Gerlmaier, Erich Latniak: Arbeiten bis zur Erschöpfung – Regulierungs- und Handlungsansätze bei Projektarbeit, in: Lothar Schröder, Hans-Jürgen Urban (Hrsg.): Gute Arbeit: Zeitbombe Arbeitsstress – Befunde, Strategien, Regelungsbedarf, Frankfurt am Main 2012, S. 117.

2.2 Kritik – vier Thesen und Nachtrag

Der zweite Teil stellt anhand zentraler Begriffe und Gedanken aus dem Leitbild des agilen Unternehmens (im Folgenden: agiles Unternehmen) die arbeitsorganisatorischen Veränderungen dar, die ausgelöst werden (können), wenn es zur Umsetzung im Betrieb kommt. Zurückgegriffen werden kann dabei auf einige (wenige!) empirische Ergebnisse, die auf Befragungen von Beschäftigten und deren Erfahrungen mit den neuen Methoden des agilen Arbeitens beruhen.[38, 39] Die Kritik erfolgt in vier Thesen:

These 1: *Agiles Arbeiten führt zu Leistungsintensivierung. Ursache dafür ist die Zergliederung und Verdichtung der Arbeit.*

Um dem angestrebten Modus des Arbeitens in Echtzeit nahezukommen, muss die Arbeit in einem agilen Unternehmen maximal beschleunigt werden. Beschleunigung bedeutet Einsparung von Zeit bei den Arbeitsvorgängen eines Projektes.

Unter den agilen Methoden gilt Scrum als das am weitesten verbreitete System, in dem verschiedene Arbeitstechniken und eine neue Form der Projektgruppenarbeit miteinander verzahnt sind.

Die Arbeitsweise eines Scrum-Teams

Am Beginn eines festgelegten Zeitraumes (Sprint) steht ein Planungstreffen des Scrum-Teams. Aus einem Aufgabenkatalog (product backlog) wählt das Team Ziele aus, die innerhalb des nächsten Sprints – einem Zeitraum von 14 Tagen oder vier Wochen – erreicht sein müssen. Das Team schätzt Umfang und Zeitbedarf des nächsten Arbeitsschritts. Dazu kann es in einem Planning Poker Spielkarten mit aufgedruckten Zahlen verwenden. Auf ein Kommando hin hält jeder die Zahl hoch, die er als Zeitaufwand schätzt. Was wie ein spielerisches Element aus

---

38 Nadine Müller, Christian Wille: Gute Arbeit – Arbeitsstress im Zuge der Digitalisierung vermeiden, In: Lothar Schröder, Hans-Jürgen Urban (Hrsg.): Gute Arbeit, Transformation der Arbeit, Ausgabe 2019, Frankfurt am Main 2019, Ein Blick zurück nach vorn, S.162.

39 Andreas Boes, Tobias Kämpf, Barbara Langes, Thomas Lühr: »Lean« und »agil« im Büro, Neue Organisationskonzepte in der digitalen Transformation und ihre Folgen für die Angestellten. Als Volltext vorhanden bei:https://transcript-verlag.de/media/pdf/83/87/cd/oa9783839442470.pdf letzter Aufruf 10.02.2020.

einer Pokerrunde erscheint, hat nicht unerhebliche Folgen für den bevorstehenden Sprint.

Nur eine realistische Schätzung führt dazu, dass alle Mitglieder den Sprint zeitgleich in einem »sustainable«-Tempo absolvieren können. Treten dagegen die (typischen) Unwägbarkeiten des Arbeitsalltags auf (z. B. Krankheit, nicht vorhersehbare technische Probleme, Zeitdruck von außen durch Terminsetzung usw.), nimmt die Stressintensität zu, wenn dies vorher in der Schätzung nicht berücksichtigt wurde.

Am Ende des Sprints sollen alle ein Teilergebnis vorlegen. Danach werden die Ergebnisse untereinander präsentiert und die nächsten Ziele im Scrum-Team formuliert. Während des Sprints erfolgt ein Daily Stand-up beziehungsweise ein Daily Scrum: eine tägliche Kurzbesprechung im Stehen, bei der jedes Teammitglied seine Arbeitsweise offenlegt und in zwei Minuten drei Fragen beantwortet: Wie bin ich gestern mit der Arbeit vorangekommen? Woran werde ich heute arbeiten? Welche Hindernisse stehen mir dabei eventuell im Weg?

Als visuelles Hilfsmittel steht dem Team ein Taskboard zur Verfügung. Es kann digital verwaltet werden, wird aber oft in Papierform genutzt, etwa beim Daily Stand-up. Es dokumentiert den Bearbeitungsstand einzelner Arbeitsschritte, den Projektfortschritt und macht dadurch auch den Leistungsstand der einzelnen Projektbeschäftigten transparent.[40]

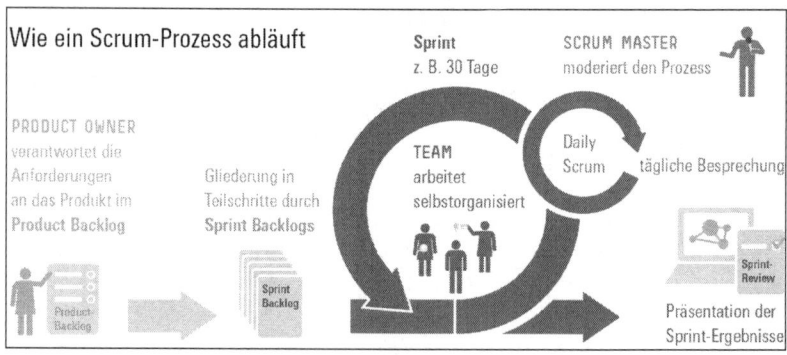

Abb. 1: Ablauf eines Scrum-Prozesses

---

40 Vgl. M. Schwarzbach: Agil und ausgepresst, isw – wirtschaftsinfo 52, Dez. 2017 sowie digit DL: Agiles arbeiten gestalten, Broschüre des BMBF Projektes «Digitale Dienstleistungen in modernen Wertschöpfungssystemen, ohne Jahresangabe

Arbeitsteilung und Zerlegung

Das Scrum-Team zerlegt also die umfangreicheren Arbeitseinheiten eines Projekts in kleinere Arbeitsschritte, so genannte Module, die in einem bestimmten Zeitintervall bearbeitet werden. Die Entwickler eines Projekts bearbeiten unter diesen Bedingungen nicht mehr umfangreiche und anspruchsvollere Segmente eines Aufgabenbereichs. Sie sind jetzt nur noch mit Teilaufgaben betraut. Die Arbeitsteilung in der Bearbeitung eines Projektauftrags führt zu einzelnen, voneinander isolierbaren Teilprozessen. Das Zerlegen des Arbeitsvorgangs in einzelne Schritte, von denen möglichst viele durch die Mitglieder des Teams fast gleichzeitig ausgeführt werden können, ist das ausschlaggebende, beschleunigende Element in der Projektarbeit. Zudem können die einzelnen Vorgänge in ihrem Arbeitsumfang zeitlich viel besser kalkuliert und gemessen werden als komplexere, umfangreichere Arbeitseinheiten (eines »Wasserfalls«). Diese Methode der Zerlegung ist keineswegs neu. Sie folgt einem alten Pfad extremer Arbeitsteilung und Rationalisierung. In der (marxistischen) Arbeitssoziologie wird das als »Taylorismus« bezeichnet. Schon zu Beginn des 20. Jahrhunderts entwickelte der Ingenieur F. Taylor eine Methode profitabler Arbeitsgestaltung, in der er komplexe Arbeitsvorgänge in ihre Einzeloperationen zergliederte und in verdichteter Weise wieder zusammenfügte. Arbeitsteilung und Verdichtung gelten seither als elementare Formen kapitalistischer Arbeitsorganisation.

Die Arbeitsteilung in einem Scrum-Team knüpft an ähnlichen Entwicklungen an, wie sie aus der Arbeitsorganisation von Industriebetrieben bekannt sind. Dies wurde bereits von Adam Smith und Karl Marx anhand der Stecknadelproduktion beispielhaft dargestellt. Durch Arbeitsteilung steigert sich die »Kontinuität, Gleichförmigkeit, Regelmäßigkeit, Ordnung und namentlich auch die Intensität der Arbeit«[41]. Die zuvor bestehenden »Poren« im Arbeitstag werden verdichtet durch eine rationellere Organisation des Arbeitsprozesses. Immer gilt es, mögliche Bummelei oder andere Formen nicht wertschöpfend verbrauchter Arbeitszeit einzuschränken. Unproduktive Tätigkeiten wie mögliche Phasen der Unterauslastung oder des Leerlaufs eines Projekts sollen dadurch konsequent eliminiert oder möglichst auf ein Minimum reduziert werden. In diesem Punkt sind Parallelen zum Lean Management-Konzept aus den 1990er-Jahren erkennbar. Alle als überflüssig erkannten Tätig-

---

41 Vgl. Karl Marx: Das Kapital Bd I, 12. Kapitel, in: Alfred Oppholzer: Handbuch Arbeitsgestaltung, S. 94

keiten sollen aus der wertschöpfenden Arbeit eines Projektes verbannt werden. So kommt es zu einer »wachsenden Intensität der Arbeit, oder einer Abnahme des unproduktiven Verzehrs von Arbeitskraft«.[42]

Eine andere Leistungsintensität

Die Zerlegung umfangreicherer Arbeitseinheiten zu kleineren Arbeitsschritten führt nicht nur zu einer Beschleunigung der Arbeitsvorgänge. Sie führt auch zu einer veränderten Wahrnehmung von Arbeitsintensität. Was sich dabei verändert, wird deutlich, wenn man die Intensität agiler Projektarbeit und der herkömmlichen Projektarbeit des »Wasserfallmodells« miteinander vergleicht.

Arbeiten im »Wasserfallmodell« bedeutet, in unterschiedlichen Projektphasen mit sehr unterschiedlichen Arbeitsintensitäten zurechtzukommen. Die Konzepterstellung am Anfang eines Projektes ist eine Hochphase, die in eine längere Phase der Produktentwicklung mit niedrigerer Arbeitsintensität übergeht. Rückt dann der verabredete Endtermin (»Deadline«) für die Produktfertigstellung oder Markteinführung näher, steigt die Arbeitsintensität massiv an.

Unter agilen Vorzeichen ist nicht der Start- oder Endtermin des Projektes das ausschlaggebende Moment der Arbeitsintensität, sondern die kurzzyklischen Zeiteinheiten der 14-tägigen oder vierwöchigen Sprints. Auf den ersten Blick scheinen diese Zeiträume nur unterschiedliche Intervalle (lange oder kurze Entwicklungsintervalle) zu sein. Tatsächlich aber verändern die Sprints Arbeitsintensität und Stresserfahrungen in der agilen Projektarbeit. »Es ist anders geworden in dem Sinne, dass es irgendwie ein Dauerstress wurde. Weil alle vier Wochen muss irgendwas gezeigt werden und man hat immer alle vier Wochen diese Deadline, jetzt muss was fertig sein. Und dadurch macht man sich zusätzlichen Stress«, beschreibt ein Beschäftigter seine Wahrnehmung der veränderten Intensität. »Das heißt, früher war es so, irgendjemand hatte eine recht lange Entwicklungsphase und dann gab es irgendwann mal die Testphase. Und das hat sich so langsam hochgeschaukelt, und man hatte diese Stresszeiten drei Wochen vor Entwicklungsschluss, und dann war es gut. Und jetzt hatte man also die drei Monate ununterbrochen, das war permanent so eine Stresssituation.«[43]

42 Ebd. S. 94.
43 A. Boes, T. Kämpf: Lean und agil im Büro, Working paper der Hans-Böckler-Stiftung, Nr. 23, Okt. 2016, S. 12.

Folgen für die Beschäftigten

Bereits zwischen 2001 und 2008 hatten mehrere Studien festgestellt, dass Beschäftigte, die in Projekten arbeiten, sich in einer gesundheitlich belastenden Situation befinden. Sie arbeiten häufiger als andere Beschäftigte subjektiv an der Grenze ihrer Leistungsfähigkeit. In der spezifischen Belastungskonstellation der Projektarbeit nehmen psychische und psychosomatische Erkrankungen und Beschwerden unter den Beschäftigten zu.[44]

Aktuelle Befragungen von Beschäftigten, die den überwiegenden Teil ihrer Projektzeit mit agilen Methoden wie Scrum arbeiten, zeigen, dass mit dem Einzug neuer Formen der Arbeitsorganisation keine Verbesserung eingetreten ist. Laut einer Untersuchung aus dem di-GAP-Projekt, an dem auch die Gewerkschaft ver.di beteiligt ist, schätzen die agil Arbeitenden ihre Arbeitsintensität als sehr problematisch ein. Zeitdruck, Störungen und Unterbrechungen spielen eine wichtige Rolle bei ihrer Arbeit. 69 Prozent der agil Arbeitenden sind davon laut eigenen Angaben (sehr) häufig betroffen, über zwei Drittel dieser Gruppe berichten von (sehr) starken Belastungen, und fast zwei Drittel machen Überstunden.[45]

Die Studie von Boes u. a. zu agilen Arbeitsformen spricht sogar von einer Steigerung der Belastungen und sieht vor diesem Hintergrund in der Praxis einen dringenden Handlungs- und Gestaltungsbedarf. »Unsere Untersuchungen veranschaulichen eindringlich, dass mit der Einführung eines neuen Entwicklungsmodells etwa in der Software-Entwicklung die Belastungen für die Beschäftigten erheblich gestiegen sind und gesundheitsförderliche Potenziale nicht genutzt werden konnten.«[46]

Das agile Manifest proklamierte als Grundsätze des Arbeitens ein nachhaltiges Tempo und eine »40-hour week«. Die Befragungsergebnisse machen deutlich, dass zwischen den proklamierten Grundsätzen und der realen Praxis agilen Arbeitens eine große Diskrepanz besteht. Alles deutet darauf hin, dass sich die anvisierte Nachhaltigkeit der Ar-

44 Vgl. A. Gerlmaier, E. Latniak: Arbeiten bis zur Erschöpfung – Regulierungs-und Handlungsansätze bei Projektarbeit, in: Lothar Schröder, Hans-Jürgen Urban (Hrsg.): Gute Arbeit, Ausgabe 2012, Frankfurt am Main, S. 117.
45 Nadine Müller, Christian Wille: Gute agile Arbeit – Arbeitsstress im Zuge der Digitalisierung, in Gute Arbeit Ausgabe 2019: Transformation der Arbeit – Ein Blick zurück nach vorn, Frankfurt am Main 2019, S. 162.
46 A. Boes u.a.: Lean« und »agil« im Büro, a. a. o., S. 195.

beitstempi in eine dauerhafte *und* gleichzeitig hohe Arbeits- und Leistungsintensität verwandelt. Die hohe Leistungsintensität ist Ausdruck einer immanenten Logik der Organisation von Arbeit unter kapitalistischen Vorzeichen, die auf Steigerung von Effizienz und Profitabilität ausgerichtet ist.

These 2: *Die Selbstermächtigung der Beschäftigten sowie die Selbstorganisation des Scrum-Teams reduzieren sich in der Praxis auf die Fähigkeit, mit den äußeren Anforderungen selbstständig umzugehen. Das agile Unternehmen beschränkt die Selbstorganisation der Beschäftigten und macht aus dem Scrum-Team eine Kontroll- und Disziplinierungsinstanz.*

An die Beschäftigten, die in agilen Projekten arbeiten, stellt das agile Unternehmen eine Reihe von Anforderungen. Zu den wichtigsten zählen intrinsische Motivation und der unbedingte Wille, Verantwortung zu übernehmen, sich und das eigene Umfeld zu organisieren und selbstverantwortlich zu handeln.

Solche Appelle an das eigene Selbst gehören schon seit einigen Jahren zum Mantra von Leitbildern und Managementmethoden. Im agilen Unternehmen erfahren diese Anforderungen aber noch eine Steigerung. Zentrale Begriffe dieser Selbstständigkeit sind hier »Empowerment« und »Selbstorganisation« des Teams. Beide Begriffe sind ursprünglich in einem kapitalismuskritischen Sinnzusammenhang entstanden. Im agilen Unternehmen werden sie reduziert auf Verhaltensappelle, die sich an die Beschäftigten richten und diese dazu auffordern, sich selbst zu aktivieren und den Marktbedingungen anzupassen.

Eigenveränderung statt eigener Macht

Empowerment lässt sich mit Selbstermächtigung oder Selbstbefähigung übersetzen. Hinter diesem Begriff steckt ein Konzept, das bereits in den 1960er-Jahren in den verarmten Stadtvierteln der USA mit überwiegend schwarzer Bevölkerung entstand und einen neuen Ansatz stadtteilbezogener Sozialarbeit in der Tradition der amerikanischen Bürgerrechtsbewegung anstrebte. Den gedanklichen Ausgangspunkt des Konzepts bildet die Überzeugung, dass Armut und soziale Deklassierung nur überwunden werden können, wenn die Armen sich »empowern«, also sich selbst zur Verbesserung ihrer Lage engagieren.

Verbunden war damit ein Aufruf zur Überwindung aller gesellschaftlichen Machtstrukturen, die Passivität und Ohnmachtsgefühle erzeugen. Von diesem Sinngehalt des Empowerment-Konzeptes ist in der Leitvorstellung des selbstbefähigten Scrum-Teams faktisch nichts mehr übrig. Empowerment soll die Beschäftigten in die Lage versetzen, ihre Arbeitsanforderungen zu schätzen, die notwendigen Tools und Techniken auszuwählen, mit dem Product owner die Arbeitsschritte zu vereinbaren und sich selbst zu organisieren. Das Ermächtigen zielt nicht auf die Überwindung von Machtstrukturen, sondern versteht sich als eine Ressource, eine (innere) Kraft, die der einzelne Beschäftigte in sich entdecken und aktivieren soll, wenn er Mitglied eines Scrum-Teams ist oder werden möchte. Übrig bleibt von dem gesellschaftskritischen Anliegen lediglich ein Auftrag zur Eigenveränderung, um den Anforderungen agiler Arbeit gerecht zu werden: »Die Macht, die Empowerment verspricht und verleiht«, schreibt Ulrich Bröckling, »haben die Bemächtigten auf sich selbst zu wenden, und diese subjektive Faltung soll sie produktiver machen, als äußere Autoritäten es je vermöchten.«[47]

Selbstorganisation statt Selbstbestimmung (Autonomie)

Ein Scrum-Team soll interdisziplinär beziehungsweise crossfunktional zusammengesetzt sein und selbst entscheiden, wie es seine Arbeit am besten erledigt. Die Beschäftigten sind aufgefordert, ihre Arbeitszeit untereinander abzustimmen und ihre Arbeitsintervalle festzulegen. Sie sollen ihre Arbeit miteinander reflektieren und sich über ihren Leistungsstand regelmäßig Feedback geben. Die Arbeitsverteilung und die Zeitplanung sollen nun von der Gruppe selbst geleistet werden. Diese Elemente von Selbstständigkeit firmieren im agilen Unternehmen als Selbstorganisation.

Auch dieser Begriff hat eine »Theoriegeschichte«: Selbstorganisation gilt beziehungsweise galt als Gegenmodell zu einer bürokratisch-hierarchischen Unternehmensorganisation und war oft eine zentrale Forderung in Betriebskämpfen von Beschäftigten in den 1960er-Jahren in Westeuropa. Besonders in Frankreich entwickelte sich aus dieser Forderung das Konzept der Selbstverwaltung (Autogestion), demzufolge die Beschäftigten selbst den Arbeitsprozess kontrollieren wollten und das Management des Unternehmens entmachtet werden sollte. Diese

---

47 Ulrich Bröckling: Das unternehmerische Selbst. Soziologie einer Subjektivierungsform, Frankfurt am Main 2007, S. 238.

Selbstverwaltung wurde von manchen Wissenschaftlern und Intellektuellen dieser Zeit als Autonomie bezeichnet. Leitidee dieser Autonomie ist ein Unternehmen, in dem die Beschäftigten selbst über *alle* Angelegenheiten demokratisch entscheiden.

Die Selbstorganisation im Leitbild des agilen Unternehmens knüpft dagegen an die Systemtheorie an. Hier gilt Selbstorganisation als erklärendes Prinzip, das aus scheinbar chaotischen Bewegungen durch eine innere Dynamik eine Ordnung herstellt. Im Scrum-Team soll dieses Prinzip dazu führen, dass die Mitglieder durch kurze Informationsketten, gezielte Interaktion und unter Ausschaltung betrieblicher Hierarchien schneller und effizienter auf den Markt oder den Kunden reagieren können. Diese Form der Selbstorganisation hat mit Autonomie nichts zu tun, sondern versteht darunter die (selbst vorgenommene) Anpassung der Teammitglieder an äußere Bedingungen.

Natürlich kann diese Selbstorganisation eines Scrum-Teams für die Mitglieder durchaus Spielräume eigenen Handelns eröffnen und als Zugewinn von Entscheidungsmöglichkeiten betrachtet werden. Aber mit Autonomie im Sinne selbstbestimmter Arbeit ist diese Art der Selbstorganisation nicht vergleichbar. Der Product owner kann jederzeit in die Selbstorganisation eingreifen und einen Sprint abbrechen, wenn er es für erforderlich hält. Der Scrum-Master stellt das Team zusammen und achtet auf die Einhaltung der »Regeln« agilen Arbeitens, und das Management oder die Unternehmensleitung setzt die Rahmenbedingungen für Zeitbudget, Finanzrahmen und Personalausstattung des Teams. Die Selbstorganisation eines Scrum-Teams ist also beschränkt: Es soll den Anforderungen von innen und von außen gerecht werden und auf die von ihm nicht beeinflussbaren Rahmenbedingungen selbstständig reagieren, aber nicht weitergehende Entscheidungen treffen.

Gruppendynamik

Die Beschränkung der Selbstorganisation wirkt sich auf die gruppendynamischen Prozesse innerhalb der Teams aus. Aus der sozialpsychologischen Kleingruppenforschung ist schon lange bekannt, dass Gruppen ihre eigene Dynamik entwickeln. Dies trifft besonders auf Gruppen zu, deren Mitglieder voneinander abhängig sind, wie es für Scrum-Teams zutrifft. Die Teams spüren nicht nur Leistungsdruck, sie können diesen auch selbst ausüben. Da das Arbeitsergebnis des Teams nur gemeinsam erreicht werden kann, unterliegt jedes Teammitglied einem starken

Konformitäts- und Leistungsdruck. Die Mitglieder fühlen sich verpflichtet, ihre Zusage (Commitment), die sie gegenüber den anderen Mitgliedern zu Beginn des Sprints erklärt haben, auch einzuhalten. Das Tempo des gesamten Teams wird nicht nur durch die Aufgabe, sondern auch durch besonders leistungsstarke Kollegen bestimmt. Gerade in den arbeitsintensiven Hochphasen, wenn etwa die Deadline eines Abgabetermins gefährlich nahe rückt, entsteht dann Stress. Diejenigen, die nicht mithalten oder mithalten können, geraten in dieser Situation schnell unter Druck.

Wie belastend die Situation von Beschäftigten in agilen Arbeitsformen empfunden wird, zeigt eine Befragung des DGB-Index Gute Arbeit: Fast die Hälfte der Befragten fühlt sich durch die agile Methode, regelmäßig ein Arbeitsergebnis für das Team zu liefern, unter Druck gesetzt, und über zwei Drittel der Arbeitenden machen Überstunden, um den Leistungsanforderungen gerecht zu werden.[48]

Das Team übernimmt Funktionen, die in der Regel Vorgesetzten oder Projektleitern vorbehalten sind. Der durch das Team ausgeübte Druck gegenüber dem einzelnen Beschäftigten kann weit wirksamer sein als der von einem »klassischen« Vorgesetzten. Er wird deswegen als noch härter, als noch wirkungsvoller wahrgenommen, weil Abweichungen von den Gruppennormen mit dem Ausschluss aus dem Team »bestraft« werden können. Die Dynamik eingeschränkter Selbstorganisation macht aus dem Team eine Kontroll- und Disziplinierungsinstanz.

Personalreduzierung in Folge von Verantwortungsverlagerung

Ein »Nebeneffekt«, der allzu häufig in der Betrachtung selbstorganisierter Scrum-Teams übersehen wird, ist der Rationalisierungseffekt agiler Arbeitsstrukturen. Die Übertragung von Vorgesetztenfunktionen auf die Teams gibt den Unternehmensleitungen die willkommene Chance, Personal einzusparen und Hierarchien zu verflachen. Vor allem für die unteren und mittleren Vorgesetztenebenen kann die Umsetzung agiler Arbeitsstrukturen massive Konsequenzen haben. Die Aufgaben von Projektleitern oder Teamleitern werden durch die Verlagerung tendenziell überflüssig.

---

48 Nadine Müller, Christian Wille: Gute agile Arbeit – Arbeitsstress im Zuge der Digitalisierung, in Gute Arbeit Ausgabe 2019: Transformation der Arbeit – Ein Blick zurück nach vorn, Frankfurt am Main 2019, S. 162.

Bei T-Systems, einer Telekom-Tochter, wurden agile Organisationsformen im Zuge einer Reorganisation des Unternehmens eingeführt und gleichzeitig 3.800 Stellen gestrichen. Ähnlich verfährt die Allianz AG, die seit 2017 in ihren Vertriebs- und Produktsparten agil arbeiten lässt und auf der Bilanzpressekonferenz 2020 ankündigte, durch Reduktion von bisher acht auf nur noch fünf Hierarchieebenen »die Führungsstrukturen immer effizienter machen« zu wollen.[49] Im selben Jahr kündigte Daimler in einer »Leadership 2020« an, nicht nur 20 Prozent der eigenen Mitarbeiter weltweit in agilen und flexiblen Strukturen arbeiten zu lassen, sondern auch tausend Führungskräftestellen zu streichen.[50]

These 3: *Die im agilen Unternehmen praktizierte Transparenz führt zu einer Allgegenwart von Fremd- und Selbstbeobachtung. Das Leistungsverhalten einzelner Beschäftigter wird zum Gegenstand der teaminternen Diskussion.*

Eine wichtige Rolle im agilen Unternehmen spielt Transparenz von Wissen und Menschen. Im agilen Unternehmen wird unter Transparenz die Bereitschaft verstanden, die eigene Person für die Interaktion und Zusammenarbeit im Scrum-Team zu öffnen, also transparent zu machen.

Selbst- und Fremdbeobachtung

In einem Scrum-Team kann und darf sich niemand verstecken. Die Leistung jedes einzelnen Teammitglieds wird sehr schnell sichtbar und kann bewertet werden. Die Einzelnen müssen täglich erläutern, was sie getan haben und wie sie vorankommen. Gibt es Verzögerungen, weil ein Teammitglied seine Aufgaben nicht rechtzeitig erledigt, kommen auch die anderen nicht voran. Die vorgebrachten und die tatsächlichen Gründe für Verzögerungen im Arbeitsablauf werden in täglichen Besprechungen offensichtlich, weil sie offen und direkt besprochen werden. So wird der Beschäftigte zu einer »öffentlichen« Person, dessen Wert für das Scrum-Team in der täglichen Arbeitsbesprechung beurteilt werden kann. Praktiziert wird eine Transparenz durch gegenseitige Beobachtung.

---

49 Neue Westfälische: Allianz will flache Struktur, 22./23. Februar 2020.
50 https://newmanagement.haufe.de/leadership/daimler-erfindet-sich-neu-musterbrueche-und-lessons-learned (30.11. 2021)

Diese täglich hergestellte Transparenz der Arbeitsfortschritte wird von vielen Beschäftigten als unangenehme Kontrolle wahrgenommen. In den Fallstudien von Boes u. a. verbinden die Beschäftigten mit dieser Kontrolle Gefühle von Unsicherheit und Bevormundung und den Druck, sich rechtfertigen zu müssen: »Man fällt automatisch am nächsten Tag in so eine Rechtfertigungshaltung. [...] Ja, warum man's nicht geschafft hat. Und warum man nur fünf Stunden eingeplant hat, was ja auch mal sein kann, wenn man vielleicht einen privaten Termin hat, und dann doch acht gebraucht hat. Das ist dann ... ja, ist schon so eine Rechtfertigungshaltung.«[51]

Das Gedankenexperiment, sich selbst in ein solches Team hineinzuversetzen, um ein Gefühl für das wechselseitige Fremd- und Selbstbeobachten zu bekommen, beschreibt die Situation gut. Diese Kontrollsituation ist aus dem Buch *1984* von George Orwell bekannt. Ist es dort der »Große Bruder«, der Fremd- und Selbstbeobachtung einer ganzen Gesellschaft organisiert, so wird die Kontrolle im Scrum-Team »demokratisiert«.»Jeder ist Beobachter aller anderen und der von allen anderen Beobachtete.«[52]

Nicht alle Beschäftigten stellen sich diesen Anforderungen von Transparenz. Sie fliehen geradezu davor und suchen sich anderswo Arbeit. Im Internet finden sich dazu einige Informationen. Bei der Haufe-Verlagsgruppe zum Beispiel kündigten zahlreiche Angestellte, als der Verlag agile Arbeitsstrukturen einführte. Bei Sipgate in Düsseldorf verließ die Hälfte der Beschäftigten das Telekommunikationsunternehmen nach der Umstellung auf agiles Arbeiten.[53] Der Onlinehändler Zappos gilt als eines der ersten Unternehmen, das sich komplett dem agilen Management verschrieben hat. Anfang 2016 stellte die Unternehmensspitze ihre Beschäftigten vor die Wahl: Wer nicht komplett in selbstständigen Einheiten ohne feste Hierarchie arbeiten wolle, dürfe sich drei Monatsgehälter auszahlen lassen und das Unternehmen verlassen. Über 200 der 1.500 Mitarbeitern gingen darauf ein.[54]

These 4: *Der auf die Beschäftigten ausgeübte Druck, ihr »eigenes Silo« zu verlassen und ihr Wissen mit den anderen Teammitgliedern*

---

51 https://www.boeckler.de/pdf/p_fofoe_WP_023_2016.pdf (14.02.2020)
52 Ulrich Bröckling: Das unternehmerische Selbst. Soziologie einer Subjektivierungsform, Frankfurt am Main 2007, S. 238.
53 https://www.brandeins.de/magazine/brand-eins-wirtschaftsmagazin/2017/ueberraschung/immer-in-bewegung-bleiben
54 http://www.genios.de/wirtschaft/agiles_arbeiten

zu teilen, führt zu Dequalifizierung und Taylorisierung qualifizierter Arbeit. Die Beschäftigten reagieren darauf mit zunehmender Unsicherheit, aber auch mit Widerstand und Abwehr.

»Raus aus dem Silo!«

Neben der eigenen Person, die sich im Team öffnen soll, hat Transparenz im Leitbild agiler Unternehmensführung eine weitere Bedeutung. Sie bezieht sich auf den fachlichen Status der Beschäftigten, die sich in ihrem Arbeitsleben spezifisches Wissen zu bestimmten Arbeitsvorgängen angeeignet haben und dadurch zu Experten einer Sache (geworden) sind. Dieses Expertentum gilt im agilen Unternehmen aufgrund fehlender Transparenz als unvereinbar mit den agilen Arbeitsmethoden und wird in zahlreichen Einträgen als individuelles »Silodenken« nicht nur kritisiert, sondern als unzeitgemäßes Verhalten geradezu gebrandmarkt. Die Beschäftigten sollen ihre Arbeitsweisen offenlegen und ihr Spezialwissen mit den anderen Mitgliedern des Teams teilen. Selbstorientiertes Arbeiten gilt als Kooperationshindernis, das durch ein »Aufbrechen des Silos« beseitigt werden soll. Individuelle Arbeit zählt unter dem Transparenzgebot als unproduktive und verschwendete Zeit. »Raus aus dem Silo – rein in die Zusammenarbeit!«, lautet die Direktive an die Beschäftigten.[55]

Leistungskontrolle und Dequalifizierung

Diese Formulierung klingt nicht nur unfreundlich und unerbittlich – sie ist es auch. Individuelles Wissen und Knowhow (spezielle Kenntnisse, Erfahrungen) sollen nicht »Eigentum« einzelner Personen – der qualifizierten Beschäftigten – bleiben, sondern zur Nutzung den anderen Mitgliedern des Teams zugänglich sein. Die Mitglieder des Teams sollen auf das Wissen und die Arbeitsweisen eines jeden zurückgreifen können. Der regelmäßige Austausch am Board oder im (digitalen) Backlog schafft eine Transparenz besonderer Tragweite.

Was einerseits dem Austausch und der Zusammenarbeit des Teams dienen soll, wird andererseits zu einem Instrument, das dem Management einen tiefen Einblick in die komplexen Arbeitsabläufe bis hinunter zur Ebene des einzelnen Arbeitsplatzes gewährt. Das Management

---

55 https://business-elf.de/silodenken-im-unternehmen-zusammenarbeit/ (16.01.2020)

bekommt dadurch Zugriff auf Informationen, die Aufschluss über Leistung und Verhalten der Beschäftigten geben. Das berührt nicht nur Fragen des Datenschutzes (DSGVO), sondern auch das Betriebsverfassungsrecht. Die Betriebs- und Personalräte sind gefordert, diese Transparenz durch den Ausschluss von Leistungs- und Verhaltenskontrolle (§ 87 Abs.1, Nr. 6 BetrVG) zu verhindern.

Das »Aufbrechen des Silos« ist der Versuch, qualifizierte Tätigkeiten, die aufgrund ihres Anforderungslevels bisher nicht oder kaum transparent waren, unter Kontrolle des Managements zu bringen. Die Visualisierung und Dokumentation von Wissensprozessen und Arbeitsweisen sind als ein erster Schritt zur Automatisierung menschlicher Kopfarbeit zu betrachten. Die Schrittfolge dieses Automatisierungsprozesses ist bereits aus dem »Taylorismus« (F.W. Taylor) bekannt: Zuerst werden Arbeitsschritte mit visuellen Mitteln (z. B. Kanban) oder digitaler Dokumentation (z. B. Firmenwiki) erfasst, dann erfolgt die Analyse der Arbeit und ihre Zerlegung in kleinere Teiloperationen. Sind diese als Einheiten standardisiert, können sie als Fremdleistung nach außen an Subunternehmen vergeben oder auf Plattformen weltweit angeboten werden. Am Ende des Prozesses ist das Silo aufgebrochen, über Wissen und Knowhow kann nun das Management frei verfügen.

Reaktionen der Beschäftigten

Viele Beschäftigte begreifen diese Entwicklung als Bedrohung. Sie spüren, dass ihr Expertenwissen in der agilen Arbeitsweise nicht (mehr) erwünscht ist. Die von Boes u. a. erstellte Studie zu den neuen Organisationskonzepten zeigt, dass diese Entwicklungen Ängste und Unsicherheitsgefühle bei den Beschäftigten wecken und bereits vorhandene verstärken. Wenn im Zuge dieser Rationalisierung ihre eigenen Fertigkeiten überflüssig werden, weil der Arbeitsprozess sie nicht mehr benötigt, wenn ihre individuellen Spielräume schwinden, die sie als Experten durchaus noch hatten, wird das nicht nur als materielle Bedrohung, sondern auch als Gefahr für den eigenen Status erlebt. Dies gilt insbesondere dann, wenn das eigene Unternehmen Teile der Produktentwicklung auslagert oder infolge der Praktizierung agiler Arbeitsformen in der Gruppe der qualifizierten Beschäftigten Personalstellen gestrichen werden.

Die Studie zeigt allerdings auch, dass Beschäftigte sich gegen die Öffnung des »Expertensilos« (Boes u. a.) wehren. »Der Widerstand der

Experten äußert sich in unseren Fallstudien oft in vielen kleinen, eher subversiven Aktionen, die darauf zielen, die neuen Methoden mittels Überspitzung ad absurdum zu führen. Er äußert sich aber auch in Formen individueller Blockadehaltung, z. B. darin, dass die täglichen Besprechungen am Board entweder ›geschwänzt‹ oder nur dem Schein nach umgesetzt werden, sodass diese Meetings [...] nur selten täglich durchgeführt werden.«[56] Nicht immer bleibt es bei individuellen Aktionen. Manche Teams »vergessen«, ihre Arbeitsfortschritte digital zu dokumentieren oder am Board zu visualisieren. So wird nicht transparent, wie schnell oder wie langsam die einzelnen Beschäftigten bei der Abarbeitung vorankommen.

Diese Blockadehaltungen zeigen, dass die Beschäftigten nicht damit einverstanden sind, die Anforderungen des agilen Unternehmens bedingungslos zu erfüllen. Vielmehr sind diese Widerstände ein Ausdruck ihrer Bemühungen, mögliche Lücken und Spielräume bei der Umsetzung einer Managementmethode für sich zu nutzen und unter den gegebenen Bedingungen das Beste für sich und ihre Kollegen daraus zu machen.

Vorläufiges Fazit

Die vorangegangene Diskussion soll hier kurz zusammengefasst werden:

Neue Arbeitstechniken (Kanban, Post-its, mobile Metaplanwände, Tennisbälle und sogar Legosteine) und Teamentwicklungsmaßnahmen (morgendliche Besprechungen des Teams, Lern- und Feedback-Schleifen), wie sie in Teil I dieses Beitrags nur kurz dargestellt sind, sollen für eine aktivierende Atmosphäre bei der Arbeit sorgen. Diese Techniken und Methoden offenbaren sich bei genauerer Betrachtung lediglich als modernisierte Form bereits früher verwendeter kapitalistischer Mobilisierungs- und Motivierungsstrategien.

Dennoch sind vor allem jüngere Beschäftigte, die das nicht reflektieren, häufig davon fasziniert und begrüßen diese Methoden als Realisierung des »New Work« (Frithjof Bergmann) im Sinne zukunftsweisender und sinnstiftender Arbeit. Die Faszination wird die

---

56 Andreas Boes, Tobias Kämpf, Barbara Langes, Thomas Lühr: Lean« und »agil« im Büro, Neue Organisationskonzepte in der digitalen Transformation und ihre Folgen für die Angestellten. Als Volltext vorhanden bei: https://transcript-verlag. de/media/pdf/83/87/cd/oa9783839442470.pdf, letzter Aufruf 10.02.2020.

Belastungszunahme, die massive Leistungskontrolle, die Probleme von Fremd- und Selbstbeobachtung des agilen Arbeitens (Teil II) – zumindest zeitweise – überdecken. Verstärkt wird die Attraktivität dadurch, dass das Management die passende Arbeitsumgebung gleich mitliefert. Überall in Deutschland entstehen Gebäude, in denen die »Wissensarbeiter« agil arbeiten. Mit Fabriken haben diese Gebäude nichts, mit herkömmlichen Bürogebäuden nur wenig zu tun. Open Space Offices und so genannte Campus-Welten, wie sie idealtypisch von Unilever (Hamburg), Vodafone (Düsseldorf) oder der Allianz AG (München) errichtet worden sind, schaffen das räumliche und kommunikative Ambiente für agiles Arbeiten. Davon bleiben die darin arbeitenden Menschen nicht unbeeinflusst.

Ich schätze die Zukunft dieser Entwicklung so ein, dass das agile Unternehmen neue Arbeitsmuster beziehungsweise neue Arbeitsstile hervorbringen wird, die an die Lebensentwürfe und kulturellen Präferenzen einer jungen, urbanen, oberen Mittelkasse anknüpfen. Zu diskutieren wäre, ob diese Tendenz sich so weit entwickelt, dass eine völlig neue und geschlossene Arbeitskultur von (Hoch-) Leistungsträgern im Sinne einer »High Perfomance Culture« entsteht, in der es keinen Platz mehr für »Leistungsschwache« oder solidarische Handlungsweisen unter den Beschäftigten gibt.

Der Kern der agilen »Offensive« besteht allerdings nicht in der Innovation von Dienstleistungen oder Produkten. Er besteht darin, Arbeitsprozesse zu beschleunigen und Wissensarbeit rationalisierbar und kontrollierbar zu machen. Die Unternehmen verfolgen das Ziel, Arbeit ohne Reibungsverluste mit maximaler Geschwindigkeit zu organisieren. Das Ziel lautet: in Echtzeit zu arbeiten. Das wird nicht gelingen. Aber der Weg dorthin ist das eigentliche Ziel der Offensive. Der dadurch ausgelöste Produktivitätsschub wird zu einem Personalabbau in den unteren und mittleren Führungsebenen führen. Die Tendenz dazu ist bereits jetzt absehbar.

Der Arbeitsplatzabbau mit all seinen Folgen (Verantwortungsübertragung, steigende Intensität) wird dazu führen, dass die Attraktivität des agilen Arbeitens unter den Beschäftigten nachlassen wird. Spätestens dann wird diese Form des Arbeitens zu dem, was bereits jetzt in Ansätzen zu beobachten ist: ein umkämpftes Terrain zwischen Management und Beschäftigten.

Neben Rationalisierung und Automation sind auch Tendenzen zunehmender Dequalifizierung der Wissensarbeit bereits erkennbar. Im

Sinne einer Managementmethode steht das agile Arbeiten in der Tradition tayloristischer Denkmuster der Organisierung von Arbeit. Im Sinne einer These sehe ich in der Anwendung dieser Methoden ein Anzeichen dafür, dass das Management die »bewährten Pfade« der Organisation von Arbeit nicht verlässt. Auch in der zukünftigen Organisation von Arbeit, deren Ausgestaltung zurzeit anhand von Stichworten wie Digitalisierung und Industrie 4.0 diskutiert wird, scheint es auf bewährte Kontroll- und Rationalisierungsstrategien zu vertrauen.

3 Selbstständig, nicht selbstbestimmt: Arbeiten in einem Projekt

3.1 Methodik und Verfahren

Der Begriff »Projekt« bedeutet ursprünglich Plan, Vorhaben oder Absicht. Im Wörterbuch wird Projekt beschrieben als ein Vorhaben, das sich durch eine zeitliche Befristung, einen besonderen Schwierigkeitsgrad und eine relative Neuartigkeit von den laufenden Alltagsgeschäften unterscheidet und daher eine gesonderte Ausgliederung beziehungsweise eine besondere Abwicklung rechtfertigt.

Definition

Bis etwa zur Jahrtausendwende sprach man in der Arbeitswelt von Projekten, wenn schwierige, einmalige oder neuartige Aufträge zu bearbeiten waren. Mittlerweile werden Projekte in vielen Unternehmen als dauerhafte Organisationsform praktiziert. Besonders in der IT- und Softwareentwicklung ist für viele Beschäftigte das Projekt die charakteristische Form der Arbeitsorganisation. Auch die so genannten »indirekten Bereiche« der Automobilindustrie oder des Maschinenbaus, aber auch der Telekommunikation oder des Finanzbereichs sind projektintensive Branchen. Nicht nur ist jedes neue Fahrzeug ein Projekt, sondern auch jedes Bauteil und Modul, welches für das fertige Modell entwickelt und hergestellt wird, stellt ein in sich abgeschlossenes Projekt dar.

Als Arbeitsform hat Projektarbeit eine Reihe bestimmter Merkmale. Dazu gehören:

- Die Arbeitsaufgaben sind nicht vorgegeben und wenig oder gar nicht routinisiert. Die Lösungswege für die Arbeitsaufgabe sind den Beschäftigten bei Projektbeginn nicht bekannt.

- Der Projektauftrag ist selten eindeutig; während der Bearbeitung eines Projekts und im Kontakt mit Kunden ergeben sich neue Anforderungen, die berücksichtigt werden müssen.

- Die Zusammenarbeit in der Projektgruppe findet nicht dauerhaft statt, sondern ist zeitlich begrenzt und problembezogen. Während des Projektes kann die Zusammensetzung variieren.

• Die Beschäftigten sind häufig für mehrere Projekte oder Aufträge gleichzeitig zuständig und müssen ihren Arbeitseinsatz einzeln koordinieren.

In den genannten Branchen und Bereichen arbeiten viele Akademiker und Angestellter mit einer qualifizierten Ausbildung. Sie verfügen vielfach über besondere Kenntnisse und (individuelles) Wissen, wodurch ihnen im Unternehmen häufig ein »Expertenstatus« eingeräumt wird. Das stellt Management und Unternehmensleitungen vor die Aufgabe, die Kenntnisse dieser Beschäftigten produktiv zu nutzen, ihr Wissen in den Produktionsprozess zu integrieren, ohne sich vom Expertentum und der der Sonderrolle dieser Gruppe abhängig zu machen. »Es geht also darum, die Abhängigkeiten vom einzelnen Beschäftigten als Person und dessen konkreter Individualität zu reduzieren, ohne jedoch auf die Subjektivität im Arbeitsprozess zu verzichten.«[57]

Zur Lösung dieser Aufgabe hat sich in vielen Unternehmen Projektarbeit als spezifische Arbeitsform etabliert. Projektgruppen sind häufig fach- beziehungsweise abteilungsübergreifend zusammengesetzt und können dadurch das spezielle Wissen verschiedener Fachleute integrieren. Im Falle eines Softwareentwicklungsteams können das beispielsweise Entwickler, Architekten, Datenbankspezialisten, Tester und Webdesigner sein.

Ähnlich wie andere Arbeitsformen, die als Teams oder Arbeitsgruppen bezeichnet werden, verfügt eine Projektgruppe mit der Position des Projektleiters über eine Hierarchie. Der augenfälligste Unterschied zu einem Team besteht dagegen in der zeitlichen Begrenzung der Projektarbeit. Sie hat ein definiertes Ende, den Abgabetermin. Danach kann ein neues Projekt mit einer möglicherweise anderen Zusammensetzung des Teams folgen.

Überschneidungen gibt es auch mit der typischen Organisationsstruktur im Unternehmen, die als Linienorganisation bezeichnet wird. Diese Unternehmensstruktur besteht aus einer Unternehmensführung und verschiedenen Abteilungen. Wiederkehrende Aufgaben werden durch dauerhaft gleiche oder ähnliche Arbeitsabläufe arbeitsteilig bearbeitet. Dieses Prinzip der Arbeitsteilung findet auch in einem Projekt Anwendung. Das zu fertigende Produkt oder der Arbeitsauftrag wird – ähnlich wie in der Linienorganisation – in einzelne Arbeitsschritte

---

57 Andreas Boes, Tobias Kämpf u. a.: «Lean« und «agil« im Büro. Neue Organisationskonzepte in der digitalen Transformation und ihre Folgen für die Angestellten, HBS-Forschung Bd. 193, S. 41.

zerlegt und von den Beschäftigten Schritt für Schritt fertig gestellt. Der Unterschied zur Linienorganisation liegt darin, dass die Bearbeitung in Projektgruppen durch Beschäftigte verschiedener Fachrichtungen gemeinsam erfolgt. Der Arbeitsverlauf erfolgt nicht entlang einer Linie, sondern in einem Netzwerk.

Als weit verbreitetes Arbeitskonzept der Projektarbeit gilt das linear organisierte »Wasserfallmodell«. Hierbei legen Kunden ihre Anforderungen und Wünsche in einem Arbeitsauftrag fest, dann folgen wie bei der Kaskade eines Wasserfalls die einzelnen aufeinander folgenden Projektphasen wie Konzepterstellung, Entwurf, Implementierung, Test und Installation. Eine neue Phase beginnt erst, wenn die vorherige abgeschlossen ist. Um die Zeit zwischen Anforderung (des Kunden) und fertigem Produkt abzukürzen, orientieren sich viele Unternehmen inzwischen an einer kurzzyklischen, »agilen« Arbeitsweise mit selbst organisierten Teams in enger Kooperation mit den jeweiligen Kunden.

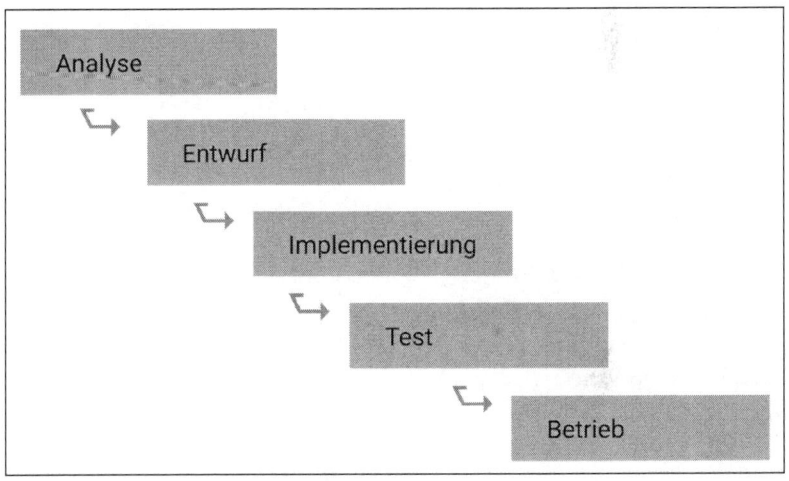

Abb. 2: Arbeitsablauf in der Projektarbeit (Wasserfallprinzip)

Die Krisenanfälligkeit von Projekten

Der Wandel vom »Wasserfallmodell« zu einer kurzzyklischen Arbeitsweise ist ein Symptom für die Schwierigkeiten, mit denen diese Arbeitsform konfrontiert ist. In der Projektarbeit verknüpfen sich technische, betriebswirtschaftliche und personell-arbeitsorganisatorische Aspekte. Hinzu kommt die Kooperation mit außerhalb des Projekts stehenden Partnern: Kunden, Lieferanten, andere Abteilungen und das eigene

Management. Dies macht ein Projekt zu einer echten Herausforderung. Zahllose Einträge im Netz beschäftigen sich inzwischen mit den Schwierigkeiten, die diese Konstellation für die im Projekt Arbeitenden mit sich bringen. Fehlschläge wie beispielsweise bei der Einführung der Unternehmenssoftware SAP in Unternehmen wie dem Versandhändler OTTO, der Deutschen Bank oder LIDL führten zu Millionenverlusten.[58] Diskutiert werden die Gründe, warum so viele Projekte ihre Ziele nur teilweise erreichen oder gar gänzlich scheitern. Laut einer Studie aus dem Jahre 2017 scheitern 14 Prozent aller Software-Projekte ganz, 31 Prozent erreichen ihre Ziele nicht. 43 Prozent der Projekte überziehen ihr Budget, und 49 Prozent aller Projekte halten ihre Deadlines nicht.[59] Hinter diesen Zahlen verbergen sich unterschiedliche Gründe für die »Erfolglosigkeit« von Projekten. Oft spielen dabei folgende Faktoren eine wichtige Rolle:

Der Konflikt von Linie und Projekt

Die Linienorganisation hat einen Vorteil: die Klarheit des hierarchischen Prinzips: Zuständigkeitsbereiche sind geregelt und allgemein bekannt. Dieser Vorteil verliert seine Wirkung, wenn eine netzwerkartige, abteilungsübergreifende Struktur, wie es die Projektgruppen sind, in die Arbeitsorganisation »eingebaut« wird. Es kommt zu zwei unterschiedlichen Organisationsprinzipien, deren jeweilige Herrschaftsbereiche immer wieder voneinander abgegrenzt werden müssen. Das erhöht nicht nur den Koordinierungs- und Kommunikationsaufwand im Unternehmen. Es bildet sich auch ein Nährboden für Konflikte unterschiedlicher Art: Konkurrenz zwischen Vorgesetzten der Hierarchieebene und den Projektleitern, Auseinandersetzungen um Budgets und Einfluss sowie Streit um die Abgrenzung der jeweiligen Zuständigkeiten und Verantwortungsbereiche. Folge ist ein teils offen, teils unterschwellig geführter Kleinkrieg, der Fragilität und Konfliktanfälligkeit der Projektarbeit erhöht.

Der technologische Blick

Projektmanagement wird vorrangig als technische »Methode« und als erfolgreiche Anwendung von Instrumenten und Techniken in den jeweiligen Phasen eines Projektzyklus betrachtet. Projekte werden in

---

58 https://www.wiwo.de/unternehmen/it/haribo-lidl-deutsche-post-und-co-die-lange-liste-schwieriger-und-gefloppter-sap-projekte/23771296.html (14.3.2021)
59 https://codecontrol.io/de/blog/7-reasons-tech-projects-fail (30.12.2020)

erster Linie als Verfahren zur Lösung von Sachproblemen verstanden. Dieser technologische Blick gefährdet andererseits auch Projekte, weil er die kommunikativen und zwischenmenschlichen Aspekte der Projektarbeit unterschätzt oder gar ausblendet. Unterschiedliche Auffassungen in Sachfragen oder differierende Meinungen zum Vorgehen im Team können dann den Charakter von Konflikten annehmen und entwickeln unter Umständen eine gefährliche Dynamik, wenn innerhalb des Teams keine Konfliktlösungsstrategien erarbeitet werden können, sei es, weil es an der dafür erforderlichen Qualifikation oder Bereitschaft fehlt oder weil ein Projekt bereits unter erheblichem Zeitdruck steht und man der Auffassung ist, man könne es sich nicht leisten, über Konflikte zu reden.

Die Diskrepanz von Planung und Realisierung

Projekte setzen eine Kalkulation und Aufwandsschätzung voraus, die der Realisierung vorausgeht. In der Praxis zeigen sich allerdings erhebliche Abweichungen zwischen Kalkulation beziehungsweise Schätzung und den tatsächlich eingesetzten Ressourcen, die zur Realisierung eines Projektes eingesetzt werden. Die Ursachen sind vielfältig. Eine wichtige Rolle spielen dabei hoher Zeitdruck, Renditevorgaben der Unternehmensführung, zu niedrige Kalkulationen aufgrund zu optimistischer oder falscher Annahmen sowie unklare oder später eingefügte Anforderungen, die zur Überarbeitung des Auftrags führen.[60]

Bei der Frage nach den Gründen für diese Diskrepanz werden auf Webseiten, die sich dem Misserfolg von Projekten widmen, häufig Faktoren wie »mangelhafte Kommunikation« oder »schlechte Planung« ins Feld geführt. Diese können zwar eine Rolle spielen, sind allerdings nur ein »Teil der Wahrheit«[61]. Für die Erklärung der beobachteten Diskrepanz spielen die Bedingungen kapitalistischer Ökonomie und Arbeitsorganisation eine entscheidende Rolle. Es sind die Marktverhältnisse, die Unternehmen zwingen, »bei Strafe des eigenen Untergangs«

---

60 »Manfred Bundschuh und Axel Fabry erwähnen in ihrem Buch Aufwandsschätzung von IT Projekten [BuFa2000], dass gerade bei größeren Softwareprojekten eine Abweichung bei Aufwand und Liefertermin um bis zu 1500 Prozent vorkommt. Geringere Abweichungen von 30 Prozent werden in Folge dessen als Erfolg angesehen.« Zitat aus: Mark Harwardt: Wasserfallmodell versus Scrum., ebd. Abgabedatum: 2011-04-08.
https://pm-blog.com/2009/07/04/warum-scheitern-projekte/ (01.01.2020)
61 https://pm-blog.com/2009/07/04/warum-scheitern-projekte/ (01.01.2020)

Projekte auch unter riskanten oder nur schwer zu realisierenden Bedingungen zu akquirieren.

Der zunehmende Druck wird dann an das einzelne Projekt weitergereicht, was nachfolgend zu kritischen Situationen in den einzelnen Arbeitsphasen eines Projektes führt (siehe Seite 93). Zur Arbeitsorganisation gehört normalerweise der aus dem Management kommende Leitungsapparat eines Projektes mit der Kontrolle über den Rahmen (z. B. Budget, Kalkulation, Personalausstattung) und Beschäftigte, die unter diesen Rahmenbedingungen arbeiten müssen. Die Probleme, die sich aus dieser Trennung ergeben, sind weniger mangelhafter Kommunikation geschuldet als vielmehr Resultat der Trennung von Leitung und Ausführenden. Dies führt zu einer ständigen Gefährdung des Arbeitsablaufs eines Projektes und zu den genannten Missverhältnissen dieser Arbeitsform.

Vom Verschwinden der Hierarchie

Krisenanfälligkeit und Defizite in der Umsetzung scheinen aber die Akzeptanz von Projektarbeit in den Unternehmen nicht zu beeinträchtigen. Laut einer Studie des Personaldienstleisters Hays in Zusammenarbeit mit einer Unternehmensberatung nimmt Projektarbeit gegenüber der Arbeit in der Linienorganisation an Bedeutung zu. Demnach entscheiden sich 88 Prozent der untersuchten Unternehmen für ein Projekt als Organisationsform, wenn neue Lösungen eingeführt werden sollen. 74 Prozent der Unternehmen sehen es als Möglichkeit an, selbst neue Produkte und Dienstleistungen zu entwickeln. Von einer zunehmenden Bedeutung der Arbeitsform Projekt geht auch eine Studie der Deutschen Gesellschaft für Projektmanagement aus. Sie bescheinigt der Projekttätigkeit eine zunehmende Bedeutung. Lag ihr Anteil an der gesamten Wertschöpfung in Deutschland 2015 bei 35 Prozent, so prognostiziert die Studie einen Anstieg dieses Anteils in den nächsten Jahren auf mehr als 40 Prozent.[62]

Im Internet finden sich zahlreiche Einträge zum Thema Wirtschaft und Personal, die Wertschätzung und Zustimmung in Wirtschafts- und Managementkreisen für Projektarbeit betonen. Viele dieser Bei-

---

62 https://www.hays.de/personaldienstleistung-aktuell/studie/betriebliche-
    projektwirtschaft-eine-vermessung
    (27.12.2020); sowie https://www.gpm-ipma.de/fileadmin/user_upload/GPM/
    Know-How/GPM_Studie_Vermessung_der_Projekttaetigkeit.pdf (02.01.2021)

träge befassen sich interessanterweise mit dem Thema Hierarchie. Sie erwecken den Eindruck, dass in den Unternehmen eine Überwindung der Hierarchien stattfände, wenn die Beschäftigten in Projektteams arbeiten. In einem Eintrag eines bekannten Netzwerkes zur Nutzung beruflicher Kontakte heißt es:»Zahlreiche Unternehmen aus den verschiedensten Branchen haben bereits auf die veränderten Wettbewerbsbedingungen reagiert und daher veraltete Managementhierarchien durch neue, flexible Strukturen ersetzt, die es ermöglichen, Projektteams aus den Mitarbeitern eines Unternehmens zusammenzustellen und sich auf die Anforderungen der Kunden zu konzentrieren.«[63]

Um welche neuen Strukturen es sich handelt, die die veralteten Hierarchien ersetzen, bleibt hier genauso unklar wie im folgenden Beitrag. Dieser sieht nicht in der Hierarchie selbst, sondern in ihrer Erstarrung das entscheidende Problem. Herrsche dagegen Klarheit und Transparenz, könne das eine Hierarchie verhindern.»Durch einzelne Arbeitspakete, die den Projektbeteiligten zugeordnet werden, und unterschiedliche Rollen, vom Lenkungsausschuss über den Projektmanager bis zum Projektmitarbeiter, sind die Aufgaben eines jeden einzelnen klar geregelt. Dies muss nicht bedeuten, dass es zu starren Hierarchien kommt, sondern vielmehr, dass Zuständigkeiten und Ansprechpartner für alle Beteiligten transparent sind«, heißt es in einem Beitrag einer Recruiterin auf der Website einer Personalvermittlung.[64]

Die Intention solcher Einträge ist offensichtlich: Hierarchie ist kein schönes Wort. Der Hierarchiebegriff erinnert an Ausbeutung, an Kommandostrukturen und bürokratische Verhältnisse. Er stört die Idylle von Flexibilität, Motivation und Modernität, in die einschlägige Webseiten die Arbeitsform Projekt kleiden möchten. Daher wird die Existenz einer Hierarchie klein geredet oder behauptet, sie würde sich erledigen, wenn alles transparent sei. Stattdessen soll vermittelt werden, es handele sich bei einem Projekt um eine privilegierte Arbeit selbstbestimmter oder souveräner Subjekte, die mit der Plackerei und dem Stress anderer Arbeitsverhältnisse nicht vergleichbar sei. Die Botschaft von Selbstbestimmung und flachen Hierarchien richtet sich an die Zielgruppe der meist jüngeren Hochqualifizierten, die ein hohes Maß

63 Zitate aus https://www.xing.com/communities/posts/argumente-fuer-die-projektarbeit-welche-vorteile-bringt-das-projektmanagement-den-unternehmen-1002959697 18.1.2016
64 https://talentschuppen-personal.de/projektmanagement-als-neue-form-der-arbeitsorganisation/lemente, die Projektteams so erfolgreich machen; Beitrag von Lena Plikat, veröffentlicht 10. Januar 2019 (04.01.2021)

an Kompetenz einbringen können und an der Selbstverwirklichung ihrer Bedürfnisse in der Arbeit interessiert sind. Diese Gruppe ist für die Projektarbeit offen.

Die große Erzählung

Die Bertelsmann-Stiftung fühlt sich seit vielen Jahren dem Gedanken der Förderung von Partnerschaft, Harmonie und Unternehmenskultur verbunden. Es überrascht daher nicht, wenn von hier eine wohlklingende Beschreibung eines perfekten Projektes kommt. In einer Art »großer Erzählung«, die aus einer Broschüre der Stiftung zum Thema »Gestaltung von Führungskompetenzen und -systemen« stammt, wird das Szenario eines erfolgreichen Projektes vorgestellt. Die Arbeitsform Projekt wird hier als Aufbruch in eine »neue Arbeitskultur« mit »sich selbst organisierenden Teams« gefeiert. Weiter heißt es:

»Sie erfolgt jenseits des Tagesgeschäfts, denn sie soll neue Freiheiten in der Arbeitsweise ermöglichen und interessierte Mitarbeiter zu mehr Eigeninitiative und Unternehmergeist führen. Anhand übergeordneter Zielsetzungen werden Teams künftig selbst über Ressourcen, Fachkräfte, Honorare und Urlaubstage entscheiden und damit im offenen Wettbewerb mit anderen Teams stehen. Die Teamkollegen werden anhand ihrer inhaltlichen, strategischen und sozialen Kompetenzen ausgewählt und nach jedem Projekt von allen Mitwirkenden beurteilt. Die Führungskraft koordiniert die Projektteams, liefert das Briefing, definiert den Rahmen, stellt Ressourcen und Budget, [...] diskutiert mit der Gruppe Rahmen und Ziele des Auftrags und erfährt vom Team die persönlichen Leistungsziele des Einzelnen, die er in die Projektarbeit einzubringen plant.

Diese Beiträge gleicht sie mit den Mitarbeiterprofilen und darin hinterlegten Zielvereinbarungen ab, so dass die Teammitglieder nicht nur für das Projekt, sondern auch für ihre eigene Entwicklung arbeiten. Die Führungskraft fixiert gemeinsam mit der Gruppe die Zeitplanung und zieht sich dann komplett aus dem Projekt zurück. Sie erstellt weder einen organisatorischen Ablaufplan oder eine inhaltliche Roadmap noch gibt sie eine bestimmte Methodik vor. Dies ist alles Aufgabe des Teams, das sich innerhalb des Rahmens selbst koordiniert und eigenständig Lösungen erarbeitet. [...] Eine Kontrolle über Arbeitsfortschritt und Leistungsbeitrag ist über die vernetze Kollaborationsplattform ebenso möglich wie das Kommunizieren wichtiger Ereignisse oder Veränderungen an alle Projektpartner.

Die Führungskraft hat erstmals bei der internen Projektpräsentation des Teams die Möglichkeit, Feedback zu geben. Sie sollte dabei inhaltlich lediglich überprüfen, wie gut das Ergebnis sich mit dem Briefing deckt. Wichtig ist zu erfahren, welche Methoden sich bewährt haben und ob alle Teammitglieder ihren Zielvereinbarungen entsprechen konnten. Auch das offene Eingeständnis von Fehlern sollte seitens der Führungskraft als Lernkurve für alle respektvoll erörtert werden. Abschließend geben sich die Mitarbeiter gegenseitiges Feedback und hinterlegen eine abgestimmte Beurteilung in ihren virtuellen Profilen. [...]«[65]

Hierarchie taucht hier als Begriff gar nicht mehr auf – und dennoch ist das beschriebene Projekt in die hierarchischen Strukturen des Unternehmens eingebettet. Das eigentlich Neue an dieser Arbeitskultur besteht vor allem in der Verlagerung von Aufgaben, die bisher den Vorgesetzten zugedacht waren, auf die Projektteams: Nun sollen diese sich gegenseitig beurteilen, Team gegen Team soll um Budgets, Ressourcen und Personal kämpfen und sich gegenseitig Feedback geben!

In einem Projekt zu arbeiten kann tatsächlich Spaß machen, wenn sich die Beschäftigten miteinander verstehen, ihre Arbeitszeit selbst einteilen und viele Aufgaben eigenverantwortlich bearbeiten können, ohne dass Ihnen ständig ein Vorgesetzter über die Schulter schaut. Was die Bertelsmann-Stiftung als neue Arbeitskultur ausleuchtet, verwickelt die Beschäftigten aber nicht nur in immer neue Bewährungsproben und widersprüchliche Anforderungen, es kann auch zahlreiche gesundheitliche und psychische Belastungen zur Folge haben.

---

65 Bertelsmann Stiftung (Hrsg.).: Zukunftsfähige Führung. Die Gestaltung von Führungskompetenzen und-systemen, 2015, S. 20–21.

3.2 Vom Netzplan zur Industrialisierung geistiger Arbeit

Projekt und Projektmanagement haben zwar einen gemeinsamen Wortstamm, sind aber nicht gleichzeitig entstanden. Erste Ansätze zur Projektarbeit entstanden in den 1970er-Jahren durch Initiative von Beschäftigten in der (englischen) Rüstungsindustrie. Sie konnten sich aber gegen den Willen von Management und Unternehmensleitungen nicht durchsetzen.

Elemente beziehungsweise Methoden eines Projektmanagements wie Zeitgerüst und Ablaufplanung des Arbeitseinsatzes wurden schon in den 1950er-Jahren beim Bau von Kaufhäusern, Wolkenkratzern und Großkrankenhäusern eingesetzt. Architekten und Bauleitungen nutzten diese Methoden, um die Arbeit der zahlreichen Unternehmen und Handwerksbetriebe auf den Baustellen zeitlich aufeinander abzustimmen und die einzelnen Bauabschnitte wirksam zu kontrollieren.

Neue Methoden, eine »neue Arbeiterklasse«

Auch die Rüstungsindustrie entwickelte neue Methoden zur Herstellung moderner Waffen. Im Forschungszentrum der amerikanischen Marine hatte man bei der Entwicklung der U-Boot-Rakete »Polaris« erkannt, dass eine Kontrolle über die vielfach verzweigten Forschungsschritte und die Einhaltung der gewünschten Endtermine mit den üblichen Methoden der Terminplanung nicht möglich war. Daher wurde die so genannte »Netzplantechnik« entwickelt, mit der eine bessere Steuerung des Ablaufs, die schnellere Berichterstattung über den Fortschritt des Raketenbaus und das frühzeitige Erkennen kritischer Bauabschnitte möglich war. Typische Elemente des heutigen Projektmanagements wie das Splitten eines Gesamtauftrags in Teilprojekte oder die Planung von Zeit, Kapazitäten und Kosten im Rahmen eines Budgets waren bereits Bestandteil dieser Netzplantechnik. Die amerikanische Raumfahrtbehörde NASA wendete die Netzplantechnik an, als der Flug zum Mond in den 1960er-Jahren zum wichtigsten Projekt der USA wurde und es darauf ankam, die Arbeit von mehreren Hunderttausend am Raumfahrtprojekt beteiligten Beschäftigten in Forschungseinrichtungen, Universitäten und beim Militär zu koordinieren.

Branchen wie die Rüstungs-, Elektro- und Chemieindustrie nahmen in den 1960er-Jahren in technologischer Hinsicht eine Spitzenstellung in den westlichen Industrieländern ein und besaßen zu dieser Zeit ein Prestige, wie es heute die Software- und IT-Industrie des Silicon Valley innehat. Hier arbeiteten hoch qualifizierte Arbeitnehmergruppen, Ingenieure, vielfach junge Techniker und Angestellte mit Universitäts- oder Fachhochschulabschluss. Modernen Methoden, wie sie die Netzplantechnik verkörperte, standen diese Angestellten aufgeschlossen gegenüber. Als der französische Arbeitssoziologe Serge Mallet Anfang der 1960er-Jahre eine empirische Untersuchung zum politischen Bewusstsein dieser Arbeitnehmergruppen durchführte, stellte er fest, dass unter ihnen ein hoher Grad an Politisierung und kritischer Einstellung gegenüber dem oberen Management ihrer Firmen weit verbreitet war.

Gründe für diese Politisierung sah Mallet in der besonderen Situation, in denen sich diese Gruppe befand. Sie waren gut ausgebildet, hoch qualifiziert und als Techniker und Ingenieure mit modernen Planungs- und Produktionsmethoden vertraut. Bald stellten sie fest, dass in den Betrieben, in denen sie als Akademiker eingestellt und formal in herausgehobener Stellung beschäftigt wurden, das Interesse an innovativen Methoden der Produktion und Unternehmensorganisation äußerst gering war. Besonders den Eigentümern und den Entscheidungsträgern im oberen Management der Unternehmen warfen sie eine Blockadehaltung vor. Ebenso kritisierten sie ineffiziente Arbeitsstrukturen, Verschwendung von Ressourcen und eine lähmende Bürokratie auf allen Ebenen der Unternehmen.

Serge Mallet deutete diese Situation nicht zu Unrecht als grundsätzlichen Konflikt um die Frage, welche Gruppe im Unternehmen Macht und Kontrolle ausübt. Auf der einen Seite waren Eigner und oberes Management, die sich ihren Zugriff auf die betriebliche Arbeitsorganisation bewahren wollten. Ihnen gegenüber standen Ingenieure und Techniker, die für ihre Gruppe mehr Eigenständigkeit und größeren Einfluss auf die Entscheidungsabläufe in den Unternehmen reklamierten. In diesem Konflikt sah Mallet die Gründe für die Politisierung der Angestellten.

Als Folge dieser Politisierung erwartete er sowohl eine Zunahme der Kritik an entfremdeten Verhältnissen und Bürokratie in den kapitalistischen Unternehmen als auch ein wachsendes Interesse an einer Entmachtung des oberen Managements, wie es beispielsweise in Forderungen nach und Arbeiterselbstverwaltung artikuliert wurde. Mallet hoffte sogar, dass diese Dynamik eine die Gesellschaft verändernde Kraft annehmen und zu einer sozialistischen Selbstverwaltung führen könne, die auch auf staatliche Institutionen übergreife.[66] Das zunehmende Gewicht dieser an Technik und modernen Arbeitsmethoden interessierten Arbeitnehmergruppe begrüßte Mallet. Er nannte seine Studie zu dieser Gruppe *Die neue Arbeiterklasse*. Die Politisierung der Techniker und Ingenieure löste indes keine Revolution aus. Aber die Dynamik der analysierten Gruppen, die Mallet als »technische Intelligenz« bezeichnete, war spürbar, als die kapitalistischen Länder Westeuropas und die USA Ende der 1960er- und zu Beginn der 1970er-Jahre in eine tiefgreifende Krise gerieten. Diese äußerte sich in betrieblichen und gewerkschaftlichen Kämpfen, zahlreichen Streiks, Revolten und Widerstandsaktionen an den Arbeitsplätzen und nicht zuletzt in massiver Kritik an der Arbeitsorganisation in den Unternehmen. Besonders in der französischen Luftfahrtindustrie, aber auch in den italienischen Chemiebetrieben in Porto Marghera beteiligten sich Hochqualifizierte an den Auseinandersetzungen. Die Beschäftigten des Flugzeugherstellers Sud–Aviation in Nantes besetzten ihren Betrieb, sperrten das Management ein und gründeten ein Aktionskomitee, das in den nächsten Wochen die Kontrolle des Unternehmens übernahm. Sie waren damit Vorbild für zahlreiche ähnliche Aktionen in anderen großen Unternehmen im Mai und Juni 1968 in Frankreich. An vielen Besetzungen und Streiks beteiligten sich intensiv Angestellte und Ingenieure.[67]

Lucas: Krise und Widerstand

Auch die Beschäftigten des britischen Luft- und Raumfahrtkonzerns Lucas Aerospace gerieten einige Jahre später mit ihrem Arbeitgeber in einen heftigen Konflikt, als dieser die Entlassung von 4.000 Beschäftigten ankündigte. Anfangs wehrten sie sich wie ihre italienischen und französischen Kollegen mit Betriebsbesetzungen und Überstundenboykotts. Der Konzern beschäftigte ca. 80.000 Personen, war Technologieführer und stark diversifiziert. Allein für die Sparte Luft- und Raumfahrttechnik arbeiteten 18.000 Ingenieure und Techniker. Sie fertigten Nachbrenner für Düsentriebwerke, bauten Klimakammern zur Simulation von Schwerelosigkeit und Bordcomputer für Flugzeuge. Als ihre Aktionen gegen die drohenden Entlassungen erfolglos blieben,

---

66   A. Neumann: Kritische Arbeitssoziologie. Ein Abriss, Stuttgart 2010, S. 79.
67   W. Loth: Fast eine Revolution: Der Mai 68 in Frankreich, Frankfurt am Main 2018, S. 128–130.

beschloss das Combine Committee (die Gesamtpersonalvertretung) der Lucas-Beschäftigten 1975, in die Offensive zu gehen und etwas Neues zu versuchen. 180 Wissenschaftler an verschiedenen Universitäten wurden angeschrieben und gefragt:»Wie können wir unsere Fähigkeiten für das Gemeinwohl einsetzen?« Der Rücklauf war allerdings ernüchternd, nur die wenigsten Wissenschaftler antworteten den Lucas-Beschäftigten. Dieses Desinteresse empörte die Beschäftigten und sie taten das, was sie nach Aussage von Mike Cooley, einem Entwicklungsingenieur bei Lucas, von vornherein hätten tun sollen:»Wir fragten die Arbeiter.«[68] Das Combine Committee entwarf einen Fragebogen, der an die Betriebsvertretungen aller Lucas-Niederlassungen ging:»Wie viele Leute mit welchen Qualifikationen habt ihr? Welche Maschinen stehen Euch zur Verfügung? Wie wichtig sind die Manager? Könnte die Belegschaft das Werk auch selbst betreiben? Welche Produkte fehlen in Eurer Umgebung?«

Der Lucas-Plan

Dieses Mal hatte das Commitee große Resonanz. In wenigen Wochen trafen aus den Lucas-Niederlassungen Antworten und zahlreiche Vorschläge ein. Aus diesen entwickelten die Betriebsvertretungen und Ingenieure von Lucas-Aerospace 150 Projekte und Prototypen, die teilweise sofort hätten in Produktion gehen können. Darunter befanden sich Wärmepumpen, schwimmende Kraftwerke zur gleichzeitigen Nutzung von Wind- und Wellenenergie, tragbare Dialysegeräte oder neue Hybridantriebe für PKWs. Für alle Projekte lagen bereits Konstruktionszeichnungen und Wirtschaftlichkeitsberechnungen vor. Unabhängige Marktforschungsinstitute veranschlagten allein für die von den Beschäftigten entwickelte Wärmepumpe einen Umsatz von einer Milliarde Pfund in der EU.

Im Januar 1976 präsentierte das Committee diese Projekte, als Lucas-Plan bezeichnet, als Alternative zu den angekündigten Entlassungen. Die Konzernleitung begriff schnell, welche Gefahr von der Realisierung eines solchen Plans ausging. Er belegte nicht nur die Ideenlosigkeit und Sturheit der Unternehmensleitung, die es versäumt hatte, nach Alternativen zu den angekündigten Entlassungen zu suchen. Er bewies zudem, dass die Beschäftigten eines Unternehmens nicht auf

---

68 Pit Wuhrer: Wer denn sonst? Der Lucas Plan, in: Freitag 8/23.02.2007.

die Existenz eines Managements angewiesen sind, wenn es darum geht, (neue) Produkte zu entwickeln und die dafür notwendige Arbeit selbst zu organisieren. Unter dem Vorwand, die Projekte seien technisch nicht zu realisieren, lehnte das Management den Lucas Plan ab. Die Öffentlichkeit reagierte anders. Die Medien berichteten ausführlich. Die *Financial Times* sprach »vom radikalsten Plan, den Arbeiter jemals für ihre Firma vorgelegt haben.«[69] Fachzeitschriften begrüßten das Erscheinen des Plans: »Die Form der industriellen Revolution im 20. Jahrhundert«,[70] nannte ihn *The Engineer.* »Was jetzt bei Lucas geschieht, ist nur der Vorläufer einer Entwicklung, die letztlich die gesamte Industrie beeinflussen wird«,[71] schrieb *Industrial Management.* Tatsächlich griffen überall Belegschaften die Idee auf. Die Beschäftigten von Chrysler in Coventry beschlossen »angesichts der weit verbreiteten ökologischen Kritik am sozial unverantwortlichen Transportmittel Auto« ein Alternativkonzept für ihr von Stilllegung bedrohtes Werk auf die Beine zu stellen. In Deutschland waren es Arbeiter und Techniker in der Werftindustrie, die in regelmäßig tagenden Arbeitskreisen Alternativen zur Rüstungsproduktion entwickelten und ihren Vorständen eine Reihe von Projekten der Energie- und Umwelttechnik zur Produktion vorschlugen.[72]

Auch die Friedensbewegungen in England und Deutschland begrüßten die Initiative der Lucas-Beschäftigten. Beachtung fand dabei besonders, dass Beschäftigte eines Rüstungskonzerns »Produkte für das Leben statt Waffen für den Tod«[73] fertigen wollten, wie es der Titel eines Anfangs der 1980er-Jahre erscheinenden Buches etwas pathetisch zum Ausdruck brachte. Herausgestellt wurde die ökologische Zielrichtung und soziale Nützlichkeit der Produktpalette des Lucas-Plans, die sich als Alternative zur bisherigen Rüstungsproduktion des Konzerns verstand.

---

69 Ebd.
70 Peter Löw-Beer: Industrie und Glück. Der Alternativplan von Lucas Aerospace, Berlin 1981, S. 49.
71 Ebd. S. 49.
72 Peter Löw-Beer: Industrie und Glück. Der Alternativplan von Lucas Aerospace, Berlin 1981 sowie: G. Mackensen: Werftarbeiter suchen Alternativen zur Rüstung, in FR vom 12. Dezember 1982
73 Mike Cooley: Produkte für das Leben statt Waffen für den Tod. Arbeitnehmerstrategien für eine andere Produktion, Hamburg 1982.

Eine neue Arbeitsform entsteht

Weniger Beachtung fand dabei, *wie* es den Lucas-Beschäftigten gelang, in kurzer Zeit 150 Produktvorschläge zu entwickeln. Ein Blick auf den Erarbeitungsprozess dieser Produktvorschläge zeigt eine verblüffende Ähnlichkeit zur heute praktizierten Projektarbeit.

Die Lucas-Beschäftigten verzichteten bei der Ausarbeitung ihrer Vorschläge auf die organisatorische Trennung von Planung und Konstruktion auf der einen und Montage auf der anderen Seite. Das Committee schlug die Bildung »wirklich autonomer Gruppen« vor, die den gesamten Produktionsprozess vom Stadium des Entwurfs eines Produkts bis zu seiner Herstellung in der Hand haben. Wörtlich heißt es: »Ein typisches Beispiel könnte ein Projektteam sein, das um ein bestimmtes Projekt zentriert ist – z. B. Sonnenkollektor oder Windrad – und das nicht nur Forschungs- und Entwicklungspersonal umfasst, sondern auch Facharbeiter sowie ›ungelernte‹ Arbeiter.«[74]

Besonderen Wert legte das Commitee darauf, dass solche Gruppen Frauen in gleichem Maße offen standen wie Männern. Mit Ausnahme der Wärmepumpe, die »offiziell« im Lucas-Werk in Burnley mit Zustimmung des Managements der Niederlassung gefertigt werden konnte, wurden die übrigen Prototypen und Produktvorschläge an zahllosen Abenden und Wochenenden in benachbarten Colleges, technischen Instituten oder Universitäten erstellt. »Sie wurden von Teams hergestellt, die sowohl manuelle als auch geistige Arbeit leisteten. Sie entwarfen zuerst das Produkt, dessen Prototyp sie anschließend auch gemeinsam produzierten«, schreibt Peter Löw-Beer.[75]

Begriffe wie Projekt und Team waren zu dieser Zeit nicht verbreitet. In der arbeitswissenschaftlichen Diskussion waren Arbeitsgruppen oder Gruppenarbeit geläufige Bezeichnungen für kooperative Arbeitsformen. Aber ihre Vorgehensweise bei der Entwicklung der Produktvorschläge – Aufhebung der Trennung von Hand- und Kopfarbeit, Integration von Beschäftigten unterschiedlicher Qualifikation in einem gemeinsamen Arbeitszusammenhang, Mobilisierung von Kenntnissen und Erfahrungswissen der Beschäftigten für ein gemeinsam entwickeltes Produkt, – enthielten bereits einige der typischen Elemente von Projektarbeit, wie sie dem heutigen Verständnis dieser Arbeitsform entspricht. Sogar die Einbeziehung der Kunden in Form

---

74 Peter Löw-Beer, ebd., S. 100.
75 Ebd., S. 101.

des Product Owner, die heute als herausragendes Element von Scrum-Teams gewürdigt wird, war den Projekten dieser Zeit nicht fremd. Als die Lucas-Beschäftigten einige medizinische Produkte entwickelten, arbeiteten sie mit Ärzten, Physiotherapeuten und Patienten, den zukünftigen Nutzen und Verwendern dieser Geräte, zusammen. In diesem Sinne waren diese Beschäftigten Wegbereiter einer Entwicklung, die erst Jahrzehnte später zum Durchbruch kam und sich als Arbeitsform auch in anderen Branchen durchsetzte.

Nicht nur die Form der Arbeitsorganisation war neu. Der Plan mit 150 ausgereiften Vorschlägen zur Produktion sozial nützlicher Güter war auch Ausdruck hohen Einfallsreichtums und Innovationsbereitschaft, die die Beschäftigten an den Tag gelegt hatten. Sie entblößten damit nicht nur ihr Management, das offensichtlich nicht in der Lage war, auf die drohende Beschäftigungskrise mit einem zukunftsfähigen Konzept zu reagieren, sondern hinterfragten auch eine Reihe von Legenden über das Zustandekommen von Kreativität und Innovationen. Danach entstehen technologische Innovation und Produktentwicklung durch Ideen einzelner, genialer Erfinder oder Ingenieure. Als leuchtende Beispiele werden dann Charles Watts als Erfinder der Dampfmaschine oder Thomas Edison und seine Glühbirne ins Feld geführt. Hinsichtlich der Kreativität lautet eine geläufige Einschätzung, dass diese Fähigkeit in der Regel Künstlern, hoch Qualifizierten oder Genies wie Albert Einstein vorbehalten sei.

Die Lucas-Beschäftigten zeigten, dass Innovationen keine Frage individueller Leistung, sondern das Ergebnis einer gemeinsamen Initiative von Beschäftigten unterschiedlicher Qualifikationen sein kann. Sie praktizierten Kooperation. Auch in dieser Hinsicht nahmen sie das vorweg, was heute Management und Unternehmensleitungen als wichtiges Element der agilen Projektarbeit betrachten und »als Schlüssel zum erfolgreichen Transfer von Innovationen« (so der Titel eines Positionspapiers zum Thema Kollaboration) herausstellen.[76] Beim Bau der Prototypen konnten die weniger qualifizierten Arbeiter ihr Einfühlungsvermögen, ihre spezifische Art von Kreativität zur Geltung bringen: »Es gibt nichts Geheimnisvolles an diesem Gefühl oder ›tacit knowledge‹, wie ich es nennen will«,[77] schreibt Mike Cooley. »Es ent-

---

76 Vgl. acatech POSITION: Kollaboration als Schlüssel zum erfolgreichen Transfer von Innovationen, in: www.acatech.de/publikationen (04.01.2021)

77 In Peter Löw-Beer: Industrie und Glück. Der Alternativplan von Lucas Aerospace, Berlin 1981 sowie: G. Mackensen: Werftarbeiter suchen Alternativen zur Rüstung, in FR vom 12. Dezember 1982, S. 102.

steht ganz selbstverständlich als Resultat von Jahren direkter Erfahrung unmittelbar in der Produktion.«

Viele der im Lucas-Plan vorgestellten neuen oder weiterentwickelten medizinischen Geräte, alternativen Energiequellen, Bremssysteme oder maritimen Anlagen waren das Produkt der Konstruktionsarbeit der Ingenieure und des »tacit knowledge«, das sich mit dem Begriff »stilles Wissen« übersetzen lässt.»Die Erfahrung bei Lucas zeigt, dass sowohl Hand- wie Kopfarbeiter, die fähig sind, all den wirklichen Reichtum, den wir in unserer Umgebung sehen, sowohl zu entwerfen und herzustellen, gleichermaßen dazu in der Lage sind, alle damit zusammenhängenden Probleme zu diskutieren.«[78]

Trotz der großen Aufmerksamkeit, die den Lucas-Beschäftigten in Europa zuteilwurde, hatte ihre Initiative keinen Erfolg. Ihr Plan scheiterte nicht nur an der Sturheit des Managements. Auch von ihrer Gewerkschaft und der damaligen sozialdemokratischen Labour-Regierung erhielten sie keine Unterstützung. Ihre Produktvorschläge wurden, von wenigen Ausnahmen wie einem tragbaren Defibrillator abgesehen, nicht realisiert. Immerhin gelang es ihnen zunächst, die geplanten Massenentlassungen zu verhindern. Mitte der 1980er-Jahre geriet der Konzern in eine Überproduktionskrise, die auch andere Rüstungskonzerne in Europa betraf. Teilschließungen und Zusammenlegungen von Betrieben waren die Folge. Die Branche verlor die Technologieführerschaft. Zu dieser Zeit regierten die Konservativen unter Premierministerin Margaret Thatcher das Land. Die neue Regierung sah die wirtschaftliche Zukunft des Landes in der Stärkung des Finanzsektors und betrieb eine Politik der Deindustrialisierung und radikalen Schwächung der englischen Arbeiter- und Gewerkschaftsbewegung. Große Regionen wie Liverpool, Manchester und Leeds verloren ihren industriellen Kern.

Das Management »entdeckt« eine neue Arbeitsform

Auch die von den Lucas-Beschäftigten praktizierte Projektarbeit fand zunächst keine Fortsetzung. Projektmanagement und Netzplantechnik waren weiterhin ingenieurwissenschaftlich geprägt und wurden nach wie vor als technische Methoden bei der Realisierung von Großprojekten praktiziert. Erst die lang andauernde Krise der 1980er-Jahre in

---

78 Mike Cooley: Produkte für das Leben statt Waffen für den Tod. Arbeitnehmerstrategien für eine andere Produktion, Hamburg 1982, S. 138.

den USA, als amerikanische Unternehmen wirtschaftlich stagnierten und ihre Wettbewerbsposition sich gegenüber den europäischen und japanischen Konkurrenten verschlechterte, führte zu einer erneuten Diskussion um Arbeitsprozesse und Organisation der Arbeit. Diesmal kam der Anstoß allerdings aber nicht von den Beschäftigten. Unternehmensberatungen und Managementschulen stellten fest, dass ein großer Teil der in bestimmten Arbeitsprozessen fehlenden Zeit auf dem Weg zwischen einzelnen Abteilungen verloren geht.

Eine Lösung versprach das 1982 in den USA erschienene Buch *Auf der Suche nach Spitzenleistungen* von Tom Peters und Robert Watermann, zwei Mitarbeitern der Unternehmensberatung McKinsey. In ihrem Buch, einem viel zitierten Bestseller der Managementliteratur, stellten sie 43 erfolgreiche Unternehmen vor und suchten nach gemeinsamen Merkmalen ihres Erfolgs. Wesentlich war nach ihrer Ansicht die Bildung von Teams, die sie Projektteams oder Task Force nannten. »In den exzellenten Unternehmen ist die Task Force ein interessantes, bewegliches, spontanes Instrument. Sie ist *das* Mittel schlechthin für die Lösung und Bearbeitung heikler Probleme und ein unvergleichlicher Ansporn zum praktischen Handeln.«[79]

In der Folge entwickelte sich Projektmanagement Schritt für Schritt von einer ingenieurwissenschaftlichen Methodik zu einer umfassenden Managementmethode, in der Projektteams oder Projektgruppen einen hohen Stellenwert erhielten. Das technische, instrumentelle Verständnis von Projektmanagement trat in den Hintergrund, mehr und mehr wurde Projektmanagement als Führungsmodell begriffen, was in einer DIN-Norm zum Ausdruck kommt, die diese Methode definiert als »Gesamtheit von Führungsaufgaben, -organisation, -techniken und -mitteln für die Initiierung, Definition, Planung, Steuerung und den Abschluss von Projekten.«[80]

Von der Euphorie zum Mythos

Zahlreiche Unternehmensberatungen entdeckten Projektmanagement und Projektarbeit als attraktives Geschäftsfeld. Viele Seminare und ganze Bibliotheken von Handbüchern und Handlungsanleitungen für Führungskräfte und Projektleiter trugen zur Aufwertung des Projekt-

---

79 T. Peters, R. Watermann: Auf der Suche nach Spitzenleistungen. Was man von den bestgeführten US-Unternehmen lernen kann, Landsberg am Lech 1997, S. 163.
80 https://de.wikipedia.org/wiki/Projektmanagement (18.02.2016)

begriffs bei. Auch auf viele Beschäftigte übte der Gedanke, in einem Projekt zu arbeiten oder gar ein Projekt zu leiten, erhebliche Anziehungskraft aus. Das Projekt galt als Gegenstück zu der von Hierarchie und Bürokratie dominierten Linienorganisation. Mitgliedschaft in einem Projektteam wurde als besondere Form der Wertschätzung empfunden, die das Management den auserwählten Beschäftigten entgegenbrachte. Es gab sogar bestimmte Rituale und Inszenierungen, die ein Projekt zu einem herausragenden Ereignis im Betriebsalltag machen und die Aufmerksamkeit der Beschäftigten fesseln sollten. Ein solches Ritual war oft bereits die Auswahl der Mitglieder vor dem eigentlichen Projektbeginn. »Die Beschäftigten erfuhren erst durch ein mit der Hauspost zugestelltes Schreiben von ihrem Glück«, beschreibt ein spöttischer Beobachter die Euphorie unter seinen Kollegen beim Start eines Projektes: »Welch eine Aufregung, welch eine Spannung in den Tagen davor! Mutmaßungen schwirrten frei durch den Raum, und kleine Menschen berichteten mit wichtigem Gesicht atemlos lauschenden Zuhörern die neuesten Gerüchte; kurz: ein Summen wie in einem Bienenkorb, eine Stimmung wie damals, am ersten Schultag nach den Großen Ferien. Das sich anschließende und obligatorische ›Kick off Meeting‹, der eigentliche Projektstart, geriet zu einer Inszenierung, wenn der Projektleiter eine gezielte Ansprache zur Motivierung hielt und die Schar der Auserwählten sich gemeinsam und feierlich auf die gewünschten Ziele einschwor.«[81]

Der Aufstieg der Projektarbeit wurde besonders durch die Ausbreitung der IT-Industrie und des Internets gefördert. Die IT-Branche, die in den 1980er- und 1990er-Jahren entstand, entwickelte sich weltweit sehr schnell und nahm in technologischer Hinsicht einen Spitzenplatz ein, den in den 1960er-Jahren noch die Rüstungsindustrie innehatte. Projektarbeit ist hier sehr stark verbreitet und häufig als feste Einheit in der Arbeitsorganisation der Unternehmen verankert. Auch in den so genannten Start-Ups der »New economy«, die zur Jahrtausendwende in aller Munde war, existierte Projektarbeit gleichsam »naturwüchsig« als typische Form der Arbeitsorganisation und in Anlehnung an die teamförmige Arbeitskultur der großen Technologiefirmen im Silicon Valley. Die hier praktizierten Arbeitszusammenhänge tragen zu dem öffentlich und in der Erzählung gern gepflegten Bild bei, dass ein Projekt von einem »verschworenen Team« Beschäftigter bearbeitet wird,

---

81 »Ich verlasse mich da ganz auf Sie!« Verantwortung im Postfordismus von Benjamin Erhard, in http://www.boag-online.de/sceptic-12003-02.html

die mit Enthusiasmus und Freude ihrer Arbeit nachgehen,»bei der alle Beteiligten auch etwas für sich (ihre berufliche Qualifikation, ihre kommunikative Kompetenz, ihre Persönlichkeit) gewinnen können.«[82]

Wachsender Druck auf die Beschäftigten

Dass dieses Bild eher Mythos als realistische Beschreibung der Arbeitsverhältnisse war, wurde lange Zeit in der Öffentlichkeit ignoriert. Für viele Beschäftigte bei SAP, Siemens oder anderen Großunternehmen wurden hingegen auch die Schattenseiten der neuen Arbeitsform sichtbar. Gewisse Hoffnungen, dass sich diese neue Arbeitsform positiv von derjenigen unterscheidet, in der man vorher gearbeitet hatte, lösten sich schon bald in Luft auf. Als bei einigen deutschen Niederlassungen von IBM eine auf Initiative der Betriebsräte und der IG Metall unter den Beschäftigten geführte Diskussion über die Arbeitsbedingungen im Unternehmen publik wurde, bekam der Mythos erste Kratzer.

Wie andere Firmen dieser Branche hatte IBM schon seit Anfang der 1990er-Jahre keine eigenständige Produktion in Deutschland mehr. Das Unternehmen hatte sich als Anbieter industrieller Dienstleistungen und kundenspezifischer Serviceprojekte etabliert und sich für Projektarbeit als Regelform der Arbeitsorganisation entschieden. Die Beschäftigten hatten bereits einige Jahre so genannter Reorganisation hinter sich, als sie begannen, ihre Erfahrungen des Arbeitens unter den neuen Managementformen des Unternehmens zu thematisieren. Sie schrieben Texte, in denen sie sich mit dem eigenen Erleben des ständigen Leistungsdrucks, dem sie ausgesetzt waren, und dem Wirksamwerden der Mechanismen der neuen Arbeitsorganisation auseinandersetzten. Besondere Aufmerksamkeit erfuhr dabei ein sehr persönlich gehaltener Text einer Projektleiterin. In diesem kamen die Überforderung, das Gefühl der Ausweglosigkeit, des Nicht-Entrinnen-Könnens einer Situation und die empfundene Endlosigkeit des eigenen Tuns in dauerhaft praktizierter Projektarbeit zum Ausdruck:

»Ich arbeite durchschnittlich neun Stunden am Tag«, berichtet eine Projektleiterin bei IBM.»Ich habe jetzt ca. 160 Überstunden angesammelt. Eine Überstunde am Tag. Ich glaube nicht, dass das besonders viel ist. [...] Unabhängig von der Frage, ob durchschnittlich 9 Stunden Tagesarbeitszeit besonders viel sind, stellt sich heraus: Die Situation ist

---

82 F. Klopotek: Projekt, in: U. Bröckling, S. Krasmann, Th. Lemke: Glossar der Gegenwart, Frankfurt am Main 2004, S. 217.

nun beinahe unerträglich geworden. Eine grundsätzliche Entlastung ist jedoch nicht in Sicht. Im Gegenteil steigt der Druck noch dadurch, dass ich inzwischen (notgedrungen) so viele Dinge vernachlässigt habe, dass ich nun Angst haben muss, die Kontrolle über meine Projekte zu verlieren. Mich regiert blanke Angst. [...] Sollte es mir irgendwie gelingen, meine Arbeitszeit zu begrenzen und meine Projekte etwas langsamer abzuwickeln, hätte ich nicht viel gewonnen. Ich müsste den Druck, mein Projekt endlich zu beenden, nur noch länger ertragen. So ist inzwischen ein wichtiger Antrieb die falsche Hoffnung, das Projekt endlich abschließen zu können und dann doch endlich mal frei zu sein. Aber diese Hoffnung ist vollkommen und grundlegend unsinnig. Denn die Projektarbeit hat kein Ende. [...] Eigentlich ist es somit vollkommen absurd, überhaupt so etwas wie den Abschluss eines Projektes herbeizusehnen. Es wird nämlich nicht mehr anders. Die vorübergehende Krise (›die nächsten zwei Wochen, Monate powere ich noch voll rein, das halte ich noch durch, und dann habe ich es ja geschafft‹) ist nämlich der Dauerzustand, in dem man sich einrichten muss. Wenn ich in der Krise keine Lösung finde, wird sich also nichts mehr ändern.«[83]

Die von der Projektleiterin geschilderten Erfahrungen lassen sich als Ausdruck dessen betrachten, was Karl Marx als Entfremdung menschlicher Arbeit beschrieben hat. In ihrer Eigenschaft als Leiterin mehrerer Projekte erfährt sie sich nicht als autonomes Subjekt ihrer eigenen Arbeitshandlungen und als aktiv handelnde Urheberin, sondern begreift sich als fremde Person, als Gefangene oder als Objekt in den Zwängen einer Arbeitsform und als Spielball anonymer Kräfte.

Der Brief ist auch Symptom für eine ständig wachsende Intensivierung der Projektarbeit, die sich in Arbeitsverdichtung, zunehmendem Zeitdruck und verschwimmenden Grenzen von Arbeits- und Privatsphäre bemerkbar macht. Wie in der Industriebranche geraten auch Softwareentwicklung und IT-Dienstleistungen immer stärker unter den Druck, in immer kürzeren Zyklen Qualität zu niedrigen Kosten zu liefern und auf die Kundenanforderungen zu reagieren. Mehrere Untersuchungen aus dem Zeitraum 2000–2010 belegen die gesundheitlichen Belastungen der Projektarbeit. »Arbeiten bis zur Erschöpfung«, so der Titel eines Aufsatzes von Anja Gerlmaier und Erich Latniak, ist

83 W. Glißmann: Weiter reden, weiter schreiben – mit Texten die eigene Situation begreifen, in: IG Metall Vorstand (Hrsg.): Denkanstöße – IG Metaller in der IBM, Frankfurt am Main 2000, S. 39.

in Projekten keine Seltenheit. Das Vermögen, nach der Arbeit problemlos abschalten zu können, schwindet unter diesen Beschäftigten mehr und mehr. »Es deutet sich an, dass mittlerweile bei einer Mehrheit der Befragten diese zentrale Voraussetzung für Entspannung und Erholung nach der Arbeit offenbar nicht mehr gegeben ist«, lautet eine Schlussfolgerung der beiden Wissenschaftler als Ergebnis einer vom Bundesforschungsministerium geförderten Untersuchung zu den Folgen von Projektarbeit. An anderer Stelle heißt es: »Angesichts der zunehmenden Intensivierung der Arbeit in dieser Branche ist es fraglich, ob die Beschäftigten ihr Rentenalter schädigungsfrei erreichen werden, wenn sich die Entwicklung so fortsetzt.«[84]

Zunehmende Ökonomisierung der Projektarbeit

Diese Warnzeichen ändern allerdings nichts an dem Interesse der Unternehmen, die Arbeit schneller und effizienter zu machen. Der Druck auf die Beschäftigten steigt. »Bewegt euch schneller!«, lautet die Aufforderung von Hasso Plattner, Gründer von SAP, an die Software-Entwickler in Walldorf.[85] Mit so genannten »Antreiber-Emails« aus den Reihen des SAP-Vorstands werden die Beschäftigten auf die permanente Tempoerhöhung eingeschworen: »Wie gut das Unternehmen diese Prioritäten umsetzen kann, liegt an jedem Einzelnen von uns. Jeder in unserem Team kann mit voller Kraft dazu beitragen, dass wir unserem Ziel näherkommen.«[86] Der Druck aus den Reihen des Managements zeigt Wirkung. Ein Betriebsrat stellt fest: »Wieder nehmen sich Beschäftigte Auszeiten, um sich vor Erschöpfungszuständen und exzessiven Belastungsrisiken zu schützen oder vom erhöhten Verschleiß zu erholen. Wieder hat sich die Anzahl arbeitsbedingter Langzeiterkrankungen bedenklich erhöht. Wieder sind Kolleginnen und Kollegen über die Feiertage früh verstorben.«[87]

Immer neue Strategien halten in der Projektarbeit Einzug. Neben Crowdsourcing und Bildung eigener Internetplattformen gehört dazu die Vergabe von Einzelaufgaben eines IT–Projektes an externe Pro-

84 A. Gerlmaier, E. Latniak: Arbeiten bis zur Erschöpfung – Regulierungs- und Handlungsansätze bei Projektarbeit, in: L. Schröder, H. Urban (Hrsg.): Gute Arbeit, Ausgabe 2012, Frankfurt am Main, S. 117
85 »Bewegt euch schneller!«, SZ, 29.07. 2014
86 https://express-afp.info/wp-content/uploads/2016/02/01_2013_express_ Doppel-1-2.pdf (04.01.2021)
87 Ebd.

grammierer und Dienstleister. IBM schuf eine eigene Plattform, um Softwareaufträge auszuschreiben. BMW nutzte 2012 die Plattform eines anderen Unternehmens, um weltweit Konstrukteure, Ingenieure und Designer für ein Projekt zur Verbesserung der Umweltfreundlichkeit seiner PKW-Flotte anzuwerben. Die Auftragnehmer arbeiten als Freelancer vor Ort oder als Fachleute in Indien oder China, die ihr Arbeitsprodukt über das Netz an IBM oder BMW liefern.

Mehr und mehr Unternehmen aus der Softwareindustrie oder Automobilunternehmen wie Audi und VW verändern das Arbeitskonzept ihrer Projekte vom linear organisierten »Wasserfallmodell« zu kurzzyklischen Konzepten, wie es etwa Scrum darstellt. Scrum heißt übersetzt »Gedränge« und bezeichnet ursprünglich eine Spielformation aus dem Rugby-Sport. Diese Konzepte sind Ausdruck einer Umbruchsituation, die mit Begriffen wie »Agilität«, »agile Unternehmensführung« oder »agile Arbeitsmethoden« umschrieben wird und unter Unternehmensberatern und Management zurzeit als Alternative zum bisherigen »Wasserfallmodell« der Arbeitsform Projekt gehandelt werden. Den durch Scrum und andere Methoden des agilen Managements angestoßenen Paradigmenwechsel bezeichnet Andreas Boes als eine »neue Form der Industrialisierung geistiger Arbeit«[88], die dazu führt, »Kopfarbeit systematisch und rational zu organisieren, um sie plan- und wiederholbar zu machen.« Ähnlich wie bei der Industrialisierung der Handarbeit im 19. Jahrhundert werden nun geistige, kreative Tätigkeiten rationalisiert und ökonomisiert.

Das Image einer besonders kreativen und innovativen Arbeitsform hat das Projekt inzwischen eingebüßt. Das gilt zumindest für Projekte des Modells »Wasserfall«. Mittlerweile finden sich im Internet zahllose Hinweise auf Studien zur Erfolglosigkeit von Projekten – ein sicheres Anzeichen für die Enttäuschung, die sich in Unternehmensberatungen und Management ausbreitet. Lediglich **knapp die Hälfte aller IT-Vorhaben** der vergangenen Jahre sollen demnach erfolgreich gewesen sein. Die anderen dauerten entweder länger als geplant, kosteten wesentlich mehr oder es kam am Ende ein anderes Ergebnis heraus. Circa 20 Prozent der Projekte mussten sogar abgebrochen werden.[89]

Auch bei den Beschäftigten hat sich Ernüchterung breit gemacht. Von der Euphorie oder Begeisterung, die in den Anfängen dieser Ar-

---

88 A. Boes, T. Kämpf: Lean und agil im Büro, Working paper der Hans-Böckler-Stiftung, Nr. 23, Okt. 2016, S. 20ff.
89 https://dieprojektmanager.com/scheitern-von-it-projekten/ (20.12.2020)

beitsform unter vielen Beschäftigten zu spüren war, ist nichts übriggeblieben. Inzwischen gilt Projektarbeit als eine unter vielen Arbeitsformen wie Mobile Arbeit, Arbeit mit Zielvereinbarung, Telearbeit, Homeoffice oder Teamarbeit. Aus der Sicht der Beschäftigten hat jede Arbeitsform ihre eigenen Beanspruchungen und Belastungen. Welche Anforderungen und Probleme auf die Beschäftigten eines Projektteams zukommen können, wird in Teil 3 vorgestellt und diskutiert.

3.3 Kritik – fünf Thesen

These 1: *Projektarbeit verstärkt die auf den Beschäftigten lastende Erwartung, permanent für die Arbeit verfügbar zu sein. Diese Anforderungen an Erreichbarkeit und Verfügbarkeit führen zu einer Extensivierung der Arbeit über die eigentliche Arbeitszeit hinaus und ergreifen auch Lebensbereiche außerhalb der eigenen Arbeit. Erweiterte Verfügbarkeit kann zu zusätzlichen Belastungen und Beeinträchtigungen der Gesundheit beitragen.*

Von erhöhter Verfügbarkeit lässt sich sprechen, wenn Beschäftigte über elektronische Kommunikationsmittel außerhalb der regulären Arbeitszeit und vor allem überall erreichbar sind und dies im Rahmen der Arbeitserfordernis von ihnen erwartet wird. Im Unterschied zu einer gesetzlich oder tariflich geregelten Rufbereitschaft ist diese Form erweiterter Verfügbarkeit informeller Natur. Sie wird nicht explizit vom Management angeordnet oder von Kunden oder Kollegen aus dem Projekt gefordert, aber vorausgesetzt. Sie erscheint den Betroffenen als zwingend notwendig zur Erreichung der Projektziele.

Die heimlichen Erwartungen an die Verfügbarkeit

Umfragen zeigen, dass erhöhte Verfügbarkeit mittlerweile unter vielen Beschäftigten weit verbreitet ist. Nach einer Untersuchung des DGB Index *Gute Arbeit* wurde im Jahr 2011 von 27 Prozent aller Beschäftigten erwartet, häufig in der der Freizeit für die Arbeit verfügbar zu sein. Im Jahre 2015 waren davon bereits 55 Prozent der Befragten betroffen.[90]

Droht die »Deadline« in einem Projekt, entsteht ein massiver Druck zur Erhöhung der (eigenen) Arbeitsbereitschaft – einem Druck, dem nur schwer zu widerstehen ist. Das führt dazu, dass auch am Wochenende, in der Freizeit oder Arbeitsende gearbeitet wird, damit die benötigten Ergebnisse zum gewünschten Zeitpunkt vorliegen. Die Beschäftigten erleben diese Extensivierung der Projektarbeit als Zeitdruck und Zeitnot. Dabei wirkt hier eine besondere Form des Zeitdrucks: Gegen den von Vorgesetzten festgelegten Termin- oder Arbeitsdruck kann man sich möglicherweise wehren. Bei indirekt ausgeübtem Druck

---

90 Vgl. Jan Dettmers: Ständige Erreichbarkeit und erweiterte Verfügbarkeit – Wirkungen und Möglichkeiten gesundheitsförderlicher Gestaltung, BKK Gesundheitsreport 2017, S. 167–174.

durch Kunden, Auftraggeber oder Kollegen aus dem Projekt versagen diese Schutzmechanismen. Der fest vereinbarte Endtermin eines Projektes zwingt die Beschäftigten dazu, die Arbeitsintensität zu steigern. Die eigentlich freie Zeit, die sich im Unterschied zur Arbeitszeit gerade dadurch auszeichnet, dass sie individuell verfügbar ist, wird den Verfügbarkeitserwartungen des Projektes unterworfen. Eigene Ansprüche an Selbstbestimmung werden dadurch eingeschränkt.

Gesundheitliche Folgen größerer Verfügbarkeit

Verfügbarkeit bezieht sich aber nicht nur auf die Zeit, sondern auf den gesamten Zusammenhang von Arbeit und eigener Lebenssituation. Konferenzen werden zu unterschiedlichen Tages- und Nachtzeiten in verschiedenen Zeitzonen abgehalten. Erwartet werden von den Beschäftigten ständige Erreichbarkeit, das zeitnahe »Checken« von Emails und SMS und die Nutzung der so genannten »sozialen Medien«. Wie sich diese Verdichtung im Arbeitsalltag bemerkbar macht, schildert eine Projektmanagerin: »[...] mein Alltag sieht aber oft abenteuerlich aus: Kunden sind einfach ungeduldig und wenn etwas nicht passt, heißt das sofort in die Bresche springen. An extremen Tagen bedeutet das: Noch zu Hause beim Frühstück klingelt das Geschäftshandy und bis ich in der Arbeit ankomme, warten drei Kunden auf Antwort per E-Mail. Telefon, Termin, E-Mails abwechselnd und pausenlos, so dass ich manchmal vor sechs Uhr abends nichts anderes mache als Arbeit anhäufen ohne eine Chance, auch nur eine halbe Stunde über einem Projekt zu bleiben oder Mittagspause zu machen. Die tatsächliche Arbeit muss ich ja auch noch irgendwann erledigen.«[91]

Viele Beschäftigte betrachten Erreichbarkeit nicht als belastende Anforderung, sondern als Chance, Familie und Beruf besser zu vereinbaren. Sie schätzen die Möglichkeiten orts- und zeitunabhängiger Arbeit positiv ein, weil sie glauben, dadurch ihre Arbeit besser bewältigen zu können. Im Unterschied dazu betonen einige Untersuchungen die gesundheitlichen Gefährdungen erhöhter Erreichbarkeit und fordern eine Einschränkung der Anzahl erreichbarer Personen und der Erreichbarkeitsdauer. Erreichbarkeit verlängert die Arbeitszeit deutlich, und das Erleben von Belastung und Kontrolle während der Erreichbarkeit gleicht dem der Arbeitszeit. Es kommt zu gesundheitlichen Be-

---

91 E. Bockenheimer, C. Losmann, St. Siemens: Work hard, play hard, Das Buch zum Film, Marburg 2013, S. 142.

einträchtigungen nicht nur aufgrund der Häufigkeit der Anforderung, außerhalb der regulären Arbeit zur Verfügung zu stehen. »Die bloße Anforderung, für die Arbeit verfügbar zu sein, erzeugt eine besondere Situation, die sich unabhängig von den konkreten Arbeitseinsätzen negativ auf das psychische Befinden auswirken kann.«[92] Ein anderer Aspekt gesundheitlicher Gefährdung ergibt sich aus der Unvorhersehbarkeit der Anforderungen. Wenn bei Projektarbeit eine Kultur schrankenloser Erreichbarkeit existiert, wird die Unvorhersehbarkeit dieser Anforderung für jeden Einzelnen zum Problem: Wer ständig arbeitsbereit ist, kann potenziell nicht nur die Fähigkeit verlieren, sich Freiräume zur Erholung zu verschaffen. Auch die Fähigkeit abzuschalten und sich von der Arbeit zu distanzieren, eine notwendige Voraussetzung zur Regeneration, droht verloren zu gehen.

These 2: *Projektarbeit erwartet von den Beschäftigten Flexibilität und die Bereitschaft, sich stets in neue Projekte einzubinden. Folgt auf ein Projekt das nächste, wird die eigene Arbeit zu einer permanenten Bewährungsprobe. Wer immer wieder solche Situationen bei der Arbeit durchlebt, läuft Gefahr, an Selbstsicherheit und Vertrauen zu verlieren.*

Projektteams werden nach den jeweiligen Anforderungen des Auftrags oder des Kunden gebildet. Die Ausgewählten finden sich für einen bestimmten Zeitraum zusammen, arbeiten den Projektauftrag ab und lösen sich wieder auf, um anschließend in andere Projekte einzutreten. Das Arbeiten einem Projekt kann mit einer wechselnden Zusammensetzung oder dem gleichzeitigen Arbeiten in verschiedenen Teams verbunden sein. Aufgaben oder Teilschritte eines Projektes erfolgen unter Umständen in mobiler Tätigkeit, etwa einen Tag beim Kunden und am folgenden im Büro. Jedes Projekt kann anders als das vorherige sein. Eine hohe Lernbereitschaft gehört genauso zur Arbeit im Projekt wie das Eigeninteresse, sich im Selbststudium Kenntnisse (z. B. über ein unbekanntes Betriebssystem) anzueignen. Diese Flexibilität und Veränderungsbereitschaft der Beschäftigten ist es, die dem Projekt die Beweglichkeit seiner Struktur verleiht und es laut der McKinsey-Berater Peters und Watermann (Teil 2) zu einer herausragenden Arbeitsform machen.

92 Jan Dettmers: Ständige Erreichbarkeit und erweiterte Verfügbarkeit – Wirkungen und Möglichkeiten gesundheitsförderlicher Gestaltung, BKK Gesundheitsreport 2017, S. 168.

Die Ambivalenz der Flexibilität

Die Flexibilität der Beschäftigten eines Projektes bewegt sich auf einem schmalen Grat zwischen Eigeninteresse und Sachzwang. Das Interesse an einer anspruchsvollen Tätigkeit und die Flexibilitätsanforderungen verschränken sich in dieser Arbeitsform miteinander. Einerseits kann ein Projekt zum Hinzulernen und zur Erweiterung von Kompetenzen beitragen, da jedes Projekt anders als das vorherige ist. Ferner können Beschäftigte durch einen Arbeitsfeldwechsel an beruflichen Erfahrungen hinzugewinnen. Diese scheinbaren Vorteile haben aber ihren Preis. Die Leistungsfähigkeit für eine Beschäftigung in einem weiteren Projekt muss stets wieder unter Beweis gestellt werden. Die Beschäftigten befinden sich somit in einer Art Bewährungsschleife. Nur wer hierzu bereit ist, kann auf ein Anschlussprojekt hoffen. Gesucht werden bei der Vergabe eines Projektes diejenigen, deren Potenziale der jeweils anstehenden Aufgabe am besten entsprechen. Es kommt daher darauf an, zum richtigen Zeitpunkt über die gerade benötigten Eigenschaften zu verfügen und unternehmensintern die eigene Verwendungsbereitschaft für ein neues Projekt anzubieten.

Die Beschäftigten müssen also selbst initiativ werden und sich um ihre Verwendungsfähigkeit für das nächste Projekte kümmern. Was nach Flexibilität und Interesse am Erhalt der Beschäftigungsfähigkeit aussieht, schlägt sich gleichzeitig »als permanent empfundener Druck nieder, außergewöhnliche Leistungen vollbringen zu müssen, um die eigene Beschäftigung zu rechtfertigen, und die Qualität der eigenen Arbeit möglichst sichtbar zu inszenieren.«[93]

Bewähre dich!

Beschäftigte sollen sich trotz teilweise langjähriger Arbeitsverhältnisse im Hinblick auf eine Weiterbeschäftigung stets aufs Neue bewähren. Anstöße dazu können durch eigene oder betriebliche Initiative gegeben werden. Bei IBM ist es das Management, das zur Bewährung auffordert. Hier ist jeder Beschäftigte gehalten, seine Tätigkeitsschwerpunkte und Projekte in einer Datenbank zu dokumentieren und sich bei absehbarem Ende seines Projektes selbst nach einem Nachfolgeauftrag umzusehen. Eine wichtige Rolle spielt dabei der Auslastungsgrad der jeweiligen Abteilung.

---

93   Sighard Neckel, Greta Wagner: Leistung und Erschöpfung. Burnout in der Wettbewerbsgesellschaft, Berlin 2013, S. 16.

»Die Mitarbeiter dieser Abteilungen, die über das interne Datensystem über Auslastungsentwicklungen Bescheid wissen, werden in der Regel nicht warten, bis man auf sie zukommt, sondern sich selbst frühzeitig nach anderen Beschäftigungsmöglichkeiten innerhalb des Unternehmens umsehen, sich also an solche Abteilungen wenden, die über einen hohen Auftragsbestand verfügen und entsprechend Personalbedarf haben.«[94] 2012 entwickelte das Unternehmen daraus eine Plattform namens »Liquid«. Schreibt das Unternehmen Projektaufträge auf dieser Plattform aus, können sich die Beschäftigten um Aufgaben, die ihr eigenes Unternehmen ausgeschrieben hat, bewerben. »Die Mitarbeiter schreiben dann eine Art Kurz-Bewerbung und ein Manager entscheidet, wer den Zuschlag erhält.«

Als Bewährungsinstrumente werden mittlerweile auch zahlreiche (interne) Projektbörsen und andere Plattformen zur Ausschreibung von größeren Projekten genutzt. Wird beispielsweise ein Programmier-Auftrag eingestellt, kann der Projektleiter entscheiden, »ob sich nur IBM-Beschäftigte, zum Beispiel aus Asien, oder auch ausgewählte Freiberufler bewerben können. In der Regel bemühen sich Kollegen aus Indien, China oder den Philippinen um die Jobs.«[95]

Bewährungsbelege gelten als Zeichen von Flexibilität und Interesse am Erhalt eigener Beschäftigungsfähigkeit. Wer dagegen Dauerhaftigkeit und Stabilität eines Projektes wertschätzt, gerät in Gefahr, sich den Vorwurf mangelnder Flexibilität einzuhandeln. So erlebte es eine Beschäftigte bei T-Systems, die in einem Langzeitprojekt eine Nische für sich gefunden hat. »Eigentlich muss die Führungskraft für unsere Projekte oder Aufträge sorgen, aber häufig müssen wir uns die Projekte selber suchen«, berichtet sie in einem Radiofeature. »Wenn man nichts findet, muss man eben in Projekten an einem anderen Standort, in einer anderen Stadt arbeiten. Und wenn man wie ich in einem langfristigen Projekt arbeitet und dabei froh ist, sagen uns Teamleiter: ›Seid flexibel, bereichert Euer Wissen, erweitert Euren Horizont, sucht Euch mal ein anderes Projekt!‹ Obwohl wir unter irrem Druck arbeiten, hörte ich vor ein paar Tagen eine Führungskraft zu einem Kollegen sagen: ›Auch Du musst mal aus Deiner Komfortzone raus!‹«[96]

94 Gerd Nickel: Neue Steuerungssysteme bei IBM, in: Hilde Wagner (Hrsg.): «Rentier˚ ich mich noch«? Neue Steuerungskonzepte im Betrieb, Hamburg 2005, S. 260.
95 Eva Roth: Der zerlegte Experte, in: BZ vom 24.4.2015.
96 Tretmühle Telekom. Von Charly Kowalczyk, Manuskript ARD, Radio Feature, Saarländischer Rundfunk 2012, S. 12.

Die Auseinandersetzung mit der eigenen Verwendbarkeit im nächsten Projekt kann auch in Form eines Selbstmonologes stattfinden, wie bei einer Projektmanagerin, die in einer Werbeagentur arbeitet: »Was kommt nach dem Projekt? Ich habe gestern mit einem meiner Partner gesprochen, was kommt nach dem Projekt, ja, es geht um die Entwicklung eines neuen Produktes«[97], fragt sie sich selbst. Sie macht sich Gedanken, wie im nächsten Projekt ihre eigene Beschäftigungsfähigkeit mit den Umsatzzielen ihres Arbeitgebers zu vereinbaren ist. Sie fährt fort: »[…] es wird für mich nicht so unwichtig sein, weil diese Produktentwicklung natürlich auch ein Zugang ist, um nachher wieder selber Kundenakquise zu betreiben beziehungsweise Projekte zu verkaufen und das ist halt das, was bei uns letztendlich zählt, fakturieren, fakturieren, beziehungsweise Umsatz zu machen. Geld muss halt ins Haus kommen.«[98]

Die Kehrseiten der Bewährungsproben

Was die IBM-Beschäftigten, die T-Systems-Angestellte und die Projektmanagerin aus der Werbebranche verbindet, ist die Erfahrung, dass erfolgreiche Arbeit in Projekten keine Garantie für Beschäftigungssicherheit oder Statusverbesserung bringt. Cornelia Koppetsch spricht von einer »Ökonomie des Sich-Abstrampelns«, denen die Beschäftigten Folge leisten müssen.[99] Diese müssen selbst für ihre Weiterbeschäftigung sorgen, indem sie ihre Kompetenzen erweitern und ihre Arbeitskraft stets erneut anbieten. Tun sie das, können sie darauf hoffen, mit einer Mitarbeit in einem neuen Projekt »entlohnt« zu werden. Die zukünftige Verwendung steht im negativen wie im positiven Sinne immer wieder zur Disposition.

In Situationen permanenter Bewährungsproben wächst die Gefahr, Selbstsicherheit und Vertrauen zu verlieren. Aus der spezifischen Struktur der Projektarbeit mit ihren Anforderungen an Veränderungsbereitschaft und innerer und äußerer Mobilität resultieren Unsicherheit und Selbstzweifel. Das Arbeitsleben wird ambivalent, das Erleben von Angstgefühlen kann einziehen. »Ja ich mache meine Arbeit gerne, aber die Begeisterung ist begleitet durch Jobangst, und wenn man das

---

97 E. Bockenheimer, C. Losmann, St. Siemens: Work hard, play hard, S. 145.
98 Ebd. S. 145.
99 Cornelia Koppetsch: Die Wiederkehr der Konformität. Streifzüge durch die gefährdete Mitte, Frankfurt am Main, New York 2013, S. 34.

jetzt nur immer so auf die Schiene ›Arbeit braucht man‹ so definiert, muss ich sagen, wenn das nicht ist, wohin fällst Du?«, sagt ein Beschäftigter aus der IT-Industrie. [...]»Mit Sicherheit habe ich keinen sicheren Job, eine Festanstellung ist für mich heute ... ein vorhersehbares Jahr, vielleicht auch abschätzbare zwei Jahre, aber länger nicht. [...] Also so würde ich es beschreiben, dass Angst bewältigbar ist. Ich kann aber nicht abstreiten, dass ich immer wieder an Depression leide, und das ist in der Regel angstgetrieben, soziale Angst, Identitätsprobleme oder so was ...«[100]

Untersuchungen zeigen, dass Unsicherheit unter den Beschäftigten weit verbreitet ist. Zu den Ursachen zunehmender Unsicherheitsgefühle zählen u. a. Umstrukturierungen, Standortverlagerungen und Arbeitsplatzverluste in den Unternehmen. Die von den Beschäftigten geforderte Veränderungsbereitschaft, Agilität und persönliche Optimierung, wie sie die Arbeitsform Projekt erwartet, fördert somit eher Ängste und Unsicherheit, als diese Gefühle einzudämmen.»Wenn alle sich unsicher fühlen, werden sie sich umso mehr anstrengen.« Dieses Kalkül mag – zur Freude des Managements – kurzfristig aufgehen. Aber langfristig können die Beschäftigten beim Wettrennen um die Mitarbeit im nächsten Projekt nicht gewinnen. Am Ende steht das Gefühl des Nicht-mehr-Mithalten-Könnens oder der Erschöpfung.

These 3: *Die Arbeitsform Projekt ist eine widersprüchliche Konstruktion. Einerseits erweitert sie die Spielräume der Beschäftigten in Hinblick auf die Gestaltung von Arbeitsabläufen und -prozessen. Andererseits werden diese Spielräume durch den Zugriff des Managements auf die Rahmenbedingungen eines Projekts kontrolliert und eingegrenzt. Zwar können die Beschäftigten selbstständig handeln und ihre Arbeit selbst organisieren. Demgegenüber verfügt das Projektteam nicht über eine Autonomie im Sinne von Selbstbestimmung.*

In der großen Erzählung der Projektarbeit (Teil 1) wird das sich selbst organisierende Team, das über große Freiheiten und Handlungsspielräume verfügt, als eine besonders wichtige Eigenschaft dieser Arbeitsform gewürdigt. Als Mitglieder eines Projektes sollen die Beschäftigten selbstständig und eigenverantwortlich handeln, die Arbeitsabläufe selbst regeln. Damit scheint diese Arbeitsform dem nahe zu kommen,

---

100 W. Hien:»Irgendwann geht es nicht mehr«. Älterwerden und Gesundheit im IT- Beruf, Studie im Auftrag der Hans-Böckler-Stiftung, Hamburg 2008, S. 58.

was schon seit Jahrzehnten in Arbeitswissenschaften und -soziologie unter den Leitideen einer humanen und gesundheitsförderlichen Arbeitsgestaltung verstanden wird: Eine anspruchsvolle Arbeit mit Kooperationsmöglichkeiten im Team und großen Freiheiten in der Arbeitsgestaltung.

Handlungsspielraum und Selbstorganisation

In den Arbeitswissenschaften spielt der Begriff Handlungsspielraum bei der Beurteilung von Arbeitsbedingungen eine große Rolle. Darunter versteht die Forschung ein dreidimensionales Modell dieses Handlungsspielraums, der den verfügbaren Spielraum 1. in der Ausführung einer Tätigkeit, 2. in der Selbstständigkeit und Kontrolle von Entscheidungen und 3. nach den vorhandenen Möglichkeiten von Interaktion beurteilt.[101] Je größer die jeweiligen Handlungsspielräume in den drei Dimensionen sind, desto positiver werde davon Motivation und Arbeitszufriedenheit der Beschäftigten beeinflusst.

Der Begriff Selbstorganisation kommt aus der soziologischen Systemtheorie und bezeichnet hier die Fähigkeit, selbstständig zu handeln. Über diese Fähigkeit zur Selbstorganisation verfügt ein Projekt beispielsweise dann, wenn die Mitglieder in Selbstinitiative die Arbeit untereinander verteilen, Arbeitszeiten miteinander absprechen, eine gemeinsame Urlaubsplanung vornehmen und selbstständig neue Mitglieder einarbeiten. Die Mitglieder eines Projektes führen diese Handlungen ohne fremde Hilfe oder Anweisung aus. Sie handeln selbstständig beziehungsweise autonom im Sinne von Selbstorganisation.[102] In diesem Verständnis von Autonomie als Fähigkeit zum selbstständigen Handeln taucht der Begriff Selbstorganisation auch im Sprachschatz von Management und Unternehmensberatern auf.

Die Frage ist hier, was genau mit den in der großen Erzählung angeführten Möglichkeiten wie Selbstorganisation und Handlungsspielräumen in der Projektarbeit gemeint ist. Zu fragen ist auch nach dem Gewinn von Autonomie, der sich daraus für die Beschäftigten ergeben soll. Ist es so, wie die bereits erwähnte Studie der Bertelsmann-Stiftung

---

101 A. Alioth: Entwicklung und Einführung alternativer Arbeitsformen, in: A. Oppholzer: Handbuch Arbeitsgestaltung, Leitfaden für eine menschengerechte Arbeitsorganisation, Hamburg 1989, S. 297.

102 Vgl. Stefanie Gräfe: Resilienz im Krisenkapitalismus. Wider das Lob der Anpassungsfähigkeit, Bielefeld 2019, S. 81ff.

beschreibt, die eine »neue Arbeitskultur« mit »interdisziplinärer Projektarbeit« entstehen sieht, die »neue Freiheiten in der Arbeitsweise« möglich macht und »interessierte Mitarbeiter zu mehr Eigeninitiative und Unternehmergeist« führt?[103]

Der Rahmen beschränkt die Spielräume eines Projektes

Wirklich »neu« wäre eine Arbeitskultur, wenn sie den Beschäftigten ein Maß an Selbstbestimmung und Freiheit böte, das über das Niveau anderer Arbeitsformen kapitalistischer Arbeitsorganisation (Teamarbeit, Mobile Arbeit, Arbeiten mit Zielvereinbarung) hinausgeht.

Zur Diskussion dieser Fragen gehört die Berücksichtigung der Rahmenbedingungen, in denen sich Selbstorganisation und Handlungsspielräume dieser Arbeitsform abspielen. Dazu gehören:

Das Budget: Der finanzielle Spielraum eines Projektes hängt von seinem Budget ab. Dieser Faktor beeinflusst den investierten Arbeitsaufwand und die Produktqualität. Die Größe des Budgets ist begrenzt durch den vom Management festgelegten Kostendeckel, dessen Einhaltung durch das innerbetriebliche Controlling mit Hilfe vorgegebener Kennziffern kontrolliert wird. Oft sind es aber auch der Druck des Marktes und die Konkurrenzsituation des Unternehmens, die das Budget festlegen.

Untersuchungen zeigen, dass Budgets häufig über zu geringe personelle und technische Ressourcen verfügen. Gerade weil das Management (und nicht die Beschäftigten eines Projektes) zu niedrig kalkuliert, ist das Überschreiten eines Budgets eher die Regel als die Ausnahme.[104]

Die Kalkulation: Unternehmen haben naturgemäß Interesse an hohen Umsätzen und hoher Auftragsauslastung. Daher werden Kalkulationen etwa für neue Software oftmals bewusst niedrig eingeschätzt, um den Auftrag zu bekommen. Je nach Größe des Projekts müssen bei der Kalkulation zahlreiche Ausgaben und Aufwendungen vorausgeplant werden. Diese Planung beruht häufig auf einer Abschätzung und ist daher nicht genau. »Wenn es wirklich so ist, dass ein Auftrag von außen reinkommt und die haben mehrere Firmen, mehrere Software-Häuser

---

103 Birgit Gebhardt, Josephine Hofmann, Heiko Roehl: Zukunftsfähige Führung. Die Gestaltung von Führungskompetenzen und -systemen, Bertelsmann Stiftung 2015, S. 20.
104 https://www.computerwoche.de/a/erp-projekte-alte-probleme-neue-gruende,2555677 (03.12.2020)

zur Auswahl, dann wird natürlich jeder eine falsche Schätzung nach Außen abgeben, um den Auftrag zu kriegen. Dann ist das eher so, wenn man sieht: Aha, eigentlich wird das wahrscheinlich eher so im Raum mit, sagen wir mal, mit fünf Leuten, von einem Jahr liegen, dann wird eine Schätzung nach außen abgegeben: ›O.K., wir schaffen es in einem halben oder dreiviertel Jahr‹, damit der Auftrag reinkommt. Das ist oft so, ja. Das ist knallharter Wettbewerb. Das ist natürlich klar, der Stress ist damit vorprogrammiert.«[105] Die Kalkulation, die dem Auftrag vorausgeht, wirkt sich unmittelbar auf die Arbeitsweise des Projekts aus.

Die Personalbemessung: Auch die Entscheidung, wie viele Beschäftigte mit welchen Qualifikationen im Team arbeiten, entzieht sich dem Projekt selbst. Personal verursacht Kosten. Daher kalkuliert das Management eher zu wenige als zu viele Beschäftigte für ein Projekt. Die personelle Ausstattung orientiert sich an bestimmten Kenngrößen wie Personalstellenplanung oder Umsatzzahlen, die Ausdruck der unternehmerischen Gewinnerwartungen sind. Weitere Einflussfaktoren auf die Bemessung können bewirken, dass sie trotz umfangreicher Planungen niemals vollständig funktioniert. Trotz eines Ressourcenmanagements entstehen Abweichungen, Fehler und eine Unterdeckung mit Personal.

Die Vereinbarung von Zielen: Durch Vereinbarungen mit den Beschäftigten (und Projektleitern) über die Ziele sichert sich das Management die Kontrolle über die entscheidenden Rahmendaten eines Projektes. Dazu gehören Vereinbarungen über die rechtzeitige Fertigstellung, die Einhaltung des vereinbarten Kostenrahmens, die geplanten Personalstunden oder den zu erwartenden Umsatz oder den Gewinn, den das Projekt erzielen soll. Mit diesen Rahmendaten verfügt das Management über Zugriffsmöglichkeiten auf das Projekt und kann jederzeit steuernd eingreifen.

Fristen und Termine: Mit Hilfe von jeweiligen Etappenzielen innerhalb eines Projektabschnitts und der (mit dem Kunden) vereinbarten Deadline zur endgültigen Abgabe erhält das Projekt ein Zeitkorsett. Aufgrund der Markt- und Konkurrenzsituation ist das Management an einer möglichst optimistischen Planung von Fristen und Terminen und ihrer genauen Einhaltung interessiert. Zwar überlässt das Management es der Selbststeuerung des Projekts, die Arbeiten möglichst innerhalb dieser Termingerüste abzuschließen, aber erkennbare Abweichungen

---

105 W. Hien: «Irgendwann geht es nicht mehr«. Älterwerden und Gesundheit im IT-Beruf, Studie im Auftrag der Hans-Böckler-Stiftung, Hamburg 2008, S. 39.

vom Terminkorset können den Eingriff des Managements zur Folge haben. Jede Abweichung zieht weitere nach sich und löst bei allen Beteiligten (Management, Beschäftigte im Team, Kunde) Kettenreaktionen aus. Umso bedeutender als Kontrollpunkt wird der für das Projekt vereinbarte Endtermin – die »Deadline«.

Mit der Kontrolle dieser Faktoren sichert sich das Management den Zugriff auf die im Betrieb laufenden Projekte. Handlungsspielräume und Selbstorganisation sind in der Arbeitsform Projekt durchaus vorhanden. Aber ihr Gewicht ist im Gegensatz zu den Faktoren, die das Management als Rahmen vorgibt, so austariert, dass die Mitglieder auf alle spontanen und unvorhersehbaren Situationen der Bearbeitung eines Kunden- oder Arbeitsauftrags im Projekt flexibel und selbst organisiert reagieren können, ohne dass der vom Management geschaffene Rahmen, in dem sich die Arbeit eines Projektes vollzieht, in Frage gestellt wird. »Der einzelne Beschäftigte kann sehr wohl entscheiden, wie er seinen Arbeitsprozess in Abstimmung mit seinem Vorgesetzten und seinen Projektkollegen organisiert und was er einzeln tut« erläutert der Arbeitssoziologe Thomas Haipeter. »Er kann aber nicht entscheiden, unter welchen Bedingungen dies geschieht und welche Ressourcen dafür zur Verfügung stehen.«[106]

Legt man die arbeitswissenschaftliche Definition des Handlungsspielraumes am Beginn dieses Abschnitts zu Grunde, erfüllt diese Arbeitsform zwei der drei Dimensionen, die die Arbeitswissenschaften unter diesem Begriff verstehen. Die Beschäftigten können die Tätigkeitsspielräume ihrer eigenen Arbeit wahrnehmen und sie können in direktem Kontakt mit dem Kunden (z. B. mit dem »Product Owner« im Scrum Team) sowie im Austausch untereinander ihre Interaktionsspielräume ausdehnen. Sie erleben sich als selbstständig Handelnde und werden in dieser Eigenschaft als Selbstständige und Verantwortliche auch vom Management mobilisiert – aus der Erkenntnis heraus, dass nur durch ihren persönlichen, individuellen Einsatz die Anforderungen und Schwierigkeiten eines Projektes zu bewältigen sind. Aber unbeschränkte Handlungsspielräume sind damit nicht verbunden, denn auf die Entscheidungs- und Kontrolldimension ihres Projektes (Personal, Budget, Termine) haben sie nur geringe oder keine Einflussmöglichkeiten.

---

106 Thomas Haipeter: Vertrauensarbeitszeit: Chancen und Risiken eines Rationalisierungskonzepts. In: Gabriele Sterkel, Sylvia Skrabs (Red.): Tarifpolitischer Workshop Vertrauensarbeitszeit: Dokumentation. Berlin 2002: ver.di, S. 36–54.

Selbstständig, nicht selbstbestimmt

Auch in Hinblick auf die Selbstorganisation oder Autonomie ist die Arbeitsform Projekt eine widersprüchliche Konstruktion. Arbeitswissenschaften und -soziologie beurteilen Arbeitsformen häufig nach Größe und Reichweite von Autonomie. Verfügen Projekte oder Teams über viele Befugnisse, weit reichende Rechte oder Spielräume, wird in diesem Zusammenhang von einer großen Autonomie der Beschäftigten gesprochen. In ihrem Buch *Resilienz im Krisenkapitalismus* wirft Stefanie Gräfe eine ganz andere Frage auf. Sie fragt nicht, wie groß oder klein die Autonomie der Beschäftigten ist, sondern über *welchen Typus oder Form* von Autonomie die Beschäftigten eines Projektes verfügen. Neben der Selbstorganisation unterscheidet sie zwei weitere Formen der Autonomie: Selbstbestimmung und Selbstverwirklichung. Welcher dieser drei Typen gemeint sei, was jeweils genau unter Autonomie verstanden werde, hält Gräfe fest, verändere sich je nach Gegenstandsbezug und Kontext.

Selbstbestimmung liege demnach vor, wenn eine Person oder ein Subjekt nicht nur über ihre beziehungsweise seine Handlungen, sondern auch über die Regeln und Normen entscheide, die diesen Handlungen zu Grunde liegen. Von einer Autonomie im Sinne von Selbstverwirklichung könne gesprochen werden, wenn ein Mensch in Einklang mit seinen inneren Bedürfnissen handele und lebe. Und Selbstorganisation umfasst »die Selbststeuerung oder Selbstregulation des Subjekts, bei der es nicht nur einzelne Handlungsakte selbstständig ausführt, sondern auf Umweltanforderungen selbständig reagiert, in dem es *sich selbst* (also Gedanken, Gefühle und/oder Verhalten) neu organisiert.«[107]

Diese Abgrenzungen der verschiedenen Typen von Autonomie erscheinen auf den ersten Blick allzu akademisch zu sein. Tatsächlich verdeutlichen sie aber, dass Selbstorganisation der Beschäftigten in einem Projekt nur einen bestimmten Autonomiebereich umfasst. Es handelt sich dabei um eine Selbststeuerung ohne Selbstbestimmung; »in diesem Fall nämlich wird das Subjekt von sich aus tätig, bleibt dabei aber konstitutiv fremdbestimmt.«[108] Genau diese Form der Selbstorganisation ohne Selbstbestimmung scheine die Art der Autonomie zu sein, die

---

107 Stefanie Gräfe: Resilienz im Krisenkapitalismus. Wider das Lob der Anpassungsfähigkeit, Bielefeld 2019, S. 82.
108 Ebd. S. 83.

in den Managementmethoden praktiziert werde. Sie schreibt:»Zwar verlangen diese – etwa in Form von Projektarbeit, Zielvorgaben oder Benchmarks – vom arbeitenden Subjekt ein hohes Maß an Selbstständigkeit und Selbstregulation. Jedoch erweitern sie nicht im selben Maß die Möglichkeiten der Selbstbestimmung [...]. So können Arbeitende zwar bestimmen, in welcher Reihenfolge, an welchem Tag oder zu welcher Uhrzeit sie ihre Arbeit erledigen, nicht aber die Rahmenbedingung von Produktion und Organisation. Letzteres ist freilich [...] grundlegend für jede Form abhängiger Arbeit im Kapitalismus.«[109]

Die Diskussion über Handlungsspielräume und Selbstorganisation dieser Arbeitsform legt die Widersprüche offen, mit denen die Beschäftigten sich in einem Projekt auseinandersetzen müssen. Einerseits braucht das Management ihr Arbeitsvermögen und ihre Flexibilität. Ein entsprechender Handlungsspielraum wird daher den Beschäftigten eingeräumt. Andererseits werden Handlungsspielräume dem Projekt entzogen und vom Management kontrolliert. Autonomie wird begrenzt auf Selbstständigkeit. Der Philosoph Cornelius Castoriadis hat diesen Widerspruch als grundlegendes Element der kapitalistischen Arbeitsorganisation bezeichnet. Er läuft darauf hinaus,»gleichzeitig die Ausschließung und die Teilnahme der Menschen im Hinblick auf ihre Tätigkeiten verwirklichen zu müssen.«[110]

These 4: *In einem Projekt zu arbeiten bedeutet, in den verschiedenen Phasen des Arbeitsprozesses mit immer neuen oder anderen kritischen Situationen konfrontiert zu werden. Diese kritischen Projektsituationen können von den Beschäftigten nicht gelöst werden, weil sie nur über eingeschränkte Handlungsmöglichkeiten verfügen. Das macht die Arbeit in einem Projekt auf Dauer auszehrend und ermüdend.*

Zu den Merkmalen der Arbeitsform Projekt zählt der **Einmaligkeit-scharakter** der Arbeitsprozesse. Die Arbeitsaufgaben sind nicht vorgegeben, oft müssen diese erst Schritt für Schritt definiert werden. Anforderungen können sich jederzeit verändern, falls der Kunde das wünscht oder der Markt es verlangt. Diese Neuheit und Einmaligkeit der Aufgabe macht den Reiz eines Projektes aus. Den Mitgliedern eines

---

109 Ebd. S. 83.
110 C. Castoriadis: Sozialismus oder Barbarei. Analysen und Aufrufe zur kulturrevolutionären Veränderung, Berlin 1980, S. 161.

Projektes bietet diese Arbeitsform Möglichkeiten, die eigene Arbeit eigenständig anzugehen. Funktioniert die Zusammenarbeit mit den Kollegen oder mit dem Kunden, wächst zudem die Arbeitszufriedenheit.

Chaos statt Routine

Aber Neuheit und Einmaligkeit haben auch ihre Schattenseiten. Wenn Aufgaben ständig neu sind, können keine oder nur geringe Arbeitsroutinen zur Stressminimierung entwickelt werden. Wenn ständige Änderungswünsche des Kunden zu berücksichtigen sind, erhöhen sich Koordinierungsanstrengungen und zeitraubende Absprachen im Team. So entstehen Situationen, in denen die Teammitglieder mit Hindernissen (z. B. Zeitverzögerungen, Unterbrechungen durch fehlerhafte Software) umgehen müssen, ihre Improvisationskünste gefragt sind oder widersprüchliche Arbeitsanforderungen zu bewältigen sind.

»Die Arbeit vollzieht sich in einer Art ›organisiertem Chaos‹ zwischen formellen und informellen Teamstrukturen, innerhalb derer sich Aufgabenaufteilungen und Zielsetzungen schnell verändern können«, schreibt der Arbeitswissenschaftler Wolfgang Hien in einer Untersuchung zum Thema Älterwerden und Gesundheit im IT-Beruf.[111] Zuständigkeiten und Verantwortungsbereiche eines Projektes müssen immer wieder austariert, Kompetenzen und Verantwortung müssen immer wieder untereinander und gegenüber Kunden und Management abgegrenzt werden. »Sisyphos lässt grüßen.«

Was W. Hien als Chaos beschreibt, haben Erich Latniak und Anja Gerlmeier vom Institut Arbeit und Technik in Gelsenkirchen in einer Untersuchung der Arbeitsbedingungen von Projekten im IT-Bereich zum Thema gemacht. Neben Einzelinterviews und Gruppendiskussionen in den Teams animierten sie ihre Interviewpartner zum Führen von so genannten Befindenstagebüchern. Darin sollten kritische, nicht vorhersehbare Ereignisse innerhalb des Projektverlaufs erfasst werden, die einen Einfluss auf das Beanspruchungserleben haben. Dadurch gelingt es, typische Arbeitssituationen zu identifizieren, die wiederholt und häufig zu Konflikten und Widersprüchen in einem Projekt führen. Die Autoren der Untersuchung bezeichnen diese Situationen als kritische Projektereignisse.

---

111 W. Hien: «Irgendwann geht es nicht mehr«. Älterwerden und Gesundheit im IT-Beruf, Studie im Auftrag der Hans-Böckler-Stiftung, Hamburg 2008, S. 43.

Das Szenario der kritischen Situationen

Angelehnt an das Beispiel eines Entwicklungsprojektes in der Softwareherstellung haben sie daraus ein Szenario der kritischen Ereignisse erstellt. Das Szenario beginnt bereits zu dem Zeitpunkt, als das Unternehmen sich um einen Auftrag bemüht und beim potenziellen Kunden ein Angebot einreicht. Das Angebot beruht auf Erfahrungswerten und realistischen Daten, die das Unternehmen aus Aufträgen vergleichbarer Größe verwendet. Software-Entwicklung ist allerdings ein umkämpfter Markt, auf dem in der Regel ein realistisches Angebot keine Chance hat. Um den Auftrag zu erhalten, verkürzt daher die oberste Unternehmensebene die Projektdauer oder reduziert angebotene Leistungen, ohne sich vorher mit dem Projektteam auszutauschen. Der Konflikt um Machbarkeit und Auswirkungen ist die erste kritische Situation. Es müssen Anpassungen am Projektplan erfolgen und die einzelnen Arbeitsschritte neu definiert werden.

Die oberste Unternehmensebene erwartet, dass die Software so schnell wie möglich und zur Zufriedenheit des Kunden auf den Markt kommt. Auch der Kunde erwartet ein Produkt von hoher Qualität, das schnell einsatzfähig ist. Er möchte ferner über den jeweils aktuellen Stand des Projektes informiert sein. Formuliert er Zusatzwünsche oder fordert Nachbesserungen, wird es erneut kritisch. Durch inhaltliche Änderungen werden oft zusätzliche Ressourcen benötigt, weil sie bislang nicht in Kalkulation und Budget eingeplant waren. Oft stellt sich erst im Laufe der Projektarbeit heraus, dass man deren Komplexität unterschätzt hat und mehr Ressourcen als veranschlagt benötigt. In technisch anspruchsvollen Projekten werden häufig neue Technologien eingesetzt, die erst während der Projektarbeit entwickelt oder angewendet werden. Sie sind noch unerprobt, es gibt dafür keine Erfahrungswerte wie bei altbewährten Technologien. Haben die Beschäftigten keine oder nicht ausreichend Zeit zur Einarbeitung in diese Technologien, entsteht ein weiterer Konflikt: Die eigenen Ressourcen (eigene Erfahrungen, Qualifikation) reichen nicht zur Lösung der geforderten Arbeitsaufgabe.

»Bei der Vielzahl von Betriebssystemen, Programmiersprachen, Frameworks und Entwicklungswerkzeugen ist es einfach unmöglich, ständig auf dem neuesten Stand und so vertraut mit ihnen zu sein, dass die Arbeit leicht von der Hand geht. Zwar kann man mit einiger Erfahrung im Rücken die meisten Neuerungen leicht erlernen und einsetzen, gerade bei Detailfragen unterscheidet sich dann doch der

Erstanwender sehr schnell vom Experten. Hat man davon keinen im Projektteam, kann der Einsatz einer neuen Technologie schnell zu einem Albtraum werden.«[112]

In der Arbeitsphase des Projektes kommt es häufig zu kritischen Situationen durch personelle Veränderungen. Einige werden krank, manche kündigen zwischenzeitlich selbst oder reduzieren Arbeitszeit. Wenn dann neue Kollegen in das Team kommen, müssen diese integriert und die Teamfähigkeit untereinander hergestellt werden. Geschieht dies nicht, hat das interne Konflikte im Team zur Folge. Auch die Praxis vieler IT-Unternehmen, Beschäftigte in mehreren Projekten gleichzeitig einzusetzen, zieht Konflikte nach sich. Da jedes Team eigene kritische Situationen hat, kumulieren auch die Konflikte, die jedes Mitglied in den verschiedenen Arbeitszusammenhängen erlebt. »Die Bearbeitung mehrerer Aufgaben in unterschiedlichen Projekten«, erklären Anja Gerlmaier und Erich Latniak diesen Aspekt, »führt zu Zusatzaufwand, weil die zu erbringende Arbeitsleistung anhand der Abgabe- und Kundentermine verschiedener Projekte durch die Mitarbeiter selbst koordiniert werden muss. Immer wieder kommt es zu Überschneidungen zeitkritischer und arbeitsintensiver Projektphasen, ohne dass den Mitarbeitern dabei angemessene zeitliche Dispositionsmöglichkeiten zur Verfügung stehen.«[113]

Um diesem Druck zu entgehen, kürzt das Projekt notwendige Testphasen für die neu entwickelte Software oder nimmt Einsparungen an dem dafür vorgesehenen Budget vor. Das zieht weitere kritische Situationen nach sich. »Es ist also seltenst der Fall, dass ein Projekt zu dem Zeitpunkt fertig ist, wo es fertig sein sollte«, erklärt ein Projektleiter von SAP. »Oft gehen dann manchmal noch Prototypen raus, nicht, also in die Praxis, die noch nicht 100-prozentig durchgetüftelt sind. Test ist auch ein großes Thema, nicht, und so entsteht da meistens schon ein großer Druck.«[114] Wenn Produkte ohne ausreichende Tests oder mit verminderter Qualität ausgeliefert werden, weil nur so der Endtermin

112 Mark Harwardt: Wasserfallmodell versus Scrum. in: https://fdokument.com/document/wasserfallmodell-versus-scrum-fernuni-hagende-hagen-lehrgebiet-programmiersysteme.html, S. 33–34 (20.12.2020).
113 Anja Gerlmaier, Erich Latniak Zwischen Innovation und alltäglichem Kleinkrieg. Arbeits- und Lernbedingungen bei Projektarbeit im IT-Bereich, in: Manfred Moldaschl (Hrsg.): Verwertung immaterieller Ressourcen. Nachhaltigkeit von Unternehmensführung und Arbeit, München 2007, S.143.
114 W. Hien: «Irgendwann geht es nicht mehr». Älterwerden und Gesundheit im IT- Beruf, Studie im Auftrag der Hans-Böckler-Stiftung, Hamburg 2008, S. 38.

oder das Budgetlimit eingehalten werden kann, geraten die Beschäftigten mit ihren eigenen Maßstäben und Ansprüche an eine solide und fachgerechte Arbeit in Konflikt.

Sind während des Projekts Überstunden, Wochenendarbeit, eine ausgedehnte Reisetätigkeit oder sogar Aufenthalte im Ausland erforderlich, geraten die Arbeitsanforderungen in Konflikt mit dem Privatleben. Insbesondere wenn Kinder im Haus sind und der Lebenspartner oder die Lebenspartnerin ebenfalls beruflich engagiert ist, stehen die Betroffenen vor zahlreichen Problemen, weil sie ständig eine Balance zwischen Arbeit für das Unternehmen und der privaten Lebensführung herstellen müssen.[115] Das Szenario der kritischen Situationen besteht also aus einer Kette von Konflikten und Hindernissen. Die Untersuchung spricht von einen regelrechten »Kleinkrieg«, in den die Beschäftigten täglich involviert sind. Es ist der fehlende Zugriff des Projektteams auf elementare Rahmenbedingungen (z. B. Kalkulation, Personalausstattung, Termine, Budget), die den Konfliktverlauf diktieren. Die Beschäftigten erscheinen dabei weniger als Akteure oder selbstständig Handelnde, sondern eher als die Löschabteilung einer Feuerwehr, die von einem zum nächsten Brandherd eilt. Wer ständig Konfliktsituationen bestehen muss, zehrt aus und ermüdet trotz aller positiven Handlungspotenziale wie freie Arbeitszeiteinteilung, Kollegialität im Team oder interessanten Arbeitsaufgaben, die diese Arbeitsform zweifellos befördern kann. Die Autoren sehen nicht nur Anzeichen für deutliche »Vernutzungstendenzen der psychischen und physischen Leistungsvoraussetzungen«[116] bei den untersuchten Projektmitarbeitern. Sie stellen auch massive Beeinträchtigungen im Bereich der Arbeitsmotivation fest. Ein großer Teil der Projektarbeiter sei von den Bedingungen der Projektarbeit frustriert beziehungsweise desillusioniert.

These 5: *Beschäftigte, die in Projekten arbeiten, haben gegenüber anderen Beschäftigten ein erhöhtes gesundheitliches Risiko. Mögliche Potenziale von Selbstorganisation, Kreativität und Persönlichkeitsförderung in dieser Arbeitsform können sich nicht entfalten, solange Projektarbeit den Interessen der Gewinn- und Profitmaximierung untergeordnet bleibt.*

---

115 E. Latniak, A. Gerlmaier: Zwischen Innovation und alltäglichem Kleinkrieg. Zur Belastungssituation von IT-Beschäftigten, IAT-Report 2006-04.
116 Vgl. E. Latniak, A. Gerlmaier, ebd. S. 162.

Es ist nicht verwunderlich, dass in Projekten Beschäftigte mit einer besonderen Gesundheits- und Belastungssituation konfrontiert sind. »Verallgemeinernd lässt sich feststellen: Die Mehrheit der Befragten arbeitet subjektiv an der Grenze der Belastbarkeit. Die Beschäftigten sind prinzipiell gefährdet, ohne dass dies zwingend zu Erkrankungen führen muss. Besonders beunruhigend ist dabei das Ausmaß der Erosion der subjektiven Sinnstrukturen auf Seiten vieler Beschäftigter und Führungskräfte«[117], lautet die Zusammenfassung einer Vielzahl qualitativer Interviews, die einige Forscher mit Beschäftigten aus der IT-Industrie geführt haben.

Erschöpfung und gesundheitliche Belastungen

Eine andere Untersuchung bringt Projektarbeit mit einer Reihe von psychischen Belastungen in Verbindung. 54 Prozent aller Befragten klagen über häufig auftretende Arbeitsunterbrechungen, 51 Prozent über Zeitdruck, 41 Prozent über Aneignungsbehinderungen (Lernbehinderungen) und 36 Prozent über ungeplante Zusatzaufgaben bei der Arbeit. »Trotz durchaus vorhandener und genutzter Ressourcen in der Arbeit«, stellten die Wissenschaftler fest, »konnte bei [...] den Projektmitarbeitern ein gegenüber dem Durchschnitt aller Beschäftigten deutlich erhöhtes gesundheitliches Risiko festgestellt werden: 41 Prozent der Befragten wiesen massive Anzeichen einer chronischen Erschöpfungssymptomatik auf, 31 Prozent konnten nach eigener Aussage nach der Arbeit nicht mehr ›abschalten‹, was als Vorstufe zum Burnout gilt.«[118]

Folgt auf ein abgeschlossenes ein neues Projekt oder sind Beschäftigte gleichzeitig in mehrere Projekte eingebunden, vervielfachen sich die Belastungen. Beschäftigte in den untersuchten Softwarefirmen leiden bis zu viermal häufiger unter psychosomatischen Beschwerden wie chronische Müdigkeit, Nervosität, Schlafstörungen und Magenbeschwerden als der Durchschnitt der Beschäftigten in Deutschland.

Ein weiterer Anhaltspunkt für das Ausmaß an Erschöpfung offenbart die Studie in der Reaktion der Beschäftigten auf die Frage nach der Zeitperspektive ihrer aktuellen Tätigkeit. Glaubten in früheren Unter-

---

117 A. Boes, T. Kämpf, K. Trinks: Gesundheit am seidenden Faden. Zur Gesundheits-und Belastungssituation in der IT-Industrie, ISF München, ohne Jahresangabe, S. 62.
118 A. Boes, T. Kämpf, Katrin Trinks: Gesundheit am seidenen Faden. Zur Gesundheits-und Belastungssituation in der IT-Industrie, in: ver.di: Hochseilakt – Leben und Arbeiten in der IT-Branche, S. 53ff. Berlin, 2009.

suchungen über 50 Prozent der Befragten, ihre Projektarbeit bis zur Rente ausführen zu können, so teilen in der jüngsten Befragung nur noch 37 Prozent diese Einschätzung.[119] Eine bis an die Belastungsgrenze gehende Arbeitssituation ist das Gegenteil dessen, was die große Erzählung in Aussicht stellt. Von Persönlichkeitsförderung kann keine Rede sein. Die herausgestellten Potenziale, die das Arbeiten in einem Projekt mit sich bringen sollen, beginnen, wie Wolfgang Hien nüchtern festhält, »gleichsam einer Normalität zu weichen, innerhalb derer Momente altbekannter kapitalistischer Arbeitsorganisation erkennbar werden.«[120] Die zeitweilige Euphorie um anspruchsvolle, kreative Arbeit in Projekten ist längst zum Erliegen gekommen. Der Trend zur agilen Herangehensweise bei der Projektarbeit verstärkt den Trend zur Verdichtung und Beschleunigung der Arbeitsprozesse. Projektarbeit ist ein Instrument Kopfarbeit zu rationalisieren – ausgeführt von Mitarbeitern, die nach Einschätzung des Soziologen Andreas Boes »nur noch ihre zerstückelten Arbeitspakete abarbeiten.«[121] Die getakteten, industriellen Prozesse der agilen Projektarbeit engen die Spielräume kreativer Entfaltung immer weiter ein. Mögliche Potenziale von Selbstorganisation, Kreativität und Persönlichkeitsförderung werden in der kapitalistischen Ausprägung dieser Arbeitsform nicht nur nicht ausgeschöpft: Sie werden »verschenkt«.

Dass das Arbeiten in einem Projekt schöpferisch und spielerisch sein kann, dass Beschäftigte in diesem Arbeitszusammenhang kreative Entwicklungsarbeit leisten können, zeigt das Beispiel der Lucas-Beschäftigten, die ihr vorhandenes Wissen und ihre Erfahrungen in die Entwicklung sozial und ökologisch nützlicher Produkte einbrachten. Sie arbeiteten projektförmig, ohne dass es eines Managements bedurfte, sie trafen notwendige Entscheidungen gemeinsam ohne den Zwang, verwertbare und profitable Produkte herzustellen, und es gelang ihnen, eine Reihe ökologisch und sozial nützlicher Güter herzustellen. Sie bewiesen auch, welche schöpferischen Möglichkeiten in der Arbeitsform Projekt stecken, wenn sie nicht kapitalistischen Interessen der Gewinn- und Profitmaximierung untergeordnet ist.

119 Anja Gerlmaier, Erich Latniak: Arbeiten bis zur Erschöpfung – Regulierungs-und Handlungsansätze bei Projektarbeit, in: L. Schröder, H. Urban (Hrsg.): Gute Arbeit, Ausgabe 2012, Frankfurt am Main, S. 116ff

120 W. Hien:»Irgendwann geht es nicht mehr«. Älterwerden und Gesundheit im IT Beruf, Studie im Auftrag der Hans-Böckler-Stiftung, Hamburg 2008, S. 22.

121 A. Boes, T. Kämpf, B. Langes, Th. Lühr:»Lean« und »agil« im Büro. Neue Formen der Organisation von Kopfarbeit in der digitalen Transformation, Working Paper der Hans-Böckler-Stiftung, Okt. 2016, S. 21.

4 »Go for it!« Wie leistungsfördernde Gefühle instrumentalisiert werden

4.1 Gefühlsmanagement: Definition, Ziele, Vorgehen

Ob Beschäftigte mit Interesse und Freude oder mit Unlust und Ärger ihrer Arbeit nachgehen, ist eine Frage, die Arbeitspsychologen schon lange untersuchen. Wie sich Gefühle zur Steigerung von Arbeitsleistung instrumentalisieren lassen, beschäftigt demgegenüber Unternehmen, Management und Berater erst seit den 1970er-Jahren in größerem Umfang.

Das wirtschaftliche Potenzial der Gefühle

Den Zusammenhang von Arbeitsleistung und Gefühlen stellt die Schweizer Psychologin Tina Kiefer in einem Beitrag für eine Fachzeitschrift für Personalführung her. Sie spricht von Gefühlen als »Leistungsförderern« und empfiehlt den Unternehmen, sich mit den Gefühlen ihrer Beschäftigten auseinanderzusetzen. Es sei für die erfolgreiche Führung eines Unternehmens entscheidend, sich die Bedeutung von Emotionen für das Funktionieren eines Unternehmens bewusst zu machen und die emotionale Landschaft des Unternehmens zu kennen und zu berücksichtigen.[122] Auch wenn in vielen Firmen dem Thema »Gefühle« mit deutlicher Zurückhaltung begegnet werde, sei es an der Zeit, ein Management der Gefühle zu entwickeln. Kiefer wörtlich: »Um das emotionale Potenzial im Sinne des Betriebsfriedens [...] und der Leistungsoptimierung nutzen zu können, muss heute realisiert werden, dass Emotionen ein wichtiger Antrieb sind, dass sie viel mit Motivation und Leistung zu tun haben.«[123] Der Beitrag der Psychologin, der sich zweifellos an eine Leserschaft aus dem Human Resource Management richtet, versteht sich als Aufforderung an die Unternehmen, die Gefühle ihrer Beschäftigten als Potenzial zur Steigerung der Arbeitsleistungen zu betrachten. Wie anderen menschlichen

---

122 In diesem Text wird nur aus Gründen der besseren Lesbarkeit zwischen den Begriffen Gefühl und Emotion gewechselt.
123 »Leistungsförderer Gefühl. Weshalb Emotionen in der Arbeitswelt ernst genommen werden sollten«, in Neue Westfälische, 19./20.01.2002 sowie T. Kiefer: Die Macht positiver und negativer Gefühle in der Arbeitswelt, in Personalführung, Heft 12/2002.

Eigenschaften, etwa Kreativität oder der Kommunikation, wird auch den Gefühlen der Beschäftigten eine produktive Kraft zugesprochen, die zur Steigerung des unternehmerischen Mehrwerts beiträgt. Um diese Kraft für das Unternehmen zu nutzen, plädiert die Psychologin daher für ein Management der Gefühle.

Wenn Unternehmen die Gefühle ihrer Beschäftigten nutzen wollen, braucht es spezielle Techniken und Methoden zu ihrer Beeinflussung. Beeinflussung klingt nach unlauteren, manipulativen Methoden der Menschenführung oder gar nach »brain washing«. Vielleicht ist das der Grund, warum es in Deutschland nur wenige Veröffentlichungen gibt, die expliziert von einem Management der Gefühle oder von einer Managementmethode namens Gefühlsmanagement sprechen.[124] In den USA ist das völlig anders. Hier entwickelten Unternehmen schon Anfang der 1990er-Jahre Interesse an den Gefühlen ihrer Beschäftigten und an Methoden zu ihrer Beeinflussung. Bereits Ende der 1980er-Jahre sprachen Manager und Unternehmensberater in den USA von »Emotional engineering.« Die sprachliche Nähe dieses Begriffs zu einer anderen Managementtechnik, dem »Business reengineering«, ist kein Zufall. »Engineering« beruht auf der Annahme, dass alles, was sich im Unternehmen abspielt, steuer- und beherrschbar sei. Ähnlich verhält es sich mit dem Begriff »Management by emotions«. Er geht zurück auf Führungstechniken, die in den 1970er-Jahren in den USA entwickelt (»management by«-Ansätze) wurden.

Feel good

Mit anderen Begriffen, aber ähnlicher Zielrichtung beschäftigen sich Managementliteratur oder Webseiten von Unternehmensberatern aus dem deutschsprachigen Raum ebenfalls mit dem Management der Gefühle. Hier wird dieses Thema im Sinne einer Führungstechnik unter

124 Zu den Ausnahmen zählen: Angela Schmidt: Mit Haut und Haaren – Die Instrumentalisierung der Gefühle in der neuen Arbeitsorganisation, in: Mit Haut und Haaren. Der Zugriff auf das ganze Individuum, Denkanstösse, IG Metaller in der IBM, Mai 2000, S. 25–42; Sabine Donauer: Faktor Freude. Wie die Wirtschaft Arbeitsgefühle erzeugt, edition Körber Stiftung, Hamburg 2015 sowie Michael Bretschneider-Hagemes: Scientific Management reloaded? Zur Subjektivierung von Erwerbsarbeit durch postfordistisches Management, Wiesbaden 2017. Die Veröffentlichungen setzen sich kritisch mit dem Management der Gefühle auseinander und haben mit dem Genre Managementliteratur nichts zu tun. Die Veröffentlichung von A. Schmidt hat den vorliegenden Beitrag zu diesem Thema stark beeinflusst.

den Stichworten »Emotionale Kompetenz« oder »emotionales Management« beziehungsweise »emotional leadership« behandelt. In Firmen und Startups der IT-Industrie existiert bereits seit einigen Jahren ein Feel–good-Management (abgekürzt: FGM). So berichtet eine Tageszeitung von einer Sophie B., die bei einem Hamburger Spielentwicklungsunternehmen als Feel-good-Managerin fungiert. Ihr Aufgabengebiet umfasst alles, was dazu dient, das Arbeitsklima in der Firma zu verbessern und die Zufriedenheit der Beschäftigten zu stärken. Sie plant die Weihnachtsfeier des Unternehmens, kümmert sich um Termine zum gemeinsamen Kochen der Beschäftigten, sorgt für ausreichend Obst im Pausenraum und steht als Ansprechpartnerin beziehungsweise Mittlerin zur Verfügung, wenn die Beschäftigten eine Aussprache mit ihren Vorgesetzten wünschen.[125]

In der öffentlichen Wahrnehmung gilt die Firma Google als Wegbereiterin des Feel-good–Managements, die ihren Beschäftigten am zentralen Firmensitz in Palo Alto kostenfreie Verpflegung in ihren Betriebskantinen zur Verfügung stellt. Das Arbeitsgebiet einer »Wohlfühlmanagerin« wie Sophie B. umfasst hingegen deutlich mehr. Ihre Hauptaufgabe ist es, Mitarbeiter »glücklich zu machen«, zu motivieren und ihre Leistungen auf hohem Niveau zu halten. Daher können auch Teambildung, Stress-Management, Persönlichkeitsentwicklung, Zeit-Management und sogar die Vermittlung einfacher Strategien für das Wohlbefinden wie Bewegung und Tipps zur gesunden Ernährung zu den Maßnahmen dieser Managementmethode gehören.

Aktivitäten wie FGM unterstreichen, dass Unternehmen den emotionalen Einstellungen ihrer Beschäftigten eine erhöhte Aufmerksamkeit widmen, weil sie darin einen wichtigen Faktor für den wirtschaftlichen Erfolg des Unternehmens sehen. Mit berufstypischen Begriffen begründet eine Unternehmensberaterin und ehemalige Managerin in einem Gastbeitrag für eine Wirtschaftszeitung mit dem Titel *Die Unternehmen der Zukunft brauchen ein emotionales Upgrade* die Bedeutung der Emotionen für die Unternehmen: »Innovationen entstehen nicht nur auf Basis von nüchternen Fakten. Für sie braucht es vor allem Kreativität, Co-Creation und Vision – und damit eine starke emotionale Komponente.«[126] Die Zukunft gehöre einem »zeitgemäßen Leaders-

125 https://taz.de/!273568/ (30.April 2020)
126 https://www.handelsblatt.com/unternehmen/beruf-und-buero/the_shift/gast-beitrag-die-unternehmen-der-zukunft-brauchen-ein-emotionales-upgrade/2498086o.html?ticket=ST-4596879-xMeERkF4JePCbNeo5tTC-ap3 (16.04.2020)

hip-Verständnis«[127], zu dem sie Fähigkeiten wie »Einfühlungsvermögen, Sinnvermittlung, authentisches Handeln« zählt. Ihr Interesse an den Emotionen beruht auf einer ökonomischen Perspektive und dem möglichen Verwertungspotenzial von Gefühlen. Sie fährt fort: »Unternehmen müssen lernen: Wenn Zahlen, Daten, Fakten ihr Beat sind, dann sind die Emotionen ihr Rhythmus, in dem der Beat schlägt [...] Dementsprechend sollten sie auch richtig genutzt werden. Denn rein rational geführte Unternehmen verspielen wertvolles Kapital für den Unternehmenserfolg.«[128]

Die These, dass Emotionen und Unternehmenserfolg sich gegenseitig bedingen, findet sich in immer neuen Formulierungen in Ratgebern für Führungskräfte und Management. Zu den Autoren und zählen häufig Psychologen und Unternehmensberater. Die Titel lesen sich wie Patentrezepte: »*Arbeit besser machen. Positive Psychologie für Personalarbeit und Führung*«, »*Die Kraft der positiven Gefühle. Mit neuen Mentaltechniken innerlich frei werden*«, »*Führung und Gefühl. Mit Emotionen zu Authentizität und Führungserfolg.*«[129]

Kraft und Wirksamkeit des eigenen Erlebens

Unter Gefühlsmanagement lassen sich also Methoden und Ansätze verstehen und beschreiben, die Unternehmen einsetzen, um bei ihren Beschäftigten leistungsförderliche Gefühle zu aktivieren und diese im Sinne einer Produktivkraft und für den Unternehmenserfolg zu instrumentalisieren.

In ihrem Aufsatz »*Mit Haut und Haaren*« beschreibt Angela Schmidt Gefühlsmanagement als Initiative, die von den Leitungsebenen der Unternehmen ausgeht. Diese Initiative vollzieht sich nicht im Sinne einer Anordnung oder als Anweisung, die nach unten weitergereicht wird. »Keiner«, stellt A. Schmidt fest, »ordnet wörtlich an »sei ekstatisch!«[130] Die Gefühle entstehen aber auch nicht von selbst oder durch Eigeninitiative der Beschäftigten. Ähnlich wie Sabine Donauer beobachtet auch sie eine enorme Aufwertung der Arbeitsgefühle, die in den Unternehmen

---

127 Ebd.
128 Ebd.
129 https://nicorose.de/arbeit_besser_machen/ ; https://juttaheller.de/die-macht-der-guten-gefuehle/
https://www.springer.com/de/book/9783662489192 (01. 06. 2020)
130 Angela Schmidt: Mit Haut und Haaren – Die Instrumentalisierung der Gefühle in der neuen Arbeitsorganisation, in: Mit Haut und Haaren. Der Zugriff auf das ganze Individuum, Denkanstösse, IG Metaller in der IBM, Mai 2000, S. 25–42.

Einzug hält. Im Unterschied zu der Historikerin, die die Emotionalisierung der Arbeit als Resultat eines jahrzehntelangen arbeitspsychologischen Wandels im Verhalten der Beschäftigten beschreibt, betrachtet sie gegenwärtige Initiativen und Praktiken des Gefühlsmanagements im Zusammenhang mit veränderten betrieblichen Rahmenbedingungen und neuen Formen kapitalistischer Arbeitsorganisation. Demnach spielten früher Gefühle bei der Arbeit in den Unternehmen kaum eine Rolle. Inzwischen aber werden sie als ein Faktor betrachtet, den das Unternehmen für den eigenen Erfolg instrumentalisieren will.»Tatsächlich deutet alles darauf hin, dass die extreme Beanspruchung der Gefühle in neuen Formen der Arbeitsorganisation nicht zufällig, kein unerwünschter Nebeneffekt [...] ist. Sie ist vielmehr systematischer und beabsichtigter Effekt neuer betrieblicher Herrschaftsformen, die die unternehmerische Verantwortung an die Beschäftigten weitergeben.«[131]

Zu den besonders interessanten Passagen ihres Aufsatzes zählt die Beschreibung des (eigenen?) Erlebens leistungsförderlicher Gefühle. Sie schildert das »schlechte Gewissen« als selbstquälerisches Gefühl, das sich immer dann einstellt,»wenn ich nicht am Wochenende zu Hause arbeite, wenn ich mich krankschreiben, wenn ich einen Tag frei haben will [...], wenn es auch nur in einem Gedanken oder einem Gespräch am Arbeitsplatz nicht um Arbeit geht.«[132]

Das schlechte Gewissen entpuppt sich als gedankliche Verkörperung der Interessen des Unternehmens, der Autorität des Vorgesetzten oder der Erwartungen der Kollegen.

Ein anderes Gefühl ist das »High«, worunter sich eine gesteigerte Form der Euphorie oder des Enthusiasmus verstehen lässt. Vergleichbar ist das mit der intensiven Erfahrung eines Joggers,»der über seine Grenzen hinaus weiterläuft und sich großartig fühlt, wenn der überanstrengte Körper Endorphine freisetzt. Wer das High spürt, arbeitet leidenschaftlich bis zur Erschöpfung.«[133] Zu diesen intensiven Gefühlen zählen auch all jene, die das Management mit Stärke und Leistung assoziiert: Begeisterung, Freude, Power, Leidenschaft, Entschlossenheit, Kampf, Durchhaltevermögen, Stolz usw. Sie sollen entfesselt und zum »Motor der betrieblichen Organisation werden.«[134]

---

131 A. Schmidt: Mit Haut und Haaren, a. a. o. S. 30.
132 Ebd. S. 27.
133 Ebd. S. 28.
134 Ebd. S. 33.

Gefühlsmanagement: Definition, Ziele, Vorgehen

Die Aktivierung starker Gefühle erfolgt durch verschiedene Methoden, die im Folgenden als Gefühlsmanagement oder Management der Gefühle bezeichnet und im Einzelnen vorgestellt werden. Eine davon ist die Methode der »Emotionalisierung«. Sie beschreibt die gezielte Aufladung von bestimmten Worten oder Begriffen. Aus der Kategorie der leistungsfördernden Gefühle werden bestimmte Gefühle ausgewählt, akzentuiert und in ihrer Bedeutsamkeit für den Erfolg des Unternehmens hervorgehoben.

Eine weitere Methode ist die »Vergemeinschaftung« der Beschäftigten durch Praktizierung emotionaler Rituale. Zu den Zielen des Gefühlsmanagements zählt die Schaffung einer Betriebsöffentlichkeit, in der Höchstleistung und positive Arbeitsgefühle eine Art Norm bilden und oberste Priorität haben. In Managementkreisen wird diese Öffentlichkeit mit Bezeichnungen wie »(High) Performance culture« geadelt. Angesprochen werden sollen mit dieser Kultur »Normalbeschäftigte« in den Vertriebs- und Marketingabteilungen von Banken, Versicherungen, in IT-Unternehmen, in Forschung und Entwicklung oder in global agierenden Unternehmen. Im Niedriglohnbereich, bei Leiharbeitern, bei befristet Beschäftigten hingegen haben positive Arbeitsgefühle für das Management nur eine geringe oder keine Bedeutung. Der reine Druck der prekären Arbeitssituation sorgt für die vom Management gewünschte Leistungsbereitschaft.

Die Emotionalisierung

Emotionen sind komplexe Muster, die sich aus körperlichen Reaktionen, Verhaltensweisen und kognitiven Prozessen zusammensetzen. Daher kann das Management nicht direkt auf sie zugreifen. Um Gefühle der Beschäftigten zu aktivieren, gehört es zu den ersten Schritten eines Gefühlsmanagements, einen Prozess der Emotionalisierung im Betrieb einzuleiten.

Für den Emotionalisierungsprozess werden alle im Unternehmen vorhandenen Wege und Formate genutzt: Meetings, Teambesprechungen, Betriebsversammlungen oder Videokonferenzen sowie Mitarbeitergespräche mit einzelnen Beschäftigten. Auch firmeninterne Internetbotschaften oder Mitarbeiterzeitschriften als Medium zur Verbreitung der Emotionalisierung lassen sich dieser Aufzählung hinzufügen.

Gefühlsregeln

Aufgestellt werden so genannte »Feeling rules«. Den Beschäftigten wird mit Regeln dieser Art zu verstehen gegeben, welche Emotionen auf welche Weise gezeigt werden sollen. So sind beim US-Handelskonzern *Wal-Mart* alle Verkäufer verpflichtet, ein warmes Lächeln aufzusetzen und ihre Hilfe anzubieten, wann immer sich ein Kunde einer Verkäuferin auf drei Meter nähert. Im Unternehmen Honda gilt für die Beschäftigten der Aufruf: »Hab' Spaß bei deiner Arbeit und verbreite eine fröhliche Arbeitsatmosphäre!« Die Hotelkette Ritz Carlton gibt ihren Mitarbeitern den Rat: »Smile, we are on stage!« In einer Mc Donald's-Filiale in Chicago hängen Merksätze in Form eines Plakats an der Wand. Einer lautet: »Wenn die Umstände hart sind, reagiere entsprechend. Gib dein Bestes, wenn es gefordert ist. Liebe den Kampf.«[135] Kreiert werden Slogans wie »Wir sind Unilever – go for it!« (Unilever 2012) oder »Henkel – Excellence is our passion« oder »Leistung aus Leidenschaft« (Deutsche Bank), die in Kurzform ebenso schlicht wie einprägsam Emotionalität und Motivation vermitteln.[136]

Beschwörende Formeln des emotionalen Miteinanders werden gezielt formuliert und in Form von Leitlinien dokumentiert: »Unser Miteinander ist geprägt von Wertschätzung, Vertrauen und Menschlichkeit. Wir alle sind …«[137] (es folgt der Name der Firma), heißt es bei einem Metall verarbeitenden Betrieb. Ein Automobilzulieferer präsentiert sich als Ort gelebter Emotionen und formuliert als Leitlinie: »Begeisterung, Leidenschaft und ein gemeinsames Miteinander über Grenzen und Hierarchien hinweg zeichnen unsere Arbeitsatmosphäre aus.«[138]

Solche Leitlinien verstehen sich als emotionale Orientierungshilfe für die tägliche Arbeit von Teams. Oft werden sie im Rahmen von Workshops als Ergebnisse des Teams erarbeitet. Am Ende dieser Workshops verpflichten sich die Teammitglieder gegenseitig (»committen«), auf die Werte und Ziele des Teams zu achten. In »freiwilliger Selbstbindung« entstehen »Codes of conduct«, die sich die Beschäftigten selbst auferlegen. Moderiert werden diese in der Regel von Coaches,

135 Christopher Stark: Neoliberalyse. Über die Ökonomisierung unseres Alltags, Wien 2014, S. 22.
136 https://www.horizont.net/marketing/nachrichten/-Henkel-will-mit-neuem-Corporate-Design-Marke-staerken-97990
137 http://www.linhardt.com/verantwortung (30.11.2021)
138 https://4fastening.com/unternehmen/unternehmensleitlinien (30.11.2021)

Psychologen oder Beratern, die schon aufgrund ihrer Profession mit dem emotionalen Vokabular des HRM vertraut sind.

Visualisierungen mit emotionalem Inhalt

Damit emotionale Botschaften direkt den Arbeitsplatz und die unmittelbare Umgebung der Beschäftigten erreichen, werden Wände beschriftet und Slogans an prägnanten Stellen in der betrieblichen Öffentlichkeit montiert. In den so genannten Fullfillmentcentern von Amazon etwa findet sich die Parole »Work hard. Have fun. Make history« plakatiert. Im Internet existiert ein breites Angebot motivierender und emotionalisierender Sprüche und Zitate in unterschiedlichen Formen, Farben und Größen. Die Auswahl reicht von aufgereihten Substantiven aus dem Wortschatz des HRM wie »Persönlichkeit, Leidenschaft, Talent, Inspiration, Motivation, Ausdauer, Kreativität, Visionen, Erfolg, Ideen, Ambitionen, Fortschritt, Innovation, Kommunikation, Ziele« bis hin zu einzelnen Sinnsprüchen wie »Begeistern kann nur der, der selbst das Feuer der Begeisterung in sich trägt«[139]. Einmal an den Bürowänden montiert, erhalten sie beinahe die Bedeutung der Gesetzestafeln Moses'. Sie heben bestimmte emotionale Eigenschaften hervor und visualisieren, welche Gefühle von den Beschäftigten erwartet werden und im Arbeitsalltag nützlich zu sein scheinen.

Leistungsförderliche Gefühle mobilisieren

durch Akzentuierung in:

Feeling rules
Sprachschöpfungen, Slogans
Leitlinien, Leitbilder
Plakaten, Wandbeschriftungen

durch vergemeinschaftende Rituale:

Team- und Motivationstrainings
Fortbildungen zum Erlernen sozialer Kompetenzen
Emotionale Ansprachen
Daily Scrum, Stand-Ups, Kurzbesprechungen zu Arbeitsbeginn,
Meetings

Abb. 3: Das Management der Gefühle

---

139 https://www.wandtattoo.de/wandtattoos/worte/buero/wandtattoo-erfolg-definition-2.html (24.04.2020)

Vergemeinschaftung

Unter Vergemeinschaftung werden Aktivitäten verstanden, die eine emotionale Bindung der Beschäftigten an das Unternehmen anstreben. »Aus Individuen oder einzelnen Teams mit unterschiedlichen Interessen soll eine ›verschworene Betriebsgemeinschaft‹ leistungswilliger und loyaler Mitarbeiter werden.«[140] Für den Zusammenhalt dieser Gemeinschaft sind gemeinsame Aktivitäten (etwa in Teamtrainings) und emotional aufgeladene Erlebnisse im Betrieb (Ansprache des Vorgesetzten) von entscheidender Bedeutung. Die Beschäftigten sollen »ihr« Unternehmen nicht als eine unpersönliche Organisation, sondern als Ort gemeinschaftlichen Lebens wahrnehmen.

Emotionalisierende Fortbildungen

So genannte emotionalisierende Fortbildungen gewinnen verstärkt an Bedeutung. Dazu nutzen Unternehmen Angebote aus einem schier unübersichtlichen Weiterbildungsmarkt von Mental- und Kompetenztrainings, in dem sich zahlreiche Anbieter mitunter exotisch anmutender Seminare tummeln: angefangen vom harmlosen Kanufahren über Trainings im Hochseilgarten bis hin zu gemeinsamen Segel-Törns.

Trainings zur emotionalen Kompetenz berufen sich auf den amerikanischen Wissenschaftsjournalist Daniel Goleman und sein 1995 erschienenes Buch »Emotionale Intelligenz« – ein Buch, das »fast im Alleingang und über Nacht« (Eva Illouz) diesen Begriff zu einem Bestandteil der amerikanischen Managementkultur machte. Intelligent bedeutet hier: über profitable und nützliche Gefühle zu verfügen. »Emotionen werden zu einer wichtigen ökonomischen Ressource, Gefühlsmanagement wird zur neuen Schlüsselqualifikation.«[141] Nach Goleman besteht die Aufgabe darin, Mitarbeiter auf der Gefühlsebene anzusprechen, positive Stimmungen herzustellen und damit auch optimistisch auf die Aufgabenstellung einzustimmen. Die Trainings zur sozialen Kompetenz sollen darüber hinaus vermitteln, wie Leidenschaft in den Teams geweckt werden kann und reiner Wille sowie die Kraft des positiven Denkens zu ungeahnten Erfolgen im Beruf führen können.

---

140 Gertrude Krell: Vergemeinschaftende Personalpolitik, München und Mering 1994, S. 30.

141 Jakob Schrenk: Die Kunst der Selbstausbeutung. Wie wir vor lauter Arbeit unser Leben verpassen, Köln 2007, S. 72.

Rituale

»Ruckreden«, also emotionalisierende Ansprachen, sollen Beschäftigte aufrütteln und auf ein gemeinsames Ziel einschwören. Ein gutes Beispiel für eine solche Ruckrede findet sich in dem Film »Work hard, play hard« von Carmen Losmann aus dem Jahre 2012. Gleich zu Beginn des Films werden die Zuschauer Zeuge eines »market place.« Es handelt sich dabei um ein vom Unternehmen Unilever gepflegtes und regelmäßig wiederkehrendes Ritual, das die firmeneigene Entertainmentabteilung in der »Atrium« genannten Eingangshalle der Hamburger Firmenzentrale des Konzerns veranstaltet.[142] Es beginnt mit einem Musikjingle, der im gesamten Haus zu hören ist. Jetzt strömen die Beschäftigten aus ihren Büros, versammeln sich auf Brücken, Treppen und Freiflächen des Hauses. Nun folgt eine kurze Ansprache ihres Vorgesetzten mit einer deutlichen Botschaft, die lautet: »Im Jahr 2009 haben wir unserer Ziele erreicht, dafür danke ich Euch! Aber jetzt sind wir bei 2010 angekommen und wir haben im Dezember darüber gesprochen, was das bedeuten soll«, schallt es aus den Lautsprechern. »Wir haben eine Vision, ein Ziel und einen Kompass. Ihr müsst Euch richtig anstrengen, damit ihr Eure eigene Ziele, die Eures Teams und die Eures Arbeitgebers erreichen wollt! Mit einer Kultur, einem Spirit und einer Mega-Wachstumsmentalität!« Es folgt die Aufforderung, das Geschäft sei auf globaler Ebene zu verdoppeln und endet in einem beschwörenden Appell, der Aufbruchstimmung und Emotionen erzeugen soll: »Gemeinsam, jeder von uns in seinem Workplan, jeder von uns in seinem Team und wir gemeinsam, wir sind das Unternehmen! Go for it!« Applaus ertönt von den Rängen.

Ähnliche Rituale wie der Marktplatz bei Unilever finden in vielen Firmen statt.[143] Bei Amazon sind es so genannte Standups zu Schichtbeginn, in denen der Teamgeist beschworen wird. Die Rituale sollen eine emotionale Bindung und ein Zusammengehörigkeitsgefühl zwischen Beschäftigten und Unternehmen herstellen. Es wird bewusst versucht, gemeinschaftliche Elemente zur Durchsetzung der unternehmerischen Interessen zu nutzen, um darüber die Einstellungen, Gefühle

---

142 Vgl. hierzu den sehr lesenswerten Artikel von Katja Kullmann: Sei ganz Du und immer für uns da. Neue Bilder vom arbeitenden Menschen, in ak, Nr. 578, 14. Dezember 2012, S. 29.
143 Auch der Lebensmittelkonzern Wal-Mart pflegt solche Rituale. Vergleiche hierzu: Heiner Köhnen: Das System Wal-Mart, Hans-Böckler-Stiftung, Arbeitspapier 20, Mai 2000.

und Werte der Beschäftigten in die gewünschte Richtung zu lenken. Von ökonomischen und sozialen Interessensunterschieden ist nicht die Rede, stattdessen werden die Beteiligten zu einer »Schicksalsgemeinschaft«[144] (Hien, 2016) zusammengeschmiedet. Begriffe wie »Spirit«, »Kultur«, »Ziele« werden zu normgebenden Kategorien. Eigene Sprachfiguren und Symbole dienen der Verstärkung dieser Einbindung. Bei Unilever ist es das »Go for it«. Dieser Slogan beendet die Ansprache und hängt als Großplakat im Atrium.[145]

Zwang und eigene Motive

Die Emotionalisierungsstrategie verlangt von den Beschäftigten, sich zu ihr zu bekennen und sich mit den darin thematisierten Gefühlen zu identifizieren. Angela Schmidt sieht in dieser Emotionalisierung eine Dynamik, »der sich keiner entziehen kann«[146] und unterstreicht damit den normativen Druck, der auf den Beschäftigten lastet. Aber warum kann sich niemand entziehen und warum entfaltet der Druck seine Wirksamkeit?

Die Gefühle, die das Unternehmen an mich heranträgt, werden zu meinen eigenen Gefühlen. Sie übertragen sich. Aus dem Team, dem ich organisatorisch zugeordnet bin, wird *mein* Bedürfnis, in einem »tollen« Team zu arbeiten, mit dem mich gemeinsame Erlebnisse und Gefühle wie Freundschaft und Loyalität verbinden. Es gibt *mir* ein gutes Gefühl von Selbstbestätigung und Anerkennung, wenn ich die Zielvereinbarung, die ich mit meinem Vorgesetzten getroffen habe, erfüllt habe und mich meine Kollegen und Vorgesetzten dafür loben. Und wenn mich die Kollegen am Wochenende anrufen und aus meinem Frei holen, werde ich kommen, weil *ich* sie nicht in Stich lassen will. Würde ich das nicht tun, hätte ich ihnen gegenüber ein schlechtes Gewissen.

Wie Angela Schmidt eingangs hervorhebt, ist dieses Übertragen emotionaler Verhaltenserwartungen nicht das Ergebnis von Befehl und Gehorsam. Niemand befiehlt oder gibt eine Anweisung, sich bestimmte Gefühle anzueignen. Die Erwartungen kommen als Appelle

---

144 Wolfgang Hien: Kranke Arbeitswelt. Ethische und sozialkulturelle Perspektiven, Hamburg 2016, S. 106.

145 Zitate aus: Nina Selig: »Are you there?«, in: Work Hard Play Hard, Das Buch zum Film, Marburg 2013.

146 Angela Schmidt: Mit Haut und Haaren – Die Instrumentalisierung der Gefühle in der neuen Arbeitsorganisation, in: Mit Haut und Haaren. Der Zugriff auf das ganze Individuum, Denkanstösse, IG Metaller in der IBM, Mai 2000, S. 25.

oder Botschaften, häufig verkleidet in firmeninternen Sprachfiguren oft sogar von den eigenen Kollegen. Das macht sie weit unverfänglicher und harmloser als jeder Befehl. Würden Vorgesetzte die Beschäftigten anweisen, sich dieses oder jenes Gefühl zu eigen zu machen, würden diese sich diesem offensichtlichen Übergriff zwar unterwerfen, aber eine innerliche Distanz bewahren. Weil ihnen aber der Befehlscharakter fehlt, sind auch die Hemmschwellen viel niedriger, den Erwartungen zu folgen.

Anstelle des Wortpaars Befehl und Gehorsam lässt sich dieses Übertragen von Verhaltenserwartungen besser als Wechselspiel von äußerem Druck und inneren Motivlagen beschreiben. Zum äußeren Druck gehören die Emotionalisierungsstrategie, der Arbeitsdruck oder mögliche Sanktionen, die das Team ausspricht. Gleichzeitig existiert unter den Beschäftigten eine Motivlage, sich mit den an sie gestellten Erwartungen zu arrangieren. Menschen wollen mit Freude ihrer Arbeit nachgehen oder in ihrem Beruf Zufriedenheit verspüren. Der Aufforderung ihres Arbeitgebers, mit »Power« und Elan sich in die Arbeit zu stürzen, stößt bei vielen Beschäftigten daher auf Zustimmung oder findet Unterstützung, zumal sie von beruflichem Erfolg und einer guten Performance einen Gegenwert im Sinne von Anerkennung (Karriere) und Selbstbestätigung erwarten.

Die Emotionalisierungsstrategie macht sich diese Motivlage zu eigen und instrumentalisiert sie zum Nutzen des Unternehmens. So entwickelt sich eine gefährliche Dynamik, in der Gefühle wie Freude, Begeisterung, Euphorie, ein positives Selbstwertgefühl und nicht zuletzt das »Wir«-Gefühl, mit dem die Mitglieder eines Teams sich gegenseitig anfeuern, die Beschäftigten zu Höchstleistungen antreiben. Das Ideal dieser Strategie ist der leistungs- und gefühlsstarke Beschäftigte, für den es unterschiedliche Bezeichnungen gibt: der »High Performer«, Deutsch: »der Leistungsträger.« Unternehmensberater verstehen unter einem High Performer jemanden, der gegenüber dem eigenen Team überproportional Ergebnisse liefert, »hochgradig intelligent« ist, über eine »hohe Auffassungsgabe« und »extrem schnelle Umsetzungsgeschwindigkeit« verfügt und obendrein noch die Fähigkeit besitzt, »mit dem Team zu arbeiten.« Dieser Alleskönner verkörpert in perfekter Weise das Ziel des Gefühlsmanagements: die Symbiose von Unternehmenszielen und persönlichem Erfolgsstreben.[147]

---

147 Vgl. http://german-iod.org/blog/2019/02/18/und-high-performer/ (30.07.2020)

Das Leitbild: Die Performance Culture

In Managementkreisen und bei Unternehmensberatern wird diese »Wir-Gefühl« mit Bezeichnungen wie »(High) Performance Culture« oder »Leistungskultur« zum Maß aller Dinge. Hierbei dreht sich nahezu alles um Leistung, Erfolg und positive Arbeitsgefühle. Die Performance Culture ist allerdings nicht gleichzusetzen mit dem in Deutschland viel bekannteren Begriff der Unternehmenskultur. Dieser Kulturbegriff wird bereits seit vielen Jahren besonders von der Bertelsmann-Stiftung gepflegt und dient der Beschreibung gemeinsamer Wertvorstellungen in einem harmonisch-sozialpartnerschaftlich ausgerichteten Unternehmen. Er findet sich auch in einer aktuellen Studie der Stiftung zu diesem Thema.[148]

Die Performance Culture umfasst *nicht* die Gesamtheit der Beschäftigten eines Unternehmens, sondern zielt auf die Gruppe der leistungsbereiten Beschäftigten. Mit anderen Worten: Nicht jeder zählt zu einer Performance Culture, weil er Beschäftigter eines Unternehmens ist, das sich dieser Kultur verschrieben hat. Um zu den Mitgliedern einer solchen Kultur zu zählen, gehört der erkennbare Wille, sich persönlich weiter zu entwickeln und das eigene Auftreten im Hinblick auf Engagement und Kompetenzen ständig verbessern zu wollen. Im Verbund mit dieser Culture ist daher das Performance Management eine Methode der Leistungsbeurteilung (»Performance Measurement«) und der wirksamen Kontrolle der Beschäftigten. Auf Webseiten von Unternehmensberatern wird als Ziel dieses Managements angegeben, dass Mitarbeiter ihre Leistung halten oder verbessern können. Zudem soll es dazu dienen, diese »optimal für ihre Arbeit einzusetzen«.[149] Tatsächlich hat in vielen Unternehmen dieses Management zu einer verstärkten Differenzierung (»ranking«) von »Minderleistern« und »High Performern« und zu einer Intensivierung von Beurteilungsgesprächen geführt.

Die Untersuchung der Bertelsmann-Stiftung ist deshalb so aufschlussreich, weil sie in einem Zeitraum von zehn Jahren erfasst, mit welcher Beharrlichkeit und Intensität Unternehmen eine Performance Culture etablieren. Geleitet ist die Studie von der These, dass eine Un-

---

148 Vgl. https://www.bertelsmann-stiftung.de/fileadmin/files/BSt/Publikationen/GrauePublikationen/FINAL_pdfl. (10.06.2020)

149 https://www.prosoft.net/was-ist/performance-management (22.07.2020)

ternehmenskultur sich durch ein gemeinsames Werteverständnis von Beschäftigten und Management auszeichnet. Sie spricht von »geteilten Werten« und meint damit die Übereinstimmung von Emotionen und Verhalten zwischen Beschäftigten und Management. Die untersuchten Firmen, zu denen u.a. die BMW Group, der Werkzeughersteller Hilti oder die Henkel AG zählen, sind global agierende Unternehmen, die zum Zeitpunkt der Untersuchung (2015) ihre starke Wettbewerbsposition sichern oder die Marktführerschaft in ihrem Segment anstreben wollen. Finanzziele und Gewinnmargen hat die jeweilige Unternehmensleitung bereits festgelegt. Zur Mobilisierung ihrer Beschäftigten nutzt sie einige der in oben vorgestellten Methoden des Gefühlsmanagements. Dazu zählen konzernweite Workshops, in denen den Beschäftigten »Aufbruchstimmung und Ergebnisorientierung« vermittelt wird (BMW Group) oder »Team-Camps« zur Einschwörung der Beschäftigten auf die Unternehmenskultur (Hilti). Die Henkel AG führt mit »Henkel – Excellence is our passion« einen emotionalen Slogan in die betriebliche Öffentlichkeit und nennt die gemeinsame Kultur eine »Winning culture«. Zur Akzeptanz dieser Slogans, Werte und Kultur werden die Führungskräfte in Zustimmungserklärungen, »Commitment acts« genannt, verpflichtet. Die Beschäftigten der Gesellschaft werden über Intranet, Infomailing und Mitarbeiterzeitschriften mit der »Winning culture« vertraut gemacht.

Der Druck beziehungsweise die in dieser Kultur herrschende Spannung wird deutlich, wenn man sich ihrem Leistungsverständnis zuwendet. In einer solchen Kultur gehört es laut Michael Christ, Professor für Human Resource Management, zu den Aufgaben des Managements, »dass sie den Mehrwertgedanken konsequent auch auf Mitarbeiter übertragen müssen.«[150] Das Bemerkenswerte an seinem Beitrag in einer Managementzeitschrift mit dem Titel »*Klartext statt Kuschelkurs*« ist seine unverstellte Sprache und Ausdrucksweise, mit der er ohne Rücksicht auf ethische Erwägungen eine Performance Culture einfordert. Das konsequente Aussieben von Minderleistern zähle zwar zu den »unangenehmen Seiten«, aber »schwache Leistungen von Mitarbeitern anzusprechen und zu sanktionieren«[151] gehöre nun mal zu den Aufgaben einer Führungskraft. Er erwartet von den Beschäftigten eine »Lust auf Leistung« und die Bereitschaft, selbst extrem hohe Leistungsanforderungen

---

150 M. Christ: Klartext statt Kuschelkurs, in: Harvard Business manager, Sonderdruck Heft 10/2015.
151 Ebd. S. 2.

konsequent hinzunehmen.»Mitarbeiter müssen sich mit ihrer Leistung einem Maßstab anpassen, der nur eine Richtung kennt: nach oben«[152].

Zu einer Leistungskultur zählt er daher auch die Optimierung der Leistungsbeurteilung mit dem Ziel,»wachsende Mitarbeiter« zu Gunsten von Low Performern und»Toxikern« [153] (im Original!) zu stärken. Ehrlichkeit betrachtet er als unabdingbare Voraussetzung für eine»starke« Leistungskultur:»Nur ehrliches Feedback macht Leistungsschwächen bewusst und zeigt in wohlverstandener Schonungslosigkeit, welche Fähigkeiten weiterentwickelt werden müssen. Natürlich ist es angenehmer für beide Seiten, wenn Führungskräfte Streicheleinheiten verteilen und nur die positiven Aspekte hervorheben. Langfristig bedeutet dies jedoch, dass Mitarbeiter weder ein Bewusstsein für ihre Schwachstellen entwickeln noch die Einsicht, dass Verbesserungen zwingend erforderlich sind. [...] Ohne persönliche Entwicklung wird der High Performer von heute zwangsläufig zum Low Performer von morgen.«[154]

Die von Christ eingeforderte Leistungskultur mag in ihrer Inhumanität ein extremes Beispiel für eine Unternehmenskultur sein. Aber sie steht durchaus in der Tradition des HRM, wenn sie von sich behauptet, all ihre Maßnahmen dienten der persönlichen Entwicklung und dem Wohlergehen der Beschäftigten. Es sind die Wertmaßstäbe der Wirtschaftlichkeit und Nützlichkeit, die in dieser Kultur herrschen. Menschen werden nach ihrer Profitabilität und ökonomischen Leistungsfähigkeit beurteilt, abgewertet und ausgesondert. Sie verherrlicht das Recht des Stärkeren auf Kosten der Leistungsschwächeren.

Natürlich bestehen Unterschiede zwischen dieser schonungslosen Leistungskultur und den gemeinsamen Werten, die Management und Beschäftigte laut Bertelsmann-Stiftung miteinander teilen. Ein grundsätzlicher Widerspruch besteht zwischen diesen Kulturen nicht. Die positiven Gefühle und die emotionale Verbundenheit in einer Unternehmenskultur sollen den leistungswilligen Beschäftigten, die persönlich wachsen wollen, zugedacht werden. Die Ablehnung wird den Schwachen zuteil, die nicht (mehr) zum Team oder Unternehmen gezählt werden.

---

152 Ebd. S. 3.
153 https://www.hs-mainz.de/fileadmin/Wirtschaft/Fachgruppen/HRM/Fuehrung_Leistung_Glueck_Newsletter_short_version.pdf ; https://churpartner.de/downloads/churpartner-michael-christ-HBM-102015.pdf (08.06.2020)
154 M. Christ: Klartext statt Kuschelkurs, in: Harvard Business manager, Sonderdruck Heft 10/2015, S. 3.

4.2 Ein Störfaktor wird zur Humanressource

Die Diskussion über die Nutzung von Gefühlen in Management, Führungskräften und Unternehmensberatern hängt eng mit einem jahrzehntelangen Prozess der Aufwertung von Arbeitsgefühlen zusammen. Diesen Prozess bezeichnet die Historikerin Sabine Donauer als »zunehmende Tendenz zur Emotionalisierung unserer Arbeitsverhältnisse.« Sie schreibt:»Noch vor hundert Jahren hätten Arbeitnehmer mit diesen Begriffen nichts anzufangen gewusst, sie befanden sich jenseits aller Gewohnheiten, über ihre Arbeit zu sprechen. [... Man, H.B.] erfüllte bei der Arbeit sein Tagwerk; es musste nicht ständig wachsen. Die Entwicklung unserer expansiven Wirtschaftsform ist jedoch darauf angewiesen, dass wir uns wie selbstverständlich jedes Jahr nach noch höheren Zielen strecken und diese Dynamisierung unserer Arbeitswelt nicht als Quelle von Unwohlsein begreifen. [...] Heute stehen gänzlich ›unkörperliche‹ Gefühle im Vordergrund: Begeisterung, Leidenschaft für die Sache und nicht zuletzt der Spaß im Job.«[155]

Gefühle als Störfaktor

Hätte man Henry Ford nach dem Leistungsförderer »Gefühl« gefragt, hätte er vermutlich verständnislos mit dem Kopf geschüttelt. In den Fabriken Fords, der 1903 in Detroit mit 8 Beschäftigten seine Autoproduktion begann und bis 1926 einen Konzern mit 88 Produktionsstätten und mehr als einer halben Millionen Beschäftigter aufgebaut hatte, arbeiteten die Beschäftigten an Fließbändern in kleinen, sich ständig wiederholenden Arbeitsschritten. Beaufsichtigt wurden sie von einem Heer von Meistern und Vorgesetzten. Emotionen waren hier unerwünscht und galten dem Management als Störfaktoren.

Tatsächlich waren Unmut und Widerwillen über die Arbeitsbedingungen unter den Beschäftigten weit verbreitet. Schon der Einführung des Fließbandes setzten die Arbeiter heftigen Widerstand entgegen. Neben Bummelei, Sabotage, schlechter Arbeitsqualität und »Arbeit nach Vorschrift« war eine hohe Fluktuation der Arbeiter in den Großbetrieben an der Tagesordnung.»Sie zeigten ihre Unzufriedenheit, indem sie in Scharen weggingen. Sie konnten es sich leisten, wählerisch zu sein. Andere Jobs gab es in der Gegend zur Genüge; sie waren leich-

155 Vgl. Sabine Donauer: Faktor Freude. Wie die Wirtschaft Arbeitsgefühle erzeugt, Hamburg 2015, S. 72-73

ter zu bekommen; sie waren ebenso gut bezahlt; und sie waren weniger mechanisiert und entsprachen mehr dem Geschmack der Arbeiter.«[156] Widerstand und Unzuverlässigkeit unter den Arbeitern waren so massiv, dass sich das Management zwangsläufig mit der emotionalen Haltung der Beschäftigten auseinandersetzen musste. Unterstützung fanden die Manager in dem gerade entstehenden Wissenschaftsbereich der Psychologie, der nach dem ersten Weltkrieg zunehmend einflussreich wurde. In den USA beschäftigte sich die Arbeitspsychologie mit der grassierenden Unzufriedenheit unter den Beschäftigten. In ihrem Selbstverständnis verstand sich diese Fachrichtung weniger als eine kapitalismuskritische Wissenschaft, sondern mehr als professionelle Beratungsinstanz für Unternehmen. Sie wollte das Management dabei unterstützen, die Arbeitsbedingungen in den Fabriken humaner und weniger unfallanfällig zu gestalten. Zu ihrem Verständnis gehörte allerdings auch, den Unternehmen bei der Erhöhung von Leistungsfähigkeit und Arbeitsbereitschaft ihrer Beschäftigten mit Rat und Tat zur Seite zu stehen.

Eine Empfehlung an die Unternehmen zur Überwindung von Protest und Widerstandshaltung lief darauf hinaus, den zwischenmenschlichen Bedürfnissen der Beschäftigten mehr Raum zu geben. Produktivität und Leistung würden sich erhöhen, wenn in den Arbeitsbeziehungen auf die Arbeitenden Rücksicht genommen werde. Für gute Arbeitsleistungen seien daher Arbeitsbedingungen und eine aufmerksame Haltung der Vorgesetzten gegenüber ihren Beschäftigten von ausschlaggebender Bedeutung.

Human Relations- und Psychotechniken

In Deutschland gab es eine ähnliche Entwicklung. Hier entstand die so genannte Psychotechnik als Zweig der Psychologie. Auch diese Fachrichtung beschäftigte sich mit der Frage, wie Unzufriedenheit und Widerstand einzudämmen und eine höhere Arbeitsleistung der Arbeiter zu erreichen seien. Die Vertreter dieser Fachrichtung waren davon überzeugt, dass eine Berücksichtigung psychologischer und emotionaler Faktoren zu einer verbesserten Arbeitsleistung der Beschäftigten führen würde.

Unter Management und Unternehmern führte diese arbeitspsy-

---

156 H. Bravermann: Die Arbeit im modernen Produktionsprozess, Frankfurt am Main, New York 1980, S. 117

chologische Diskussion zu einem Umdenken, das Sabine Donauer folgendermaßen beschreibt:»Emotionen wurden einer wirtschaftlichen Betrachtungsweise unterworfen, rational befasst und bearbeitet. Gleichzeitig galt es, die Ökonomie zu emotionalisieren: Statt einem rauen Ton in den Fabrikhallen und einem nüchternen, kontraktuellen Verständnis von Arbeit – Arbeitskraft gegen Gehalt – mussten die Unternehmen ›gefühliger‹ werden, sollte es gelingen, die Arbeiterschaft in das reibungslose Funktionieren der Produktion zu integrieren.«[157]

Als Kerngedanke bildete sich die Vorstellung heraus, dass glückliche (zufriedene) Beschäftigte auch gute Arbeit leisten. Es begann die Phase der Human Relations-Techniken, die bis in 1950er-Jahre andauerte. Unter diesen Techniken sind Führungskräftetrainings und Schulungsprogramme für Vorgesetzte als methodischer Ansatz zur Beeinflussung der emotionalen Einstellungen der Beschäftigten zu verstehen. Im Grunde blieben diese Trainings erfolglos. Zu einer vom Management erhofften Milderung der Unzufriedenheit und zur Eindämmung des Widerstands der Arbeiter trugen die Human Relations-Techniken nicht bei. Das zeigte sich spätestens Ende der 1960er-Jahre, als Proteste und Unzufriedenheit der Beschäftigten die Dimension einer Revolte annahmen.

In den Fabriken aller westlichen Industriegesellschaften machte sich die Unzufriedenheit in sehr hohen Abwesenheits- und Fluktuationsraten, in Streiks und Betriebsbesetzungen bemerkbar. In der Industriesoziologie werden diese Auseinandersetzungen als»große Krise der Arbeitsteilung«bezeichnet. Gregoire Chamayou nennt sie in seinem Buch *Die unregierbare Gesellschaft* eine Krise der»disziplinarischen Regierbarkeit.«[158] Die Beschäftigten verweigerten Anordnungen und wehrten sich gegen das Arbeitstempo. Als Reaktion, schreibt Chamayou,»empfahlen die Unternehmensreformer Anfang der 1970er-Jahre, die Arbeiter zur ›Teilhabe‹ anzuregen, um zugleich ihre Produktivität und ihre Zufriedenheit zu steigern. Der alten ›Kontrollstrategie‹ setzten sie eine ›Mitwirkungsstrategie‹ entgegen. Während erstere, als intensive, durch verstärkte Disziplin noch Druck auf die Arbeiter auszuüben vermochte, beabsichtigte Letztere, als extensive, ›ihre latente‹ Produktivität anzuzapfen.«[159]

157 Sabine Donauer: Faktor Freude. Wie die Wirtschaft Arbeitsgefühle erzeugt, Hamburg 2015, S. 33.
158 G. Chamayou: Die unregierbare Gesellschaft, Berlin 2019, S. 6.
159 Ebd. S. 25.

Aber die 1970er waren nicht nur eine Zeit der Revolte in Fabriken und Unternehmen. Auch im Alltag veränderte sich vieles. Emotionen und Psyche erfuhren eine immer größere Aufmerksamkeit. Zu beobachten war ein steigendes gesellschaftliches Interesse an verschiedensten Therapieformen (etwa Bio-Energetik, Gestalttherapie, Transaktionsanalyse usw.). Das Wissen und der Austausch zu Fragestellungen rund um Psyche und Emotionen breiteten sich aus. Ein Beleg dafür ist die Zunahme von Literatur mit psychologischer Thematik, angefangen von populären Fachzeitschriften, Ratgeberliteratur, die persönliche Probleme und Defizite thematisiert und Ratschläge zur Selbsttherapie erteilt, bis hin zu Psychotests zur Selbstanalyse eigener Befindlichkeiten in der Boulevardpresse.

Diese in den 1970er-Jahren einsetzende Entwicklung bezeichnet die Historikerin Miriam Gebhardt als »Psychologisierung der Alltagsdenkens« beziehungsweise als »Psychologisierung des ›Normalen‹«. Dinge wie Partnerschaft, menschliche Beziehungen überhaupt, Karriere, Kindererziehung oder die eigene Freizeitgestaltung werden nun einer psychologischen Betrachtungsweise unterworfen und kommuniziert.[160]

Die gesteigerte Aufmerksamkeit für Seele und Psyche hatte in den USA schon Jahrzehnte zuvor begonnen. Bereits Mitte der 1930er-Jahre entstanden hier Techniken und Anleitungen zum *Positiven Denken*. Diese Anleitungen fordern die Menschen dazu auf, eine optimistische Haltung zu sich selbst und dem eigenen Leben zu entwickeln. Wer positiv denke, könne glücklich und erfolgreich werden, lautete eine der Empfehlungen der Vertreter dieser Richtung. Eine weitere Empfehlung lautete, das eigene Denken bewusst zu beeinflussen: Durch gezielte Denkanstrengungen sollen Ängste und Sorgen aus dem Leben eliminiert werden, stattdessen gelte es ein positives Selbstbild der eigenen Persönlichkeit und der eigenen Zukunft aufzubauen. Mit einer solchen Einstellung sei im Grunde all das zu erreichen, was das eigene Leben lebenswert mache: Erfolg im Beruf, persönliches Glück, Gesundheit und Wohlstand.

Diese Grundgedanken des *Positiven Denkens* sind mittlerweile in Management und Unternehmern stark verbreitet und zu einer Art Mantra geworden. In der aktuellen Ratgeberliteratur, auf Webseiten von Unternehmensberatern und nicht zuletzt in Motivationstrainings

---

160 www.merkur.de/…/psychologisierung-total-karriere-management-sport-138845.
html (27.01.2017)

werden diese immer wieder vermittelt.[161] Der Glaubenssatz, jeder Mensch sei für sein eigenes Wohl verantwortlich und könne beruflichen Erfolg erreichen, wenn er nur motiviert und leistungsbereit sei, gehört zu den Kerngedanken des Gefühlsmanagements.

Ausgangspunkt konkreter Änderungen in Deutschland waren die die Unternehmen und Fabriken der 1970er-Jahre: Hier suchte das Management nach wie vor Antworten auf die Frage, wie sich die grassierende Arbeitsunzufriedenheit der Beschäftigten vermindern und die Arbeitsproduktivität der Beschäftigten steigern ließe. Unter dem Stichwort Humanisierung der Arbeit erprobten einige Unternehmen in Deutschland neue Arbeitsorganisationsformen wie Gruppenarbeit. Die Beschäftigten sollten dadurch zu größerer Motivation und gefühlsmäßiger Bindung zu ihrer Arbeit animiert werden. Diese Reformbestrebungen hatten nur begrenzte Wirkung. Oft gingen die Veränderungen in den Unternehmen über Insellösungen nicht hinaus. Arbeitsunzufriedenheit und fehlende Motivation blieben nach wie vor ein Konfliktthema.

Bewegung in diesen Konflikt brachten zwei sehr unterschiedliche Entwicklungen. Da war zum einen eine tiefgreifende bis heute anhaltende Krise des Kapitalismus, die Mitte der 1970er-Jahre begann. Sie führte zu einer Schwächung der Arbeiterbewegung und zu einem Rückgang der gewerkschaftlichen Auseinandersetzungen und der Arbeitskämpfe. In den Unternehmen kehrt die disziplinarische Regierbarkeit zurück.

Auf der Seite anderen hatte sich in der Zwischenzeit auch die Position des Managements zu den emotionalen Haltungen der Beschäftigten verändert. Die Revolte Ende der 1960er-Jahre hatte nicht nur die Erfolglosigkeit von Human-Relation-Methoden demonstriert. Sie hatte auch gezeigt, dass mit der Ausgrenzung der Emotionen als Störfaktoren, wie sie von der Unternehmergeneration eines Henry Ford und dem »scientific Management« betrieben worden war, der Unzufriedenheit der Beschäftigten nicht beizukommen war. Vor diesem Hintergrund entstand in den 1980er-Jahren in den USA ein neues Managementkonzept mit der Bezeichnung »Human Resource Management« (abgekürzt HRM). Wie 60 Jahre zuvor sind es erneut Psychologen und Forscher von US-amerikanischen Universitäten wie Harvard oder Michigan, die bei der Entwicklung dieses Konzeptes Pate stehen.

---

161 Vgl. Patrick Schneider: Unterwerfung als Freiheit. Leben im Neoliberalismus, Köln 2015, S. 45–52.

Emotionen sind nützlich

Die Bezeichnung des Konzeptes ist Programm: Beschäftigte werden nun als wertvolles Humankapital und ihre Emotionen als Ressourcen betrachtet. Die den Beschäftigten zugedachte Rolle wird im HRM neu definiert: Galten diese 60 Jahre zuvor als Arbeitskräfte, von denen lediglich eine auf einzelne Handgriffe reduzierte Arbeitsaufgabe verlangt werden konnte, so gelten sie jetzt als kreative, verantwortungsbereite Menschen, die sich in der Arbeit als Personen entfalten und weiterentwickeln wollen. Wichtig, so eine weitere Grundannahme des Konzepts, sei es, den Beschäftigten ein Gefühl von Nützlichkeit und Wichtigkeit zu vermitteln. Daher sei es Aufgabe der Unternehmen, die hierfür notwendigen Rahmenbedingungen zu schaffen.

Dieser Aufforderung zu organisatorischen Veränderungen folgten zahlreiche Unternehmen. Insbesondere in den großen Unternehmen wurden die Personalabteilungen, die bisher mit Verwaltungsaufgaben (wie etwa Lohnbuchhaltung) beschäftigt waren, zu HRM-Abteilungen umgebaut. Andere schufen HRM-Stabsstellen, die direkt bei den Leitungsebenen angesiedelt wurden. Die Aufgabe, das bei den Beschäftigten vorhandene Potenzial an Wissen, Kreativität und Emotionen für die Gewinninteressen der Unternehmen zu aktivieren, bekam dadurch einen organisatorischen Unterbau und entwickelte sich zu einem eigenständigen Handlungsfeld in den Unternehmen.

Begriffe wie Selbstständigkeit, Übertragung von Verantwortung auf Teams oder Projekte, ja sogar Selbstorganisation gelten im HRM nicht als Schreckensworte, die an die Revolte der 1960er-Jahre erinnern. Sie werden harmonistisch umgedeutet und als Bereitschaft der Beschäftigten zur Übernahme unternehmerischer Verantwortung interpretiert. Gelänge es den Unternehmen, für diese Verantwortungsübernahme den entsprechenden Raum zu schaffen, könnten die Beschäftigten stärker in die Pflicht genommen und ihr Leistungspotenzial besser ausgeschöpft werden. Daher sollen, so die Empfehlung des HRM an die Unternehmen, insbesondere arbeitsorganisatorische Methoden eingesetzt werden, die eine gezielte Stärkung von Verantwortungs- und Leistungsgefühlen beinhalten. Dazu zählen beispielsweise Aufgabendelegierung, Mitarbeitergespräche, die an Gefühlen des Einzelnen ansetzen und ihn persönlich ansprechen, individuelle Leistungsvergütungen und auf einzelne Beschäftigte zugeschnittene Zielvereinbarungen.

4.3 Kritik – vier Thesen

Was bedeutet Gefühlsmanagement aus der Perspektive der Beschäftigten? Welche Mechanismen und Folgen entstehen durch die Instrumentalisierung von Gefühlen? Was passiert, wenn das daraus erwachsene Leitbild einer »Performance culture« sich in der betrieblichen Realität breitmacht? Wie »lebt« es sich in einer solchen Kultur?

These 1: Gefühlsmanagement löst bestehende Grenzen von Arbeitskraft und Person auf. Bisher nicht genutzte Leistungspotentiale der Beschäftigten können dadurch vom Management aktiviert werden. Die Beschäftigten erleben diese Erschließung als paradoxe Situation von Selbstbestimmung und (Selbst-)Ausbeutung

In der Politischen Ökonomie von Karl Marx sind Gefühle ein Teil des menschlichen Arbeitsvermögens. Eigentümer dieses Arbeitsvermögens, zu dem Marx auch Eigenschaften wie Kreativität, Kommunikationsfähigkeit und Wissen zählt, sind die Beschäftigten selbst. Auch die Arbeitskraft, also die Fähigkeit, körperliche und geistige Kräfte für die Arbeit einzusetzen, gehören nach Marx dazu. Dieses Arbeitsvermögen macht die Person eines jeden Menschen aus. Es ist an die Person gebunden. Die Beschäftigten sind Eigentümer ihrer Emotionen.[162]

Die Trennung von Persönlichkeit und Arbeit

Für die wissenschaftliche Betriebsführung des Ingenieurs Taylor und für die Arbeitsorganisation in den Werken Henry Fords ist die *Arbeitskraft*, also die körperlichen und geistigen Bestandteile dieses Arbeitsvermögens, von entscheidender Bedeutung. Arbeitskraft wird gebraucht, um im Werk des Ingenieurs Stahl zu bearbeiten oder in Fords Fabrik in Highland Park Autos zu montieren. Fords Einstellung zu diesem Thema lautete klipp und klar: »Um Hand in Hand zu arbeiten, braucht man sich nicht zu lieben.«[163] Diese Haltung war bei den Unternehmern seiner Zeit weit verbreitet und charakterisierte Denken und Handeln des Managements zum Thema Emotionen.

---

162 Vgl. Sabine Pfeiffer: Arbeitsvermögen. Ein Schlüssel zur Analyse (reflexiver) Informatisierung. Wiesbaden 2004.
163 G. Mikl-Horke: Industrie- und Arbeitssoziologie, 4. Auflage, München, Wien 1997, S. 62.

Die kapitalistische Arbeitsorganisation trennte also die Arbeitskraft von der Persönlichkeit. Mit Emotionen wurde daher ebenso verfahren wie mit anderen Eigenschaften, die der Person zugerechnet werden. Sie waren für das Arbeitsergebnis, das Produkt oder die Tätigkeit, nicht relevant. Wie Filter, schreibt Jakob Schenk, funktionierten die Türen der Fabriken und Büros: »Alles Persönliche blieb darin hängen, die unkontrollierbaren Emotionen hätten die Choreografie der Handgriffe am Fließband nur gestört.«[164]

Vor diesem Hintergrund lässt sich Gefühlsmanagement als eine Methode begreifen, mit der die im Arbeitsprozess vollzogene Trennung von Persönlichkeit und Arbeitskraft aufgehoben werden soll. Für die Beschäftigten entsteht aus dieser Aufhebung eine widersprüchliche Arbeits- und Belastungssituation, wie sie einige Jahrzehnte zuvor noch weitgehend unbekannt war. Sie setzen sich mit Ihrer Arbeit auseinander, wenn sie den Arbeitsplatz längst wieder verlassen haben, sie sind mit der Arbeit emotional verwoben und denken bereits daran, wenn der Tag gerade begonnen hat. Erfolge bei der Arbeit heben die Laune und stärken das Selbstwertgefühl, mit Misserfolgen beschäftigt man sich lange und intensiv und vermehrt bereits vorhandene Selbstzweifel. Diese Verwobenheit oder Verstrickung der Person mit der Arbeit schafft eine tief gehende Intensität von Ausbeutung, die über die Nutzung der körperlichen und geistigen Kräfte, wie wir sie aus der tayloristisch-fordistischen Arbeitsorganisation kennen, hinausgeht. Sie ergreift die Person.

Die Ökonomisierung der eigenen Person

Die Trennung von Arbeitskraft und Person hat aber auch eine entlastende Funktion, auf die A. Schmidt hinweist. Arbeitete ein Beschäftigter in der vereinbarten Arbeitszeit korrekt und einigermaßen engagiert, »konnte er zufrieden nach Hause gehen. Niemand konnte ihm was, selbst wenn seine Einheit unternehmerisch versagte. Die Verantwortung für den Firmenerfolg trugen die Fachleute und die Vorgesetzten.«[165] Diese Entlastungsfunktion verliert in der neuen Arbeitsorga-

---

164 Jakob Schrenk: Die Kunst der Selbstausbeutung. Wie wir vor lauter Arbeit unser Leben verpassen, Köln 2007, S. 72.

165 Angela Schmidt: Mit Haut und Haaren – Die Instrumentalisierung der Gefühle in der neuen Arbeitsorganisation, in: Mit Haut und Haaren. Der Zugriff auf das ganze Individuum, Denkanstösse, IG Metaller in der IBM, Mai 2000, S. 31.

nisation an Gewicht. Die übernommene Verantwortung, die größeren Aufgabenspektren oder die eingegangenen Verpflichtungen einer Zielvereinbarung vermindern die Möglichkeiten der Entlastung und verstärken stattdessen Tendenzen emotionaler Belastung.

Von der entlastenden Trennung von Person und Arbeitskraft führt das Management der Gefühle in eine paradoxe Arbeitssituation. Einerseits verfügen die Beschäftigten über Handlungsspielräume und Gestaltungsmöglichkeiten bei ihrer Arbeit und erreichen damit eine größere Freiheit oder Eigenständigkeit als in der tayloristisch- fordistisch geprägten Arbeitsorganisation. Andererseits sehen Sie sich zusehends mit dem Druck konfrontiert, ihre eigenen Potenziale, die traditionell außerhalb des betrieblichen Gestaltungsbereichs lagen, zu ökonomisieren und auch ihre Gefühle einer intensiveren betrieblichen Nutzung zu unterwerfen. Sie sind emotional mit ihrer Arbeit viel stärker verwoben und in diesem Sinne innerlich weniger frei als ihre Vorgänger, denen es leichter fiel, von der Arbeit emotional abzuschalten.

These 2: *Gefühlsmanagement beinhaltet die an die Beschäftigten gerichtete Aufforderung, ihre Emotionen als unbegrenzte Ressource zu betrachten und diese für den eigenen Erfolg und den des Unternehmens zu aktivieren. Dies lässt außer Acht, dass eine grenzenlose, emotionale Aktivierung psychische Schädigungen zur Folge haben kann.*

Gefühlsmanagement fordert von jedem einzelnen Beschäftigten, sich diejenigen Gefühle anzueignen, die Stärke und positive Ausstrahlung assoziieren und beruflichen Erfolg versprechen. Als Belohnung werden Anerkennung und Karriere in Aussicht gestellt.

Win-Win und Glücksversprechen

Den Zusammenhang zwischen den (eigenen) Gefühlen und den Leistungserwartungen interpretiert das Gefühlsmanagement als eine Win-Win-Situation, von der Beschäftigte und Management gleichermaßen partizipieren sollen:

»Dein Leistungsbeitrag ist von ausschlaggebender Bedeutung für Dein Team, deine Abteilung, für Dein Unternehmen. Du kannst Deinen Leistungsbeitrag steigern, wenn Du mit positiven Gefühlen (Power, Leidenschaft, Spaß, Freude und Enthusiasmus) Deiner Arbeit nachgehst. Der Leistungsbeitrag stärkt nicht nur Dein Unternehmen, er stärkt auch Dich,

er lässt Deine Persönlichkeit wachsen und Du empfiehlst Dich dadurch für größere oder anspruchsvollere Aufgaben.«[166] Die Win-Win-Situation will glauben machen, dass jeder einzelne Beschäftigte im Unternehmen eine besondere Bedeutung hat: Er ist nicht ein unbedeutendes Rädchen in einem großen Getriebe, sondern Verantwortungsträger für den Unternehmenserfolg. Ihr Versprechen beruht darauf, dass sie sich einen Gedanken zu eigen macht, der unter vielen Menschen verbreitet ist und als »Glücksversprechen des Kapitalismus«[167] bezeichnet werden kann: Den Gedanken, seines eigenen Glückes Schmied zu sein und für gute Leistungen belohnt zu werden! Sie beschwört Selbstverantwortung und Initiative für sich selbst und das Unternehmen. Den Erfolg und die persönliche Stärkung, die die Win-Win-Situation in Aussicht stellt, ist für viele Beschäftigte daher ein starkes Motiv, die eigenen Gefühle als unerschöpfliche Ressource zu nutzen und den unternehmerischen Leistungsanforderungen bedingungslos zu folgen. Leistungsanforderungen in kapitalistischen Unternehmen kennen aber häufig keine Grenzen. Sie entwickeln in der Regel eine Tendenz zur Steigerung bis hin zur Grenzenlosigkeit. Von den Beschäftigten wird erwartet, sich mit diesen Anforderungen zu identifizieren, und das Management der Gefühle soll dafür sorgen, dass die Beschäftigten auf steigende Leistungsanforderungen mit einer Aktivierung ihrer Gefühle reagieren.

Der Konflikt zwischen Leistung und emotionaler Haltung

Damit wird der persönliche Umgang mit Leistungsanforderungen zu einem Thema, mit dem sich die Beschäftigten – einzeln und im Team – auseinandersetzen müssen. Nicht alle können mit hohen Anforderungen gleichermaßen gut umgehen. Einige werden hierbei nicht mitziehen können, einige nicht mitziehen wollen. Leistungsanforderungen werden allerdings allen gleichermaßen aufgezwungen. Der innere Konflikt und die Auseinandersetzung darüber verlaufen zwischen den Polen »Ich verschreibe mich den gestellten Leistungsanforderungen

---

166 Die Win-Win-Situation ist eine zusammenfassende Darstellung folgender Webseiten: https://fuehrung-erfahren.de/2020/11/agilitaet-ist-teamsport/; https://karrierebibel.de/begeisterung/ ; https://soulsweet.de/positive-gefuehle/; https://magazine.lectera.com/de/articles/meine-lebensregeln-fur-personlichkeitswachstum; (30.11.2021)

167 Wolfgang Hien: Kranke Arbeitswelt. Ethische und sozialkulturelle Perspektiven, Hamburg 2016, S. 104.

mit Haut und Haaren« oder»Ich bewahre eine gesunde Distanz zu (grenzlosen) Anforderungen«.

Als Folge von maßloser, entgrenzter Unternehmenspolitik sieht der Soziologe Ulrich Bröckling die Beschäftigten zu einem Arbeitsleben im Modus einer stetigen Steigerung von Anforderungen gezwungen. Sie müssen nicht nur emotional, leidenschaftlich und begeistert sein, sondern emotionaler, leidenschaftlicher und begeisterter als die Konkurrenz und dürfen daher nie in ihrer Anstrengung nachlassen, ihre Arbeitsgefühle zu intensivieren.»So wenig es in diesem Rennen ein Entkommen gibt, so wenig gibt es ein Ankommen. Die Erfahrung, dass kein Genug je genügt, erzeugt den Sog zum permanenten Mehr. Weil die Anforderungen keine Schranken kennen, bleiben die Einzelnen stets hinter ihnen zurück – und hetzen trotzdem immer weiter. Die Tretmühle wird zum Teufelskreis.«[168]

Beschäftigte, die sich diesem Modus der Steigerung verschreiben oder dazu gezwungen sind, laufen Gefahr, dass sie von vielfältigen Symptomen von Depressionen und Burnout (z. B. Erschöpfung, Panik, Ängste, Schlaflosigkeit, eingeschränkte Fähigkeit zur Erholung) eingeholt werden. Statistische Erhebungen der Krankenkassen berichten seit Jahren von einer Zunahme von Arbeitsunfähigkeitsdiagnosen aufgrund psychischer Erkrankungen.

Die grenzenlose emotionale Leistungsanforderung, die von den Beschäftigten erwartet wird, ist nicht oder nur um den Preis eines Burnout oder anderer psychischer Schäden zu erfüllen. Die tägliche Belastung ist im Grunde nur dadurch zu kompensieren, dass die Beschäftigten sich nicht permanent engagieren und zu den an sie gestellten Ansprüchen eine gesunde Distanz entwickeln.»Die Monotonie der Fließbandarbeit in der Automobilindustrie und der Zwang, selbst besonders penetranten Kunden am Burger-King-Schalter immer ein freundliches ›Womit kann ich Ihnen dienen‹ entgegenzubringen, ist vermutlich nur deswegen zu ertragen, weil man sich eben nicht mit seiner ganzen Persönlichkeit in die Organisation einbringt.«[169]

Ein pragmatischer Umgang mit den Anforderungen und die Bewahrung einer gesunden Distanz werden somit zu einer Überlebens-

168 U. Bröckling: Der Mensch als Akku, die Welt als Hamsterrad. Konturen einer neuen Zeitkrankheit, in: S. Neckel, G. Wagner (Hrsg.): Leistung und Erschöpfung. Burnout in der Wettbewerbsgesellschaft, Berlin 2013, S. 191.
169 Stefan Kühl: Das Regenmacher-Phänomen. Widersprüche im Konzept der Lernenden Organisation, Frankfurt am Main 2015, S. 122.

strategie in der »täglichen Mühle«. Man tut das Notwendige, um den Erwartungen des Managements zu entsprechen, achtet aber darauf, keinen Schaden an Person und Würde zu nehmen. »Nach außen« demonstriert man hohes Engagement und spielt den motivierten und leistungsbereiten Mitarbeiter, während man das Innere von den Anforderungen so weit wie möglich abschottet. Wie das gehen kann, erklärt ein Physiker aus der Entwicklungsabteilung eines Automobilunternehmens: »Man muss zu mindestens so erscheinen, als würde man großes Engagement zeigen. Wie kann man das zeigen? Das ist ganz einfach. Wir haben jetzt die Gleitzeit, man muss ja nicht um neun anfangen, man kann auch um sieben anfangen. Unser Abteilungsleiter ist immer um sieben da, der guckt sich halt auch an, wer kommt um sieben und wer kommt um neun Uhr? Das sind so Dinge, wo man den Anschein erwecken kann, ohne dass das wirklich mit der Arbeit zu tun hat, dass man sehr beschäftigt ist und sehr engagiert an seiner Arbeit hängt.«[170]

Dieser eigensinnige Umgang mit den Leistungserwartungen des Managements zeigt, dass die Beschäftigten ihre eigenen Wertvorstellungen pflegen und gegenüber Versuchen emotionaler Einbindung auch mit Abwehr und Distanz reagieren können.

These 3: *Eine emotional geprägte Leistungskultur entwickelt offene und verdeckte Mechanismen der Ausgrenzung. In den Fokus geraten diejenigen, die den Leistungskult in den Teams nicht mittragen können oder wollen. Die Mechanismen der Ausgrenzung sind ein Mittel, um auf die Beschäftigten Druck auszuüben, sich den offiziellen Leistungserwartungen anzupassen.*

Gefühle, die Stärke und Erfolg assoziieren und durch die Emotionalisierungsstrategie gefördert werden, haben zwangsläufig eine Kehrseite – Gefühle und Verhaltensweisen, die als nicht leistungsförderlich gelten. Sie gelten als unerwünschte Gefühle und werden aus der Betriebsöffentlichkeit ausgegrenzt.

---

170 Bärbel Kerber: Die Arbeitsfalle – und wie man sein Leben zurückgewinnt, Düsseldorf 2002, S. 70.

Ausgrenzung unerwünschter Gefühle

Dazu gehören zum Beispiel Gefühle wie Zorn, Angst oder Mutlosigkeit. Häufig gelten sie als Zeichen von Schwäche oder als »unprofessionelles« Verhalten. Auch das Artikulieren physischer und psychischer Belastung, von Leistungsdruck oder Stressempfinden zählen zur Kategorie der unerwünschten Gefühle, weil sie den betriebsoffiziellen Jargon der Arbeitsfreude und der Leistungsorientierung stören. Wer signalisiert, seiner Aufgabe nicht mehr gewachsen zu sein, kann mit der Empfehlung seines Vorgesetzten rechnen, sich einem Psychologen oder Coach anzuvertrauen oder ein Resilienztraining zu absolvieren. So lässt sich vermeiden, über arbeitsbedingte Ursachen von Belastungen zu reden. Gleichzeitig wird so aus einem Arbeitskonflikt ein psychisches Problem des Einzelnen.

Ebenso ergeht es Emotionen, die den »Betriebsfrieden« stören, wie etwa Wut oder Ärger. Wer sie in der Betriebsöffentlichkeit zeigt, verstößt gegen eine Art ungeschriebenes Gesetz, selbst wenn Konflikte im eigenen Arbeitsbereich die Ursache sind. In solchen Fällen gilt es, sich keinen Ärger anmerken zu lassen, »seine Gefühle im Griff zu haben« und Probleme »konstruktiv« zu lösen. Auf diese Weise werden Arbeitskonflikte psychologisiert und zu einem Individualproblem umgedeutet. Soziologen bezeichnen diese Tendenz als eine »Therapeutisierung« des Sozialen: Konflikte im Beruf werden demnach nicht als soziale Angelegenheiten, sondern als innere Konflikte des Individuums angesehen und angegangen.[171] Die dem Konflikt zu Grunde liegenden Emotionen werden dabei mit Hilfe von Techniken, wie sie aus dem Coaching oder der Gesprächsführung bekannt sind, so geglättet, dass jegliches widerständige Potenzial im Keim erstickt wird.

Diese Ausgrenzung negativer Gefühle funktioniert ganz ähnlich wie die Übertragung der positiven, leistungsfördernden Gefühle: Kein Vorgesetzter weist an oder verbietet bestimmte Gefühle. Äußerer Druck (Konformitätsdruck des Teams, Angst vor Statusverlust) und innere Motivlagen spielen stattdessen bei der Ausgrenzung eine entscheidende Rolle. Sie bringen Beschäftigte dazu, auf die Äußerung bestimmter Gefühle zu verzichten.

---

171 Z. B. die Soziologin Stefanie Gräfe: https://www.deutschlandfunkkultur.de/arbeit-und-psychische-erkrankungen-therapie-oder.990.de.html?dram:article_id=446695 (22.05.2020)

Ausgrenzung von Persönlichkeitseigenschaften

Auch gewisse Persönlichkeitseigenschaften unterliegen Tendenzen der Ausgrenzung. Als Carmen. Losmann zur Vorbereitung ihres Films (siehe oben) im Internet auf Webseiten von Unternehmen zu optimalen Persönlichkeitsprofilen und Verhaltensweisen professionell agierender Beschäftigter, so genannter Professionals, recherchierte, kam ein langer Katalog positiver Verhaltensweisen zum Vorschein. Er beschreibt in alphabetischer Reihenfolge, was Unternehmen von einem solchen Beschäftigten erwarten. Es beginnt beim Buchstaben A mit »Adressiert Ideen an die richtige Stelle, um diese im Unternehmen weiter voranzutreiben« und endet bei »Zwingt sich bei Angst und Stress zur Ruhe.« Aber auch der Negativkatalog, den die Filmemacherin bei ihren Recherchen notierte, hat eine beeindruckende Länge und beschreibt Symptome für mangelnden Arbeitseinsatz. Dazu zählen Verhaltensweisen wie »bleibt in Gesprächen unbeteiligt und passiv«, »ist körperlich unsicher«, »pessimistischer Gesichtsausdruck, Pokerface, Verlierergesicht …«, »tut nur das, was andere sagen« oder »zeigt Frustrationsverhalten.«[172]

Solche willkürlichen Zuschreibungen werden umgedeutet zu Persönlichkeitseigenschaften. Wer sich nicht an diesen Kodex der positiven Gefühle und der nach außen demonstrierten Leistungsbereitschaft hält, hat es ebenso schwer wie diejenigen, die langsamer arbeiten oder häufiger krank sind. Wer seine Arbeit tatsächlich nur als Erwerbsmittel sieht, ist gut beraten, das in der Betriebsöffentlichkeit zu kaschieren. Auch wer sich nicht als Leistungsträger präsentiert oder es nicht gelernt hat, den Eindruck eines solchen zu erwecken, läuft Gefahr sich dem Vorwurf auszusetzen, unzeitgemäßes »Silodenken« zu pflegen oder kein »Teamplayer« zu sein.

Besonders in Abteilungen, Teams und Unternehmen, in denen Rankings, Zielvereinbarungen oder Mitarbeiter-des-Monats-Wettbewerbe praktiziert werden, existieren Mechanismen, Beschäftigte mit unerwünschten Gefühlen zu identifizieren und auszugrenzen. Sie gelten als Sonderlinge, Low Performer oder »anders geartete Menschen.« Sie gefährden den Erfolg des Teams und werden als Gefährdung für die »Gemeinschaft« betrachtet, wie das folgende Zitat von der Homepage eines Aachener Versandunternehmens zeigt. Es lässt die ganze Härte erahnen, die denjenigen ereilt, die nicht mitziehen:

---

172 C. Losmann in: Work Hard, Play Hard, Das Buch zum Film, Marburg 2013, S. 162–165.

»Leistungsorientierung, Engagement, Initiative, Lernbereitschaft und Lösungsorientierung sind wichtige Eigenschaften für unsere Mitarbeiter, denn eine Gemeinschaft lebt davon, dass alle ihren bestmöglichen persönlichen Beitrag leisten. Wenn eine/ Mitarbeiter/in nicht die Leistung erbringt, zu der er/sie imstande wäre, also nicht mitzieht, müssen alle anderen mehr leisten – das widerspricht unserem Grundsatz der Fairness. Niemand kann alles, aber jede/r kann etwas – und Teamarbeit heißt für uns, dass das Team *gemeinsam* eine Leistung erbringt.«[173]

Diese Ausgrenzungen steigern den moralischen Druck auf die Beschäftigten, sich den offiziellen Leistungserwartungen anzupassen und den Erwartungen des Teams oder ihres unmittelbaren Vorgesetzten gerecht zu werden. Das führt dazu, dass genau »diejenigen Gefühle [vorherrschen, H.B.], die dem Einzelnen persönlichen Erfolg und der Einheit das Überleben am Markt ermöglichen«, schreibt A. Schmidt. Sie bezeichnet diesen Prozess der Ausgrenzung als »eine Art ›natürliche Auslese‹, bei der nur die Gefühle überleben, die den Erfolg eines Mitarbeiters oder seiner Einheit sicherstellen. Mitarbeiter oder Gruppen, bei denen dysfunktionale – störende – Emotionen vorherrschen, werden versetzt, abgefunden, isoliert beziehungsweise aufgelöst oder verlagert.«[174]

These 4: »*Die Performance Culture« favorisiert eine Gemeinschaft, die den Erfolg am Markt in den Mittelpunkt stellt. Einer solchen Kultur der Sieger und Erfolgreichen können die Beschäftigten eine Kultur der Hilfsbereitschaft und Solidarität entgegensetzen.*

Ziel der Performace Culture beziehungsweise Leistungskultur ist es, eine Gemeinschaft im Unternehmen entstehen zu lassen, die aus denjenigen besteht, die Verantwortungsgefühl verspüren und ihre ganze Leistungsfähigkeit zum Erfolg des Unternehmens einsetzen. Das verbindende Element dieser Gemeinschaft soll das gemeinsame Erleben von Emotionen und Erfolg sein.

---

173 https://www.eine-welt-mvg.de/ueber-uns/code-of-conduct/ (15.05.2020)
174 Angela Schmidt: Mit Haut und Haaren – Die Instrumentalisierung der Gefühle in der neuen Arbeitsorganisation, in: Mit Haut und Haaren. Der Zugriff auf das ganze Individuum, Denkanstösse, IG Metaller in der IBM, Mai 2000, S. 26.

Die Kultur der Erfolgreichen

Entscheidend für eine Mitgliedschaft in dieser Gemeinschaft ist weniger die aufgewendete Leistung oder Anstrengung, sondern der Erfolg, den der Betreffende am Markt für das Unternehmen erzielt.»Auch wenn es in der Praxis nicht ohne Arbeitsaufwand geht, gilt nun als Leistung das, was der Markt fordert, was den Kunden zufrieden stellt, was ökonomisch (angeblich) unausweichlich ist und die Wettbewerbsfähigkeit sichert. Nicht die ›normale Anstrengung‹, wie bei der tariflichen Normalleistung, sondern das Ergebnis der Arbeit in Relation zu dem extern Erforderlichen zählt.«[175] Der von vielen Unternehmen genutzte Begriff»Performance Culture« ist daher in dieser Hinsicht viel ehrlicher als der Begriff Leistungskultur, beschreibt er doch präziser, um was es den Unternehmen geht: den messbaren Erfolg, der vom Markt belohnt wird.

Ob die Zugehörigkeit zu einer Kultur der Gewinner und Erfolgreichen im Betrieb so erstrebenswert ist, ist durchaus fraglich. Zu hinterfragen ist auch das Bild des High Performers, den das Management als bevorzugtes Mitglied dieser Kultur betrachtet. Der emotional kompetente, erfolgs- und selbstoptimierende Arbeitnehmer, wie es im Begriff High Performer zum Ausdruck kommt, mag auf den ersten Blick ein erstrebenswertes Ideal sein, dem Beschäftigte nacheifern wollen. In der Realität erleben viele Beschäftigte aber etwas ganz Anderes: eine Arbeitssituation, die keinen Raum lässt für positive, starke Gefühle oder Arbeitslust. Sie erleben auch keine Situationen persönlicher Entfaltung, sondern eher die Verhinderung von Entfaltung und die Einschränkung subjektiver Freiheit durch hierarchische Strukturen und bürokratische Gängelung.

Geprägt ist ihre Arbeit oft durch einen zermürbenden Kleinkrieg um Kompetenzen und Befugnisse mit den Vorgesetzten. Ständig müssen Absprachen im Team getätigt, erneuert oder wiederholt, Sachverhalte geklärt und Verantwortungszuständigkeiten untereinander geregelt werden. Und täglich gilt es in dem»normalen Chaos« der Arbeit zu agieren, das aus Softwareproblemen, plötzlichem Personalausfall bei notorisch geringer Personaldecke oder spontanen Veränderungen der täglichen»To do-Liste« besteht. Gefordert sind Frusttoleranz und Im-

---

175 F. Iwer, K.Ohly, H. Wagner: Arbeit und Leistung. Entwicklung und Perspektiven in einem Kernfeld der Betriebspolitik, in H. Wagner (Hrsg.): Arbeit und Leistung – gestern & heute, Hamburg 2008, S. 239.

provisationskunst. Die tägliche Arbeit der Beschäftigten besteht nicht aus Spaß oder Begeisterung, sondern aus einem Erleben, das eher mit Stress, Leiden und Erschöpfung zu tun hat.

Das Miteinander und das Menschliche

Vor diesem Hintergrund ist die Vorstellung des Human Ressource Managements von Beschäftigten, die in ihren Persönlichkeiten wachsen, realitätsfern. Ebenso wenig bildet die Arbeitssituation den Nährboden für die vom Management gewünschte Unternehmenskultur. Die Beschäftigten tun stattdessen gut daran, ihre eigenen Werte und Vorstellungen von »guter« Arbeit und Menschlichkeit zu entwickeln und diese gemeinsam zu praktizieren.

Im Alltag äußern sie sich in Verhaltensweisen und Haltungen der Beschäftigten: sich auf Kollegen verlassen können, Hilfsbereitschaft, kritische Haltung gegenüber »Chefs«, Solidarität und Kollegialität in der Arbeitsgruppe, Zusammenhalt und nicht zuletzt: ein Gefühl dafür, was allen Beschäftigten zusteht: Faire Behandlung, Respekt und Anerkennung. Diese Wertvorstellungen und Gefühle bezeichnet Robert Misik als ein auf Erfahrung und Einfühlung beruhendes positives Menschenbild: »All das macht die Kultur der ›popularen Klassen‹ aus, auch dann, wenn der Blick darauf zeitweilig verstellt ist, auch dann, wenn sich Gegeneinander und Gehässigkeit einschleichen.«[176]

Dies ist keine Fantasie, sondern gelebte Praxis. Die Soziologin Stefanie Hürtgen, die selbst an einer Studie zu diesem Thema beteiligt war, hält fest: »Die aktuelle Forschung bestätigt, dass sich diese widerständigen Praktiken typischerweise um Vorstellungen einer ›vernünftigen‹ und gerechten (Arbeits-)Welt ranken. Ein Beispiel dafür ist die sehr wichtige Norm der Menschlichkeit in der (Arbeits-)Welt. Lohnarbeit und Menschlichkeit dürfen sich hiernach nicht ausschließen. [...] Mit der Vorstellung vom menschlichen (Arbeits-)Leben meinen sie erstens die Anerkennung von Vielfalt seitens der Kolleg_innen, vor allem aber seitens der Vorgesetzten: Egal, ob jemand alt oder jung, dick oder dünn, homo- oder heterosexuell, Türkin oder Deutsche etc. ist – er ist zugleich Mensch und als solcher respekt- und würdevoll zu behandeln. Allen mitunter parallel fortwirkenden Rassismen und Xenophobien zum Trotz gibt es – von der (linken) Öffentlichkeit kaum wahrgenom-

---

176 Robert Misik: Die falschen Freunde der einfachen Leute, Berlin 2019, S. 131.

men – auf der Arbeitsebene eine tagtägliche Auseinandersetzung um soziale, kulturelle und sexuelle Vielfalt, die um das Prinzip der gleichen Anerkennung als Mensch auf der Arbeit kreist: Egal, wer du bist, wir arbeiten als Menschen zusammen.«[177]

Selbst in Phasen harter Reorganisationsprozesse versuchen die Beschäftigten an dieser Kultur des solidarischen Miteinanders festzuhalten. Ein interessantes Beispiel hierfür ist die sich über mehrere Jahre erstreckende Untersuchung der beiden Wiener Wissenschaftler Birgt Sauer und Otto Penz zur Umstrukturierung der österreichischen Post. Die Stichworte dieses Prozesses sind die gleichen wie bei der erfolgten Reorganisation der Deutschen Post: Privatisierung, Gang an die Börse, Stelleneinsparungen, Filialschließungen, Arbeitsintensivierung.

In den übrig bleibenden Filialen und Niederlassungen ziehen dann die typischen Managementmethoden ein, die aus den Beschäftigten Leistungsträger mit emotionaler Bindung machen sollen: Dazu gehören ein passendes Leitbild (»Wir begeistern unsere Kunden«), die Propagierung von »feeling rules«, die den Kundenkontakt an den Schaltern und den Produktverkauf intensivieren sollen, regelmäßige Mitarbeitergespräche, Zielvereinbarungen sowie finanzielle Anreizsysteme, um Konkurrenz und Wettbewerb zwischen den Beschäftigten herzustellen. Dieser Radikalumbau der Post, der bis heute unvermindert andauert, geht an den Beschäftigten nicht spurlos vorüber.

Penz und Sauer sehen viele Anzeichen für den auf die Beschäftigten ausgeübten Druck, sich untereinander als Konkurrenten zu begreifen und sich eine unternehmerische Sichtweise anzueignen. Demgegenüber ist auch das Festhalten der Beschäftigten an ihrem Zusammenhalt zu beobachten und das Bestreben, diesen – auch unter den veränderten Bedingungen – wiederherzustellen, ja sogar ihn aufgrund gemeinsamer Rationalisierungserfahrungen zu erneuern. »In den meisten Geschäftsstellen existieren trotz des intendierten unternehmerischen Wettbewerbs ein Zusammengehörigkeitsgefühl und eine kollegiale Arbeitsatmosphäre, die den Arbeitsdruck mildern und ganz wesentlich zur Berufszufriedenheit beitragen. Wir können also durchaus Formen von Solidarisierung, neue Formen von Sozialität, von Zuneigung und Kooperation [...] im Arbeitsprozess entdecken. Dieser »Teamgeist« wird durch die kollektiven Erfahrungen im *change*-Prozess – die marktwirtschaftliche Neuausrichtung der Post-Dienstleistungen und

---

177 Stefanie Hürtgen: Denn sie wissen, was sie tun, in: ak – analyse & kritik – Zeitung für linke Debatte und Praxis / Nr. 628 / 20.6.2017

die manageriale Fremdführung – und die damit entstehenden Zwänge am Arbeitsplatz und Konflikte in der Kundenorientierung beständig neu hergestellt und aktualisiert.«[178] In den Interviews mit den Beschäftigten kommt zum Ausdruck, wie wichtig den Beschäftigten ihre Zusammengehörigkeit ist. Die Verbundenheit in der Arbeitsgruppe, das Gemeinschaftsgefühl in den Filialen, die Kooperation der Kollegen, aber auch die Unterstützung durch Vorgesetzte erachteten diese als die wichtigsten Faktoren für ihr berufliches Wohlbefinden.

Mit den leistungsförderlichen Gefühlen hat diese Kultur des Miteinanders ebenso wenig zu tun wie mit der auf Erfolg ausgerichteten Performance Culture. Was die Beschäftigten in diesem Miteinander praktizieren, dient dazu, den Arbeitsalltag zu meistern und sich der Zugriffe des Managements zu erwehren. Es sind kleine Akte tagtäglicher Grenzziehungen gegen die Zumutungen des Managements, Ausdruck von Widerständigkeit und solidarischer Selbstermächtigung gegen die Instrumentalisierung ihrer Person. In diesen Situationen erleben sich die Beschäftigten als Subjekte. Hier praktizieren sie eigene Formen von Selbsttätigkeit und Eigensinn, von Nicht-Unterwerfung unter die Zwänge kapitalistischer Arbeitsorganisation. Es sind »winzige, stets vom Erfrieren bedrohte Keime der Autonomie, des selbstbestimmten Handelns«.[179]

---

178 Otto Penz, Birgit Sauer: Affektives Kapital. Die Ökonomisierung der Gefühle im Arbeitsleben, Frankfurt am Main, New York 2016, S. 209.
179 Harald Wolf: Arbeit und Autonomie. Ein Versuch über Widersprüche und Metamorphosen kapitalistischer Produktion, Münster 1999, S. 174.

5 Mitarbeitergespräche: Machtausübung in versteckter Form

5.1 Definition und Varianten des Mitarbeitergesprächs

Tagtäglich finden Gespräche zwischen Vorgesetzten und einzelnen oder mehreren Beschäftigten statt. Diese Kommunikation ist notwendig, weil die Trennung des Personals von Leitung und Ausführung und die Arbeits- und Aufgabenteilung in der Arbeitsorganisation eine Koordination der Arbeit erforderlich machen. Es wundert daher nicht, dass das Management ein starkes Interesse an der Kontrolle dieser Kommunikation hat und die Ausgestaltung der betrieblichen Kommunikation als Führungs- beziehungsweise Managementaufgabe betrachtet. Wie im Betrieb kommuniziert wird, bleibt nicht den Beschäftigten überlassen, sondern wird durch die vom Management geschaffenen Methoden strukturiert.

Die wohl wichtigste und bekannteste Form der Kommunikation ist das Erteilen von Anweisungen in mündlicher und schriftlicher Form. Anweisungen sind Ausdruck des Direktionsrechts des Arbeitgebers. Sie konkretisieren das Recht des Arbeitgebers, dem Arbeitnehmer bestimmte Aufgaben zuzuweisen und somit über ihn zu verfügen.

Mitarbeitergespräch

Eine weitere Form der Kommunikation ist das Mitarbeitergespräch. Diese Art der Kommunikation hat sich bereits in den 1970er-Jahren des vorigen Jahrhunderts zu einer Managementmethode entwickelt, die sich von den alltäglich stattfindenden Gesprächen zwischen Vorgesetzten und Mitarbeitern unterscheidet. Zu den Eigenschaften des Mitarbeitergesprächs zählen:

Die Art der Gesprächsführung: Ziele und Inhalte dieses Gesprächs unterliegen bestimmten Regeln und folgen einem festgelegten Konzept.

Das Gespräch hat offiziellen Charakter, es ist häufig in Unternehmensleitlinien, Betriebsvereinbarungen oder sogar Tarifverträgen institutionalisiert. Daher ist die Teilnahme der Beschäftigten an diesem Gespräch in der Regel obligatorisch.

Das Gespräch erfolgt aus einem bestimmten Anlass und findet in einem bestimmten Turnus statt.

Die Vorgesetzten, die mit der Gesprächsführung betraut sind, führen diese auf der Grundlage eines Leitfadens durch. Sie werden auf die Situationen im Mitarbeitergespräch durch entsprechende Trainings und Seminare vorbereitet und lernen hier Techniken der Gesprächsführung und der psychologischen Kommunikation. Die Beschäftigten erhalten in der Regel keine vorbereitenden Trainings oder Seminare. Auch der Gesprächsleitfaden ist ihnen in der Regel unbekannt.[180] Ein Mitarbeitergespräch verfolgt unterschiedliche Ziele. Im Grunde ist Mitarbeitergespräch ein Oberbegriff für strukturierte Gespräche mit unterschiedlichen thematischen Schwerpunkten und Anlässen. Nicht immer lässt sich schon an der Namensbezeichnung erkennen, um was es inhaltlich geht. Die bekanntesten sind:

Das *Beurteilungsgespräch* ist Bestandteil der Personalbeurteilung und beinhaltet eine Leistungs- und Verhaltensbeurteilung des Beschäftigten. Häufig findet die Beurteilung auch im Rahmen eines *Jahresendgesprächs* statt. Das Leistungsfeedback kann in Mitteilungsform geschehen. Dann wird das Beurteilungsergebnis dem Beschäftigten lediglich eröffnet. In einer offeneren Form erfolgt ein Gespräch zur Beurteilung: Die Selbsteinschätzungen der Beschäftigten werden mit den Ansichten der Beurteiler konfrontiert, bevor eine Festlegung des Ergebnisses erfolgt.

Das *Zielsetzungsgespräch* ist Bestandteil des Management by Objectives (MbO) und besteht aus einer Vorgabe oder Vereinbarung für den Beschäftigten mit überprüfbaren Leistungszielen für einen bestimmten Zeitraum. Während und nach Ablauf des Zeitraums können der Grad der Zielerfüllung, die Leistungsbedingungen und eventuelle Abweichungen geprüft werden. Bestandteil eines zielorientierten Verfahrens der Leistungsbeurteilung kann auch ein Bonus oder ein variables Entgeltsystem sein.

Ein– bis mehrstufige *Fehlzeiten- oder Krankenrückkehrgespräche* finden statt, wenn Beschäftigte nach einer Erkrankung an ihren Arbeitsplatz zurückkehren. Das Gespräch soll der Aufklärung der Krankheitsursachen und der Steigerung der Motivation der Beschäftigten dienen. Durch das Aufzeigen möglicher Sanktionen werden die Be-

---

180 Vgl. Th. Breisig, S. König, P. Wengelowski: Arbeitnehmer im Mitarbeitergespräch, Frankfurt am Main 2001, S. 33–34.

schäftigten aufgefordert, zukünftig auf eine krankheitsbedingte Fehlzeit zu verzichten.

Feedback–Gespräche beziehungsweise *360°-Feedback*, in denen zwischen Vorgesetzten und Beschäftigten Einschätzung zu Leistungen und Verhalten wechselseitig rückgekoppelt werden. Durch die immer häufigere Nutzung digitaler Technik können zur Bewertung auch Apps, Software auf Basis algorithmischer Programme und mobile Endgeräte eingesetzt werden.

Überlastgespräche zur Klärung so genannter »Überlast-Situationen,« die sich beispielsweise in Form ausufernder Arbeitszeiten bemerkbar machen. Reagiert wird mit diesem Gespräch auf die häufig auftretende Problematik von zu hohen Arbeitsanforderungen im Rahmen der zur Verfügung stehenden Zeit. Beschäftigte und Vorgesetzte sollen im Gespräch Ursachen ermitteln und Lösungsmöglichkeiten finden.

Zum Thema »Mitarbeitergespräche führen« gibt es Fachliteratur und Ratgeber inklusive Anleitungen, Checklisten und Arbeitshilfen. Auch im Internet finden sich zahlreiche Seiten mit Gestaltungstipps zur Führung eines Mitarbeitergesprächs. Sie richten sich an Führungskräfte beziehungsweise an Leser, die die Aufgabe haben, diese Gespräche zu führen. Dabei sparen viele Seiten nicht mit euphorischen Beschreibungen. »Institutionalisierte oder formalisierte Mitarbeitergespräche stellen ein zentrales Führungsinstrument dar, welches in Form eines Dialoges Chef und Mitarbeiter zusammenführt«, heißt es auf der Website einer Unternehmensberatung.[181] So seien Mitarbeitergespräche Ausdruck einer zeitgemäßen Unternehmenskultur, in denen Offenheit und ein vertrauensvoller Umgang herrsche. Die Gespräche seien zudem ein »direkter Draht zu den Mitarbeitern« und »ein wertvolles Instrument zur Personalentwicklung«. »Gelungene Mitarbeitergespräche tragen dazu bei, die Beziehungen zwischen der Führungskraft und dem Mitarbeiter zu vertiefen, insbesondere Vertrauen herzustellen, Wertschätzung auszusprechen und Unterstützung zu signalisieren.«[182]

---

181 Mitarbeitergespräche: Ihr Leitfaden für kluge Dialoge, /http://www.upgrade-consulting.de/Mitarbeitergespräche, abgerufen 20.03.2017
182 https://www.rexx-systems.com/mitarbeitergespraeche.php? sowie https://consultingexcellence.de/seminare/fuehrungskraeftetraining/mitarbeitergespraeche-souveraen-fuehren/? (25.07.2020)

Win-Win-Situation

Viele Darstellungen in der Literatur und im Internet unterstellen, dass nicht nur die Unternehmen (in Gestalt ihrer Vorgesetzten), sondern die Beschäftigten selbst ein ebenso großes Bedürfnis und ein ehrliches Interesse daran haben, mit ihren Vorgesetzten ein Mitarbeitergespräch zu führen. Gemäß dieser Annahme können und wollen sich die Beschäftigten durch dieses Gespräch ein ehrliches Feedback über ihren Leistungsstatus einholen, Arbeitsprobleme besprechen, Unzufriedenheit äußern, wollen beurteilt und anerkannt werden oder sogar Kritik aussprechen. Diese Übereinstimmung wird häufig als gleichrangiges Interesse von Unternehmen und Beschäftigten an der Praktizierung dieser Methode interpretiert. So entsteht – zumindest auf dem Papier der Ratgeberliteratur – eine Win-Win-Situation, wie sie auch aus anderen Managementmethoden bekannt ist. In Bezug auf die Methode der Mitarbeitergespräche lässt sich diese Situation folgendermaßen beschreiben:

Mitarbeitergespräche sind bewusste und kluge Kommunikation. Sie bilden die Brücke zwischen dem Vorgesetzten und seinen Mitarbeitern. Sie sind ein partnerschaftlicher Dialog. Er fördert die Kooperation und das gegenseitige Verständnis bei der Lösung von Problemen. Im Gespräch erwartet den Beschäftigten Offenheit, Fairness und Einfühlungsvermögen. Im Gespräch kann der Beschäftigte eine persönliche und sachliche Unzufriedenheit kundtun und sich darüber offen mit dem Vorgesetzten auseinandersetzen. Es hilft also, Missverständnisse und Konflikte in der Zusammenarbeit auszuräumen. Ziel des Gesprächs ist die Herstellung einer betrieblichen Vertrauenskultur, in der Mitarbeiter zunehmend bereit sind, Verantwortung zu übernehmen: für die Erfüllung ihrer Arbeitsziele genauso wie für ihr eigenes Wohlbefinden am Arbeitsplatz.[183]

---

183 Zitate zusammengestellt aus: Mitarbeitergespräche: Ihr Leitfaden für kluge Dialoge, /http://www.upgrade-consulting.de/Mitarbeitergespräche, abgerufen 20.03.2017 sowie G. Westermayer, B. Stein: Gesundheit, Vertrauen, Führung: Rückkehrgespräche als Instrument betrieblicher Gesundheitsförderung, in: H. Bueren: »Weiteres Fehlen wird für Sie Folgen haben!«, Feedbackgespräch – Wie Sie dieses wichtige Führungsinstrument richtig einsetzen, http://www.wirtschaftswissen. de/personal-arbeitsrecht/mitarbeiterführung, abgerufen 20.12.2017 sowie Mitarbeitergespräche, http.//www.kofa.de/handlungsempfehlungen/fachkraefte-binden, abgerufen 20.03.2017

Demnach haben Beschäftigte einen vertrauensvollen Umgang und Kommunikation »auf Augenhöhe« zu erwarten, wenn sie an einem solchen Gespräch teilnehmen. Das unterstellt die Existenz eines grundsätzlich unverkrampften Verhältnisses zwischen Führungskräften und Beschäftigten. Laut jüngsten Untersuchungen und Studien zum Thema Führung geht es aber in der Realität keineswegs so harmonisch zu, wie es die Win-Win-Situation unterstellt: Knapp die Hälfte aller Beschäftigten (44 Prozent) traut sich nicht oder nur in geringem Maße, Probleme im Betrieb gegenüber den Vorgesetzten oder der Geschäftsführung anzusprechen. Sie beurteilen das Meinungsklima in »ihrem« Betrieb kritisch, wobei ältere Beschäftigte häufiger ein angstbesetztes Betriebsklima wahrnehmen. Auch die überall vernehmbare Klage über mangelnde Anerkennung und Wertschätzung ist ein deutlicher Hinweis darauf, dass Mitarbeitergespräche keineswegs so harmonisch sind oder die Managementmethode so unproblematisch ist, wie es die Win-Win-Situation darstellt. Etwa jede/r Dritte (32 Prozent) sieht sich durch Vorgesetzte persönlich nicht ausreichend wertgeschätzt.[184]

Vor diesem Hintergrund ist es sinnvoll, auf Details und Inhalte einzelner Mitarbeitergespräche einzugehen und diese Methodik kritisch zu prüfen.

Wie andere Managementmethoden hat auch das Mitarbeitergespräch eine »Geschichte«, die im folgenden Abschnitt (Teil 2) dargestellt wird, bevor in einigen Thesen (Teil 3) aus der Perspektive der Beschäftigten zu dieser Managementmethode Stellung genommen wird.

Anlässe, Gründe

Fehlzeit, Kündigung, Qualifizierung, Weiterbildung, Arbeitskonflikt, Überlastung und weiteres

Zielvereinbarungs-, Beurteilungs-, Performancegespräch, Feedback, 360° Feedback, Jahresgespräch

Typen

Abb. 4: Verschiedene Typen und Anlässe für ein Mitarbeitergespräch

---

184 DGB Index Kompakt 1/2019: Prima Klima? Wie die Beschäftigten die sozialen Beziehungen im Betrieb bewerten.

5.2 Ein therapeutisches Instrument verwandelt sich in eine Führungstechnik

Von der Krise des Kommandos zur Führungsmethode

Die Geschichte des Mitarbeitergesprächs ist von der Geschichte des Kommandos nicht zu trennen. In großen amerikanischen Unternehmen wie zum Beispiel US Steel, Ford oder den Hawthorne-Werken, die zu Beginn des 20. Jahrhunderts oft mehrere tausend Arbeiter beschäftigten, waren schriftliche Anweisungen und das Erteilen von Befehlen und Kommandos die typischen Formen der Herrschaftsausübung durch das Management. Sie dienten zur Herstellung von Disziplin und begleiteten daher die kapitalistische Arbeitsorganisation von Anfang an. Immer wieder war diese Art der Herrschaftsausübung aber auch Anlass für Streiks und Widerstand der Arbeiter.

Die Grenzen des Kommandosystems

In diesen Firmen existierte ein System von Meistern und Aufsehern, die mit sämtlichen Kontroll- und Disziplinierungsbefugnissen ausgestattet waren und im Auftrag des Eigentümers die inneren Angelegenheiten des Unternehmens leiteten. Viele dieser Werkstattmeister hatten zuvor als Offiziere in der US-Armee gedient. Sie waren von den expandierenden Unternehmen als Führungskräfte angeworben worden, weil sie als ehemalige Offiziere über Kenntnisse und Methoden in der Organisation von Personal verfügten. Die Wichtigste war ein so genanntes »Stab-Linien-System«, das in amerikanischen Militärschulen Offizieren in der Ausbildung vermittelt wurde. Dieses Kommunikationssystem organisierte einen fortwährenden Austausch schriftlicher Mitteilungen und Befehle von oben nach unten und in umgekehrter Richtung.[185]

Im Laufe der Zeit wurde dieses Werkstattmeistersystem innerhalb des betrieblichen Herrschaftsgefüges ein eigenständiger Machtfaktor, der die eigentliche Betriebsleitung durch die Ingenieure, die in der Regel in separierten technischen Büros abseits der Werkstätten arbeiten, in den Schatten stellte. Die Meister organisierten mit Willkür und militärischer Disziplin die Arbeit, waren für Lohnfragen zuständig, stellten neue Beschäftigte ein und feuerten unliebsame ArbeiterInnen, ohne

---

185 J. Bruhn: Raubzug der Manager oder die Zukunft des Sozialstaats, Hamburg 2005, S. 15.

einer höheren Instanz rechenschaftspflichtig zu sein. Ihr kommunikativer »Stil« orientierte sich am Vorbild des klassischen Stab-Linien-System der amerikanischen Armee, wonach Informationen und schriftliche Mitteilungen in Form von Befehlen und sachlichen Anweisungen ohne irgendeine persönliche Note und in einem kommandierenden Ton erfolgen sollten.

An der Despotie dieses Kommandosystems entzündeten sich immer wieder Konflikte. Leistungsverweigerung und Abwehrhaltung der Beschäftigten waren weit verbreitet und führten zu ständigen innerbetrieblichen Auseinandersetzungen um Akkorde und Stückzahlen. Streiks gegen die Willkür und den Terror dieses Meistersystems entzündeten sich 1894 bei Pullmann oder 1919 bei U.S. Steel.[186] Statt für einen reibungslosen Ablauf der Produktion zu sorgen, trug das Meistersystem eher zu einer Verschärfung von Konflikten innerhalb der Unternehmen bei. Das Meistersystem wurde zusehends destruktiv, es entstand eine Situation, die sich als »Krise des Kommandos« (Detlef Hartmann: 2016) bezeichnen lässt.[187]

Angesichts der häufigen Proteste und Streiks war bald klar, dass kein Unternehmen allein mit dem nackten Kommando als Kommunikationsstil geleitet werden konnte. »Die Notwendigkeit eines Arbeitsfriedens, einer zuverlässigen Arbeiterschaft und eines Stammes von qualifizierten und erfahrenen Arbeitern führte [...] zwangsläufig zu einer Veränderung der Führungstechniken«[188]

Der therapeutische Weg

Als hilfreiche Ratgeber für die Unternehmen in dieser Krisensituation erwiesen sich Elton Mayo und weitere Arbeitswissenschaftler der renommierten Harvard Business School. Sie wurden 1924 von der Unternehmensleitung des Hawthorne-Werks beauftragt, Lösungen für die im Unternehmen weit verbreitete Leistungszurückhaltung und

---

186 Vgl. Taylors Alpträume. Die Fetischformen des Kapitals als Basis der Arbeitswissenschaft, wildcat-Zirkular Nr. 33, http//www.wildcat-www.de/wildcat/33/w33, 17.12.2014.

187 D. Hartmann: McKinsey – das Selbst – der Klassenkampf, in Klopotek, Scheiffele (Hrsg.): Zonen der Selbstoptimierung. Berichte aus der Leistungsgesellschaft, Berlin 2016.

188 Edward P. Thompson, Plebejische Kultur und moralische Ökonomie. Aufsätze zur englischen Sozialgeschichte des 18. und 19. Jahrhunderts, Frankfurt am Main, Berlin, Wien 1980, S. 7.

Fluktuation unter den Beschäftigten zu suchen. Wenn man unter einem Mitarbeitergespräch ein vorbereitetes Gespräch versteht, das mit einem Leitfaden geführt wird, so gehörten die Gespräche, die der Psychologe Elton Mayo im Rahmen dieses Untersuchungsauftrags mit den Arbeiterinnen führt, in genau diese Kategorie. Mayos Gespräche, die er selbst ein »Befragungsprogramm« nennt, wiesen bereits viele Eigenschaften auf, die Mitarbeitergespräche zu einer Managementmethode machen. Sie sind strukturiert durch einen festen, im Vorhinein geplanten Ablauf. Die Befrager selbst sind vorher geschult worden und sollen – laut Mayo – dafür sorgen, den Arbeitern durch die Erörterung ihrer »persönlichen Lage« eine »Gemütserleichterung« zu verschaffen. Sie waren darauf bedacht, durch die Methode der offenen Frage und durch eigene Zurückhaltung des Fragenden eine möglichst offene kommunikative Situation herzustellen.[189]

In ihrem Buch *Gefühle in Zeiten des Kapitalismus* bezeichnet Eva Illouz diesen kommunikativen Stil als einen für die damalige Zeit revolutionären Ansatz. Sie hebt insbesondere hervor, dass es Mayo gelang, die bis dahin vorherrschende, von Meistern und Vorarbeitern praktizierte Rhetorik der Rationalität und des Kommandos durch ein neues, emotionaleres und menschliches Vokabular zu ergänzen. Damit sei es Mayo erstmalig gelungen »psychoanalytische Vorstellungsmuster« ins Innere der Arbeitswelt einzuführen.[190]

Mayos Befragungsprogramm, das er in Leitsätzen und Hinweisen für die Vorgesetzten schriftlich fixierte, war die Grundlage für einen neuen, emotionalen und psychologischen Kommunikationsstil, der bis heute in den aktuellen Leitfäden zur Durchführung von Mitarbeitergesprächen zu spüren ist. In anderer Hinsicht hat Mayos Gesprächsansatz aber eher eine herrschaftsstabilisierende Funktion. Die verbreitete Unzufriedenheit und den Widerstand der Beschäftigten verstand er nicht als Ausdruck des Klassenkampfes zwischen den Arbeitern und den kapitalistischen Unternehmern. Wie Eva Illouz hervorhebt, lief seine Art des Mitarbeitergesprächs darauf hinaus, »Konflikte nicht als Kampf um knappe Ressourcen, sondern als Ergebnis verknoteter Emotionen, problematischer Persönlichkeitsstrukturen und ungelöster psychologischer Spannungen zu deuten.«[191]

---

189 E. Mayo in Eva Illouz: Gefühle in Zeiten des Kapitalismus, Frankfurt a. M. 2006, S. 26.
190 Eva Illouz: Gefühle in Zeiten des Kapitalismus.
191 Ebd, S. 28.

Die Beschäftigten sollten zwar in diesem Gespräch offen und ohne Hemmungen reden können, aber an eine Veränderung ihrer Arbeitssituation war gar nicht gedacht.»Artikulierten Arbeiter etwa eine gewisse Unzufriedenheit, dann sollten nach Mayos Vorschlag die Manager ihrer Wut Gehör schenken, was allein schon dazu beitragen würde, diese Wut abzuschwächen.«[192] Die Gespräche sollten also nicht die Realität verändern, sie sollten die subjektive Einschätzung der Beschäftigten zu dieser Realität verändern und ihnen vermitteln, das Unternehmen kümmere sich um ihre Angelegenheiten und nehme ihre Sorgen ernst. Eine Konfliktlösung war nicht geplant. Die Konflikte zwischen den Arbeiterinnen und den Vorgesetzten sollten durch psychologisches Einfühlungsvermögen, das die Vorgesetzten im Gespräch an den Tag legen sollen, entschärft werden.

Auch in Deutschland suchten Arbeitspsychologen und Unternehmen nach Lösungen für die unter den Arbeitern zu beobachtende Leistungszurückhaltung. Mediziner und Psychologen aus dem »Göring Institut«, benannt nach dem Mediziner Matthias Göring, einem Cousin Hermann Görings, waren an der Entwicklung von Konzepten für Gespräche zwischen Vorgesetzten und Mitarbeitern beteiligt. Ähnlich wie Mayo betrachteten sie das Verhältnis zwischen Vorgesetzten und Mitarbeitern als eine Frage zwischenmenschlicher Beziehungen und das Gespräch zwischen beiden als ein therapeutisches Instrument zur Entschärfung von Konflikten. Bei der IG Farben in Ludwigshafen betreuten Psychologen ab 1940 Fortbildungen, die sogenannten Kohlhof-Gespräche, benannt nach einem Ort in der Nähe von Heidelberg. Am Ende der Fortbildung erhielten die Teilnehmer einen so genannten Kohlhofbrief, ein Mitteilungsblatt, in dem der Lehrstoff der Trainings in vereinfachter Form zusammengefasst wurde.

Wie bei den Gesprächen von Mayo in den Hawthorne-Werken waren auch diese Trainingsmaßnahmen von dem Gedanken geprägt, dass Protest und Widerstand als Signal für psychische Probleme der Beschäftigten zu verstehen seien. Die Probleme werden als eine Art Gefühlsknoten gedeutet, den zu entwirren die Aufgabe des Vorgesetzten sei. Die therapeutische Natur eines solchen Mitarbeitergesprächs beschreibt die Historikerin Sabine Donauer in einem Satz:»Wenn auf diese Art der ›Gefühlsknoten‹ des Einzelnen gelöst war, konnte er sich in und durch die Arbeit frei entfalten.«[193]

---

192 Ebd. S. 28.
193 Sabine Donauer: Faktor Freude. Wie die Wirtschaft Arbeitsgefühle erzeugt, Hamburg 2015, S. 45.

Der kooperative Stil

Die Kohlhof-Gespräche verschwanden schon in der Endphase des Krieges wieder in der Versenkung. Aber der kommunikative, emotionale Stil, den Mayo in die Mitarbeitergespräche einführte, bekam unter Arbeitgebern in den 1950er-Jahren mehr und mehr Aufmerksamkeit. Eigenschaften wie »Zuhören können« und »die Aussprache suchen« [...] galten als Mantra für Vorgesetzte des mittleren Managements, Betriebspsychologen, Vorarbeiter und betriebliche Sozialarbeiter.«[194] Ein Mitarbeitergespräch zu führen galt nun als Zeichen einer modernen und humanen Personalführung. Die gestiegene Wertschätzung des Gesprächs wurde bereits im Titel eines Positionspapiers der Bundesvereinigung der Arbeitgeberverbände deutlich: »Das Gespräch als Arbeitsmittel.« Das Papier aus den 1950er-Jahren sah in einem Mitarbeitergespräch »das wichtigste Mittel der Verständigung und des Kontaktes [...]. Es ist zugleich Mittel zum Zweck und Selbstzweck; es ist Grundform einer Therapie und Weg zur Erkenntnis. Menschliche Zuwendung durch das Gespräch ist ein Grundbedürfnis des Menschen, auch im Betrieb, auch am Arbeitsplatz. Dem Rechnung zu tragen [...] kostet kein Geld.«[195]

Was in den Business Schools und Instituten gelehrt oder in Positionspapieren der Arbeitgeber offiziell gewürdigt wurde, hatte mit der betrieblichen Realität wenig zu tun, denn als Managementmethode setzt sich das Mitarbeitergespräch in den Betrieben nicht durch. In vielen arbeitswissenschaftlichen Lehrbüchern wurden zwar Mayos Aktivitäten als Meilenstein einer humanen Personalführung und sein Gesprächsansatz als Ausdruck eines kooperativen Führungsstils gewürdigt, aber einen Sinneswandel in den Betrieben hatte das nicht zur Folge. Vermutlich lag der Grund dafür in der paradoxen Problematik, in die der kooperative Führungsstil die Vorgesetzten der unteren und mittleren Ebene verwickelt. Sie sollen sich laut diesem Führungsstil einfühlsam und verständnisvoll gegenüber ihren Beschäftigten zeigen, aber gleichzeitig verlangt die Unternehmensleitung von ihnen Durchsetzungsfähigkeit und Autorität. Sie sollen sich gegenüber ihren Beschäftigten offen und vertrauensvoll zeigen, aber ebenso ihrer Disziplinar- und Weisungsfunktion gerecht werden. Bei diesen anspruchsvollen, teilweise widersprüchlichen Anforderungen war es für die Vorgesetzten leichter, an der »bewährten« Praxis des Kommandos festzuhalten.

---

194 Ebd. S. 49.
195 Vgl. ebd.

An dieser Problematik änderte auch das »Harzburger Modell« nichts, benannt nach dem Standort der Akademie für Führungskräfte der Wirtschaft in Bad Harzburg. Es ist das bekannteste Führungsmodell und Konzept für ein Mitarbeitergespräch in der Nachkriegszeit. Die Zielsetzung dieses Gesprächsansatzes ist ebenso beschränkt wie Mayos Befragungsprogramm. Die Beschäftigten dürfen zwar im Gespräch ihre Unzufriedenheit äußern, mehr aber auch nicht, denn eine konkrete Zusage über Veränderung oder Verbesserung der Arbeitsbedingungen ist damit nicht verbunden. Laut Angaben der Akademie wurden Tausende von Führungskräften in diesem Gesprächsansatz geschult und erwarben ein »Harzburger Diplom«. Auch wenn das dem Modell zugrunde liegende Mitarbeitergespräch »noch bis in 1980er-Jahre hinein in der Führungspraxis deutscher Unternehmen hohe Popularität aufwies und sicherlich bis in unsere Zeit hinein entsprechende »Nachwirkungen« [196]entfaltet, wurde es schon bald von der gesellschaftspolitischen Diskussion überholt.

Deutlich wurde dies bereits Ende der 1960er-, Anfang der 1970er-Jahre, als wilde Streiks und spontane Arbeitsniederlegungen in zahlreichen Betrieben der Bundesrepublik stattfanden. Diese Streiks signalisierten, dass die Konflikte zwischen Arbeitern und Management um Arbeitsleistung und Leistungsverausgabung unverändert fortbestanden und sich erneut in einer Krise des Kommandos zuspitzten. Diese Krise »drückte sich in Sabotage und Widerstandsformen der Menschen auf allen Feldern der Gesellschaft aus, sei es in der Fabrik, im Büro, in Schule oder Jugendzentrum.«[197] Ein vielfältiger Protest wurde sichtbar, der Kritik an den verkrusteten gesellschaftlichen Strukturen und tradierten Rollen und Autoritäten von Eltern, Lehrern und Professoren, Ausbildern und Meistern äußerte. War der Protest zunächst eine Angelegenheit von Studenten und Schülern, so regte sich gegen Ende der 60er-Jahre auch in den Reihen der Lehrlinge Widerstand gegen die Organisation der Ausbildung in Betrieben und Berufsschulen. Sie kritisierten den von den Meistern eingeforderten bedingungslosen Gehorsam der Auszubildenden (»Lehrjahre sind keine Herrenjahre«), den Missbrauch von Lehrlingen für Hilfsdiensttätigkeiten und unnötigen Bürokratismus beim Führen von Berichtsheften.[198]

196 Th. Breisig, S. König, P. Wengelowski: Arbeitnehmer im Mitarbeitergespräch, Frankfurt am Main 2001, S. 47.
197 D. Hartmann: McKinsey – das Selbst – der Klassenkampf, in Klopotek, Scheiffele (Hrsg.): Zonen der Selbstoptimierung. Berichte aus der Leistungsgesellschaft, Berlin 2016, S. 142.
198 https://www.bpb.de/geschichte/deutsche-geschichte/68er-bewegung/51966/mitbestimmung?p=1 (06.09.2020)

Auch in den USA gab es massive Konflikte zwischen Arbeitern und Management. In der Automobilindustrie fanden Ende der 1960er-Jahre eine Reihe von Arbeitskämpfen statt, die die Soziologin Beverly J. Silver durch den »Lordstown Blues«[199] symbolisiert sieht. In Lordstown, einer Stadt im Bundesstaat Ohio, hatte General Motors (GM) Anfang der 1970er-Jahre ein neues Werk errichtet. Technik und Arbeitsabläufe dieses Werkes waren weit moderner als in vergleichbaren Fabriken in den USA. Aber schon kurz nach der Produktionsaufnahme zeigte sich, dass das Management von GM die Rechnung ohne die Beschäftigten gemacht hatte. Ständige Störungen und Unterbrechungen legten die Produktion lahm, denn die Arbeiter hatten unzählige Wege gefunden, ihre Arbeit zu verlangsamen oder zu verweigern. Auch Sabotage und Absentismus waren an der Tagesordnung. Die Kommando- und Hierarchiestrukturen in den Betrieben begannen ähnlich wie in Westeuropa brüchig zu werden.

Bei der Suche nach Auswegen aus der Krise des Kommandos orientierten sich viele Unternehmen an neuen Führungskonzepten. Auf der betrieblichen Ebene liefen diese Konzepte nach Michael Burawoy, einem britischen Soziologen, auf einen Wandel des Führungsstils von einer »despotischen« zu einer mehr »hegemonialen« Führung hinaus.[200] Ohne das Prinzip der Hierarchie in Frage zu stellen, sollte mit einem neuen Führungsstil auf die Kapitalismuskritik reagiert werden. Eine wichtige Rolle spielte dabei das *Zielvereinbarungsgespräch*, in dem quantifizierbare Leistungsziele in einem regelmäßig stattfindenden Gespräch zwischen Vorgesetzten und Mitarbeitern »vereinbart« werden sollen.

Das Gespräch als Führungstechnik

In Deutschland verbreitete sich dieser Ansatz Ende der 1970er-Jahre. In vielen Unternehmen ersetzte das *Zielvereinbarungsgespräch* das bis dahin praktizierte Verfahren der Personalbeurteilung. Dieses ist stark formalisiert, intransparent und gab daher immer wieder Anlass zur Unzufriedenheit unter den Beschäftigten.

Dieser Erfahrungshintergrund erklärt den Aufstieg des Mitarbeitergesprächs zu einer weit verbreiteten Führungsmethode. »Spätes-

---

199 Beverly J. Silver: Forces of Labor. Arbeiterbewegung und Globalisierung seit 1870, Berlin 2005, S. 71.
200 Michael Burawoy in Sang-Don Jung: Herrschaft in der Arbeitswelt. Konflikt und Konsens zwischen Lohnarbeit und Kapital, Hamburg 1996, S. 212.

tens seit den 70er-Jahren«, stellt Thomas Breisig fest, »ist das *Instrument Mitarbeitergespräch* in den Rang einer bewusst zu gestaltenden Führungstechnik [...] gerückt.«[201] Als Managementmethode ist das Mitarbeitergespräch inzwischen in vielen Betrieben fest etabliert. In größeren Betrieben ist es Bestandteil des Personalmanagements. Im Öffentlichen Dienst und in der Metallindustrie ist es sogar als *Zielvereinbarungsgespräch* tarifvertraglich fixiert. Auch im Banken- und Versicherungsbereich, in der IT- und der Telekommunikationsbranche ist es weit verbreitet. Laut einer 2014/15 durchgeführten Unternehmensbefragung von INQA, einer Kooperation von Sozialpartnern, der Bundesagentur für Arbeit und anderen Akteuren unter Federführung des Bundesarbeitsministeriums, nutzen 70 Prozent der Betriebe strukturierte Mitarbeitergespräche zur Personalentwicklung. 62 Prozent der befragten Betriebe beurteilen mindestens einmal jährlich die Leistung, fast zwei Drittel tun dies in Form von Zielvereinbarungen.[202]

Solche Zahlen zur Verbreitung lassen aber keine Rückschlüsse auf die »Qualität« der geführten Gespräche zu. Ein universell einsetzbares Gesprächskonzept hat es in den Unternehmen nie gegeben und gibt es bis heute nicht. In manchen Betrieben oder Verwaltungen finden sich die Gesprächskonzepte in den Schubladen der Personalverantwortlichen, in anderen ist das Gespräch zu einer lästigen Routineangelegenheit geworden, die Vorgesetzte und Beschäftigte möglichst geräuschlos hinter sich bringen wollen. Neben diesen gibt es eine unübersehbare Anzahl von Betrieben, die das Mitarbeitergespräch als Methode zur Leistungsbeurteilung systematisch verwenden. Die einen nennen es »Performance Dialog« (Vodafone) oder »strukturiertes Performance-Gespräch« (DHL), andere bezeichnen es als »standardisiertes Personalgespräch« (Bertelsmann AG).[203] Jeder Betrieb entwickelt seine eigene Version eines Mitarbeitergesprächs. Oft werden dafür Vorlagen aus dem Internet genutzt und für den eigenen Gebrauch »umfrisiert« oder Unternehmensberatungen zu Rate gezogen, die dann ihre Gesprächsunterlagen zur Verfügung stellen.

---

201 Th. Breisig, S. König, P. Wengelowski: Arbeitnehmer im Mitarbeitergespräch, Frankfurt am Main 2001, S. 33.

202 https://www.inqa.de/DE/wissen/kompetenz/personalentwicklung/berufliche-weiterbildung-arbeitsqualitaet.html#:~:text= (07.09.2020)

203 https://www.computerwoche.de/a/mitarbeitergespraech-bilanz-ohne-bammel,1849737, https://www.totalrewards.de/talent/personalentwicklung/performance-management-bei-der-deutsche-post-dhl-group-63631/ (30.09.2020)

Zu beobachten ist seit der Jahrtausendwende eine ständige methodische Vertiefung und Erweiterung des Mitarbeitergesprächs. Ausgeweitet wird der Adressatenkreis: Sind Gespräche über Ziele und Leistungen zunächst nur bei höheren Angestellten und im Bereich von Führungskräften vorgesehen, so werden diese seit den 90er-Jahren auf die mittleren und unteren Ebenen der Unternehmen ausgeweitet. Es entstehen Leitfäden und Ratgeber. Umsetzungshilfen für Vorgesetzte vermitteln Techniken der Gesprächsführung. Formulare, Formblätter, Checklisten, Protokolle etc. führen zu einer Standardisierung des Verfahrens und zu einer Dokumentation des Gesprächsablaufs. Kamen bis in die 1960erJahre die Anstöße für Gesprächskonzepte aus Akademien und Business Schools, so sind es jetzt die Unternehmen selbst, die das Instrument Mitarbeitergespräch weiterentwickeln. Die Initiativen dazu kommen aus den Personalabteilungen oder dem Personalmanagement größerer Unternehmen. Sie begreifen das Gespräch mit den Beschäftigten als Maßnahme eines »Human Resource Management«.[204]

Diese Ausrichtung ändert auch den Charakter der Gespräche. War Mayos Befragungsprogramm eher therapeutischer Natur, so betrachten Unternehmen die Gespräche inzwischen als ein Führungsinstrument, mit dem Leistung und Verhalten der Beschäftigten gesteuert und ihre Bereitschaft zur Übernahme unternehmerischer Verantwortung geprüft werden kann. Es entsteht ein neuer Typus von Mitarbeitergesprächen, der einen speziellen Anlass aus dem Arbeitsverhältnis zum Thema des Gesprächs macht. Schon dem Namen nach deuten Gespräche dieses Typs auf die disziplinierende Funktion des praktizierten Gesprächs hin. Eine vermeintlich mindere Leistung eines Beschäftigten wird nun Gegenstand eines *Kritikgesprächs*, die Entlassung erfolgt in einem *Trennungsgespräch*, seine Erkrankung ist das Thema eines *Fehlzeitengesprächs* oder *Krankenrückkehrgesprächs*. Die Lösung von Differenzen oder Meinungsverschiedenheiten findet in einem *Konfliktgespräch* statt.

Das »demokratische« Feedback

»*Feedback-Gespräch*« und »*360°-Feedback*« lösen mittlerweile in vielen Betrieben das einmal jährlich geführte *Beurteilungsgespräch* ab. Eine Reihe von Unternehmen nutzt eine für diesen Zweck entwickelte Software, die als App auf jedes Smartphone geladen werden kann. Die Beurteilun-

---

204 Susanne Felger, Angela Paul-Kohlhoff: Human Resource Management, edition der Hans-Böckler-Stiftung, Düsseldorf 2004, S. 89.

gen erfolgen in Form von Smileys und Sternchen, was aus dem Feedback einen alltäglichen und beinahe spielerischen Vorgang macht, wie er aus Computerspielen und sozialen Netzwerken bekannt ist.[205] Durch gegenseitige Vergabe von »Sternchen« können die Beschäftigten nun untereinander klären, wer von ihnen eine Prämie oder einen Bonus bekommen soll. Das Feedback des Vorgesetzten braucht jetzt nicht mehr auf das Jahresgespräch zu warten, sondern kann sozusagen in Echtzeit vollzogen werden. So wird der Beurteilungsvorgang, der einmal zur klassischen Vorgesetztenaufgabe zählte, »demokratisiert«, sind es doch die Beschäftigten selbst, die sich nun gegenseitig beurteilen sollen.

Dies bedeutet nicht, dass mit dem Mitarbeitergespräch in den Unternehmen ein neuer kommunikativer Führungsstil Einzug hält und das Kommando als Form der Kommunikation ein Relikt der Vergangenheit ist und somit ausgedient hat. Im Gegenteil: Nach wie vor sind Herrschaftsausübung und Willkür in Unternehmen und Branchen verbreitet. Das zeigen zahlreiche Berichte und persönliche Schilderungen Betroffener aus der Filmindustrie und dem Kulturbereich im Zusammenhang mit der »#MeToo«-Kampagne.[206] Auch an der Praxis zur Rekrutierung des eigenen Führungspersonals scheint sich wenig geändert zu haben. Wie ihre Vorgänger vor 100 Jahren greifen Unternehmen wie Amazon, Rewe, Aldi und Edeka häufig auf Personal aus der Bundeswehr zurück, wenn Führungsstellen zu besetzen sind.[207] Und nicht nur in Dienstleistungs- (z. B. Handel) oder Industriebranchen (z. B. Fleischindustrie) sind Kommando und Befehl als akzeptiertes Mittel zur Umsetzung unternehmerischen Weisungsrechts verbreitet. Laut einer Befragung einer Kölner Organisationsberatung in Zusammenarbeit mit der Zeitschrift *Capital* zählt auch im 21. Jahrhundert das Ausüben von Druck und das Kommando zu den bewährten Führungsinstrumenten und ist gelebte Realität. Von den fast 500 Befragten spüren 82 Prozent, dass Druck auf sie ausgeübt wird. Mehr als zwei Drittel sagen, dass der Druck in den letzten fünf Jahren gestiegen ist. Über die Hälfte meint, dass die Geschäftsleitung Druck aufbaut und für 85 Prozent gilt, dass im Unternehmen generell Druck als Mittel der Führung eingesetzt wird.

---

205 Vgl. M. Fiedler: Kollegen, Ihr seid super! In: SZ 22/23.10.2014.
206 »Kein Chef sollte herumschreien«, Schauspielerin Catrin Striebeck über die Männermacht im Theater, in: Der Spiegel 11/2018, S. 130.
207 »Amazon wirbt um Ex-Soldaten«, in: Neue Westfälische, 30.1.2019.

Ursachen sind etwa unrealistische Erwartungen, aber auch Unterstellungen, Drohungen, fehlende Kommunikation, Steigerung der Arbeitsbelastung sowie der Verzicht auf »Angstfreiheit«.[208] »Im Bedarfsfalle oder wenn die Beteiligung zu viel Zeit kostet, steht es der Führungskraft frei, das Weisungsrecht zu reaktivieren. Dies wird dann auch von der Führungskraft erwartet, andernfalls fehlt es ihr nach gängigen Mustern an Durchsetzungsfähigkeit. Damit wird deutlich, dass in der kooperativen Führung das Weisungsrecht gewissermaßen nur auf ›Stand-by‹ geschaltet ist.«[209]

208 Erstes Führungsmittel «Druck«. in: Gute Arbeit. Arbeitsschutz und Arbeitsgestaltung 7-8/2019, S. 51.
209 Th. Breisig: Unternehmenssteuerung – eine konzeptionelle Einführung. Ansätze-Methoden-Akteure, Berlin 2010, S. 131.

5.3 Kritik – vier Thesen und Nachsatz

Die Perspektive der Beschäftigten

Was geschieht, wenn Mitarbeitergespräche im Betrieb praktiziert werden? Erleben die Beschäftigten ihr Gespräch mit dem Vorgesetzten tatsächlich als einen Dialog auf Augenhöhe, wie es die vorgebliche Win-Win-Situation (Teil 1) unterstellt? Welche verborgenen Mechanismen kommen im Gespräch zur Geltung? Und schließlich: Ist die Kommunikation, die das Management in Form eines Mitarbeitergesprächs praktiziert, tatsächlich die Kommunikation, die Beschäftigte auch wollen? Im Folgenden sollen im Rahmen von einigen Thesen die problematischen Seiten der Managementmethode Mitarbeitergespräch diskutiert werden.

These 1: *Der spezifische Charakter und die Regularien des Gespräches unterstreichen die dominante Rolle des Vorgesetzten. Sie vermindern den Raum für ein offenes und zweiseitiges Gespräch im Sinne eines kommunikativen »Miteinanders.« Der Korridor für Unzufriedenheitsäußerungen oder Kritik von Seiten der Beschäftigten an den Arbeits- und Leistungsbedingungen wird dadurch eingeschränkt.*

Das Heft in der Hand des Vorgesetzten

Ein Blick auf Rahmen, Ausgangslage und Gesprächsverlauf zeigt, dass das Kommunikationsgeschehen durch den Vorgesetzten dominiert wird. Diese Dominanz ist kein Konstruktionsfehler oder unerwünschter Nebeneffekt der Methodik, sondern Ausdruck für die Instrumentalisierung des Mitarbeitergesprächs im Sinne einer Führungsmethode. Der Vorgesetzte lädt zum Gespräch ein, er setzt den Termin. Er legt Ort und Räumlichkeiten des Gesprächs fest. Er achtet auf die Einhaltung von Spielregeln, wozu beispielsweise zählt, den Gesprächsablauf nicht durch Abschweifungen oder andere, nicht zur Beratung vorgesehene Themen »zu verwässern«. Den Gesprächsverlauf führt er mit Hilfe von strukturierten Leitfäden. Er dokumentiert Ergebnisse und vereinbarte Ziele. Handelt es sich um ein *Fehlzeiten-* oder *Beurteilungsgespräch*, führt er Protokoll und bewertet anschließend das Gesagte.

Er hat im Grunde die Kontrolle über die zahlreichen Regularien. Dies stärkt seine ohnehin vorhandene Stellung und führt dazu, dass er auch den weiteren Gesprächsverlauf dominiert.

Diese Art des Gesprächs lässt sich als »nicht-direktiv« bezeichnen. Es unterscheidet sich damit von zwei anderen möglichen Gesprächsarten: dem »direktiven« und dem »mitarbeiterbezogenen« Gespräch. Diese Einteilung des früheren Organisationspsychologen Oswald Neuberger zur Unterscheidung verschiedener Arten der Gesprächsführung macht deutlich, dass Mitarbeitergespräche eine Art Zwischenposition einnehmen, denn sie sind weder ein ausschließlich kommandoähnliches, direktiv geführtes Gespräch, in dem der Vorgesetzte Anweisungen erteilt und die Ansichten sowie Meinungen des Beschäftigten unerheblich sind, noch ein wirklich mitarbeiterbezogenes Gespräch, in dem der Beschäftigte als Gleichberechtigter seine An- und Absichten einbringen kann, was eher einem Dialog und einer gleichberechtigten hierarchiefreien Kommunikation sehr nahe käme.[210]

Eine Atmosphäre von Konsens und Harmonie

Ein nicht-direktives Gespräch ist durch andere Merkmale gekennzeichnet. Der Vorgesetzte hat das Heft fest in der Hand, steuert und strukturiert die Unterredung, ist gegenüber dem Beschäftigten einfühlsam und vorsichtiger in seinen Formulierungen als im direktiven Gespräch. »Oberstes Gebot ist die Wertschätzung, die Sie als Chef Ihrem Mitarbeiter entgegenbringen«, lautet der Ratschlag einer Unternehmensberatung an Vorgesetzte, der auch dann beherzigt werden soll, »wenn Sie ihn kritisieren müssen oder er anderer Meinung ist als Sie.«[211] Es soll eine von gegenseitigem Respekt und Verständnis geprägte Gesprächssituation aufgebaut werden. In einer solchen Atmosphäre von Konsens und Harmonie fällt es dann umso leichter, Leistungsziele ohne Gegenwehr zu vereinbaren, eine Leistungsbewertung im Jahresgespräch in beiderseitigem Einverständnis zu besprechen oder auf den Beschäftigten einzuwirken, sein Verhalten zu ändern.

Das Gespräch verläuft in freundlicher Atmosphäre – jedenfalls solange der Beschäftigte »mitspielt« und sich nicht «uneinsichtig« zeigt.

210 Vgl. hierzu: Neuberger 1973, S. 143 ff. in: Thomas Breisig: Betriebliche Sozialtechniken. Handbuch für Betriebsrat und Personalwesen, Neuwied und Frankfurt/Main 1990, S. 311.
211 https://www.upgrade-consulting.de/mitarbeitergespraeche (15.08.2020)

Die Rollenverteilung ähnelt aber der Ausgangssituation: Der Vorgesetzte setzt durch seine Fragen und durch seine Initiativen die Akzente, er will bestimmte Absichten in möglichst wenig Widerstand provozierender Form durchsetzen. Er beendet das Gespräch, wenn er glaubt, diese erreicht zu haben. Hierarchie und Machtverteilung bleiben während des Gesprächs unterschwellig präsent, treten aber nicht offen zu Tage (siehe These 2). Sie sind, wie es O. Neuberger treffend ausdrückt, durch eine »Maske des verbindlichen Entgegenkommens« überdeckt.[212] Dieses verbindliche Entgegenkommen des Vorgesetzten verengt den Korridor des Sagbaren in der Gesprächssituation. Das Entfernen der Maske ist in dieser von Konsens und Harmonie geprägten Atmosphäre zwar vorstellbar, aber im Grunde nur eine theoretische Option. Würde ein Beschäftigter den Korridor verlassen, etwa durch offenes Opponieren oder durch massive Kritik am Unternehmen, wäre das ein Verstoß gegen den schönen Schein von Konsens und Harmonie und käme einer Grenzüberschreitung gleich.

These 2: *Mitarbeitergespräche erzeugen den Schein einer kommunikativen Gleichheit der Beteiligten. Tatsächlich sind sie eine Form subtiler und verdeckter Machtausübung zu Ungunsten der Beschäftigten.*

Ratgeber und Webseiten bezeichnen Mitarbeitergespräche als »kluge Dialoge«, als »wechselseitigen Austausch« sowie als »Grundlage für eine erfolgreiche und zufriedenstellende Zusammenarbeit«[213]. Diese Beschreibungen betonen Offenheit und das vertrauensvolle Miteinander der Kommunikation in einem Mitarbeitergespräch. Zwischen Beschäftigten und Vorgesetzten soll ein gleichberechtigter Dialog stattfinden.

Ungleiche Voraussetzungen

Natürlich ist Beschäftigten und Vorgesetzten ein solches vertrauensvolles Verhältnis, wie es die Ratgeber und Webseiten darstellen, durchaus zu wünschen. Aber Beschreibungen dieser Art unterstellen, dass Dialog und Kommunikation eine Frage des guten Willens oder der guten Absichten der Beteiligten seien. Das lässt außer Acht, dass Beschäftig-

---

212 O. Neuberger in: Thomas Breisig: Betriebliche Sozialtechniken. Handbuch für Betriebsrat und Personalwesen, Neuwied und Frankfurt am Main 1990.
213 https://www.upgrade-consulting.de/mitarbeitergespraeche/ (12.08.2020)

ter und Vorgesetzter sich zwar in gleicher Umgebung (in der Regel das Büro des Vorgesetzten) zu diesem Gespräch begegnen, aber ihr Gespräch unter ungleichen Voraussetzungen und Verhältnissen stattfindet. Zu den ungleichen Voraussetzungen zählt das kulturelle Kapital, das sich in der Dominanz des Vorgesetzten manifestiert. Er verfügt in der Regel aufgrund einer hoch qualifizierten Ausbildung über einen höheren Bildungshorizont als der Gesprächspartner. Für das jeweilige Mitarbeitergespräch kann er auf zusätzliche Qualifikationen zurückgreifen: Er ist bestens auf die Situation eingestellt, denn das Unternehmen hat ihn in Seminaren und Fortbildungen auf das Führen eines Mitarbeitergesprächs im Sinne eines Führungsinstruments vorbereitet. Wie umfangreich Vorgesetzte für den Einsatz von Führungsinstrumenten qualifiziert werden, lassen vor allem größere Unternehmen nicht unerwähnt.»Aus dem Anspruch an Führung als Profession resultiert ein gewandeltes Führungsverständnis und -verhalten«, [214] heißt es in einer Studie der Bertelsmann Stiftung zur Erwartungshaltung von Unternehmen an ihre (mittleren und unteren) Führungskräfte. Große Konzerne entwickeln für ihre Führungskräfte interne Fortbildungsprogramme, die auf ein einheitliches Führungsverhalten im Unternehmen abzielen. In der Telekom AG nennt sich dieses Programm »level UP!« Es soll »neuen Wind in das Verständnis von Personalführung im gesamten Konzern bringen«[215].

Bei BMW existiert seit Jahren mit dem »Treffpunkt Führung« ein auf mehrere Tage angelegtes modulares Format, das Führungskräften »einen kreativen Blick auf den Führungsalltag« und einen »Reflexionsraum zur Exzellenz in der Führung« bietet. [216] Das Chemieunternehmen Henkel qualifiziert Führungskräfte in weltweit stattfindenden Workshops, die unter dem Slogan »Lead Teams, Lead Stakeholders, Lead Performance, Lead Change und Lead Myself« laufen.[217] Ziel ist »die Herstellung eines bereichsübergreifenden, leistungsfokussierten Führungsverständnisses.«[218] Hinzu kommen Maßnahmen wie Coaching oder Teamentwicklung, mit denen Vorgesetzte im Umgang mit den Beschäftigten gestärkt werden sollen.

214 Hannah Möltner, Juliane Göke, Christian Jung, Michèle Morner: Neue Perspektiven zum nachhaltigen Erfolg durch Unternehmenskultur. Ergebnisbericht der Nachfolgestudie zum Carl-Bertelsmann-Preis 2003. (Download August 2020)
215 https://www.e-paper.telekom.com/hr_factbook_2017_de (15.08.2020)
216 H. Möltner, J. Göpke u.a., a.a.o. S. 27.
217 Ebd. S. 27.
218 Ebd. S. 13.

Versteckte Machtausübung

Im Laufe der Zeit erwirbt der Vorgesetzte zusätzlich eine für die Durchführung der Gespräche hilfreiche Erfahrung, weil er diese Gespräche turnusmäßig mit allen Beschäftigten seines Teams oder seiner Abteilung führt. Er entwickelt einen eigenen »Gesprächsstil«, der aus Elementen unbewusster und verinnerlichter Verhaltensmuster besteht. Dieses Vermögen an Qualifikation und Kompetenzen lässt sich mit den Worten Pierre Bourdieus als kulturelles Kapital bezeichnen. Als Kapitalform versteht der französische Soziologe darunter den Erwerb von Kultur und Bildung (Schul- und Universitätsabschlüssen), der mit beruflichen Aufstiegen und Beförderungen verbunden ist, wie es bei Führungskräften typischerweise der Fall ist.

Das Besondere eines Mitarbeitergesprächs ist nun, dass Macht nicht offen sichtbar, sondern durch die offene, freundliche Atmosphäre des Gesprächs verdeckt ist. Bourdieu bezeichnet diesen Aspekt des kulturellen Kapitals als einen »verborgenen Mechanismus« zur Ausübung von Macht.[219] Sie ist nicht präsent und dennoch im Hintergrund wirksam. Auch die Beschäftigten sind sich über den Vorsprung im Klaren, über den ihr Vorgesetzter als Gegenüber im Mitarbeitergespräch verfügt. Das Wissen um den »Vorteil« Ihres Gegenübers verstärkt mögliche Gefühle von Machtlosigkeit und Unterlegenheit. Wenn Beschäftigte im Gespräch mit Vorgesetzen möglichst vorsichtig agieren, ist das eine nahe liegende und plausible Reaktion.

Unter diesen Voraussetzungen ein Mitarbeitergespräch als partnerschaftlichen Dialog zu bezeichnen, wie es Ratgeber und Webseiten reklamieren, unterschlägt, dass es sich dabei um einen »Dialog« mit ungleichen Voraussetzungen handelt, in dem Kapital- und Machtressourcen einseitig zu Ungunsten des Beschäftigten verteilt sind.

Das unsichtbare Kommando

Verdeckt wird im Mitarbeitergespräch auch das System von Befehl und Gehorsam. Es existiert als faktisch vorhandenes Verhältnis, auch wenn es im betrieblichen Alltag vieler (z. B. hoch qualifizierter) Beschäftigter nicht in Erscheinung tritt. Vorgesetzter und Beschäftigter sind als Weisungsgebende und Weisungsempfangende eingebunden in ein System

---

219 Vgl. Pierre Bourdieu: Die verborgenen Mechanismen der Macht, Hamburg 1992, S. 49ff.

mit jeweils auferlegten Rollen. Die Wirksamkeit dieses Systems beruht auf der Furcht des Beschäftigten, den Leistungs- und Verhaltensanforderungen des Unternehmens nicht gerecht zu werden und mit Arbeitsplatzverlust »bestraft« werden zu können.

Weisungsbefugter und Weisungsgebundener sollen sich zueinander so verhalten, *als ob* das Prinzip von Befehl und Gehorsam gar nicht existiere. Das Kommandosystem verschwindet hinter einer scheinbaren Gleichheit der Beteiligten, hinter einer Kommunikation »auf Augenhöhe«. Diese Unsichtbarmachung des Kommandosystems kann dazu führen, dass die Weisungsgebunden im Mitarbeitergespräch einer Selbsttäuschung unterliegen, die der Philosoph Klaus Peters folgendermaßen beschreibt: »Die Weisungsgebundenen antizipieren die Absichten des Weisungsbefugten, sie verinnerlichen gewissermaßen die befehlende Instanz und können dadurch ein Gefühl von Selbstständigkeit entwickeln, das sich, weil es angenehm und sogar schmeichelhaft ist, bis zu der Selbsttäuschung steigern kann, dass man gar nicht in einem Kommandosystem arbeite.«[220]

Mit dem Kommando verhält es sich wie mit dem kulturellen Kapital des Vorgesetzten: Es ist ein verborgener Mechanismus, der seine Wirkung entfaltet, ohne dass Sanktionen im Gespräch ausgesprochen geschweige denn angedroht werden müssen. Es genügt, dass der Beschäftigte um dieses Recht des Vorgesetzten weiß.

These 3: *Im Mitarbeitergespräch werden Arbeitskonflikte individualisiert und personalisiert. Die Konfliktlösung wird zum Problem des Beschäftigten.*

Die Win-Win-Situation unterstellt, dass ein Mitarbeitergespräch das geeignete Instrument zur Austragung und Klärung von Konflikten sei. Hier sollen Konflikte von beiden Seiten zur Sprache gebracht und in einer sachlichen und ergebnisoffenen Form erörtert werden. Auf diese Weise schaffe das Gespräch die Grundlagen zu einem Verständigungs- und Verhandlungsprozess zwischen Vorgesetzten und Beschäftigten und könne am Ende zur Entschärfung oder Beilegung von Konflikten führen.

---

220 W. Glißmann, K. Peters: Mehr Druck durch mehr Freiheit. Die neue Autonomie in der Arbeit und ihre paradoxen Folgen, Hamburg 2001, S. 26.

Arbeitskonflikte sind Interessenskonflikte

Diese These von der deeskalierenden Funktion eines Mitarbeiterge-sprächs unterstellt, dass Konflikte tatsächlich verhandelbar sind und eine Bearbeitung von Arbeitskonflikten im Mitarbeitergespräch auch stattfindet. Im Grunde greift diese These den Gedanken von Elton Mayo und Human Relations auf, dass zur Lösung von Konflikten eine zwischenmenschliche Ebene zwischen Vorgesetzen und Beschäftigten hergestellt werden müsse. Konflikte werden als Ausdruck einer gestör-ten Beziehung zwischen den Kontrahenten eines Konflikts betrachtet.

Arbeitskonflikte sind aber nicht nur eine Frage des partnerschaft-lichen und zwischenmenschlichen Umgangs. Sie sind Interessenkon-flikte zwischen Unternehmen und ihrem Management auf der einen und den Beschäftigten auf der anderen Seite und lassen sich zumeist auf den für die kapitalistische Organisation des Produktionsprozesses fundamentalen Widerspruch zwischen Kapital und Arbeit zurückfüh-ren. Sie sind daher in einem umfassenden Sinn nur lösbar, wenn eine Überwindung der existierenden Organisation der Arbeit mitbedacht wird. Im Mitarbeitergespräch ist dieser Widerspruch permanent prä-sent: Der Vorgesetzte vertritt die Herrschafts- und Profitinteressen des Unternehmens und kleidet diese Interessen in Leistungs- und Verhal-tensanforderungen.

Wie tauchen Arbeitskonflikte im Mitarbeitergespräch auf? Was wird wie thematisiert? Eine Betrachtung verschiedener Mitarbeiterge-spräche unter dem Blickwinkel der Konfliktbearbeitung zeigt, dass eine Thematisierung von Konflikten durchaus stattfindet.

Die Tabus der Konfliktbearbeitung

In einem *Beurteilungsgespräch* ist das Kernthema die Leistung inner-halb eines bestimmten Zeitraums, die das Unternehmen vom Beschäf-tigten verlangt. Diese Leistung ist Ausdruck der unternehmerischen Leistungserwartung und als Norm »gesetzt.« Im Kern handelt es sich bei diesem Gespräch um einen Abgleich von unternehmerischer Leis-tungserwartung und der realen Leistungserfüllung der Beschäftigten, den Vorgesetzte und Beschäftigte anhand verbindlicher Beurteilungs-kriterien vornehmen. In dieser Situation steht nicht die Norm zur Dis-kussion, sondern allein die individuelle Abweichung des Beschäftigten von dieser Norm. Zu vergleichen ist dieser Vorgang mit einer »auf

Dauerbetrieb angelegten offiziellen Elle, die an die rangniedrigeren Beschäftigten angelegt wird, um zu erfassen, inwieweit sie den gewünschten Standards nahekommen.«[221] Die Abweichung von diesem Standard oder seine Erfüllung hat unter diesen Umständen individuelle Folgen. »Je nach Ergebnis hat die Beurteilung spürbare Konsequenzen für die betroffenen Mitarbeiter. Die für gut befundenen haben zu mindestens bessere Chancen auf ein höheres Gehalt oder betrieblichen Aufstieg – und umgekehrt.«[222]

Welche persönlichen Verstrickungen ein solches *Beurteilungsgespräch* auslösen kann, beschreibt eine Beschäftigte der Telekom AG folgendermaßen: »Einmal im Jahr gibt es ein Mitarbeiter-Entwicklungsgespräch, so hieß es lange Zeit. Heute nennt sich das Compass-Gespräch. Schon Tage davor bin ich furchtbar nervös. Die Führungskraft beurteilt die Leistung, die weitere Entwicklung wird vereinbart. Wer in einer hohen Professionalisierungsstufe ist, muss großen Anforderungen gerecht werden. Wer einer niedrigen Stufe angehört, muss bereit sein, sich in absehbarer Zeit zur nächsten Stufe zu entwickeln. Wird meine Leistung schlecht bewertet oder will ich nicht auf eine höhere Stufe aufsteigen, weil ich zufrieden bin mit meiner Arbeit, werde ich als ›Low Performer‹ abgestempelt. Bin ich dann Kandidat für die nächste Entlassungswelle? Die Telekom will dich flexibel, mobil, gesund. Und wie soll man das mit den Familienpflichten in Einklang bringen. Ich scheitere ständig dabei. [...] Diese ›Compass-Gespräche‹ entfalten den Druck, wirklich alles aus Dir herauszuholen.«[223]

Personalisierung und Verlagerung von Konflikten

Auch das *Zielvereinbarungsgespräch* dreht sich thematisch um den Leistungskonflikt. Norm ist auch hier die unternehmerische Leistungserwartung. Im Unterschied zum *Beurteilungsgespräch* erfolgt die Leistungsbewertung aber nicht anhand bestimmter Kriterien, sondern anhand quantitativer oder qualitativer Leistungsziele, deren Zielerreichungsgrad gemessen wird. Nicht thematisiert wird die Leistungshöhe, die in der Regel in Form einer Zielkaskade bereits von oben nach unten

221 Th. Breisig: Personalbeurteilung, Mitarbeitergespräch, Zielvereinbarung. Grundlagen, Gestaltungsmöglichkeiten und Umsetzung in Betriebs-und Dienstvereinbarungen, Frankfurt am Main 1998, S. 82.
222 Ebd. S. 82.
223 Tretmühle Telekom. Von Charly Kowalczyk, Manuskript ARD Radiofeature 2012, S. 21

festgelegt ist und deren Beachtung im Gespräch zwischen Vorgesetzten und Beschäftigten stillschweigend vorausgesetzt und auch nicht hinterfragt wird. Der Konflikt um die Leistung wird personalisiert und fokussiert auf die im Gespräch zu klärende Frage, welchen Beitrag der Beschäftigte zur Umsetzung der Zielkaskade leisten kann.»In unserem Unternehmen wird schon seit den 1980er-Jahren mit Zielen geführt, sprich: ›Management by objectives‹. Solange die Ziele in einem gewissen Rahmen bleiben, gibt es erst mal keine Probleme. [...] Vor einigen Jahren kam ein neuer CEO an die Spitze, für ihn stand der ›Shareholder Value‹ ganz oben, und plötzlich wurden die Zielvereinbarungen für jeden einzelnen nach oben geschraubt – sich ehrgeizige Ziele setzen, hieß es dann.«[224]

Im *Fehlzeitengespräch* steht die Abwesenheit durch Erkrankung im Mittelpunkt des Gesprächs. Dass die Arbeitsbedingungen infolge von Personalreduzierung, Stress und mangelhafter Organisation eine gesundheitsschädigende Wirkung haben können, wird im Fehlzeitengespräch überlagert von einer anderen Ursachenerklärung: Krankheit wird gedeutet als Ausdruck von Verhaltens- und Leistungsdefiziten, hinter denen wiederum Motivationsprobleme bei den Beschäftigten vermutet werden. Abwesenheit infolge von Erkrankung wird so zum Problem der Person umdefiniert. Diese Personalisierung verhindert, dass arbeitsbedingte Ursachen einer Fehlzeit im Gespräch ernsthaft diskutiert werden. Stattdessen verschiebt sich der thematische Schwerpunkt auf (vermutete) Leistungs- und Verhaltensdefizite des Beschäftigten.

Das *Überlastgespräch* soll dazu dienen, in Betrieben mit flexibilisierten Arbeitszeiten wie beispielsweise Vertrauensarbeitszeit oder Projektarbeit eine Arbeitsüberlastung durch Überstunden zu vermeiden. Hier steht der Konflikt um die Verfügbarkeit von Arbeitszeit und Personal im Vordergrund. Es handelt sich um einen Ressourcenkonflikt. Im *Überlastgespräch* soll dieser Konflikt in einer aus vier Schritten bestehenden Prüfung gelöst werden. Hier sorgt die Reihenfolge der Stufung dafür, dass nicht der Beschäftigte, sondern das Unternehmen sich von der Verantwortung für diesen Ressourcenkonflikt entlastet. Denn zuerst soll bei Vorhandensein einer Überlast geprüft werden, welche Aufgaben der betroffene Beschäftigte von seiner eigenen Tätigkeit weglassen kann, um sich zu entlasten. Dann wird in einem zweiten Schritt geprüft, ob die einzelnen Tätigkeiten auch effizient genug aus-

---

224 E. Bockenheimer, C. Losmann, St. Siemens: Work Hard, Play Hard,
Das Buch zum Film, S. 143.

Fehlzeitengespräch – Leitfaden/Vorlage

Fehlzeitengespräch I
Gesprächsbeteiligte: Mitarbeiter + direkte Führungskraft
Typische Inhalte: [...]
- Hinweis, dass die vorangegangene Fehlzeit nicht sehr lange zurückliegt
- Darstellung, wie die Arbeit des Mitarbeiters während der Fehlzeit erledigt wurde; Hinweis auf Mehrbelastung für Kollegen, das Unternehmen etc. (»Sie fehlen uns, wenn Sie fehlen.«)
- Verstärkte Suche nach betrieblichen Ursachen [...]; sonstige Ursachen?
- Verbesserungsvorschläge/Vereinbarungen: Wie können Fehlzeiten zukünftig vermieden werden? Konkrete Vereinbarungen treffen: Betriebliche Veränderungen, persönliche Aktivitäten, Gesundheitsprogramme ...
- Zusammenfassung der Vereinbarungen

Fehlzeitengespräch II
Gesprächsbeteiligte: Mitarbeiter + direkte Führungskraft + nächsthöhere Führungskraft + Betriebsrat
Typische Inhalte: [...]
- Der Mitarbeiter fällt durch sein häufiges Fehlen auf
- Überprüfung, ob die Vereinbarungen eingehalten wurden
- Betriebliche Belastungen durch die Fehlzeiten
- Sehr eindringliche Suche nach Wegen, wie eine Verbesserung der Fehlzeitensituation herbeigeführt werden kann
- Hinweis auf das nächste Fehlzeitengespräch

Fehlzeitengespräch III
Gesprächsbeteiligte: Mitarbeiter + direkte Führungskraft + nächsthöhere Führungskraft + Betriebsrat + Vertreter der Personalabteilung
Typische Inhalte:
Das »Fehlzeitengespräch Stufe III« folgt im Ablauf im Wesentlichen dem »Fehlzeitengespräch Stufe II«. Durch die Anwesenheit der Personalabteilung, die auch wesentliche Teile des Gesprächs führt, wird die Ernsthaftigkeit der Lage deutlich herausgestellt; mögliche arbeitsrechtliche Konsequenzen werden erörtert.

Abb. 5: Gesprächsleitfaden für ein Gespräch über Fehlzeiten

geführt werden. Nur wenn diese Rationalisierung nach Maßstäben von Effizienz und Effektivität erfolglos bleibt, darf zusätzliche Arbeitszeit für das Projekt generiert werden oder als letzter Schritt Personal neu eingestellt werden.

Die Reihenfolge der Schritte unterstellt eine individuelle Verantwortung für den Ressourcenkonflikt. Sie weist den Beschäftigten den Weg, durch Selbstrationalisierung der eigenen Tätigkeit und durch Optimierung des eigenen Zeitmanagements den Konflikt in Eigenregie zu lösen. Die Verantwortung für die Lösung des Überlastungsproblems wird zu einer Angelegenheit des Beschäftigten. Ein Webportal eines personalwirtschaftlichen Verlages beschreibt diesen Vorgang in aller Deutlichkeit:

»Im Rahmen eines solchen Gesprächs darf es kein ›Tabu‹ geben, wie diese Balance erreicht werden kann: Neben der Reduzierung des Aufgabenumfangs und/oder der zeitlichen Priorisierung von Aufgaben kann auch die individuelle Arbeitsproduktivität ein Thema sein, die vielleicht durch ein Coaching unterstützt werden kann. Gegebenenfalls kann es sich auch mit Blick auf eine möglichst gezielte ›Überlastbekämpfung‹ anbieten, die Gründe für die vom Arbeitnehmer wahrgenommene Überlast durch eine vorübergehende Aufschreibung der Arbeitszeit unter Zuordnung der Arbeitszeit zu einzelnen Verwendungszwecken zu ermitteln.«[225]

Die individuelle Zuschreibung als »Lösung«

Konflikte werden also in den unterschiedlichen Formen der Mitarbeitergespräche durchaus thematisiert. Die Konstellationen in den jeweiligen Gesprächen lassen es allerdings nicht zu, über Leistungshöhe, Arbeitsbedingungen und Ressourcen als eigentliche Konfliktursachen zu verhandeln. Der Beschäftigte darf in Abstimmung mit dem Vorgesetzten sehr wohl entscheiden, wie er seine Arbeit so organisieren kann, dass er Leistungserwartungen und vereinbarte Ziele erfüllt. Er kann aber nicht beeinflussen, unter welchen Bedingungen das geschieht und welche Ressourcen er zur Verfügung hat. Unter den Vorzeichen dieser Nichtbeeinflussbarkeit entwickelt das Mitarbeitergespräch nahezu zwangsläufig die Forderung einer individualisierten Konfliktbearbeitung. Konflikte werden personalisiert und zu einem Problem des Beschäftigten. Eine Konfliktlösung wird zu einer individuellen Aufgabe des Beschäftigten umdefiniert.

---

225 https://www.haufe.de/personal/haufe-personal-office-platin/grundlagen-der-vertrauensarbeitszeit-7-stoerfaelle-der-vertrauensarbeitszeit-ueberlast-und-misstrauen (24.08.2020)

Die individualisierte Form des Umgangs mit Konflikten können Prozesse innerer Auseinandersetzung verschärfen, die der Soziologe Klaus Dörre als Modus der Selbstzuschreibung bezeichnet.[226] Die Probleme des »eigenen« Teams und des »eigenen« Unternehmens werden zu meinen Problemen. Ich suche die Schuld bei mir, wenn die vereinbarten Ziele nicht erreicht werden. Ich mache mir selbst ein schlechtes Gewissen, weil ich krank bin und die Teamkollegen meine liegenbleibende Arbeit mit erledigen müssen. Der Modus der Selbstzuschreibung führt dazu, dass angemessene und erfüllbare Leistungsanforderungen und eine gesundheitsförderliche, existenzsichernde Arbeit, die ein »gutes«, ein »schönes« Leben ermöglichen, nicht als ein grundlegendes Recht verstanden werden, was sich im Mitarbeitergespräch als elementares Grundbedürfnis einfordern ließe.

Es ist eher anders herum: »Gute« Arbeit erscheint als eine Art Privileg, das man sich durch harte Arbeit zu verdienen habe. Denen, die

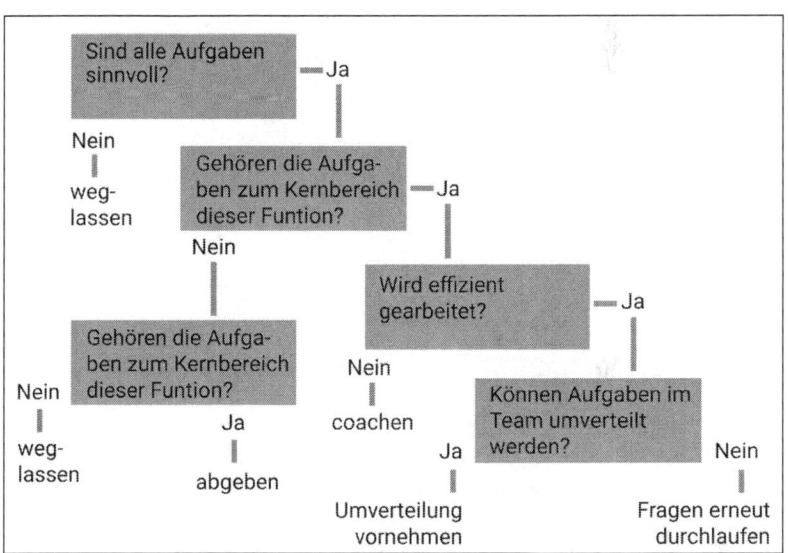

Abb. 6: Gesprächsleitfaden für ein Gespräch bei Überlast
(Eigene Abbildung nach einer Vorlage in: BTQ Kassel: Qualifizierungsbedarf bei neuen Arbeitszeitmodellen, Dez. 2005, S. 10.)

226 K. Dörre: Kampf um Beteiligung. Arbeit, Partizipation und industrielle Beziehungen im flexiblen Kapitalismus in Th. Haipeter: Vertrauensarbeitszeit. Chancen und Risiken eines Rationalisierungskonzeptes, ver.di Tarifpolitische Grundsatzabteilung (Hrsg.): Dokumentation des tarifpolitischen Workshops Vertrauensarbeitszeit, ohne Jahresangabe.

sich als genügend hart und motiviert erweisen, winkt im Mitarbeitergespräch die positive Beurteilung des Vorgesetzten und vielleicht eine Leistungszulage, wodurch im Umkehrschluss all diejenigen, die dieses »Privileg« verlieren oder es nicht erreichen können, gewissermaßen »selbst schuld« sind. Dieses »Selbst schuld sein« ist die Kehrseite der Ideologie, wonach jeder seines Glückes Schmied und Erfolg eine Sache der persönlichen Anstrengung sei. In diesem Kontext bedeuten Schuldgefühle das Eingeständnis, dass man die Situation eigentlich in den Griff hätte bekommen können, dass man eben für den Erfolg hätte mehr leisten können und dass der Vorgesetzte schon zu Recht auf eine gute Beurteilung im Mitarbeitergespräch verzichtet hat.

These 4: *Mitarbeitergespräche dienen der Beurteilung und Beobachtung. Die regelmäßige Beurteilung soll die Beschäftigten dazu bringen, sich durch eigene Reflexion selbstkritisch zu begutachten und zu verändern.*

Bestandteil eines Mitarbeitergesprächs ist die Beurteilung einer bestimmten Leistung und/oder eines Verhaltens. In die Beurteilung fließt die gesamte Person des Beurteilten ein.

Fremdbeobachtung

Leitfäden, vereinheitlichte Abläufe, schriftlich definierte Kriterien zu Leistungsbeurteilung, ausgeklügelte Punktesysteme zur Bewertung oder die schriftliche Dokumentation, die an die Personalabteilung weitergeleitet wird, verleihen dem Vorgang der Beurteilung den Anschein von Objektivität und Genauigkeit. Ein aus dem Gespräch gewonnener, aber zwangsläufig subjektiv gefärbter Eindruck wird zu Papier gebracht und dadurch versachlicht. Mit der Beurteilung verfügt der Vorgesetzte über schriftlich fixierte und auswertbare Fakten, die nachprüfbar und daher auch nicht anfechtbar zu sein scheinen.[227] Der Beurteilungsvorgang bekommt dadurch den Anschein von Legitimation. Der Vorgesetzte kann, wie Thomas Breisig schreibt, »diesen Spielraum weitgehend unkontrolliert nutzen, um seiner formalen Position Nachdruck

---

227 Auch wenn eine Beurteilung aufgrund methodischer Unzulänglichkeiten und zahlreicher Verfahrensmängel ein subjektiver und daher immer auch fragwürdiger Vorgang ist, schadet das der Legitimation und der allgemeinen Verbreitung des Verfahrens in Betrieben und Unternehmen offensichtlich kaum.

zu verleihen, ein höheres Leistungsniveau einzuklagen, sich für ›erlebte Niederlagen‹ zu rächen, den aufsässigen Mitarbeiter mal wieder in seine Schranken zu verweisen, sich eine bequeme Rechtfertigungsgrundlage für (im Kopf) bereits getroffene Entscheidungen zu schaffen.«[228] In vielen Betrieben ist es ein offenes Geheimnis, dass die Anzahl derer, die »sehr gut« bewertet werden dürfen, vom oberen Management beschränkt wird, weil das dafür vorhandene Budget längst überzogen ist oder zwischenzeitlich für andere Angelegenheiten verausgabt wurde. Dann häufen sich Bewertungen mit einem »gut« und »zufriedenstellend«. Die um sich greifende Unzufriedenheit unter den derart Bewerteten versuchen die Unternehmen mit der Aussicht auf das nächste Jahr zu beruhigen. »Bewertungsbögen erfüllen ihren Zweck mehr schlecht als recht, suggerieren aber Professionalität. Nicht ‚richtige' Ergebnisse zählen, sondern wichtig ist, überhaupt auf Ergebnisse zu kommen.«[229]

Die Selbstreflexion

Auch die Beschäftigten wissen um die Bedeutung dieser Beurteilung. Allein das Wissen um Bewertungen und um das turnusmäßig oder aus bestimmten Anlässen stattfindende Gespräch wirkt sich auf ihr Verhalten aus. Sie unterziehen sich dieser Prozedur mit der Kenntnis, dass die Beurteilungsergebnisse weit reichende Auswirkungen für sie haben können, wenn damit Entscheidungen des Vorgesetzten verbunden sind, die für sie entscheidend sein können, wie die Entfristung des Arbeitsverhältnisses, das Erreichen einer Zulage oder eines Bonus oder der erhoffte Arbeitsplatz im Homeoffice. Mit der Beurteilung einher geht die Beobachtung durch den Vorgesetzten. Wie bei der Beurteilung müssen Beschäftigte auch bei diesem Vorgang hoffen, dass der beobachtende Vorgesetzte dabei möglichst sachlich und objektiv bleibt. Dass dieser Fremdbeobachtung ein Hierarchieverhältnis zu Grunde liegt, ist offensichtlich, auch wenn Feedback-Schleifen und empathisches Auftreten des Vorgesetzten diesen Eindruck abmildern können.

Der Soziologe Ulrich Bröckling sieht in dieser Fremdbeobachtung eine an die Beschäftigten gerichtete Aufforderung zur Selbstreflexion. Das Wissen darüber, ihr nicht entgehen zu können, soll zu einer ver-

---

228 Thomas Breisig: Betriebliche Sozialtechniken. Handbuch für Betriebsrat und Personalwesen, Neuwied und Frankfurt am Main 1990, S. 366.
229 Marcel Schütz: Vorsicht Leistungsfalle. Mitarbeiterbeurteilungen sind oft willkürlich, in FR vom 21.8.2018.

besserten Selbststeuerung führen. Dazu müssen die Beobachtungen nicht nur gemacht, sondern auch schriftlich erfasst und miteinander besprochen werden. »Der Einzelne«, schreibt U. Bröckling in seinem Buch *Das unternehmerische Selbst*, »erscheint als informationsverarbeitendes System, das sich selbst flexibel an die Erwartungen seiner Umwelt anpasst, wenn es nur regelmäßig mit differenzierten Rückmeldungen gefüttert wird. Statt sein Verhalten unmittelbar zu reglementieren, was einen enormen Kontrollaufwand nach sich zöge und den ökonomischen Imperativen der Flexibilität, Eigeninitiative und Aufwandsersparnis zuwiderliefe, werden Rückkopplungsschleifen installiert, die dem Einzelnen Normabweichungen signalisieren, die erforderlichen Adaptionsleistungen jedoch in seine eigene Verantwortung stellen.«[230] Das Feedback des Vorgesetzten soll also zu einer Selbstreflexion anleiten. Die Beschäftigten sollen selbst persönliche »Schwachstellen« identifizieren und beseitigen und die eigenen Ressourcen für den Unternehmenserfolg mobilisieren.

Jeder beurteilt jeden

Eine andere Form der Beurteilung und Beobachtung sind *Feedback-Gespräch* und *360°-Feedback*. Hier erfolgt die Rückkopplung von Verhaltensweisen wechselseitig, im *360°-Feedback* wird sie auf alle Beteiligten verlagert. Beim Feedback geht es weniger um Lob und Anerkennung, sondern vielmehr um das Aufzeigen von Handlungsansätzen, mit denen der Beschäftigte für sich selbst reflektiert, wie er sein Verhalten verändern kann. »Im Unterschied zu herkömmlichen Prüfungen oder Tests werden beim 360°-Feedback nicht eigens zu diesem Zweck erbrachte Leistungen bewertet, sondern das gesamte Verhalten. Was auch jemand gerade tut oder unterlässt, es kann in die Bewertung eingehen. [...] Weil man stets und von allen gesehen wird, muss man sich günstig präsentieren.«[231]

Aufgrund ihrer flexiblen Anwendungsmöglichkeiten gelten inzwischen Feedback-Gespräch und 360°-Feedback in vielen Unternehmen als Alternative beziehungsweise als Ergänzung zum *Beurteilungsgespräch*. Die Beurteilung kann häufiger und zeitnäher als im klassischen

---

230 U. Bröckling: Das unternehmerische Selbst. Soziologie einer Subjektivierungsform, Frankfurt am Main 2007, S. 239.

231 U. Bröckling: Das unternehmerische Selbst. Soziologie einer Subjektivierungsform, Frankfurt am Main 2007, S. 238–239.

Beurteilungsgespräch erfolgen. Bei der Continental AG finden halbjährlich strukturierte Mitarbeitergespräche und dazwischen regelmäßige, zeitnahe Feedbacks über das Leistungsverhalten statt. Die Bayer AG führt quartalsweise Feedback-Gespräche, auf deren Grundlage am Jahresende so genannte »Contribution-Statements« erfolgen. Neben einer individuellen »Standortbestimmung« werden die Beschäftigten dort auch über ihren »individuellen Beitrag zum Unternehmenserfolg« aufgeklärt. Die Deutsche Bank verkürzt das Beurteilungsintervall auf monatliche Beurteilungen. »Die regelmäßigen Gespräche«, heißt es im HR Report des Unternehmens aus dem Jahr 2019 ganz unverblümt, »fördern ein vertrauensvolles Umfeld, [...] wenn es darum geht, Themen anzusprechen, die verbessert, verändert oder beendet werden müssen, wie zum Beispiel Minderleistung, Ineffizienz oder Fälle von Fehlverhalten.«[232] [233]

Das Ziel ist laut einem Online-Magazin, das sich nach eigenen Angaben an ein »professionelles Unternehmensfeld« richtet, eine »gelebte Feedback-Kultur«, in der die Beschäftigten einen »ehrlichen und offenen Umgang mit Gefühlen« untereinander praktizieren und sich gegenseitig »wirksames Feedback« erteilen.[234] Was in einer solchen Kultur unter Wirksamkeit verstanden werden kann, beschreibt ein »High Performer« ganz drastisch: »Ein *360°-Feedback* dient zum Beispiel dazu, dass es so etwas wie Systemleichen nicht mehr gibt. Also Leute, die einfach nur ihren Job machen, weil sie ihn eben machen müssen, Dienst nach Vorschrift, die keinen Mehrwert mehr bringen. Ja, Systemleichen eben.«[235]

Bewertung und Beobachtung werden somit zu alltäglichen Vorgängen: Jeder ist aufgefordert dabei mitzumachen, jeder kann jeden jederzeit bewerten. Sich immer wieder untereinander zu vergleichen, schafft unter den Beschäftigten nicht nur Wettbewerbs- und Konkurrenzbeziehungen, wie Steffen Mau in seinem Buch *Das metrische Wir* festhält. Das Sich-miteinander-Vergleichen soll auch dafür sorgen, »dass wir immer aufgefordert und motiviert werden, uns mit anderen

232 https://www.totalrewards.de/talent/personalentwicklung/performance-management-bei-der-continental-ag-63601/ (15.09.2020)
233 https://www.db.com/ir/de/download/Deutsche_Bank_HR_Report_2019.pdf (15.09.2020)
234 https://www.informatik-aktuell.de/management-und-recht/projektmanagement/durch-gelebte-feedbackkultur-zum-teamerfolg.html (09.09.2020)
235 Eva Bockenheimer, Carmen Losmann, Stefan Siemens: Work hard, play hard. Das Buch zum Film, S. 149.

ins Verhältnis zu setzen, nicht in geselliger oder kooperativer Absicht, sondern im Kontext von Konkurrenz und wechselseitiger Überbietung. Vergleiche betonen also Differenz statt Gemeinsamkeit und Hierarchie statt Gleichheit. Sie mahnen uns fortwährend, nicht nachzulassen, am Ball zu bleiben, besser zu werden, am besten besser als unsere Konkurrenten.«[236]

Schluss: Eine andere Kommunikation ist möglich

»Die Mehrheit der Arbeitnehmer in Deutschland steht den meist zum Jahresende durchgeführten Beurteilungs- und Feedbackgesprächen ablehnend gegenüber«,[237] lautet das Ergebnis einer der wenigen Studien, die zum Thema Mitarbeitergespräch existieren und die von einer Unternehmensberatung durchgeführt wurde. Die meisten, heißt es hier weiter, gehen mit einem flauen Gefühl in das Gespräch. 61 Prozent der Befragten kritisieren, dass ihre Vorgesetzten dies als lästiges Pflichtprogramm betrachten und die Gespräche einen Einbahnstraßencharakter haben. Weitere Schwächen bei Mitarbeitergesprächen sehen die befragten Teilnehmer der Studie in der fehlenden Verbindlichkeit. So haben 47 Prozent die Erfahrung gemacht, dass die Personalgespräche zu nichts führen. Aller Kritik zum Trotz bestätigt allerdings eine Mehrheit der Befragten einen grundsätzlichen Nutzen! So halten es 58 Prozent der Arbeitnehmer zumindest für wichtig, regelmäßig Gespräche mit Vorgesetzten zu führen.[238]

Die Ergebnisse dieser Studie geben einen Hinweis darauf, dass zwischen den praktizierten Mitarbeitergesprächen und dem Interesse der Beschäftigten nach kommunikativem Austausch mit ihrem Vorgesetzten eine Diskrepanz besteht. Wenn die Kommunikation, die das Management im Mitarbeitergespräch bietet, nicht der Kommunikation entspricht, die Beschäftigte sich wünschen, eröffnet sich die Frage, was das Management unter Kommunikation versteht und welche Erwartungen die Beschäftigten an ein Gespräch mit ihrem Vorgesetzten haben. Auf das Kontrollinteresse des Managements an der Kommunikation im Unternehmen ist schon zu Beginn dieses Textes hingewiesen

---

236 Steffen Mau: Das metrische Wir. Über die Quantifizierung des Sozialen, Berlin 2017, S. 52.

237 https://www.zeit.de/karriere/beruf/2012-11/jahresendgespraeche-chef-angestellte (15.09.2020)

238 Ebd.

worden. »In der Regel will das Management [...] genau wissen, was die Arbeiter gerade taten, was sie im Moment tun und was sie als nächstes tun werden«, [239] schreibt Matthias Martin Becker in seinem Buch *Automatisierung und Ausbeutung* und unterstreicht damit die Dringlichkeit dieses Managementinteresses.

Dieses Interesse beruht darauf, dass das Management in Hinblick auf Arbeitsprozess und -ausführung im Unternehmen ein Wissens- und Informationsdefizit hat. Was sich hier tut, entzieht sich dem Management. Es sind die Beschäftigten, die mit Werkzeugen vertraut sind, die sehen, wann der Keilriemen einer Maschine gewechselt werden muss, die die »Tücken« der Software geschickt umgehen oder sich als Pfleger in der Ambulanz mit der Versorgung von Wäsche und Inkontinenzmaterial am besten auskennen. Die Arbeitsausführung ist Domäne und vertrautes Areal der Beschäftigten. Hier haben sie einen Informationsvorsprung, und genau dieser Vorsprung macht dem Management zu schaffen.

Entscheidungen und Beschlüsse des Managements oder der Vorgesetzten tragen unter diesen Umständen immer das Risiko, auf der Grundlage unzureichender oder unzutreffender Information zu erfolgen. Zudem besteht die Gefahr, über die Konsequenzen ihrer Entscheidungen nur verzerrt informiert zu werden. Im schlimmsten Fall entsteht ein Teufelskreis von Information und Desinformation: Aufgrund falscher Informationen werden unzureichende, halbherzige Entscheidungen gefällt, über deren Auswirkungen die Beschäftigten die Leitungsebene nur teilweise in Kenntnis setzen, was wiederum zur Folge hat, dass eine Korrektur der Entscheidung durch das Management erneut auf einer unzureichenden Wissensbasis erfolgt. Das Kontrollinteresse des Managements an der Kommunikation ist es daher, dies Informationsgefälle im Mitarbeitergespräch zu überbrücken und damit den Teufelskreis zu durchbrechen. Dadurch sollen Vorgesetzte im Stande sein, sich ein realistisches Bild über die Lage zu verschaffen, damit unternehmerische Entscheidungen besser fundiert werden können.

Soziale statt technischer Kommunikation

Wie ein roter Faden durchzieht dieses Kontrollinteresse den Ablauf eines Mitarbeitergesprächs. Bemerkbar wird es in einer Reihe von Ele-

239 M. M. Becker: Automatisierung und Ausbeutung. Was wird aus der Arbeit im digitalen Kapitalismus, Wien 2017, S. 52.

menten: Die Regularien (siehe These 2) formalisieren das Gespräch und engen es auf die Beurteilung von Leistung und Verhalten ein. Das hierarchische Verhältnis der beiden Gesprächspartner lebt unterschwellig weiter (siehe These 3) und sichert die Dominanz des Vorgesetzten. Seine ihm zugewiesene Rolle sorgt dafür, dass der Austausch sich in dem vorgeplanten Rahmen bewegt. Fragenkataloge und Leitfäden verhindern, dass das Gespräch eine unvorhergesehene oder unkontrollierbare Richtung nimmt. Durch Vorbereitungsblätter und Checklisten für die Gesprächsführung werden die Abläufe standardisiert, und die Protokollierung des Gesprächs ermöglicht eine dokumentarische Verwendung in der Personalabteilung. All diese Elemente reglementieren das Kommunikationsgeschehen eines Mitarbeitergesprächs. Sie machen aus der Kommunikation einen formalisierten Vorgang und aus dem Gespräch einen sachlichen Akt. Bewertet wird die Sachebene (z. B. Zielerreichung, gute Leistung, Projektabschluss), wertgeschätzt wird hier nicht die Person, sondern deren Leistung. Informationsgewinnung und Zweckorientierung haben Priorität. In der Kommunikationstheorie, die sich mit Modellen der Kommunikation beschäftigt, wird ein solches Gespräch als *technische Kommunikation* bezeichnet. Im Sinne eines Modells beschreibt es die Übermittlung von Nachrichten oder Informationen von einem Sender zu einem Empfänger. Übermittelt werden soll »zweckorientiertes Wissen, also solches Wissen, das zur Erreichung eines Zwecks, nämlich einer möglichst vollkommenen Disposition eingesetzt wird. Dieses Wissen erhält der bislang Nichtwissende durch den Empfang einer Nachricht.«[240]

Welche Art Kommunikation wollen Beschäftigte? Natürlich sind auch sie am fachlichen Austausch von Informationen und Einschätzungen mit ihren Vorgesetzten interessiert. Allerdings geht ihr Interesse an Kommunikation über eine Informationsweitergabe und Leistungsbeurteilung hinaus. Was ihr Verständnis von Kommunikation vor allem von der *technischen Kommunikation* des Managements unterscheidet, ist der Beziehungsaspekt zwischen Sender und Empfänger. Sie erwarten von ihren Vorgesetzten Unterstützung im Arbeitsalltag und Rückenstärkung bei schwierigen Problemen. Sie wollen durchaus ihre Leistung fair beurteilt sehen, aber sie möchten weniger messbaren Erfolg (am Markt, bei Kunden, bei der Zielerreichung) als vielmehr

---

240 W. Wittmann: Unternehmung und unvollkommene Information, in: W. H. Staehle: Management, 8. Auflage, S. 301–302.

Anerkennung der eigenen Anstrengungen durch ihre Vorgesetzten gewürdigt wissen.

Unter einem »guten« Gespräch verstehen die Beschäftigten etwas, das in der Theorie als Modell der *sozialen Kommunikation* verstanden wird, den zwischenmenschlichen Austausch von Mitteilungen, Gedanken und Gefühlen. Sprache bildet nicht nur eine Brücke zur Information, sondern auch zur Herstellung und Erhaltung menschlicher Kontakte. »Der Zweck des Redens ist nicht die Kommunikation von Informationen [...], sondern die Herstellung von Gemeinsamkeit.«[241]

Diese Form der Kommunikation lässt sich beim Mittagessen in der Kantine mit den Kolleginnen und Kollegen oder beim Smalltalk in der Teeküche praktizieren. Beispielhaft zeigen diese Gespräche das, was Beschäftigte unter Kommunikation verstehen, aber in einem offiziell anberaumten Gespräch mit ihrem Vorgesetzten nicht erwarten können: Dazu gehören der Austausch über Alltagsthemen, das Mitteilen persönlicher Angelegenheiten oder das Verarbeiten von Frusterlebnissen bei der Arbeit genauso wie Lachen, Spaß haben oder dem Ärger über Kunden Ausdruck zu geben. Diese Art der Zwischenmenschlichkeit oder Gemeinsamkeit ist dem Mitarbeitergespräch fremd. Aus dieser Perspektive stellt die dort praktizierte Kommunikation eher eine Verengung und Verarmung der Möglichkeiten dar, die menschliche Kommunikation zu leisten vermag.

---

241 Wahren, H.: Zwischenmenschliche Kommunikation und Interaktion in Unternehmen, in: W. H. Staehle: Management, 8. Auflage, S. 303.

6 Die Zielvereinbarung: Den Beschäftigten wird Verantwortung übertragen

6.1 Methodik und Verfahren

Der Begriff Zielvereinbarung hat zwei zusammenhängende Bedeutungsebenen: Im engeren Sinn bezeichnet er ein Mitarbeitergespräch zwischen Beschäftigten und Vorgesetzten über miteinander zu vereinbarende Ziele im Aufgabenbereich des Beschäftigten. In einem erweiterten Sinn steht dieser Begriff für eine umfassende Managementmethode, in der die Unternehmensleitung Ziele für das gesamte Unternehmen plant und diese dann durch die Leitungsebene auf die einzelnen Abteilungen oder Teams übertragen werden.

Beschreibung und Ablauf des Verfahrens

Ziele mit den Beschäftigten zu vereinbaren, ist eine in vielen Unternehmen verbreitete Praxis. Sie beruht auf einer Methodik, die häufig auch als »Management by Objectives« (MbO-Ansatz) bezeichnet wird. Auf Grundlage von Darstellungen in der Management- und Führungsliteratur lässt sich dieser Prozess folgendermaßen wiedergeben:[242]

Zu Beginn des Prozesses legt die Unternehmensleitung ihre Ziele in einer so genannten Zielhierarchie fest. In der Regel haben diese Ziele kurz- und mittelfristigen Charakter und formulieren die Gewinnerwartung und Strategie des Unternehmens in der kommenden Geschäftsperiode. Diese Ziele werden dann weiter aufgeschlüsselt und auf die Bereichs- und Abteilungsebenen des Unternehmens übertragen. In der Literatur wird dieser Vorgang als »Kaskadierung« oder als Herunterbrechen von Zielen bezeichnet. Die Unternehmens- und Abteilungsziele werden letztlich auf die einzelnen Beschäftigten oder Teams übertragen. Jeder Beschäftigte soll möglichst detaillierte und präzise

---

242 Vgl. Rainer W. Stroebe: Führungsstile. Management by Objectives und situatives Führen, Arbeitshefte Führungspsychologie, Heidelberg 2003 sowie Walter Simon: Moderne Managementkonzepte von A-Z. Strategiemodelle, Führungsinstrumente, Managementtools, Offenbach 2002, S. 549ff.

formulierte Ziele bekommen, die er im Rahmen seiner Tätigkeit erfüllen soll. Zu unterscheiden sind hierbei quantitative und qualitative Ziele. Bei quantitativen Zielen handelt es sich meist um Kennzahlen (z. B. Abschluss von X zusätzlichen Versicherungspolicen im Vergleich zum Vorjahr oder Umsatzsteigerung um 10 Prozent gegenüber dem Vorjahr oder Senkung der Reklamationsquote um X Prozent), bei qualitativen geht es sich um die konkrete Beschreibung einer Arbeitsaufgabe (wie Servicebereitschaft verbessern oder Einarbeitung in ein neues Aufgabengebiet). Die Absprache zwischen Vorgesetzten und Beschäftigten darüber soll in Form eines mindestens einmal jährlich stattfindenden Mitarbeitergesprächs erfolgen. Bei der Formulierung einzelner Ziele sollen die Kriterien der so genannten »SMART«-Formel Beachtung finden. Das heißt: Schriftlich fixiert, präzise und klar, Messbar, nachvollziehbar und überprüfbar, Anspruchsvoll, also eine Herausforderung darstellend, aber dennoch Realistisch und erreichbar sowie Terminiert, d.h. auf einen konkreten, festen Zeitraum bezogen.

Während der Laufzeit der Zielvereinbarungs-Absprache (in der Regel ein Jahr) sollen die Vorgesetzten für die notwendigen Voraussetzungen wie Zeit, Finanzbudget und Hilfsmittel sorgen. In regelmäßigen Besprechungen mit den Beschäftigten wird der Grad der Zielerfüllung festgehalten und eventuelle Abweichungen sowie mögliche Gründe dafür werden analysiert. Nach Ende der Zielvereinbarungsperiode er-

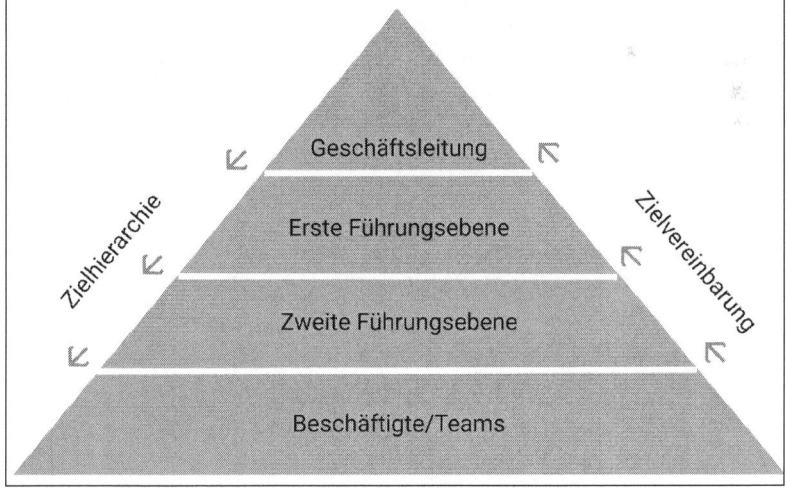

Abb. 7: Der parallele Prozess von Hierarchie und Vereinbarung

folgt eine Bewertung, inwieweit die vereinbarten Ziele erreicht worden sind. Dann kann erneut eine Vereinbarung abgeschlossen werden, die auf der vorherigen aufbaut. »Leistungs- und selbstbewusste Manager vereinbaren messbare und höhere Ziele«, lautet die Empfehlung an die Führungskräfte.[243] Viele Betriebe gehen dazu über, einen Teil des Gehalts an die Erfüllung der Zielvereinbarung zu koppeln beziehungsweise den Grad der Zielerreichung zu prämieren.

Zielhierarchie und Zielvereinbarung sollen als parallele Prozesse im Unternehmen ablaufen und sich laut Managementliteratur im Sinne eines »Gegenstromverfahrens« miteinander verbinden (Abb. 1). Da die Ziele für Bereiche, Abteilungen und Teams durch die Unternehmensführung bereits mit den jeweiligen Ebenen abgesteckt sind, ist der Spielraum zur Vereinbarung von Zielen auf der unteren Ebene begrenzt, denn die Logik der Zielhierarchie führt dazu, dass die Summe der auf der unteren Ebene vereinbarten Ziele der Renditevorgabe der Unternehmensleitung entsprechen muss, damit keine Unterdeckung oder eine Differenz entsteht.

Die große Erzählung der Zielvereinbarungen

Mit dem Verweis auf die Renditeerwartungen (Interessen der Aktionäre, Investoren) und die Stärkung der eigenen Wettbewerbsposition begründen Unternehmen Sinn und Notwendigkeit von Zielvereinbarungen und des ebenfalls so bezeichneten Managementprozesses. Zudem, so ein weiteres Argument, sei dieser Managementprozess zwingend erforderlich, damit Unternehmen selbstständig auf den Markt reagieren können, indem sie sich selbst Wettbewerbs- und Ertragsziele oder Termine setzen und damit auf das Marktgeschehen Einfluss nehmen können. Diese Anforderungen, die Marktgeschehen und Wettbewerb unhinterfragt akzeptieren, haben in den Unternehmen eine Arbeitsorganisation zu Folge, in der das Vereinbaren, Messen und Erreichen von Zielen zum Maßstab für Erfolg und Leistung werden. Vereinbarte Ziele werden mit dem Marktgeschehen verbunden, der individuelle Umgang mit dem Markt beziehungsweise dem Kunden wird zu einer Frage von Erfolg und geleisteter Arbeit.

Buchtitel aus der Managementliteratur wie »*Führen durch Zielvereinbarungen: Im Change Management Mitarbeiter erfolgreich motivieren*« oder »*Den Erfolg vereinbaren: Führen mit Zielvereinbarungen*«

---

243 Ebd., S. 44.

vermitteln einen Eindruck von der Euphorie und dem Optimismus, mit dem die Autoren das Thema Zielvereinbarung angehen.[244] Eine Unternehmensberatung verspricht den Unternehmen, dass mit einem »stimmigen Zielvereinbarungssystem [...] ggf. in Verbindung mit variabler Vergütung die Leistungsfähigkeit von Abteilungen und Teams um zehn bis zwanzig Prozent gesteigert werden [kann, H.B.].«[245] Manche Portale für Manager und Führungskräfte ähneln eher Produkt- oder Verkaufsbeschreibungen. Hier kann die lesende Führungskraft aus Management oder Leitungsebene wählen zwischen »Arbeitshilfen bei der Umsetzung dieses Managementprozesses, online mit ›300 Musterzielen‹ für ›verschiedene Berufsgruppen‹, inklusive ›Textbausteine und alle wichtigen Informationen zum Thema‹ oder einem individuellen Angebot mit <u>Beratung</u>, Coaching und <u>Training</u> bei Planung, Umsetzun, Implementierung von Zielvereinbarungssystemen.«[246] Andere Webangebote befassen sich mit der Arbeitshaltung der Beschäftigten und begrüßen Zielvereinbarungen als willkommenes Instrument, das Bewusstsein für Verantwortung gegenüber dem eigenen Unternehmen zu schaffen beziehungsweise zu stärken. Dies allerdings ist nicht als hehre Absicht zu verstehen. Tatsächlich taucht der Begriff »Verantwortung« in zahllosen Texten der Managementliteratur und auf Webseiten von Unternehmensberatern auf. Verantwortung fungiert dabei als eine Art Schlüsselbegriff, der die von den Beschäftigten geforderte Haltung zur Arbeit mit Zielvereinbarung auf den Punkt bringen soll. Der Begriff taucht in den Darstellungen häufig auch im Sinne von Verantwortungsbereitschaft und Eigen- oder Selbstverantwortung auf. Schon P. Drucker, dem die konzeptionelle Entwicklung des »MbO«-Ansatzes zugeschrieben wird, hatte in dem bereits 1956 erschienenen Buch *Die Praxis des Managements* eine »unternehmerische Haltung« [247] der Arbeitenden eingefordert. Diese definiert er »als in-

244 https://www.econbiz.de/Record/f%C3%BChren-durch-zielvereinbarun-gen-im-change-management-mitarbeiter-erfolgreich-motivieren-ziel-ge-spr%C3%A4ch-planung-kunz-gunnar/10001760786 beziehungsweise https://www.rebuy.de/i,2092553/buecher/den-erfolg-vereinbaren-fuehren-mit-zielver-einbarungen-josef-schwartmann (20.10.2020)

245 https://www.info-home.org/de/instrumente/performance-management/ziel-vereinbarungssysteme.html (20.10.2020)

246 https://www.business-netz.com/Mitarbeiterfuehrung/Zielvereinbarungen-Vor-teile-fuer-den-Mitarbeiter; https://organisationsberatung.net/zielvereinba-rungsgespraech-zielgespraeche-richtig-fuehren/ (20.10.2020)

247 P. Drucker in P. Groskurth, W. Volpert: Lohnarbeitspsychologie. Berufliche Sozialisation: Emanzipation zur Anpassung, Frankfurt am Main 1975, S. 56.

nere Haltung, aus der heraus der Einzelne seinen Beruf richtig wertet, seine Arbeit und das, was er herstellt, nämlich so, wie der Unternehmer es sieht ...«. [248] Eine verantwortliche Haltung liegt also vor, wenn der Beschäftigte seine eigenen Arbeitsinteressen hintanstellt und sich die Perspektive seines Arbeitgebers aneignet. Diese Verantwortlichkeit wird interpretiert als geradezu natürliches Bedürfnis oder Interesse der Beschäftigten, dem die Unternehmen nachkommen sollen, indem sie Zielvereinbarungen praktizieren und ihren Beschäftigten ein Arbeiten mit Zielen im eigenen Arbeitsbereich ermöglichen. Die große Erzählung von Nutzen und Vorteil dieser Methode lautet folgendermaßen:

»Gemeinsam Ziele innerhalb von Zielvereinbarungen zu formulieren, führt zu einem Mehr an Verantwortung bei dem Mitarbeiter. Er fühlt sich nicht länger fremdbestimmt. Durch seine Einbindung in den Zielfindungsprozess während des Zielvereinbarungs-Gespräches steigt automatisch die Motivation und Zufriedenheit. Der Mitarbeiter erhält die Gelegenheit, seine eigenen Fähigkeiten und Kompetenzen, die er zur Realisierung des Zieles aktivieren würde, zu benennen. Dadurch kann er selbst einschätzen, inwieweit er sich in der Lage fühlt, die Aufgabe zu übernehmen. Innerhalb der Zielvereinbarung wird nicht allein das Ergebnis festgelegt, sondern es werden auch Zwischenetappen bestimmt, um stets prüfen zu können, ob alles optimal verläuft. Diese Kontrollen können und sollten vom Mitarbeiter eigenverantwortlich ausgeführt werden. Zielvereinbarungen fokussieren das Ergebnis, das heißt, sie legen fest, welches Ziel erreicht werden soll. Gleichzeitig überlassen sie es aber dem Mitarbeiter, wie er dieses Ziel erreichen will. Leistungsbeurteilung und die Anbindung von Gehaltsbestandteilen an die Zielerreichung schaffen eine stärkere Leistungsorientierung. Wer also besonders viel leistet, hat auch die Möglichkeit zu einem Mehrverdienst über sein Grundgehalt hinaus.«[249]

Als verbindende Klammer behauptet die große Erzählung eine »Win-Win«-Situation: Unternehmen und Beschäftigte sollen von Zielvereinbarungen profitieren. Was unter Gewinn zu verstehen ist, kann aber sehr unterschiedlich sein. Eine Führungskraft aus der Personalentwicklung der Deutschen Bank beispielsweise hebt das gemeinsame Interesse hervor und beschreibt diese »Win-Win«-Situation als »das zentrale Führungsinstrument zur Vereinbarung der Unternehmenszie-

---

248 Ebd.
249 Vgl. Th. Breisig, S. König, P. Wengelowski: Arbeitnehmer im Mitarbeitergespräch. Grundlagen und Tipps für den Erfolg, Frankfurt am Main 2001, S. 42ff.

le mit dem Leistungswillen der Mitarbeiter und ihrem Streben nach Eigenverantwortung.«[250] Dagegen sieht ein Unternehmen für Informationsdienstleistungen den Gewinn für beide Seiten in dem bewussten Überschreiten von Leistungsgrenzen bei der Zielvereinbarung.»So entsteht eine ›Win-Win‹-Situation«, heißt es auf der Homepage des Dienstleisters.»Das Unternehmen schöpft das Potenzial des Arbeitnehmers im Idealfall über dessen Leistungsgrenze hinaus aus und der Angestellte profitiert von seinen zusätzlichen Bemühungen durch einen konkreten Mehrwert in Form eines Bonus.«[251] Die wohlklingenden Floskeln von Leistungswillen, Eigenverantwortung und Bonus kaschieren die ungleiche Gewinnverteilung einer vermeintlichen»Win-Win«-Situation. Wenn das Unternehmen durch Zielvereinbarungen Leistungszuwächse von den Beschäftigten erhält, soll der Gewinn für die Beschäftigten im Sinne von Eigenverantwortung oder Bonus erst dann eintreten, wenn diese bereit sind, über die eigenen Grenzen hinauszugehen. Mit anderen Worten: Für ihren»Gewinn« wird von den Beschäftigten ein hoher Preis eingefordert. In der Praxis äußert sich dieser Preis in zunehmender Arbeitsintensität, ausufernden Arbeitszeiten, Belastungen und Konflikten.

Die Umsetzung: Eine paradoxe Konstellation

Die Darstellung dieses Managementprozesses erweckt den Eindruck, dass es sich bei den Abläufen einer Zielvereinbarung um einen logischen und rationalen Vorgang handelt. Verstärkt wird dieser Eindruck durch die Verwendung eines speziellen Vokabulars: Zielhierarchie, Zielkaskade oder Gegenstromverfahren können beim Leser den Eindruck erwecken, dass die Umsetzung dieses Prozesses ein methodisch klar definiertes und erprobtes Verfahren darstellt, wie es sich in der Natur bei der Bewegung eines Wasserfalls beobachten lässt. Ein genauer Blick auf die verschiedenen Abläufe bei der Umsetzung einer Zielvereinbarung macht deutlich, dass es sich dabei keineswegs um einen rationalen Prozess handelt. Tatsächlich sind im Prozess von Zielhierarchie und Erbringung von Zielen eine Reihe von Widersprüchen und Konflikte angelegt, die erkennbar werden, wenn man den Weg der Umsetzung Schritt für Schritt nachvollzieht.

250 Jörg Staute: Das Ende der Unternehmenskultur. Firmenalltag im Turbokapitalismus, München 1997, S. 156.
251 https://www.formblitz.de/products/zielvereinbarung.html (24.10.2020)

Schritt 1: Das Management schafft Ziele
Bevor mit den Beschäftigten Ziele vereinbart werden können, müssen Unternehmensziele zunächst geplant und festgelegt werden. Eine Zielhierarchie muss formuliert werden. Dieser erste Schritt ist in einem kapitalistischen Unternehmen, in dem Leitung und Ausführung faktisch zwei voneinander getrennte Funktionen sind, Aufgabe des Managements beziehungsweise der Unternehmensführung. Die Beschäftigten des Unternehmens sind als Ausführende an dieser Zielfestlegung nicht beteiligt. So wie Planen und Festlegen von Zielen als selbstverständliche Aufgabe des Managements betrachtet werden, so gehört zur »Rationalität« dieses Prozesses, dass Umsetzung und Realisierung der Ziele Aufgabe der Beschäftigten sind. Die Auftrennung dieses Prozesses in inhaltlich und personell getrennte Einheiten ergibt sich nicht notwendigerweise aus der Komplexität der Aufgabe. Sie ist Folge der hierarchischen Ordnung und Ausdruck der bestehenden Machtverhältnisse in kapitalistischen Unternehmen.

Was geschieht nun in den aufgetrennten Prozesseinheiten? Wie erwähnt, geht die Initiative von Management oder Vorstand aus. Strategie- oder Geschäftsziele müssen formuliert und als Ziele des Unternehmens in einer Hierarchie festlegt werden. Oft handelt es sich dabei um Ziele wie Umsatzwachstum, Gewinnsteigerung, »Cashflow« oder andere finanzielle Kennzahlen. Die Volkswagen AG hat beispielsweise für das Jahr 2019 eine Zunahme des Konzernumsatzes um 5 Prozent, eine Steigerung des operativen Gewinns am Umsatz zwischen 6,5 Prozent und 7 Prozent und eine Erhöhung der Fahrzeugauslieferungen gegenüber dem Vorjahr als Unternehmensziele festgelegt.[252] Ein anderes Beispiel sind die Ziele von SAP. Für das Jahr 2020 soll der »Cloud«-Umsatz des Software-Konzerns über 9 Milliarden Euro und der Gesamtumsatz bei ca. 30 Milliarden Euro liegen. Ziel ist ein operativer Gewinn, der zwischen 8,5 und 9 Milliarden Euro liegen soll.[253]

Schritt 2: Die Ziele werden zerlegt und »heruntergebrochen«
Diese festgelegten Ziele haben den Charakter eines definierten Solls, sie sind auf die Zukunft ausgerichtet und vom Management aus eigener Kraft nicht erreichbar. Realisieren können die Unternehmensziele nur die Beschäftigten. Daher ist das Management im Rahmen der kapita-

---

252 »Teure Abgasrechnung für VW«, in: Frankfurter Rundschau vom 3. Mai 2019.
253 https://www.deraktionaer.de/artikel/aktien/sap-ein-sensationelles-wachstums-versprechen-443770.html (24.10.2020)

listischen Arbeitsorganisation gefordert, diese Geschäftsziele in operationalisierbare Arbeitsaufträge in Form von Einzelzielen zu zerlegen, die Abteilung für Abteilung, in den einzelnen Teams und von jedem Beschäftigten zu erfüllen sind. In den Beschreibungen wird dieser Vorgang als Zielkaskade oder als Herunterbrechen der Ziele bezeichnet. Hinterlegt sind diesen Arbeitsaufträgen, die im zweiten Teilprozess erfolgen, bestimmte Kennzahlen, die in ihrer Summe zur Erfüllung des Gesamtziels führen sollen.

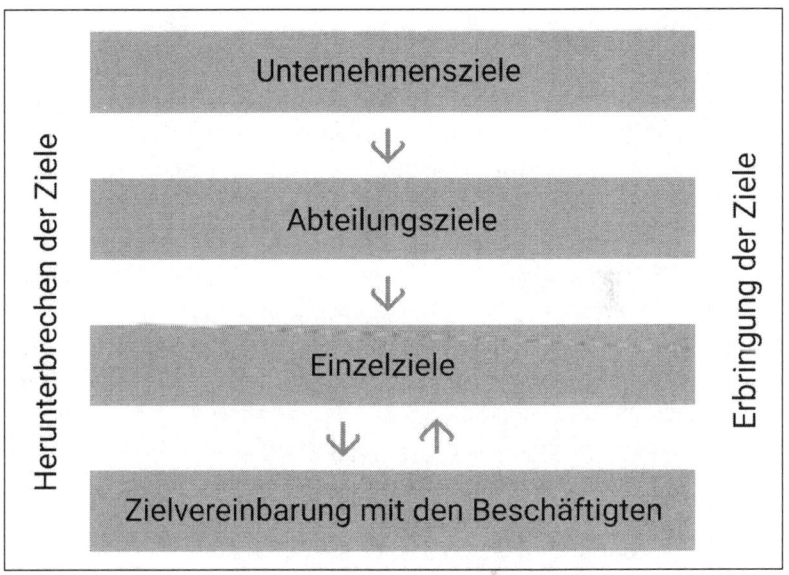

Abb. 8: Zerlegung und Rekonstruktion der Unternehmensziele

Dieses Herunterbrechen von Zielen ist ein Vorgang, der in der Praxis zu einer Reihe von Problemen und Konflikten führt, die im Zusammenhang mit Zielvereinbarungen auftauchen. Arbeitsaufträge, Abteilungs- und Einzelziele und ihre jeweiligen Kennziffern können in der Praxis in der Regel nicht so aufeinander abgestimmt sein, wie es die Zielplanung des Managements vorsieht. Das Management verfügt nicht über ein ausreichendes Wissen für die arbeitsorganisatorischen Vorgänge eines Zielprozesses. Die zeitliche Distanz zwischen definiertem Sollzustand eines Unternehmensziels (in der Regel ein Jahr) und seiner Realisierung schafft eine Ungewissheit, die auch sorgfältigste Planung nicht ausräumen kann und zu einer Abweichung von Plan und Realität führen muss. Zudem ist ein Unternehmen in der Praxis kein einheitliches stromlinienförmig ausgerichtetes Gebilde, das sich einer Zielkaskade problemlos anpasst, sondern ein Apparat, der aus konkurrierenden, oft rivalisierenden Gruppen besteht, die ihr jeweils eigenes Interesse im Stadium des Ziele Herunterbrechens verfolgen.[254] Die diesem Vorgang unterstellte Rationalität und Logik existiert nicht und die sich daraus ergebenden Probleme und Konflikte sind somit zwangsläufig. Das Verhältnis der Akteure untereinander zeigt unter diesen Vorzeichen irrationale Momente. Das Management legt Unternehmensziele fest. Ihre Umsetzung in operationalisierbare Teil- und Abteilungsziele beruht aber auf einer Planung, die trotz scheinbar klar definierten und quantifizierten Kennzahlen von Ungewissheit geprägt ist. Zur Verminderung oder Schließung dieser Ungewissheit könnte das Management die Sachkenntnisse und Erfahrungen der Beschäftigten in den Planungsprozess einbeziehen. Das Management schließt aber die Beschäftigten vom Prozess der Zielhierarchie und des Ziele Herunterbrechens aus. Würde es die Beschäftigten ernsthaft an der Festlegung der Unternehmensziele partizipieren lassen, wären Feedback-Schleifen und zusätzliche Schritte zur innerbetrieblichen Abstimmung der Ziele erforderlich. Der Prozess der Kaskadierung und des Ziele Herunterbrechens würde sich unter Umständen zeitlich verzögern oder käme zum Erliegen. Zudem wäre bei einer solchen Partizipation der Mythos des allwissenden und planungssicheren Leitungsapparats in Frage gestellt, was wiederum einen Macht- und Kontrollverlust des Managements zur Folge hätte.

Stattdessen nimmt das Management das Manko einer ungewissen, lückenhaften Zielfestlegung in Kauf und schließt die Beschäftigten – zumindest in dieser Phase – als handelnde Akteure aus. Sie werden als atomisierte Teile betrachtet, als individuelle Einzelkämpfer, die allein ihre Einzelziele erfüllen sollen. Das ist insofern paradox, weil sich die

---

254 Wie brutal es in diesem Leitungsapparat zugehen kann, wenn Ziele heruntergebrochen werden, beschreibt Peter Kern, ehemaliges Mitglied im Vorstand der IG Metall und langjähriger Aufsichtsrat bei Bosch Siemens Hausgeräte. In seinem Buch Die Angestellten zwischen Büroalltag und Fluchtphantasie schildert er folgendes Erlebnis:»Selbst die leitenden Angestellten müssen in Krisenzeiten leiden. Ihnen kann es geschehen, dass ihr Menu auf ihrer jährlichen Konzerntagung, die dem Einschwören auf die Umsatz- und Ertragsziele des nächsten Geschäftsjahres dient, um einen Gang gekürzt wird (das Ambiente einer solchen Tagung, die Münchner Residenz, war aber noch ganz ordentlich. Ein Skeptiker, der die vorgegebenen Zahlen anzweifelte und fragte, was denn geschehe, wenn sein Produktbereich sie nicht erreichen könne, wurde von ganz oben abgekanzelt: ›Dann helf' ich Ihnen gerne, sich einen neuen Job zu suchen.‹).«

anvisierten Unternehmensziele nur durch Koordination und bewusste Kooperation aller Beschäftigten erfüllen lassen.

Schritt 3: Die Verantwortung geht an die Beschäftigten über
Die Umsetzung erfolgt im zweiten Teilprozess, der Zielerbringung, in dem mit den Beschäftigten Ziele vereinbart oder ihnen vorgegeben werden, allein sie verfügen über die notwendigen Ressourcen zur Realisierung der Unternehmensziele. Die heruntergebrochenen Unternehmensziele werden nun als operationalisierbare Einzelziele den Beschäftigten zur Bearbeitung übertragen. In diesem Stadium sollen die Beschäftigten zu Beteiligten, zu aktiv Handelnden werden, die mit ihrem Arbeitsvermögen die Ungewissheiten und Lücken der Zielplanung ausgleichen sollen. Zwei gegensätzliche Logiken prallen aufeinander: Die instrumentelle Logik des Managements, die sich an Umsatzerwartungen und Profitinteressen des Unternehmens oder der Shareholder orientiert und daher die Erbringung der Ziele als Mittel zur Erfüllung des Gesamtziels betrachtet. Auf der anderen Seite stehen die Bedürfnisse und Erwartungen der Beschäftigten, die ein gegenständliches Verhältnis von Zielen haben. Sie wollen machbare Arbeitsaufgaben, die sich an ihrer eigenen Leistungsbereitschaft, aber auch an Praktikabilität und Sinnhaftigkeit der jeweiligen Teilziele orientieren, die sie nun erfüllen sollen.

Das Aufeinandertreffen dieser Logiken führt zwangsläufig zu Konflikten. Diese sind dem Management durchaus bewusst. »Zielsetzung führt zu Widerstand, denn die Zielvereinbarung ist oft nicht kompatibel mit dem, was der Mitarbeiter für angemessen hält«,[255] räumt der Unternehmensberater Wolfgang Saamann unumwunden ein. Er greift den Gedanken von P. F. Drucker auf, der zur Überwindung dieses Widerstands den Unternehmen schon in den 1960er-Jahren empfahl, die Beschäftigten in der Phase der Zielerbringung auf ein unternehmerisches Verantwortungsgefühl zu verpflichten, und fährt fort: »Wer als Führungskraft oder Mitarbeiter nicht geeignet ist, Verantwortung zu übernehmen, ist auch nicht fähig oder willens, für die Erfüllung von Zielgrößen einzustehen.«[256] Notfalls müsse diese unternehmerische Verantwortung für die Unternehmensziele per Anweisung an die Beschäftigten erfolgen. Wörtlich heißt es: »Zielsysteme sollten durch Verantwortungszuweisung oder klare Aufgabenerteilung ersetzt werden.

---

255 https://www.saaman.de/fileadmin/user_upload/Publikationen/Pressearchiv/
    Verantwortung_uebernehmen/PE_07_11_S50-52.pdf (02.04.2019)
256 Ebd.

Verantwortung setzt Mitdenken voraus. [...] Danach geschieht Führung zukünftig entweder per Übertragung von Aufgaben, deren Erfüllung eng kontrolliert wird, oder mittels Abstimmung von Verantwortungsteilung zwischen Führenden und Geführten. Verantwortung ist mit Verpflichtungen verbunden, die im Einzelnen festzulegen sind.«[257] Was der Unternehmensberater euphorisch Verantwortung nennt, läuft auf eine Zwangsverpflichtung der Beschäftigten hinaus. Verantwortung wird nicht gewährt oder großzügig eingeräumt, sondern als Pflicht eingefordert. Die dafür notwendigen Handlungsspielräume werden den Beschäftigten zugestanden. Denn nur wenn die Beschäftigten diese Spielräume flexibel nutzen können, sind sie in der Lage, Lücken der Zielplanung zu schließen und die Unternehmensziele zu erreichen. Daher soll ihnen die Art und Weise der Zielerbringung weitgehend selbst überlassen bleiben. Die dabei gewährten Handlungsspielräume sind daher kaum Zeichen von Zugewinn an Selbstständigkeit der Beschäftigten. Sie sind auch kein Beleg von gewährter Autonomie. Sie lassen sich als zwingende Voraussetzung betrachten, damit der Prozess der Zielerbringung überhaupt funktionieren kann.

Die Kontrolle des Managements erstreckt sich in dieser Phase auf die Prüfung der vereinbarten Leistungsziele. Dazu werden verschiedene Methoden eingesetzt, die dazu führen, dass aus der übertragenen Verantwortung ein Druck zur Verantwortung wird. In vielen Betrieben sind in regelmäßigen Abständen stattfindende Leistungsfeedbacks üblich. In manchen Betrieben finden tägliche Überprüfungen statt. »Ja, und im Endeffekt dieser extreme Druck. Also bei uns jedenfalls ist es so, das ist eigentlich Wahnsinn [...], wie auf Produktivitätszahlen Wert gelegt wird. Wir kriegen an jedem Tag ein Monitoring, wie schlecht wir sind, auf welchem Platz wir sind. Weil das ist richtig schlimm, weil dann auch der Teamleiter kommt und sagt: ›Ihr müsst mehr machen und noch mehr und ... ‹ alles wird gemonitored [...].«[258]

Schritt 4: Die Rekonstruktion des Unternehmensziels
Beschäftigten werden Verantwortlichkeiten für Arbeitsbereiche zugeschrieben, die ohne ihre Mitwirkung zustande gekommen sind und die nicht sie selbst verantworten, sondern das Management beziehungsweise die Unternehmensleitung. Sie sollen nun einzeln oder Team für Team die

---

257 Ebd.
258 D. Sauer, U. Stöger, J. Bischoff, R. Detje, B. Müller: Rechtspopulismus und Gewerkschaften. Eine arbeitsweltliche Spurensuche, Hamburg 2018, S. 114.

Ziele erfüllen und dadurch den Zielkomplex in seiner Gesamtheit wiederherstellen. Im Grunde erfolgt im Prozess der Zielerbringung der erneute »Zusammenbau« (Rekonstruktion) der Einzelziele zum gesamten Unternehmensziel. Am Ende soll die Summe der Einzelziele den vorher definierten Sollzustand des ersten Schritts erreichen.

Cornelius Castoriadis (1922–1997), Philosoph und Ökonom, Mitbegründer der Zeitschrift »Socialisme ou Barbarie« und der gleichnamigen politischen Gruppe (1948–1967), hat bereits in den 1970er-Jahren diesen Prozess von Zerlegung und Rekonstruktion als alltägliche Normalität kapitalistischer Arbeitsorganisation analysiert. »Die vermeintlich definierten, quantifizierten, kontrollierten usw. Individualarbeiten müssen erneut in ein Ganzes integriert werden, außerhalb dessen sie keinen Sinn haben. Diese Reintegration kann in der kapitalistischen Fabrik aber nur durch dieselbe Instanz und nach den gleichen Methoden erfolgen wie die ›vorangegangene‹ Zerlegung: Durch einen von den Produzenten getrennten Leitungsapparat, der bestrebt ist, sie den Erfordernissen des Kapitals zu unterwerfen und sie zu diesem Zweck als Dinge behandelt [...]. Logisch und technisch gesprochen, ist die Reintegration nur die Kehrseite der Zerlegung, keine kann ohne die andere durchgeführt werden oder Sinn ergeben.«[259]»Die Einzelziele fungieren dabei, wie Castoriadis festhält, »als ,eine *Summe* von Teilen, die ein Außenstehender nach Belieben zerlegen und wieder zusammensetzen kann, wie in einem Baukastenspiel, das sich nur ändert, wenn etwas anderes hinzugefügt wird.«[260]

Die in der kapitalistischen Arbeitsorganisation existierende Trennung zwischen Leitungsapparat und den ausführenden Beschäftigten spiegelt sich also in der Methode Zielvereinbarung wider. Zielhierarchie und Zielerbringung vollziehen sich in einem paradoxen Verhältnis. Castoriadis bezeichnet das als Einschluss-Ausschlussparadox und sieht darin das elementare Prinzip alltäglicher kapitalistischer Arbeitsorganisation: »Von Anfang an weist die kapitalistische Organisation in der Arbeit als der grundlegenden gesellschaftlichen Tätigkeit und in den Produktionsverhältnissen als dem Rahmen, in dem diese Arbeit stattfindet, einen zentralen und dominierenden Konflikt auf. Die Arbeiter akzeptieren die ihnen zugewiesenen Aufgaben nur halb, führen sie sozusagen nur mit einer Hand aus. Weder können sie auf die

259 Cornelius Castoriadis: Vom Sozialismus zur autonomen Gesellschaft. Über den Inhalt des Sozialismus, Lich/Hessen 2007, S. 211.
260 Ebd.

Produktion wirklich Einfluss nehmen, noch können sie wirklich ohne Einfluss auf diese bleiben.«[261] Dieses Verhältnis der Akteure macht es »paradoxerweise notwendig, den Arbeiter von der Organisation und Leitung der Arbeit zugleich auszuschließen *und* ihn daran zu beteiligen.«[...] Die Unternehmensführung muss die Arbeiter einerseits aus der Produktion möglichst weitgehend ausschließen, kann sie andererseits aber auch nicht aus der Produktion ausschließen. Der sich daraus ergebende Konflikt ist ein »äußerer« zwischen Entscheidungsträgern und Ausführenden, wird jedoch auch von jedem Ausführenden und Entscheidungsbefugten »verinnerlicht«[262].

Risiken und Nebenwirkungen

Eine Auseinandersetzung mit den problematischen Seiten dieser Methode wäre unvollständig, würde man nicht die Umsetzung von Zielvereinbarungen in Betrieben und Verwaltungen in die Betrachtung einbeziehen. Diese ist von Betrieb zu Betrieb, von Branche zu Branche unterschiedlich. Das macht eine generelle Einschätzung unmöglich. Erschwerend für die Diskussion kommt hinzu, dass Betriebsstudien oder Forschungen zur Umsetzung von Zielvereinbarungen, abgesehen von einigen Branchenuntersuchungen, so gut wie nicht vorhanden sind. Hier hilft auch nicht der Blick in die Managementliteratur oder das Studium der Webseiten von Unternehmensberatern. Denn in dieser »Fachliteratur« werden lediglich die Vorteile und Chancen von Zielvereinbarungen ausführlich dargelegt und gelobt. Dass es »Risiken und Nebenwirkungen« bei der Umsetzung geben könnte, wird zwar durchaus konstatiert, aber nicht grundsätzlich hinterfragt. Viel lieber bieten die einschlägigen Webseiten dem Management Ratschläge und Lösungen zur Verbesserung der Methodik an, bei denen häufig das Eigeninteresse nicht zu übersehen ist.[263]

Tatsächlich befördert die Umsetzung von Zielvereinbarungen eine Reihe von Risiken und Nebenwirkungen. Dazu zählen Fragen nach den Rahmenbedingungen, in denen Zielvereinbarungen stattfinden, nach den Anwendungsmöglichkeiten der Methode sowie nach der

---

261 Cornelius Castoriadis: Gesellschaft als imaginäre Institution. Entwurf einer politischen Philosophie, Frankfurt am Main 1984, S. 136.
262 Ebd.
263 Siehe z. B.: https://www.business-wissen.de/buch/mitarbeiterbeurteilungen-und-zielvereinbarungen/ (1.11.2020)

Bewertbarkeit von Leistung angesichts eines unscharfen Leistungsbegriffs. Bevor die Perspektive der Beschäftigten anhand einiger Thesen (im Teil 3) diskutiert wird, erfolgt zunächst eine Darstellung dieser Risiken in Stichworten.

Rahmenbedingungen als Unsicherheitsfaktor

Ziele sollen laut »SMART«-Formel anspruchsvoll, herausfordernd, präzise, aber auch erreichbar sein. Für diese Erreichbarkeit werden laut »MbO«-Ansatz die Beschäftigten in die Verantwortung genommen. Sie sollen durch Einsatz ihrer Arbeitskraft aus der Zielabsprache in einem bestimmten Zeitraum tatsächliche Ziele schaffen. Dies setzt eine weitgehend störungsfreie Arbeitssituation und kontrollierbare Rahmenbedingungen während des Zeitraums der Absprache voraus. Eine solche Störungsfreiheit dürfte aber eher die Ausnahme sein. Markt, Preise und Produkte unterliegen ständigen Veränderungen und beeinflussen die Zielerreichung. Ebenso können unternehmensinterne Ereignisse sich auf die Situationsbedingungen störend auswirken: Personelle Engpässe in der Abteilung durch Krankheit, Fluktuation oder Stelleneinsparungen, ein Wechsel in der Führungsebene oder eine Änderung der Unternehmensstrategie.

Diese Rahmenbedingungen begleiten die Zielerreichung von Anfang an. Sie sind ein Unsicherheitsfaktor und gefährden die Zielerreichung. Ständig müssen Ziele auf ihre Erreichbarkeit geprüft, Team- und Individualziele miteinander abgeglichen, Quartalsziele (in der Managementsprache »kleine Meilensteine« genannt) kontrolliert und erfüllt, wöchentliche Messungen von Kennziffern mit Monitoringsystemen durchgeführt und schließlich Meetings und Besprechungen zur Zielkontrolle durchgeführt werden, bei denen die Beschäftigten auf »ihre« Zahlen eingeschworen werden. Der im »MbO«-Ansatz unterstellte geradlinige Weg – von der Zielabsprache hin zur Zielerreichung – ist eine Fiktion und erweist sich in der Praxis als ein Weg voller Hürden und Stolpersteine.

Eingeschränkte Anwendbarkeit der Methode

Bei zahlreichen Tätigkeiten (beispielsweise im Sekretariat oder in der Sachbearbeitung), bei denen nicht die Anzahl der geleisteten Aufgaben, sondern Routinearbeit im Vordergrund steht, lassen sich im Sinne der »SMART«-Formel kaum präzise und herausfordernde Ziele formulieren. Dies schränkt die sinnvolle Anwendbarkeit der Formel und die Tätigkeitsbereiche, bei denen eine Zielvereinbarung praktikabel ist, erheblich ein.

Auch für Arbeitstätigkeiten, in denen es auf eine besondere Qualität der Arbeit ankommt, ist es nur schwer vorstellbar, geeignete Ziele zu formulieren. Wie sollen eingebrachte Kompetenzen, Empathie- oder Kommunikationsbereitschaft in einem Kundengespräch oder die Fachkundigkeit einer Beratung in Ziele »gegossen« werden? Diese immateriellen Anteile einer Arbeit haben eine enorm wichtige Bedeutung in vielen Berufen, entziehen sich aber einer Vereinbarung. Daraus einzelne Ziele abzuleiten wie etwa »Seien Sie im nächsten Jahr fachkundiger!« oder »Ich zeige in Zukunft mehr Empathie!« ergeben wenig Sinn, da sich die Qualität einer Arbeitsleistung nicht nur in Form einzelner Ziele extrahieren lässt. Als Ausweg aus diesem Dilemma werden Scheinlösungen vereinbart: Messbare Ziele (Rückgang der Reklamationsquote, Kundenbefragungen, Anzahl der Verbesserungsvorschläge) werden zu Indikatoren deklariert, mit denen die Qualität einer Arbeitsleistung objektiv gemessen werden kann.[264]

Die Bewertbarkeit von Leistung

Um Zielerfüllung beurteilen zu können, muss Arbeitstätigkeit messbar sein. Bei quantitativen Zielen ist das möglich. Aber die Fachkundigkeit einer Beratung, die Freundlichkeit im Umgang mit Kunden oder Patienten sind wertvolle Arbeitsleistungen, ihre Messbarkeit in Form von Zielen aber unmöglich. Das stellt eine Bewertung dieser Tätigkeiten vor massive Probleme. »Die Messbarkeit von Leistung«, kommentierte ein Unternehmensberater schon vor einigen Jahren diesen wunden Punkt sarkastisch, »ist ein Mythos, den wahrscheinlich auch einige weiter Jahrzehnte Aufklärungsarbeit nicht ins Wanken bringen werden.«[265]

Fragen zur Bewertbarkeit von Arbeitsleistungen ergeben sich auch durch die Unschärfe des Leistungsbegriffs, der den Zielvereinbarungen anhängt. Die Kritik am Leistungsbegriff im Kapitalismus kommt

---

264 Vgl. Thomas Breisig: Personalbeurteilung, Mitarbeitergespräch, Zielvereinbarung, Frankfurt am Main 1998, S. 301ff.

265 R. K. Sprenger: Aufstand des Individuums. Warum wir Führung komplett neu denken müssen, Frankfurt am Main, New York 2000, S. 153.

nicht nur aus der soziologischen Richtung.[266] Auch »betriebswirt-schaftliche Analysen haben in aller Klarheit gezeigt, dass Leistung im strengen Sinne gar nicht objektiv messbar ist, weil bereits in die Definition des Leistungsbegriffs subjektive Bewertungen einfließen; dazu kommt, dass selbst bei einem Konsens über das, was als Leistung gelten soll, die einzelnen Leistungsbeiträge nur selten eindeutig abgrenzbar sind«.[267] Gerade Dienstleistungen im Umgang mit Kunden, Bürgern oder Patienten sind eher ungeeignet für eine Zielvereinbarung und Leistungsbewertung, sind hier doch individuelle Anstrengungen und Arbeitsergebnis nicht klar voneinander zu unterscheiden. Die in den Unternehmen praktizierten Leistungsbeurteilungen auf der Basis von Zahlen und Zielerreichungsgraden sind eine Scheinlösung, weisen sie doch eine Reihe von methodischen Schwächen und Fehlermöglichkeiten auf, die zwar Arbeitspsychologen und Sozialwissenschaftlern bekannt sind, aber in den Unternehmen ignoriert beziehungsweise unterschätzt werden.[268]

---

266 Vgl. Nina Verheyen: Die Erfindung der Leistung, bpb Bonn 2018, S. 197ff.
267 C. Köllmann: Lohn und Brot. Einkommensgerechtigkeit als Leistungsgerechtig-keit, in: polar Heft 8/2010, S. 37.
268 Vgl. Thomas Breisig: Betriebliche Sozialtechniken. Handbuch für Betriebsrat und Personalwesen, Neuwied und Frankfurt am Main 1990, S. 359 ff.

6.2 Werdegang einer umkämpften Managementmethode

Zielvereinbarungen beruhen auf dem Führungskonzept »Management by Objectives« (MbO), das im Deutschen mit »zielorientierter Führung« oder »Führung mit Zielen« bezeichnet wird. Populär wurde dieses Konzept in den USA Anfang der 1960er-Jahre. Allmählich entstand daraus eine Managementmethode

Die Phase der Einführung: »Die Krise der Hierarchie«

In den goldenen Zeiten des amerikanischen Kapitalismus nach dem Zweiten Weltkrieg wurden die USA zur führenden Wirtschaftsmacht. Hohe Wachstumsraten und steigende Gewinne führten zur Ausdehnung der Unternehmen und zur Bildung großer Konzerne. Nicht nur die Beschäftigtenzahlen in der Produktion stiegen ständig, überall wurden auch Angestellte und Ingenieure eingestellt. Die Managementliteratur dieser Zeit betonte unablässig, dass gerade diese Zwischenebenen den eigentlichen Wert eines Unternehmens ausmachen, ihre Leistung und Motivation seien der entscheidende Motor für das Wirtschaftswachstum der USA und für die Gewinne der amerikanischen Unternehmen. Die Ausdehnung der Unternehmen hatte ihren Preis: Unter den Führungskräften und Ingenieuren, die so zahlreich bei den großen Konzernen eingestellt worden waren, herrschte starke Unzufriedenheit wegen der hierarchischen Starrheit und Unbeweglichkeit in den Unternehmen. Denn trotz Ausdehnung und Wachstum änderte sich an der vertikalen Hierarchie der Unternehmen wenig. Verantwortungswege und Entscheidungen waren nach wie vor alleinige Angelegenheit der Firmenvorstände oder Eigentümer.

In Deutschland erlebten die Unternehmen eine vergleichbare Phase des Wachstums und des Beschäftigtenzuwachses. In den 1950er- bis 1960er-Jahren entstanden zahlreiche Industriekonzerne, die ihre Waren und Produkte weltweit exportierten. Diese Unternehmen standen vor ähnlichen Problemen wie die in den USA. Das hierarchische System geriet unter Druck, als die Unternehmen ihren Personalbestand vergrößerten. »Sieht man sich die betriebliche Wirklichkeit näher an, so stellt man fest, dass die Begründung der Stabsstellen in den allermeisten Fällen keine Wandlung des Führungssystems verursacht hat. Die Stabsstellen sind ein bloßes Anhängsel der alten Linienorganisation«,[269] schrieb der Soziologe Hans Paul Bahrdt in einem viel beachteten Aufsatz mit dem Titel »Die Krise der Hierarchie«.[270] Bereits in den 1950er-Jahren waren amerikanische Hochschulen und Business Schools bestrebt, das zu dieser Zeit vorhandene Managementwissen in Form von Prinzipien zu systematisieren und als Handlungsanweisungen für das Management aufzubereiten. Eine dieser Handlungsanweisungen stammte von dem Wissenschaftler und späteren Unternehmensberater Peter Drucker und nannte sich »Management by Objectives«(MbO). »Jeder Manager, vom ›obersten Chef‹ bis herunter zum Vorarbeiter oder Büroleiter«, lautete seine Maxime, »braucht klar umrissene Ziele. Diese müssen zeigen, welche Leistung von der Arbeitsgruppe, der der Betreffende vorsteht, erwartet wird.«[271] Zielvereinbarungen wurden somit zu einem Führungsinstrument, das die Leistungserfüllung in den Vordergrund rückte und die Beschäftigten, insbesondere die neu eingestellten Angestellten, und Ingenieure, zur Verantwortungsübernahme aufforderte.

Tatsächlich schuf das »MbO« in den folgenden Jahren ein transparenteres System der innerbetrieblichen Hierarchie in den Unternehmen. Der mittleren Führungsebene wurden eigenständige Arbeitsbereiche mit den dafür notwendigen Entscheidungskompetenzen zugewiesen.[272] Diese Dezentralisierung von Leitungsfunktionen trug dazu bei, die Hierarchiekrise einzudämmen. Als Gewinner konnten sich die mittleren Ebenen der Unternehmen betrachten, denen ein eigenständiger Aufgabenbereich zugewiesen wurde. Die Firmenvorstände profitierten ebenfalls: »Dank dieses ausgeklügelten Organisationssystems«, erklären Luc Boltanski und Eve Chiapello, »zieht immer noch die Unternehmensführung die Fäden und nimmt doch gleichzeitig die [...] als notwendig erachteten Reformen in Angriff. Die Führungskräfte gewinnen dabei an Selbstständigkeit und die gestärkte Motivation der Arbeitskräfte kommt auch den Unternehmen zugute.«[273]

In den folgenden Jahren gewann das »MbO« immer mehr Akzeptanz und verbreitete sich in vielen Unternehmen. Der Anwendungsbereich blieb aber zunächst auf die höheren und mittleren Ebenen, also den Angestelltenbereich der jeweiligen Unternehmen, beschränkt.

269 https://www.ssoar.info/ssoar/bitstream/handle/document/18821/ssoar-1959-bahrdt-die_krise_der_hierarchie_im.pdf?sequence=1, (30.01.2019)
270 Ebd.
271 https://www.heise.de/tp/features/An-der-langen-Leine-3396197.html
272 Vgl. W. Staehle: Management, 8. Auflage, S. 227ff. sowie L. Boltanski, E. Chiapello.: Der neue Geist des Kapitalismus, Konstanz 2003, S. 100ff.
273 L. Boltanski, E. Chiapello: Der neue Geist des Kapitalismus, Konstanz 2003, S. 103

Die Wachstumsphase: Die Erweiterung des MbO

Anfang der 1980er-Jahre geriet der öffentliche Dienst in fast allen westeuropäischen Ländern unter verstärkten Markt- und Wettbewerbsdruck. In den USA und Großbritannien galt der Staat bei Ronald Reagan und Margaret Thatcher als Hindernis von Privatinitiative und Unternehmertum. Besonders wurde, wie einige Jahre zuvor in den Konzernen, eine ausufernde Bürokratie und Ineffizienz staatlicher Einrichtungen kritisiert. Unter dem Schlagwort »New Public Management« (NPM), ein als »Neues Steuerungsmodell« bereits in Großbritannien in den 1970er-Jahren entstandener Reformansatz öffentlicher Verwaltung, wurden Managementkonzepte aus der Industrie auf den öffentlichen Dienst übertragen. Zentrales Element des »New Public Management« ist die Steuerung anhand von Vereinbarungen und Verträgen. Im Rahmen von Zielvereinbarungen wird den Verwaltungen ein bestimmtes Budget (Finanzmittel, Personal, Ausstattung) gegen das Versprechen einer Zielerreichung überlassen.

Durch Steuerung anhand von Kennzahlen sollten die Verwaltungen für den effizienten Einsatz des zur Verfügung stehenden Budgets belohnt werden. Gestaltung und der Einsatz der verfügbaren Mittel sollen weitgehend den Verwaltungen überlassen werden.[274] Zentrale Elemente des »New Public Management« wie Kennzahlen, Budgets und Kontraktmanagement (Vereinbarungen) erweiterten das ursprüngliche »MbO«. Aus dem Führen mit Zielen entwickelte sich allmählich ein Ansatz zur Beurteilung, Vereinbarung und Vergütung von Leistungen auf der Basis von Zielen.

Diese Erweiterung des »MbO« zu einem Instrument der Leistungsbeurteilung stand in Zusammenhang mit einer in Wirtschaft und Politik geführte Debatte um den Standort Deutschland und die Gefährdung der Wettbewerbsfähigkeit deutscher Unternehmen. Auslöser dieser Auseinandersetzung, die in den Medien als »Standortdebatte« bezeichnet wurde, waren Massenarbeitslosigkeit, sinkende Profitraten in der Wirtschaft und Standortverlagerungen vieler Unternehmen. Konservative Parteien und Arbeitgeberverbände kritisierten die hohen Arbeitskosten in Deutschland, mangelnde Leistungsintensität und Arbeitsmotivation in den Betrieben. Gefordert wurde von den Beschäftigten mehr Flexibilität und Verantwortung. Der Begriff Leistung bekam

---

274 Vgl. https://www.bpb.de/politik/innenpolitik/arbeitsmarktpolitik/55048/steuerung-modernisierung?p=all (30.01.2019)

von Arbeitgebern und Unternehmensberatern eine andere Deutung: Wurde bis dahin Leistung als messbare Anstrengung betrachtet oder durch den Arbeitsaufwand einzelner Personen definiert, so entstand nun ein anderes Begründungsmuster. Leistung ist das,»was der Markt erfordert, was den Kunden zufriedenstellt, was ökonomisch (angeblich) unausweichlich ist und die Wettbewerbsfähigkeit sichert.«[275] Fallstudien und Befragen belegen, dass dieses markt- und erfolgsorientierte Leistungsverständnis zur Grundlage einer veränderten Unternehmens- und Führungsphilosophie wurde, die in den 1990er-Jahren in vielen Unternehmen Einzug hielt.[276] In der Regel gingen die Impulse zu dieser Veränderung vom Management und Unternehmensberatungen aus.»Starre Gehaltsformen haben ausgedient!« verkündete ein Unternehmensberater und forderte:»Notwendig sind Belohnungssysteme, die jedem [Mitarbeiter, H.B.] im Innen- und Außendienst die Chance eröffnen, durch höhere Eigenverantwortung und Leistung mehr Geld zu verdienen und einen hohen Grad an Selbstverwirklichung zu erreichen.«[277]

Der Betriebswirtschaftler Thomas Breisig spricht»von einer regelrechten Welle der Einführung neuer oder der Veränderung bestehender Entgeltsysteme mit einer Leistungs- und/oder Erfolgskomponente«,[278] die in den 1990er-Jahren entstand und zunächst den Industrie -und Dienstleistungsbereich, später auch den öffentlichen Dienst und die Universitäten erreichte. Hierzu gehörte auch die Managementmethode Zielvereinbarung, die fortan immer wichtiger wurde. Der Aufstieg dieser Methode lässt sich mit Zahlen belegen. Laut einer Studie der Kienbaum-Vergütungsberatung von 2003, die sich auf die Versicherungsbranche bezieht, praktizierten zu dieser Zeit bereits 57 Prozent der Unternehmen bei Führungskräften und bei 44 Prozent ihrer Beschäftigten auf der darunter liegenden Hierarchiestufe Zielvereinbarungen. In Industrie und Handel trafen 34 Prozent der Unternehmen Zielvereinbarungen mit ihren Arbeitnehmern, weitere 32 Prozent wollten folgen.[279]

---

275 Fr. Iwer, K. Ohly, H. Wagner: Arbeit und Leistung. Entwicklung und Perspektiven in einem Kernfeld gewerkschaftlicher Tarifpolitik, in: H. Wagner (Hrsg.): Arbeit und Leistung. Ein gewerkschaftliches Politikfeld, Hamburg 2008, S. 239.
276 Vgl.: https://www.boeckler.de/pdf/wsimit_2001_07_bahnmueller.pdf (03.02.2019)
277 J. Eiterer in: Th. Breisig: Entgelt nach Leistung und Erfolg. Handbücher für die Unternehmenspraxis, Frankfurt am Main 2003, S. 44.
278 Vgl. Thomas Breisig: Betriebliche Sozialtechniken. Handbuch für Betriebsrat und Personalwesen, Neuwied und Frankfurt am Main 1990, S. 43ff.
279 Vgl. «Das Ziel ist nicht der beste Weg«, die TAZ, 7./8. Februar 2004.

Andere Untersuchungen zeigen die überproportionale Bedeutung von Zielvereinbarungen bei kaufmännischen Angestellten (90 Prozent) im Bankgewerbe und bei den Führungskräften sowohl in den Banken als auch in der Metall- und Elektroindustrie (mit Anteilen von etwa drei Vierteln der Unternehmen).

Ein neuer Zugriff auf Lohn und Leistung

Gründe für den Bedeutungszuwachs können hier nur vermutet werden: Dazu gehört die motivationssteigende Wirkung von Zielvereinbarungen, von der sich das Management einen positiven Einfluss auf das Leistungs- und Verantwortungsbewusstsein der Beschäftigten erhoffte; hinzu kam die Hoffnung, dass das Vereinbaren von Zielen die schon von P. Drucker geforderte unternehmerische Haltung bei den Beschäftigten fördere und ihre Identifikation mit dem Unternehmen dadurch gestärkt werde.

Der wohl wesentliche Grund für die Ausbreitung dieser Methode ist, dass das Führen mit Zielen dem Management einen neuen Zugriff auf die Lohn- und Leistungspolitik eröffnete. Bis dahin war diese Auseinandersetzung Angelegenheit der Tarifvertragsparteien. Hier sahen sich die Arbeitgeber starken und selbstbewussten Gewerkschaften gegenüber, die ihre Macht bis weit in die 1970er-Jahre dazu nutzten, hohe Lohnsteigerungen durchzusetzen und das Drehen an der Leistungsschraube einzuschränken. So hatte die IG Metall 1973 erfolgreich einen Streik um kollektive Erholungspausen, persönliche Verteilzeiten, Auflockerung der Fließbandarbeit und Kontrolle der Arbeiter über das Arbeitstempo geführt.

In den Betrieben herrschte ein zäher Kampf um die betrieblichen Leistungslohnsysteme oder die Zeitaufnahmen, die periodisch vorgenommen wurden, um Normalleistung und Akkordsätze zu ermitteln. Ständig führten die Leistungsgradkontrolle und die Festsetzung von Akkordsätzen zu größeren oder kleineren Konflikten, weil die Beschäftigten von der Festsetzung der Normen ausgeschlossen waren. Manchmal entluden sich diese in spontanen Streiks wie Ende der 1960er- und Anfang der 1970er-Jahre, mal nahm der Konflikt unterschwellige Formen an. Die Beschäftigten eigneten sich eine Reihe von erfolgreichen Taktiken und bewährten Verhaltensweisen an, um die Leistungsnormen zu umgehen. Faktisch waren die Bemühungen von Arbeitgeberschaft und Management für die betriebliche Leistungspolitik ausgereizt oder am Widerstand der Beschäftigten gescheitert. Unternehmen und Management wähnten sich in einer Sackgasse. Soziologen wie Burkhardt Lutz sprachen von der »Krise des Lohnanreizes«.[280] Das Führen mit Zielen führte aus dieser Sackgasse heraus und schuf neue Handlungsmöglichkeiten. Nun hoffte das Management mit den einzelnen Beschäftigten ganz direkt Leistungsziele vereinbaren zu können. So konnte die gesetzlich geregelte Mitbestimmung der Interessenvertretung bei Entgeltfragen und deren Einflussnahme auf die Ausgestaltung betrieblicher Messverfahren umgangen werden. Die betriebliche Lohn- und Leistungspolitik verlagerte sich somit in eine andere, individuelle Zone, in der die Leistungserbringung mit den einzelnen Beschäftigten verhandelt wurde. Diese Verlagerung verschob das Kräfteverhältnis zugunsten des Managements. Betriebliche Leistungspolitik wurde mehr und mehr als strategisches Element der Unternehmensführung verstanden, in der die Leistungserbringung der Beschäftigten eine flexibel steuerbare Größe zu sein hatte, die sich an Gewinnerwartung und Profitinteressen auszurichten hatte und in den Köpfen der Beschäftigten Marktorientierung und Kostendenken verankern sollte.

Diese Unterordnung würdigte das Management als Einzug einer neuen Dynamik in die betriebliche Leistungspolitik. »Führen durch Zielvereinbarung«, heißt es euphorisch in einem Leitfaden für Führungskräfte, »erweist sich als dynamisches System. Dynamisch, weil die vereinbarten Ziele nicht ein für alle Mal gelten, sondern weil sie in ständiger Diskussion zwischen Führungskraft und Mitarbeiter fortgeschrieben werden. Dynamisch, weil Lernprozesse aller Beteiligten garantiert sind und schließlich, weil vereinbarte Ziele die Anpassungsfähigkeit, Leistungsfähigkeit und damit letztlich die Überlebensfähigkeit des Unternehmens sichern.«[281]

Ein Komet steigt auf

Der rasante Aufschwung des Führens mit Zielen war Ende der 1990er-Jahre und zu Beginn des neuen Jahrtausends nicht zu übersehen. Auch der öffentliche Dienst oder Krankenkassen setzten nun

280 B. Lutz in: H. Minssen: Arbeits -und Industriesoziologie. Eine Einführung, Köln 2006, S. 162.
281 R. Strobe: Führungsstile. Management by Objectives und situatives Führen, Arbeitshefte Führungspsychologie, Heidelberg 2003, S. 44.

auf das Führen mit Zielen. Diese Beobachtung und den zunehmenden Stellenwert, den diese Managementmethode in Führungskreisen erfuhr, kleidete der Arbeitswissenschaftler Reinhard Bahnmüller 2001 in eine aufschlussreiche Metapher. Demnach gelten in diesen Kreisen »Zielvereinbarungen durchweg als der aufgehende Komet am Himmel der Leistungsentlohnung.«[282] Dieser Komet strahlte in den folgenden Jahren immer heller. Zahlreiche Unternehmensberatungen trugen zur Ausbreitung der Zielvereinbarungen bei. In den Arbeitsagenturen führte McKinsey das Führen mit Zielen ein. Klienten mussten sich nun im Rahmen einer Zielvereinbarung – im Amtsdeutsch Eingliederungsvereinbarung genannt – verpflichten, monatlich eine gewisse Anzahl an Bewerbungen vorzuweisen, um nicht sanktioniert zu werden. Universitäten und Ministerien schlossen in ihren jeweiligen Bundesländern Hunderte von Zielvereinbarungen über die Einwerbung von Drittmitteln oder die Steigerung von Absolventenzahlen. Chefärzte unterschrieben vor Antritt einer Stelle häufig einen »Zielvereinbarungsvertrag mit Leistungsbezug«.

Die angeführten Beispiele sind symptomatisch für den zur Jahrtausendwende in Unternehmen und Organisationen um sich greifenden Gedanken, dass man in Zielvereinbarungen so ziemlich alles vereinbaren kann, was dem Unternehmen und der Gewinnsteigerung nützt. Bei Mercedes in Kassel oder bei der Adam Opel AG wurde die Senkung des Krankenstandes zum Gegenstand von Ziel- und Betriebsvereinbarungen. Die Unternehmensleitung legte in Absprache mit dem Betriebsrat die Jahreshöhe des Krankenstandes verbindlich fest, für die Umsetzung waren die Vorgesetzten in den Abteilungen verantwortlich. Diese hatten dann durch Druck (beispielsweise Fehlzeitengespräche) für die Einhaltung der Zielmarke zu sorgen. Die Hamburger Landesgartenschau kam 2013 auf die findige Idee, eine Prämie für die neu eingestellten Beschäftigten an eine vorher fixierte Besucheranzahl zu koppeln. Noch ambitionierter waren die Zielvereinbarungen, die Sportfunktionäre als Gegenleistung für die finanzielle Förderung von Sportlern vor den olympischen Spielen 2012 eingingen: Der Schwimmverband wollte zwölf Medaillen erringen, der Kanuverband stellte neun und der Leichtathletikverband acht Medaillen in Aussicht. Insgesamt waren für Deutschland 86 Medaillen geplant und vereinbart.[283]

---

282 R. Bahnmüller in: Klaus Schmierl: Lohn und Leistung, in F. Böhle, G. Voß, G. Wachtler (Hrsg.): Handbuch Arbeitssoziologie, Wiesbaden 2010, S. 369.

283 Jan Pehrke: An der langen Leine. Teleopolis, 29.01.2019.

So bizarr diese Ziele waren, so eindeutig war die unternehmerische Erwartung im Hinblick auf das Leistungsverhalten der Beschäftigten. Sie wollten mehr und höhere Leistung und betrachteten das »Management by Objectives« als willkommenen Hebel zur Realisierung ihrer Erwartungen. »Alle müssen hart arbeiten. Wir setzen aggressive Ziele. [...] Sie sollen machbar, aber nicht für jeden erreichbar sein«, erklärte Klaus Kuhnle, Geschäftsführer von IBM Deutschland, in aller Deutlichkeit dieses unternehmerische Interesse an einer ständigen Intensivierung der Ziele.[284] Eine solche Erwartungshaltung, die zudem noch während eines großen Kongresses für Personalmanagement öffentlich geäußert wurde, war kein »Ausreißer«, sondern entsprach einem weit verbreiteten Denken in den Führungsetagen vieler Unternehmen. Das Vorgeben von Zielen und die Intensivierung von Leistung gingen Hand in Hand.

Bei Daimler existierten zeitweise für die in der Produktionsplanung arbeitenden Angestellten Zielvorgaben mit bis zu 19 (!) Zielen. Auch im Bankensektor erhöhten sich die Leistungsanforderungen der Beschäftigten massiv. Es wurde üblich, einzelnen Beschäftigten Verkaufsziele in Form säuberlich ausgedruckter Excel-Tabellen vorzugeben. Daraus ließen sich die Zielzahlen für abgeschlossene Lebensversicherungen oder Bausparverträge erkennen, die zu erbringen waren. Die Anzahl der Kundentermine wurde wöchentlich kontrolliert, üblich wurde das betriebsöffentliche Ranking leistungsschwacher Mitarbeiter. »Jeder Mitarbeiter wird tendenziell als Profit-Center geführt«, hieß es in einer Analyse zur Arbeitssituation dieser Branche. »Die unteren Führungskräfte haben kaum Spielräume, sondern sind um der eigenen Ziele willen ›genötigt‹, für Zielerreichung zu sorgen.«[285]

Die Phase der Sättigung

Andere Branchen zogen nach und führten ebenfalls Zielvereinbarungen ein. 2005 wurde im öffentlichen Dienst das Tarifrecht durch den Tarifvertrag Öffentlicher Dienst neu gestaltet. Erstmals wurde ein Leistungsentgelt eingeführt: »Die leistungs- und/oder erfolgsorientierte Bezahlung soll dazu beitragen, die öffentlichen Dienstleistungen zu

---

284 Klaus Kuhnle, Geschäftsführer von IBM-Deutschland, auf dem 8. Kongress der Deutschen Gesellschaft für Personalführung (DGFP): Menschen führen zum Erfolg, FAZ vom 21.6.1999.
285 https://www.boeckler.de/pdf/impuls_2010_20_4-5.pdf

verbessern. Zugleich sollen Motivation, Eigenverantwortung und Führungskompetenz gestärkt werden«, heißt es in § 18 Abs. 1 TVöD. Die Feststellung oder Bewertung von Leistungen kann seitdem durch das Vergleichen von Zielerreichungen mit den vereinbarten Zielen erfolgen. Eine Zielvereinbarung ist laut TVÖD »eine freiwillige Abrede zwischen der Führungskraft und einzelnen Beschäftigten oder Beschäftigtengruppen über objektivierbare Leistungsziele und die Bedingungen ihrer Erfüllung.«[286] Zwei Jahre später fanden Zielvereinbarungen Eingang in die reformierten Entgeltrahmenabkommen (ERA) in der Metall- und Elektroindustrie. Diese Tarifverträge änderten die Grundlagen der Entlohnung für die in diesen Branchen Beschäftigten und schufen durch die Aufnahme von Zielvereinbarungen und Zielentgelten erweiterte Möglichkeiten zur Ermittlung des Leistungsentgelts.

Mit der Einführung in zwei großen Branchen wie Öffentlicher Dienst und Metallindustrie war die Zielvereinbarung zur bedeutendsten Managementmethode aufgestiegen. Längst hatten auch zahllose Unternehmensberater diese Managementmethode »entdeckt« und boten Unternehmen ihre Unterstützung bei der Umsetzung von betrieblichen Konzepten an. Der Komet mit Namen Zielvereinbarung schien unaufhaltsam am Sternenhimmel aufzusteigen und immer größere Strahlkraft zu entwickeln. Befragungen zu dieser Zeit ergaben, dass 85 Prozent der befragten Manager von einer zukünftig wachsenden Bedeutung der Methode Zielvereinbarung in der Leistungsermittlung überzeugt waren.[287]

Der Niedergang: Kritik und Widerstand der Beschäftigten

Das stetige Aufstieg dieser Managementmethode täuschte über einen wichtigen Punkt hinweg: Sobald es um die betriebliche Umsetzung der Methode ging, sobald die Beschäftigten Erfahrungen mit der Methode gesammelt hatten, kam es in den Betrieben und Branchen zu Konflikten und Widerständen. Anfangs standen die Beschäftigten vermutlich der Einführung von Zielvereinbarungen nicht ablehnend gegenüber, hofften sie doch darauf, dass diese Methode ihnen zu einer gerechteren Beurteilung ihrer Arbeitsleistung verhelfen könne. Auch die von den Arbeitgebern in Aussicht gestellte Einkommenserhöhung durch Leis-

---

286 http://www.der-oeffentliche-sektor.de/infoundrat/infothek/1448
287 Vgl. Klaus Schmierl: Lohn und Leistung, in: Fritz Böhle, Günter Voß, Günther Wachtler: Handbuch Arbeitssoziologie, Wiesbaden 2010, S. 369.

tungsprämien (Boni, Zulagen) und die Hoffnung auf Mitsprachemöglichkeiten bei der Festlegung von Zielen und Leistung, die insbesondere die Gewerkschaften bewogen hatte, die Methode Zielvereinbarung zu unterstützen, schienen auf eine Verbesserung der Arbeitssituation hinauszulaufen.

Diese Hoffnungen erfüllten sich in der Praxis allerdings nicht. Sobald die Beschäftigten feststellten, dass durch Zielvereinbarung die Leistung intensiviert wurde, dass sich ihre Ziele von Jahr zu Jahr erhöhten, entwickelten sie eigene Formen des Widerstands und der Kritik. »Diese Nutzung von Zielvereinbarungen«, beobachteten die Autoren einer Studie zur Anwendungspraxis der Methode, »als Herrschaftsinstrument blieb nicht ohne Folgen: Sie führte nicht nur zu Widerständen und Demotivierung bei den Beschäftigten sowie zu neuen Spannungen zwischen den Betriebsparteien, sondern hatte auch eine abschreckende Wirkung für die Beschäftigten.«[288]

Als die Gewerkschaft ver.di 2008 eine Befragung zur Arbeitssituation in der Finanzbranche durchführte, beteiligten sich mehrere hundert Beschäftigte und verfassten Kommentare zu ihrer Situation.[289] In dieser Branche verfügten die beschäftigten Kundenberater bereits über mehrere Jahre Erfahrung im Umgang mit Zielvereinbarungen. Ziele zu setzen, war hier übliche Praxis, 72 Prozent der Befragten gaben an, mit Zielvorgaben zu arbeiten, die sie nicht oder nur teilweise erfüllen können. »Insgesamt klagen viele Beschäftigte, dass in vielen Unternehmen des Finanzdienstleistungsbereichs ein System der Maßlosigkeit um sich greift, das zunehmend Auswirkung auf Gesundheit und Befindlichkeit der Beschäftigten hat«, [290] lautete die Zusammenfassung der Ergebnisse. Die übliche Zielsetzungspraxis wurde von vielen Beschäftigten in Frage gestellt: »Natürlich wäre eine Arbeitsweise ohne Zahlendruck deutlich angenehmer. Ich arbeite mittlerweile sehr ungern in meiner Sparkasse. Jedoch wird es sicher in den nächsten Jahren schlimmer werden«, lautete einer der Kommentare. Auch andere Kommentare kritisierten den gestiegenen Arbeitsdruck: »In Banken und Sparkassen ist der Abschlussdruck seit Jahren gestiegen. Beratung erfolgt in die Richtung der von der Geschäftsleitung aktuell vorgegebenen Produkte. Wenn das

---

288 Karin Tondorf, Reinhard Bahnmüller, Helmut Klages: Steuerung durch Zielvereinbarung. Anwendungspraxis, Probleme, Gestaltungsüberlegungen, Berlin 2002.
289 Alle folgenden Zitate entnommen: ver.di: Projekt Faire Arbeit, http://fidi hessen. verdi.de/++skin++print/projekt_faire_arbeit?
290 https://www.verdi.de/++file++5073a218deb5011af9001c81/download/Kommentare-von-Bankbeschaeftigten.pdf (22.02.2019)

die Kunden wüssten ... Ich will jedenfalls kein Berater mehr sein. [...]. Macht endlich Schluss mit unrealistischen Zielvorgaben. Schluss mit Aktionen, bei denen die doppelte oder dreifache Zielerreichung gefordert wird.«[291] Im Unterschied zur Finanzbranche, die Anfang des neuen Jahrtausends eine beispiellose Phase des Booms und Wachstums erlebte, war die Situation der Beschäftigten im Sozial- und Gesundheitsbereich geprägt von Personaleinsparungen, Budgetbeschränkungen und der Absenkung von Behandlungs- und Betreuungsstandards. Den Grundsätzen des New Public Management folgend wurden häufig Entscheidungskompetenzen nach unter delegiert und mit Zielvereinbarungen sowie Erfolgskontrollen verbunden. Das Führen mit Zielen diente hier weniger dem Zweck, den Profit zu steigern. Vielmehr ging es darum, über Zielvereinbarungen die Beschäftigten in den verschiedenen Arbeitsfeldern dieser Branche an ökonomische Leitvorstellungen von Effizienz und Wirtschaftlichkeit zu »gewöhnen.« Ziele wurden daher eher als ein Controlling- und Planungsinstrument verstanden, vereinbart wurde zum Beispiel die Anzahl wöchentlicher Beratungstermine, die Zahl der zu bearbeitenden Fälle oder die einzelnen Bearbeitungszeiten von Fällen (Case Management) im Sinne von betriebswirtschaftlich nachweisbaren Kennzahlen.

Galten vorher Eigenschaften wie Fachkenntnis und qualifizierte Beratung beziehungsweise Betreuung von Patienten und Klienten als anerkannte Maßstäbe professionellen Arbeitens, so verspürten viele Beschäftigte unter den Vorzeichen von Zielen und Kennziffern nun einen zunehmenden Druck zur Ökonomisierung sozialer Arbeit, den sie öffentlich anprangerten. Zielvorgaben kritisierten sie als Einengung ihres professionellen Verständnisses von sozialer Arbeit: In einer Erklärung, die als »Soltauer Impulse« bekannt wurde, hieß es: »Uns wird vorgemacht, gerade Wege führen schnell zum Ziel, und im Umgang mit Klienten sei Zielerreichung auch das Wichtigste. Was wäre, wenn wir deutlich machen, dass dadurch die Aufmerksamkeit für Entwicklung und Prozess verloren geht? Das gilt für Individuen, Organisationen und Gesellschaft. Achtung: Wenn bei der Arbeit an der Umsetzung der gesetzlichen Vorgaben die Wirklichkeit stört, ist es Zeit, diese Vorgaben zu überprüfen.«[292]

---

291 Ebd.
292 Soltauer Denk-Zettel Nr. 1: Sozial 21 – auch wir wollen oben bleiben. Anstiftung zum Widerstand im Sozial-und Gesundheitsbereich, ohne Jahresangabe.

An der Praxis des Zielvereinbarens kritisierten sie insbesondere den im Management ihrer Einrichtungen verbreiteten Hang zur Bagatellisierung und Schönfärberei der Problemlagen, mit denen sie als Beschäftigte in diesem Arbeitsfeld zu tun hatten: »Uns irritiert, dass Ziele häufig so formuliert werden, als seien sie schon erreicht und als sei damit denen, die Hilfe brauchen, bereits geholfen. Dabei werden Notlagen schön- und Hilfsbedürfnisse kleingeredet, um Sparprogramme zu legitimieren. Mit ›S.M.A.R.T.en‹ Formulierungen entziehen sich Leitungen der Verantwortung für die Umsetzung propagierter Ziele. Was wäre, wenn wir die dahinter stehende Ideologie der Machbarkeit entlarvten? Denn das Wichtigste im Umgang mit Menschen lässt sich nicht in Ziele fassen.«²⁹³

2014 untersuchte ein Forschungsinstitut aus Tübingen die Praxis der Leistungsbewertung und Zielvereinbarung im öffentlichen Dienst. Zu diesem Zeitpunkt waren seit Inkrafttreten des TVÖD bereits zehn Jahre vergangen, und die Beschäftigten hatten ausreichend Erfahrungen mit Leistungsentgelt und Zielvereinbarungen als neuen Methoden zur Leistungsbewertung gemacht. Die Ergebnisse der Untersuchung zum Thema Zielvereinbarungen als neue Methode der Leistungsbewertung im TVÖD sprachen eine deutliche Sprache. Berichtet wurde von einer Verschlechterung der sozialen Beziehungen und des Arbeitsklimas. Drei Viertel der Beschäftigten gaben an, sie hätten »sich ernsthaft darum bemüht ihre Ziele« ²⁹⁴ zu erreichen. Ob dieses Ergebnis als Zustimmung der Beschäftigten zu dieser Methode der Leistungsbewertung zu sehen ist, ist eine andere Frage. Weit über 60 Prozent der Beschäftigten machten gleichzeitig geltend, dass sich trotz deutlicher Zunahme von Zielvereinbarungsgesprächen bei der Mitbestimmung in Leistungsfragen oder der Begrenzung des Leistungsdrucks nichts geändert habe. 32 Prozent sahen sich sogar zunehmendem Leistungsdruck ausgesetzt. Im Grunde zeigte die Untersuchung nicht nur die geringe Akzeptanz, sondern auch die Widerständigkeit der Beschäftigten gegenüber Zielvereinbarungen und ihre Unzufriedenheit mit leistungsorientierter Bezahlung im öffentlichen Dienst. Die Studie stellte fest, dass Leistungsentgeltsysteme »im öffentlichen Dienst aufgrund der ›passiven Stärke‹ der Beschäftigten sowie der spezifischen Tätigkeits- und Motivationsstrukturen keinen Erfolg [versprechen, H.B.].« Am Schluss der Studie heißt es nüchtern, dass »die Einführung von leistungsorientierter Be-

293 Ebd.
294 W. Schmidt, A. Müller: Leistungsentgelt in den Kommunen: Praxis einer umstrittenen Regelung, in WSI Mitteilungen Heft 2/2014, S. 111

zahlung im deutschen öffentlichen Dienst in der Fläche [...] weitgehend gescheitert« ist.[295] Was für die Beschäftigten des öffentlichen Dienstes gilt, ist symptomatisch und findet sich auch in anderen Branchen und Bereichen: Die Praxis des Zielvereinbarens ruft widerständiges Verhalten der Beschäftigten hervor und äußert sich in unterschiedlichen Reaktionen: In Online-Plattformen von englischen Amazon-Beschäftigten, die zur Jahreswende 2017/18 eine Petition mit viertausend Unterschriften starteten und die Senkung ihrer Zielvorgaben um 15 Prozent einforderten oder bei Befragungen von Beschäftigten deutscher Jobcenter, die die in den Agenturen praktizierten Instrumente Zielvorgaben und Controlling als ständig steigende Belastungsquellen identifizieren.[296] Vielfach existiert ein verdeckter Widerstand, der naturgemäß nicht messbar ist. Dazu gehören etwa folgende Handlungen:

- Konzentration auf die Arbeitsanteile, mit deren Hilfe sich die Zielmargen so rasch wie möglich in die gewünschte Richtung lenken lassen
- Verzicht auf alle Anstrengungen, die wenig zum Ziel beitragen und nur die Aufgaben erledigen, die zu einem raschen Erfolg führen
- Messergebnisse »schönen«
- Einseitige Konzentration auf quantitative Messzahlen

Massive Schwierigkeiten in der Praxis

Hinzu kommen die allgegenwärtigen Probleme bei der betrieblichen Umsetzung von Zielvereinbarungen. Sobald diese in den Abteilungen und Teams praktiziert werden sollen, tauchen Schwierigkeiten auf, die die Anwendbarkeit dieser Methode in Frage stellen. Es gibt keine allgemein gültige Erklärung für die Ursache dieser Probleme, dazu verläuft die Umsetzung von Betrieb zu Betrieb viel zu unterschiedlich. Manchmal stimmen die Voraussetzungen nicht, oft ist die Methode in einer bestimmten Branche oder an bestimmten Arbeitsplätzen nicht praktikabel oder die betrieblichen Rahmenbedingungen passen nicht. In jedem Fall lässt sich eine deutliche Diskrepanz zwischen MbO-Ansatz und betrieblicher Praxis feststellen.

Umsetzungsprobleme und Widerstände der Beschäftigten sind nicht zu übersehen. Sie sind seit einigen Jahren auch in einschlägigen

---

295 Ebd.
296 Vgl. Jobcenter: Stress durch Zielvereinbarungen, in: Böckler impuls 11/2015.

Zeitschriften für Management und Führungskräfte ein Thema. Eine Ende 2010 von einer Unternehmensberatung durchgeführte Befragung zu Relevanz und Wirksamkeit von Zielvereinbarungen unter Mitarbeitern und Führungskräften mittlerer und großer Unternehmen wirft ein bezeichnendes Licht auf die betriebliche Praxis. Demnach können lediglich 27 Prozent der Mitarbeiter und 52 Prozent der Führungskräfte spontan ihre Ziele nennen. Gefragt, was im eigenen Arbeitsbereich passieren würde, wenn es morgen keine verbindlichen Zielvereinbarungen mehr gäbe, war die häufigste Antwort (35 Prozent) der Mitarbeiter: »Nichts«. Immerhin 29 Prozent der Führungskräfte sahen dies genauso.[297] »Es gibt keine genauen Zahlen, wie verbreitet Zielvereinbarungen sind. [...] Doch irgendetwas scheint dabei schiefzulaufen«, kommentierte *brand eins* diese Befragungsergebnisse. [298] »Zwischen Druckers Überlegungen und dem Alltag in deutschen Unternehmen hat sich ein tiefer Graben aufgetan.«[299] Das Wirtschaftsmagazin zitiert einen Professor für Betriebswirtschaft, der die Anwendung von Zielvereinbarungen als »Drahtseilakt« bezeichnet, der in der Praxis immer wieder verpatzt wird.[300] Statt der Euphorie vergangener Jahre, wie sie in dem Bild des »aufgehenden Kometen am Himmel der Leistungsentlohnung« zum Ausdruck kommt, scheint unter Führungskräften und Management eher eine gewisse Ernüchterung über die Methode Zielvereinbarung um sich zu greifen.

Längst hat der Komet seine Strahlkraft am Himmel der Manager eingebüßt. Auch Unternehmensberater, die Jahre zuvor noch die große Erzählung von den positiven Effekten der Zielvereinbarung verbreitet hatten, stellen die Methode jetzt in Frage: »Wie kommt es, dass ein Instrument mit derartigen Nebenwirkungen als so erfolgreich gilt, dass es als der Standard der Mitarbeiterführung gelten kann?«, fragt ein Unternehmensberater und kritisiert das »Ziele als eine Art Spezialschlüssel zur Regulierung des Motivationsventils in Mitarbeitermaschinen gesehen werden, und nicht als Wegweiser auf einer gemeinsamen Landkarte von sinnbegabten sozialen Wesen.«[301]

297 https://www.saaman.de/fileadmin/user_upload/Publikationen/Pressearchiv/
   Verantwortung_uebernehmen/PE_07_11_S50-52.pdf (09.022019)
298 Anika Kreller: Ziel verfehlt, in: edition brand eins: Was brauchst Du, damit Du tun
   kannst, was Du willst?, Hamburg 2018, 1. Jahrgang, Heft 2, S. 103.
299 Ebd. S. 104.
300 Ebd.
301 https://www.personalmanagement.info/hr-know-how/fachartikel/detail/
   drowning-by-targets-ueber-den-sinn-und-unsinn-von-zielen/ (08.03.2019)

Kritiken dieser Art finden sich inzwischen häufiger im Internet. Sie sind ein sicheres Anzeichen dafür, dass Zielvereinbarungen auf dem Markt der Managementkonzepte ihren Zenit längst überschritten haben. Einen Sinneswandel der Beraterbranche hat das allerdings nicht zu Folge. Viele Berater verweisen inzwischen auf »die agile Unternehmensführung« als neuen aufsteigenden Stern am Himmel der Managementmethoden. In Betrieben und Verwaltungen existieren Zielvereinbarungen aber nach wie vor – auch mit den bekannten Konflikten: den massiven Problemen beim »Handling« dieser Methode, einem Management, das mit Hilfe vereinbarter Ziele Leistungsintensität steigern will und Beschäftigten, die sich mit dieser Methode täglich auseinandersetzen müssen (Teil 3).

6.3 Kritik – sechs Thesen

In den anschließenden Thesen folgt eine Kritik dieser Managementmethode aus der Perspektive der Beschäftigten. Mit welchen Konflikten haben die Beschäftigten zu tun, wenn sie Vereinbarungen nicht erfüllen? Welche Mechanismen des Drucks entfalten Zielvereinbarungen in Hinblick auf Arbeitszeit und Leistungsintensität? Welchen Charakter hat die Zielabsprache? Ist sie eine Vorgabe oder eine Vereinbarung? Schließlich wird vor dem Hintergrund der gegenwärtigen Diskussion in den Arbeitswissenschaften und der Arbeitssoziologie über neue Managementformen in einer abschließenden These der Frage nach möglichen Gestaltungsspielräumen und Zugewinnen an Selbstständigkeit (Autonomie) durch Zielvereinbarungen nachgegangen.

These 1: *Zielvereinbarungen sind ein Nährboden für Auseinandersetzungen um Leistung, um persönliche Anerkennung und werfen Fragen nach dem Sinn der eigenen Arbeit auf. Diese Konflikte sind Ausdruck einer widersprüchlichen Arbeitssituation und innerhalb der kapitalistischen Arbeitsorganisation nicht auflösbar.*

Aus der Perspektive der Beschäftigten können Zielvereinbarungen eine geeignete Arbeitsgrundlage sein, so lange die vereinbarten Ziele erreichbar sind. Diese Situation ergibt sich, wenn zwischen den Zielen auf der einen und den eigenen Ressourcen (Qualifikation, Leistungsvermögen, Arbeitszeit) sowie den Rahmenbedingungen auf der anderen Seite (z. B. Marktsituation, Wettbewerb, vorhandenes Budget, Personalausstattung) ein ausgewogenes Verhältnis besteht.

Problematisch wird es, wenn diese Balance verlorengeht. Dann entstehen nicht nur Auseinandersetzungen um Dimension und Qualität der Ziele. Darüber hinaus können auch andere Konflikte an Bedeutung gewinnen, die bei Zielerfüllung zunächst unbeachtet bleiben, bei Nichterfüllung aber umso größere Bedeutung bekommen. Dazu gehören unterschiedliche Auffassungen von Leistung, die Frage von Anerkennung und Wertschätzung oder das berufliche Verständnis eigener Arbeit, das in Konflikt mit den Gewinninteressen des Unternehmens gerät. In den Zielvereinbarungen und in den Gesprächen mit dem Vorgesetzten begegnen wir diesen Konflikten.

Der Konflikt um die Leistungsbewertung

Der Konflikt um den Leistungsbegriff ist kein akademischer Streit. Untersuchungen zeigen, dass Entgeltfragen und Ansprüche auf Leistungsgerechtigkeit für viele Beschäftigte große Brisanz haben und emotional stark besetzt sind.[302] Leistungsgerechtigkeit betrachten sie als ein Kernanliegen: Sie erwarten vom Unternehmen einen Gegenwert für erbrachte Leistungen. Bei Zielvereinbarungen geht es nicht um erbrachte Leistung. Der Leistungsbegriff von Zielvereinbarungen bezieht sich nicht auf geleistete Arbeit, sondern auf das Ergebnis von Leistung. Für das Unternehmen ist entscheidend, dass das Ergebnis, also die erreichten Ziele, dem entspricht, was der Markt einfordert, der Kunde wünscht, was angeblich ökonomisch notwendig ist und möglichst auch die Stellung des eigenen Unternehmens im Wettbewerb stärkt. Der Soziologe Nick Kratzer hat diesen unternehmerischen Leistungsbegriff mit dem schlichten Satz »Leistung ist, was der Markt als solche anerkennt«, drastisch auf den Punkt gebracht.[303] Beim Arbeiten mit Zielen soll also der Markt (oder die Kunden oder der Wettbewerb) über den Erfolg einer Leistung urteilen.

Diese Gleichsetzung von Leistung mit Erfolg steht aber im Widerspruch zu dem, was viele Beschäftigte unter Leistung und Leistungsgerechtigkeit verstehen.[304] Sie betrachten den Wert einer Leistung unter dem Gesichtspunkt der eigenen Ressourcen, die sie in das Arbeitsergebnis investiert haben: Dazu gehört für sie alles, was sie zur Leistungserfüllung einbringen: Die erbrachten Anstrengungen, die aufgewendete Zeit, die eigenen Fähigkeiten sowie ihr Knowhow und Wissen. Sie hegen die legitime Erwartung auf eine Gegenleistung »ihres« Unternehmens, die ihrem Engagement und Einsatz entspricht und den Gerechtigkeitsaspekt von Arbeitsaufwand und erbrachter Leistung berücksichtigt.

302 Vgl. Matthias Heiden: Arbeitskonflikte. Verborgene Auseinandersetzungen um Arbeit, Überlastung und Prekarität, Hans-Böckler-Stiftung, Berlin 2014, S. 95ff., sowie K. Tullius, H. Wolf: Moderne Arbeitsmoral: Gerechtigkeits- und Rationalitätsansprüche von Erwerbstätigen heute, in WSI-Mitteilungen 7/2016.
303 N. Kratzer, in: Heiner Minssen: Arbeits-und Industriesoziologie. Eine Einführung, Frankfurt am Main 2006, S. 165.
304 Auf die Ambivalenz von Leistungsgerechtigkeit als Norm weisen Stefanie Hürtgen und Stephan Voswinkel hin, in: Ansprüche an Arbeit und Leben – Beschäftigte als soziale Akteure, WSI-Mitteilungen, Monatszeitschrift des Wirtschafts- und Sozialwissenschaftlichen Instituts in der Hans-Böckler-Stiftung 7/2016, S. 503ff.

Gegenüber diesem ressourcenorientierten Leistungsbegriff markiert das erfolgsorientierte Leistungsverständnis der Zielvereinbarung einen »fundamentalen Bruch« (Kratzer) [305]. Während der ressourcenorientierte Begriff eine Berücksichtigung der Umstände und Bedingungen bei der Erbringung einer Leistung einschließt, verlangt die Zielvereinbarung eine Orientierung nach dem Kriterium des reinen ökonomischen Erfolges. Was zunächst nur eine unterschiedliche Betrachtung zu sein scheint, die verschiedenen Blickwinkeln geschuldet ist, wird spätestens dann zu einem Konflikt, wenn erbrachte Leistung vom Vorgesetzten im Zielvereinbarungsgespräch bewertet wird und die verschiedenen Bewertungsmaßstäbe von Leistung und getaner Arbeit aufeinanderprallen.

Der Mangel an Anerkennung

In eine Leistungsbewertung fließen nicht nur Beurteilungen von Erfolg oder Misserfolg bei der Arbeit ein. Es geht auch um Würdigung oder Anerkennung der Person, die hinter diesem Erfolg beziehungsweise Misserfolg steht. Anerkennung zu bekommen oder Würdigung von anderen Menschen zu erfahren, hat für die Bildung und Aufrechterhaltung von Selbstwertgefühl und Selbstbewusstsein eine zentrale Bedeutung. Diese grundlegenden Erkenntnisse der Sozialpsychologie bestätigen sich in Umfragen unter Beschäftigten regelmäßig, wenn bei Kritik am Unternehmen der Mangel an Wertschätzung oder Anerkennung im Vordergrund steht, diese aber von Unternehmensleitungen und Management eingefordert werden. [306] Anerkennung beziehungsweise Würdigung der Person stellen genauso wie Leistungsgerechtigkeit ein Kernanliegen dar. Die Beschäftigten erwarten vom Unternehmen einen Gegenwert für erbrachte Leistung.

Diese Form der Anerkennung leistet diese Managementmethode nicht. In der Zielvereinbarung erfolgen Bewertungen erbrachter Leistung durch eine Prüfung anhand messbarer Erfolgskriterien (etwa Kennziffern, Leistungsbeiträge, Anzahl erfolgreicher Vertragsabschlüsse). Die Anerkennung einer Zielerreichung bezieht sich also auf das Ergebnis einer Arbeit. Bewertet wird die Sachebene, wertgeschätzt wird der erbrachte Erfolg. Anerkennung erfolgt zwar, erfährt aber gleichzeitig durch den Bezug auf die Sachebene eine Relativierung. Beschäftigte

305 N. Kratzer, in Minssen, a.a.o., S. 165.
306 Vgl. K. Tullius, H. Wolf: Moderne Arbeitsmoral: Gerechtigkeits- und Rationalitätsansprüche von Erwerbstätigen heute, in WSI-Mitteilungen 7/2016.

erwarten nicht, von ihren Vorgesetzten lediglich dann als Leistungs-erbringer geschätzt zu werden, wenn sie gute Leistungen vorweisen können. Sie wollen als Personen geschätzt werden, denen mit Respekt, Höflichkeit und Fairness im Arbeitsalltag begegnet wird.

Das Erreichen der vereinbarten Ziele wird aber nicht mit einer auf die Person bezogenen Wertschätzung belohnt, sondern führt zu einer neuen Zielsetzung. Die Vergabe von Anerkennung durch den Vorgesetzten, sei es in kommunikativer (Lob) oder materieller Form (Prämie, Zulage) ist temporär und bezieht sich auf die vereinbarte Zielperiode. Charakterisieren lässt sich diese Form der Relativierung als Anerkennung unter Vorbehalt: Das Erreichte wird ständig in Frage gestellt, der Erfolg der letzten Zielperiode verschafft nicht Anerkennung, sondern stellt lediglich den Ausgangspunkt für das erneute Höherlegen der Latte dar. »Was zuvor noch Erfolg war«, heißt es in einer Untersuchung des Instituts für Sozialwissenschaftliche Forschung (München) zu den neuen Managementformen, »gilt jetzt schon als Versagen. Es herrscht das Prinzip des ständigen Vorbehalts. Dies führt selbst dort, wo die Ziele in der Praxis [...] erreicht werden, zu Erfolglosigkeitsgefühlen, zu einer verbreiteten Selbsteinschätzung permanenten Ungenügens. Ein Stolz [...] auf die eigene Leistung wird im System ›permanenter Bewährung‹ systematisch erschwert.«[307]

Verweigerte oder eingeschränkte Anerkennung steht im Widerspruch zu dem umfassenden Anspruch auf Würdigung als Person, wie die Beschäftigten ihn von ihrem Vorgesetzten erwarten. Diese betrachten es als ihr »gutes Recht«, vom Vorgesetzten fair beurteilt und würdevoll behandelt zu werden. Wird dieses Kernanliegen in der Bewertung einer Zielvereinbarung nicht respektiert, entsteht ein Konfliktpotenzial, das ähnlich brisant und emotional besetzt sein kann wie die Auseinandersetzung um den Leistungsbegriff.

Der Konflikt um Arbeitsinhalte

Ein dritter potenzieller Konfliktherd dieser Managementmethode kann sich aus der arbeitsinhaltlichen Dimension der Zielvereinbarung ergeben. Darunter werden in diesem Kontext unterschiedliche Auffas-

307 W. Dunkel, N. Kratzer, W. Menz: «Permanentes Ungenügen« und «Veränderung in Permanenz« – Belastungen durch neue Steuerungsformen, WSI Mitteilungen, Monatszeitschrift des Wirtschafts- und Sozialwissenschaftlichen Instituts in der Hans-Böckler-Stiftung 7/2010, S. 360.

sungen über Inhalte und Sinn der Arbeit verstanden. Vereinbarte oder vorgegebenen Ziele beruhen auf Umsatzerwartungen, Kennziffern, Gewinnmargen. Sie folgen einer ökonomischen Logik, die sich an Wettbewerbs- und Profitinteressen des Unternehmens oder der Shareholder orientiert. Die Erbringung der individuellen Ziele der einzelnen Beschäftigten sind in dieser Betrachtung ein Mosaikstein unter vielen, der dazu dient, das große Gesamtziel des Unternehmens zu erfüllen. Die Beschäftigten haben aber eigene Vorstellungen darüber, wie ihre Arbeit sinnvollerweise zu organisieren, wie die Zielvereinbarung am besten zu erfüllen ist. Sie sind an Machbarkeit und Sinnhaftigkeit der jeweiligen Teilziele orientiert. Ihre Ansprüche an eine ansprechende Tätigkeit unter den Gesichtspunkten Fachlichkeit und Qualität sind ihnen genauso wichtig wie eine sinnvolle Aufgabeneinteilung oder der Einsatz ihrer eigenen Erfahrungen. Sie betrachten sich als selbstständig und eigenverantwortlich handelnde Akteure. Diese arbeitsinhaltliche Dimension einer Zielvereinbarung ist daher für die Beschäftigten – mindestens – genauso brisant und emotional besetzt wie die Frage nach der Bewertung und Anerkennung von Leistung. (1.1 und 1.2).

Arbeitsinhalte werden dann zu einem Streitgegenstand, wenn Management und Unternehmen in diese Selbstständigkeit eingreifen, indem zum Beispiel Ziele vorgeben oder während der laufenden Zielperiode verändert werden, indem in so genannten »Meilensteingesprächen« oder Meetings die Beschäftigten über den Bearbeitungsstand ihrer Ziele Rede und Antwort stehen müssen oder aber, indem der aufgebaute Leistungsdruck dazu führt, dass die eigenen Ansprüche der Beschäftigten, qualitativ gute Arbeit leisten zu wollen, nicht mehr erfüllt werden können.

In der Praxis müssen die Beschäftigten dann allzu oft ihre Ansprüche zurücknehmen. Sie machen die Erfahrung, dass das, was sie unter Sinnhaftigkeit von Zielen verstehen und das, was ihr Unternehmen darunter versteht, nicht deckungsgleich sind. Ihr berufliches Verständnis gerät in dieser Situation in Widerspruch zu dem Profitinteresse der unternehmerischen Zielhierarchie. Sie erleben die ganze Widersprüchlichkeit der kapitalistischen Arbeitsorganisation »am eigenen Leib«: Gewinnmaximierung und Zielerfüllung bekommen Vorrang vor Sinn und Nützlichkeit. Sie machen die Erfahrung, dass sie gegen ihr eigenes Verständnis von »guter«, sinnvoller Arbeit verstoßen müssen oder ihrem eigenen Anspruch von Qualität bei ihrer Arbeit nicht gerecht werden können, weil vom Unternehmen gesetzte Vorgaben in eine andere Richtung laufen.

Das führt zu inneren Konflikten, die an den Beschäftigten nicht spurlos vorbeigehen. Ein Beschäftigter aus dem Kundenservice beschreibt diesen Konflikt so:»Ja, aber dann heißt es wieder, wir müssen den Fokus auf den Kunden richten. Aber wie kann der Fokus auf dem Kunden sein, wenn wir eigentlich nur noch getrieben sind von Absatz und von Produktivitätszahlen, nur dass es passt. Weil der Kunde ist ja eigentlich das letzte Rad bei uns, obwohl der Kunde eigentlich der ist, der uns im Endeffekt auch was gibt, damit wir was verdienen können. Aber wir vergessen den Kunden eigentlich.«[308]

Die genannten Konflikte sind Ausdruck einer widersprüchlichen Arbeitssituation und innerhalb der kapitalistischen Arbeitsorganisation nicht auflösbar. Wie intensiv die Beschäftigten in diese Auseinandersetzung um Leistung und Anerkennung involviert sind, hängt von ihrer Konfliktbereitschaft und den betrieblichen Rahmenbedingungen ab (z. B. im Betrieb vorhandene Regelungen zu Leistungs- und Entgeltfragen). Diese Konflikte können auch in anderen Arbeitssituationen auftauchen. Fehlende Anerkennung oder hohe Leistungsanforderungen erleben auch Beschäftigte, die nicht mit einer Zielvereinbarung arbeiten. Das Reduzieren eigener Ansprüche oder Fragen nach dem Sinn der Arbeit können sich in den unterschiedlichsten Arbeitszusammenhängen stellen. Dennoch ist die Arbeitssituation einer Zielvereinbarung insofern eine besondere, schafft sie doch eine Konstellation, in der sich diese Konflikte bündeln und miteinander verschränken. Wer mit der Methode Zielvereinbarung arbeitet, wird dieser Konfliktkonstellation kaum ausweichen können.

These 2: *Zielvereinbarungen fördern Arbeitsintensität und Leistungsdruck. Eine Ursache dafür ist, dass die Methode keine Haltelinien für die Begrenzung von Leistung vorsieht. Die Folge davon ist eine Zunahme von Leistung durch Zielspiralen.*

Die Zunahme von Arbeitsbelastung, Stress oder ausufernden Arbeitszeiten ist eine in vielen Branchen beobachtbare Entwicklung und führt Beschäftigte an ihre Leistungs- und Belastbarkeitsgrenzen.[309] Als Ursachen für Stress und steigende Belastungen werden in der gewerk-

---

308 Dieter Sauer, Ursula Stöger, Joachim Bischoff, R. Detje, B. Müller: Rechtspopulismus und Gewerkschaften. Eine arbeitsweltliche Spurensuche, Hamburg 2018, S. 115.
309 Vgl. ver.di (Hrsg.): Arbeitsintensität. Perspektiven, Einschätzungen, Positionen aus gewerkschaftlicher Sicht, Berlin, Sept. 2019.

schaftsnahen beziehungsweise arbeitswissenschaftlichen Diskussion vor allem unternehmerische Gewinninteressen, Personaleinsparungen und gestiegene Arbeitsanforderungen ins Feld geführt.

Fehlende Normen

Wenn aber über Zunahmen an Arbeitsintensität gesprochen wird, müssen demgegenüber auch die leistungsintensivierenden Mechanismen einer Zielvereinbarung erwähnt werden. Zu fragen ist daher, wie die Methode Zielvereinbarung Leistungsanforderungen definiert und eine Dynamik von Leistungsintensivierung entsteht.

Zur Erklärung ist ein Vergleich mit anderen Methoden der Leistungsbewertung hilfreich. Dazu zählen besonders die »klassischen« Methoden zur Arbeitsanalyse und Zeiterfassung wie »REFA« oder »MTM«. Bei diesen in der Industrie verbreiteten Messungsmodellen wird das Arbeitspensum nach dem Zeitaufwand für die verschiedenen Arbeitsschritte ermittelt. Zentimeter- und sekundengenau werden sogar die Greifwege der Beschäftigten erfasst, wenn sie etwa ein Werkstück in die Hand nehmen. Alle Arbeiten werden in kleinste Schritte zerlegt und detailliert beschrieben. Ermittelt wird daraus als Zeitvorgabe eine sogenannte »Normalleistung« als zu erbringende Leistungsnorm. Arbeiten die Beschäftigten mehr als diese Norm verlangt, wird dies mit Geld kompensiert. Die Leistungsfestsetzung erfolgt über ein starres Verfahren, was den Vorteil hat, dass die Festlegung der Arbeitsleistung an der Leistungsfähigkeit des Menschen und des Arbeitssystems gebunden ist. Zudem können Betriebsräte und Gewerkschaften über ihre Beteiligungsrechte zu einer Begrenzung der Leistungsnomen und zur Eindämmung von Leistungsspiralen beitragen.

Diese die Leistung begrenzenden Mechanismen sind in der Methode Zielvereinbarung nicht vorhanden. Weder gibt es eine definierte »Normalleistung« noch eine verbindliche Norm für die zu erfüllenden Ziele. Die Beteiligungsrechte des Betriebsrats greifen nur, wenn sich die Interessenvertretung in den Prozess des Zielvereinbarens, der sich zwischen dem einzelnen Beschäftigten und seinem Vorgesetzten abspielt, mit einer kollektiven Regelung aktiv einmischt. Als einziges »Regelwerk« zur Ermittlung und Normierung von Leistungen lassen sich die Vorgaben der SMART-Formel verstehen, die in zahlreichen Management- und Fachbüchern als Kriterium der Zielvereinbarung angeführt werden. Demnach sollen Ziele klar, messbar, anspruchsvoll und realistisch sein.

In der Praxis entpuppen sich diese Vorgaben allerdings nicht als Haltelinien zur Leistungsbegrenzung, sondern öffnen den Mechanismen einer Leistungsspirale die Türen. Insbesondere Zielvereinbarungen mit leistungsorientierter Entlohnung sind dafür »prädestiniert.« Sie arbeiten sowohl mit einem Sockel als Grundleistung als auch mit einem Intensivierungsmechanismus, der die Funktion einer eingebauten Dynamisierung der Arbeitsleistung übernimmt. Dies geschieht beispielsweise nach dem Grundsatz, dass die 120 Prozent Zielerreichung des Jahres X die 100 Prozent Zielvorgabe des Folgejahres wird. So verschiebt sich die Grundleistung kontinuierlich und entwickelt eine Tendenz zur Maßlosigkeit.

Auf das Erreichen des einen Ziels folgt – spätestens im nächsten Jahr – ein neues, anspruchsvolleres Ziel, das auf seine Erfüllung wartet. So entsteht eine Leistungsspirale. Das »Höherlegen der Latte« wird zur Spielregel und bestimmt den Arbeitsalltag. Ganz unverblümt formuliert das ein Textilunternehmen folgendermaßen:»Seit Gründung unseres Unternehmens haben wir uns bemüht, die Besten zu sein, bei dem was wir tun. Unser Anspruch ist es, das globale Design-Textilunternehmen zu sein. Es ist unabdingbar, die Messlatte ständig höher zu legen, um unsere Ziele zu erreichen, und wir suchen Mitarbeiter, die unser Engagement für eine Hochleistungskultur teilen und fördern.«[310]

Zunehmender Druck

Die Folge ist ein enormer Leistungsdruck, der den Beschäftigten in nackten Zahlen gegenübertritt.»Meine Bezahlung ist erfolgsabhängig«, erklärt der Sales Manager einer Software-Firma.»Im ersten Jahr lautete die Zielvereinbarung 35.000 € Umsatz. Im zweiten Jahr eine Million Umsatz; im dritten Jahr eineinhalb Millionen. Umsatz. Meinem Chef geht es um die Ergebnisse [...].«[311] Auch der Vertriebsleiter einer Maschinenbaufirma nennt die in Zahlen gegossenen Zielvorgaben und den Leistungsdruck in einem Atemzug:»Meine Zielvorgaben aufs ganze Jahr liegen dieses Jahr bei 2,5 Millionen Umsatz. Das kann nächstes Jahr schon bei 5 Millionen Umsatz liegen. Heruntergebrochen werden diese Zahlen auf jedes Quartal. Ich muss also Software von

310 https://kvadrat.de/about/people-learning/high-performance-culture (28.10.2019)
311 E. Bockenheimer, C. Losmann, St. Siemens: Work Hard Play Hard. Das Buch zum Film, S. 143/144.

2,5 Millionen pro Jahr machen. Wenn ich unter 80 Prozent der Zielvereinbarung liege, rollt mein Kopf oder ich werde zwangsversetzt oder so
behandelt, dass ich freiwillig gehe, das habe ich bei anderen Kollegen
schon mitbekommen. Liege ich bei 100 Prozent oder drüber, lädt mich
meine Firma zum »Presidential Club« ein, zum Beispiel nach Dubai
[...]. Jetzt gerade ist es noch eine Woche bis zum Quartalsende. Und
mir ist ein sicher geglaubter Auftrag geslippt, heißt: kommt erst im
nächsten Quartal. Jetzt muss ich innerhalb von einer Woche noch 'ne
halbe Million machen.«[312]

Leistungsdruck beschränkt sich nicht nur auf die Ziele, die von Unternehmensleitung oder Vorgesetzten vorgegeben werden. Auch bei
tatsächlich vereinbarten und ausgehandelten Zielen ist diese Situation
nicht grundlegend anders. Hier erzeugt die moralische Verpflichtung
des Aushandlungsprozesses der getroffenen Vereinbarung, die zudem
häufig dokumentiert und durch die Unterschrift des Beschäftigten be-
siegelt wird, den Druck selbst vereinbarte Ziele einzuhalten – und sei es
mit Hilfe unbezahlter Überstunden und unter Umgehung der Arbeitsschutzvorschriften.

Der zunehmende Leistungsdruck ist in zahlreichen Untersuchungen dokumentiert. Ein Beispiel ist die so genannte Stressstudie der
Techniker Krankenkasse, die in regelmäßigen Abständen eine Befragung zu den häufigsten Stressauslösern und dem persönlichen Umgang mit Stress durchführt. Bei den Ergebnissen aus dem Jahr 2016
heißt es dazu:»Der häufigste Grund für Stress bei der Arbeit ist zu viel
Arbeit. Offenkundig gibt es ein Missverhältnis zwischen Arbeitsmenge
und der dafür zur Verfügung stehenden Zeit. Rund zwei Drittel der
Berufstätigen empfinden ihr Pensum als zu hoch und deshalb belastend. Dies ist nicht nur im Hinblick auf Stress ein ernstzunehmender
Befund. Auch für die Qualität der Arbeit hat dies negative Konsequenzen: Wer es kaum schafft, seine tägliche To-Do-Liste abzuarbeiten, dem
bleibt in der Regel keine Zeit für kreatives Denken oder strategische
Überlegungen. Statt das große Ganze im Blick zu behalten, verlieren
sich Beschäftigte im klein-klein. Dass dies zu Stress führt, überrascht
nicht.«[313]

---

312 Ebd., S.145.
313 https://www.tk.de/resource/blob/2026630/9154e4c71766c41
odc859916aa798217/tk-stressstudie-2016-data.pdf (28.12.2021)

These 3: *Zielvereinbarungen tragen zur Aushöhlung gesetzlicher beziehungsweise tariflicher Arbeitszeitregelungen bei. Der auf den Beschäftigten lastende Druck, die vereinbarten Ziele zu erreichen, führt zu ausufernden Arbeitszeiten.*

Unter den Bedingungen von Leistungsdruck zu arbeiten, verändert den eigenen Arbeitstag und seine Zeitstrukturierung. Insbesondere Zielvereinbarungen, an die eine Leistungsprämie gekoppelt ist, fördern die in vielen Betrieben zu beobachtenden Tendenzen zur Entgrenzung der Arbeitszeit.

Die eigene Arbeitszeit als Manövriermasse

Die geltenden tariflichen oder gesetzlichen Arbeitszeitgrenzen erscheinen beinahe als Hindernis, die gesetzten Ziele zu erreichen. Die Gefahr der Nichterreichung wird unter diesen Umständen nicht auf zu hohe beziehungsweise unrealistische Zielmargen zurückgeführt, sondern vor allem darauf, dass die zur Verfügung stehende Arbeitszeit »leider« nicht ausreicht. Die Zielvereinbarungen schaffen eine latente Konfliktsituation zwischen den betrieblichen und gesetzlichen Arbeitszeitregelungen einerseits und dem auf den Beschäftigten lastenden Druck andererseits, weil die Erreichung der Ziele höhere Priorität hat als die Einhaltung »lästiger« Arbeitszeitregelungen. Der Arbeitstag bestimmt sich nicht mehr durch die Grenzen gültiger Arbeitszeitregelungen, sondern durch die Anforderung, die mit den Zielen vereinbarten Arbeitsaufgaben zu erfüllen. Beendet ist unter diesen Umständen ein Arbeitstag nicht, wenn die gesetzliche oder tarifliche Zeitgrenze erreicht ist, sondern erst dann, wenn es die zu erfüllende Arbeitsaufgabe gestattet.[314]

So wird die eigene Zeit zur Manövriermasse, die Beschäftigten verlängern »freiwillig« ihre Arbeitszeit. Überstunden sind an der Tagesordnung, 1,7 Milliarden im Jahr 2017 nach Angaben des Statistischen Bundesamtes, davon fast die Hälfte ohne Bezahlung.[315] Dies gilt insbesondere für Beschäftigte, die in stark entgrenzten Arbeitszeitsystemen arbeiten, wie es die Vertrauensarbeitszeit verkörpert (siehe **Abb. 9**). Beschäftigte in dieser Arbeitsform beantworten viel häufiger als Be-

---

314 Vgl. D. Hase: Systematisches Leistungsmanagement. Und 13 kritische Thesen dazu, Arbeitsrecht im Betrieb Heft 6/2011, S. 375–381.
315 https://www.linksfraktion.de/fileadmin/user_upload/PDFD_dokumente/2019/190318_KA_Ueberstunden.pdf (28.12.2021)

schäftigte in Gleitzeit die Frage, ob sie häufig mehr als zehn Stunden am Tag arbeiten mit »Ja, weil es meine Aufgaben erfordern« (knapp 30 Prozent) und mit »Ja, aus eigenem Antrieb« (knapp 20 Prozent).

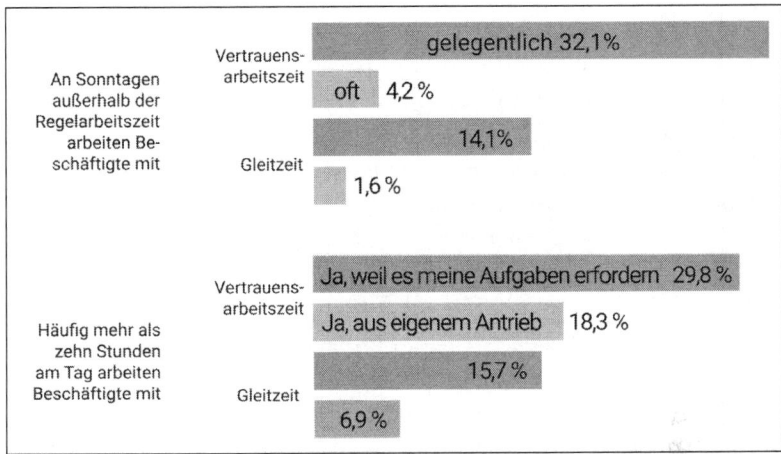

Abb. 9: Die Entgrenzung der Arbeitszeit
Quelle: IGM-Beschäftigtenbefragung 2017, LAIF-Befragung[316]

Begünstigt wird die Entgrenzung der Arbeitszeit durch das Arbeitszeitrecht, das eine weitgehende Flexibilisierung von Ausmaß und Lage der Arbeitszeit zulässt. Gleitzeit, Ampelkonten und Vertrauensarbeitszeit beinhalten vielfältige Flexibilisierungsmöglichkeiten. Werden solche Zeitsysteme mit Zielvereinbarungen kombiniert, an die eine Leistungsentlohnung geknüpft ist, kann das unter Bedingungen starken Leistungsdrucks zu selbstausbeutendem Verhalten der Beschäftigten führen: Sie stempeln aus, aber arbeiten im Anschluss daran weiter oder nehmen sich Arbeit mit nach Hause. »Die Belegschaft steht grundsätzlich unter ganz starkem Leistungsdruck, der immer weiter zunimmt«, beobachtet ein Betriebsrat. »Die Arbeitszeitverdichtung nimmt zu, die Arbeitszeit, die ufert aus. Auch die Tatsache, dass Arbeitszeiten nicht mehr festgelegt sind, sondern entgrenzt sind, also ›mobile Arbeit‹ zum Beispiel. Oder in unserem Bereich konkret auch, dass es über verschiedene Zeitzonen eben notwendig ist, zu anderen Tageszeiten zu arbeiten, um dann mit Kollegen, was weiß ich, in Asia Pacific oder in Amerika zu kommunizieren.«[317]

316 Aus: Gute Arbeit. Arbeitsschutz und Arbeitsgestaltung, Frankfurt a.M. Ausgabe 9/2019
317 Dieter Sauer u.a.: Rechtspopulismus und Gewerkschaften. Eine arbeitsweltliche Spurensuche, Hamburg 2018, S. 112.

These 4: *Zielvereinbarungen ermöglichen die individuelle Zuordnung und Bewertung von Leistung. Dadurch schaffen sie die Grundlage für ein Leistungsmanagement, das Beschäftigte in »High«- und »Low-Performern« kategorisiert.*

Ein zentraler Aspekt von Zielvereinbarungen ist die individuelle Zuordnung von Leistung und Erfolg als maßgebliche Indikatoren für das, was als Leistung zu gelten hat. Leistungsmanagement (»Performance Management«) geschieht auf der Basis von Daten und Kennzahlen. Vereinbarte Ziele beziehungsweise Zielerreichungsgrade dienen in dieser Managementmethode dazu, Leistungen individuell zuzuordnen.

Performance Management

Auf Grundlage dieser individuellen Zuordnung erfolgt dann die Bewertung von Leistung, genauer: von Erfolg. Dies geschieht häufig – teils offen, teils verdeckt – mit Hilfe eines so genannten »Forced Ranking« (zu Deutsch: verstärkte Ranglistenbildung). Die Methode stammt aus den USA und soll dort laut einer Harvard-Untersuchung von 20 Prozent aller Unternehmen als Grundlage der Leistungsbewertung genutzt werden. »Forced Ranking« beruht auf der zweifelhaften These, dass alle Beschäftigten im Unternehmen gleiche Erfolgschancen im Job haben, gleichzeitig aber die Leistungsfähigkeit unter den Beschäftigten ungleich verteilt ist. Daher, so lautet die Schlussfolgerung, sei es Aufgabe von Vorgesetzten und Führungskräften, für die verschiedenen Leistungsstufen entsprechende »Schubladen« zu schaffen, beispielsweise für Spitzenkräfte, Durchschnittsarbeitnehmer und Minderleister im jeweiligen Unternehmen.

Bekannt und berüchtigt ist das Beispiel »General Electric«, das Vorreiter der Einführung von »Forced Ranking« und Vorbild für zahlreiche Unternehmen war: Hier gelten 10 Prozent als Top-Leister, 15 Prozent als leistungsstark, 50 Prozent sind Standard, 15 Prozent werden als kritische Fälle und 10 Prozent als »Low Performer« eingestuft.[318]

Auch wenn diese Methode umstritten ist, heißt das nicht, dass Unternehmen auf ein »Performance Management« verzichten. Beim Online-Händler Zalando überträgt das Management den Beschäftigten die Aufgabe der Leistungsbeurteilung. Diese sollen sich mit Hilfe einer Software namens Zonar gegenseitig in ihrem Arbeits- und Leistungs-

---

318 Vgl. W. Müller: Jagd auf Minderleister, in Computer-Fachwissen 9/2003, S. 18–21.

verhalten beurteilen. Auf Basis dieser individuellen Beschäftigtenprofile kann dann das Management die Beschäftigten in die bereits erwähnten Kategorien der Low-, Good- und Top-Performer sortieren.[319]

Die Ausgrenzung von Beschäftigten

Wenn Unternehmen auf die Kategorisierung offiziell verzichten, greifen sie auf andere Instrumente und Methoden zurück, um Leistungsfähigkeit zu bewerten und Minderleister auszusortieren: beispielsweise so genannte Montagsgespräche mit der Abfrage, wie viele Termine, Anrufe, Verkaufsgespräche und Abschlüsse getätigt wurden; Rennlisten im Betrieb, die wöchentlich an die Beschäftigten geschickt werden und darüber informieren, welcher Berater an der Spitze steht und welcher am Ende; Abmahnungen und Trennungsgespräche und schließlich Versetzungen, weil Beschäftigte Ziele nicht erreichen.

Das hat Konsequenzen vor allem für »schwächere« Arbeitnehmer. Denn wo dokumentiert wird, wer die Ziele erreicht oder sogar übererfüllt und wer sie verfehlt, haben leistungsschwächere Beschäftigte einen schwierigen Stand. Die Folgen sind absehbar: wachsende Konkurrenz zwischen den Beschäftigten und innerhalb der Arbeitsgruppen, Selbstzweifel und Erfahrungen von Abwertung und Abstiegsängste. Wie demütigend und entwürdigend solche Eingriffe von Beschäftigten empfunden werden, lässt die Äußerung eines Betroffenen erahnen, der im Vertrieb einer Softwarefirma arbeitet und die Prozedur seiner Entwürdigung nüchtern beschreibt: »Meine ganze Firma funktioniert stark über psychologischen, subtilen Druck. Wenn ich als Sales Manager nicht performe, also meine Zahlen bringe oder die richtigen Entscheidungen treffe, werde ich von meinem Chef im Meeting vor allen anderen Sales Managern denunziert. Die Gespräche mit meinem Chef über meine Performance finden immer in einem Meeting statt, sodass man vor allen anderen dasteht und seine Zahlen rechtfertigen muss. Ich stehe ständig unter Druck. Zusätzlich kommt noch dazu, dass ein Kollege von mir meinen Bereich übernehmen will und gegen mich beim Chef integriert. Und wenn meine Zahlen nicht stimmen, hat er Argumente gegen mich.«[320]

---

319 Vgl. Zalando-Beschäftigte im Bewertungsstress, in: Böckler Impuls 19/2019, Hrsg.: Hans-Böckler-Stiftung.
320 E. Bockenheimer, C. Losmann, St. Siemens: Work Hard Play Hard. Das Buch zum Film, S. 147.

Andere Beschäftigte erleben diesen Eingriff als Demonstration von Vorgesetztenmacht, die vermeintlich schwache Leistungen massiv sanktioniert und mit Statusentzug bis hin zur angedrohten Kündigung bestraft.»Ja, es gibt dann ein Einzelgespräch. Es schimpft sich dann immer Review«, erklärt ein Betriebsrat diese Praxis bei der Telekom AG.»Wenn die Zahlen einigermaßen gut sind, dann haben wir jedes halbe Jahr ein Review. Wenn aber die Zahlen nicht so gut sind, dann ist das schon mal so in vier bis sechs Wochen Abstand, hat man dann ein persönliches Vier-Augen-Gespräch. Das ist dann gang und gäbe, auch aus anderen Abteilungen, bei den Kollegen. Massiv werden die Mitarbeiter dort unter Druck gesetzt und gesagt: Wenn Du die Zahlen nicht bringst, es fängt an, erst mal Schlüssel abgeben. Schlüssel abzugeben heißt, dass man das Auto nicht mehr fahren soll, was man von der Telekom für seine Tätigkeit bereitgestellt bekommt. Da geht's dann los. Mittlerweile ist es wirklich so, dass einem wirklich ins Gesicht gesagt wird, ich brauche Sie nicht mehr!«[321]

Tribunale dieser Art hinterlassen Spuren bei den Gedemütigten. Der Kränkung folgen innere Verunsicherung und Selbstzweifel. Sich in solch einer Situation selbst zu behaupten, erfordert ein hohes Maß an psychischer Stabilität, sozialer Unterstützung und Reflexionsvermögen.

These 5: *Die Beschäftigten werden in der Regel an der Zielfindung beteiligt. Eine Zielvereinbarung findet aber nicht statt. Häufig werden Ziele vorgegeben.*

Der Begriff»Vereinbarung« unterstellt, dass Vorgesetze und Beschäftigte Einfluss auf die Zielgestaltung haben. Vereinbaren bedeutet in diesem Sinne auch, sich in einer dialogischen Form über Arbeitsziele austauschen und vorhandene Verhandlungsspielräume ausschöpfen zu können. Diese Erwartungen werden aber in der Realität nicht erfüllt.

Vorgabe statt Vereinbarung

Die Zielhierarchie, also die von der Unternehmensleitung von oben nach unten durchgereichten Umsatz- und Gewinnzahlen, engen den Spielraum für ein offenes Mitarbeitergespräch über zukünftige Aufgaben und Leistungserwartungen massiv ein. Die Freiräume in Bezug auf

---

321 Charly Kowalczyk:Tretmühle Telekom. Eine Prodiktion des Saarländische Rundfunks für das ARD Radiofeature 2012.

Aufgabenbearbeitung zur Erreichung der vereinbarten Ziele sind in der Praxis nicht oder nur eingeschränkt vorhanden. Das zeigen zahlreiche Untersuchungen aus verschiedenen Branchen. Vorgabe statt Vereinbarung scheint die tatsächliche Devise zu sein.

Laut einer Untersuchung zur Situation der ostdeutschen Metallindustrie praktizieren weit mehr als der Hälfte der Betriebe eher eine autoritäre Variante bei der Umsetzung von Zielvereinbarungen.»In 12 Prozent der Betriebe wird den Mitarbeitern immerhin ein Recht auf Stellungnahme gewährt. Lediglich in 20 Prozent der Betriebe wird den Mitarbeitern die Möglichkeit, eigene Vorschläge in den Zielfindungsprozess einzubringen, eingeräumt.«[322]

Eine weitere Untersuchung zur Leistungs- und Lohnpolitik dieser Branche bestätigt, dass das Prinzip »Vorgabe statt Vereinbarung« im Betriebsalltag weit verbreitet ist.»Es gibt [...] keine Möglichkeit«, lautet eine Erkenntnis der Untersuchung, »Ziele zu beeinflussen, und infolgedessen auch keine wirklichen Aushandlungsprozesse; die Ziele werden von den Vorgesetzten festgelegt. Trotzdem werden sie schriftlich vereinbart und von den Arbeitnehmern unterschrieben. Ja, z. T. (vor allem im Arbeiterbereich) beziehen sich die Ziele auch nicht, wie im Konzept vorgesehen, auf eine größere Periode, es handelt sich um Zielvorgaben von Tag zu Tag, die im Grunde die traditionellen Arbeits- und Einsatzbesprechungen der Meister mit ihren Arbeitern zu Beginn der Schicht reproduzieren.«[323]

Auch der Gesundheitsmonitor der Gmünder Ersatzkasse (GEK), dem eine Befragung von fast 1.000 Beschäftigten der Bertelsmann-Stiftung zugrunde liegt, kommt zu einem eindeutigen Ergebnis. Zwar unterstellt die Studie, dass das Arbeiten mit Zielen für die Beschäftigten vorteilhaft sei, weil ihre Arbeit durch ein größeres Maß an Autonomie und Selbstbestimmung geprägt sei, doch die betriebliche Praxis sieht ganz anders aus:»Viele der Befragten berichten von regelmäßigen Zielvereinbarungsgesprächen mit ihren Vorgesetzten. Deutlich mehr als ein Drittel (36 Prozent) allerdings teilt mit, die Vorgesetzten berücksichtigen beim Festlegen der Ziele ›gar nicht‹ oder ›kaum‹, ob diese Ziele auch wirklich erreicht werden könnten. 42 Prozent berichten

322 Robert Hinke: Zielvereinbarungen in der Praxis der ostdeutschen Metall- und Elektroindustrie, in: WSI Mitteilungen, Monatszeitschrift des Wirtschafts- und Sozialwissenschaftlichen Instituts in der Hans-Böckler-Stiftung, Heft 6/2003, S. 377–386.
323 Ingrid Drexel: Neue Leistungs- und Lohnpolitik zwischen Individualisierung und Tarifvertrag. Deutschland und Italien im Vergleich, Frankfurt am Main, New York 2002.

davon, dass die Zielvorgaben durch ständig steigende Leistungs- und Ertragsanforderungen geprägt sind.«Tatsächlich kann nur ein Drittel der Befragten bei der Festlegung der Arbeitsziele mitbestimmen und nur 21 Prozent können die ihnen übertragene Arbeitsmenge auch beeinflussen.[324] Diese Untersuchungen widerlegen den in der großen Erzählung (1.2) behaupteten Vereinbarungscharakter von Zielen.

These 6: *Durch Zielvereinbarungen sollen die Beschäftigten mehr Freiräume erhalten und Gestaltungsspielräume bei der Art und Weise der Zielerfüllung bekommen. Ein realer Zugewinn an Freiheit oder Autonomie ist damit aber nicht verbunden.*

Nicht erst seit den 1970er-Jahren des vorigen Jahrhunderts existieren in Fachdisziplinen wie Arbeitswissenschaften und Arbeitssoziologie einige Empfehlungen zur gesundheitlichen Gestaltung von Arbeit. Eine dieser Empfehlungen besagt, dass Arbeit insbesondere dann positiv für Gesundheit und Persönlichkeitsentwicklung ist, wenn die Beschäftigten über große Handlungsspielräume und Gestaltungsmöglichkeiten verfügen. Einen wichtigen Anstoß für diese Erkenntnis gab das bereits in den 1970er-Jahren von der Regierung geförderte und durchgeführte Forschungsprogramm zur »Humanisierung des Arbeitslebens« (HdA). Es strebte eine Verbesserung der Arbeitsbedingungen sowie einen Rückbau restriktiver Arbeitsgestaltung an und formulierte eine Reihe von Handlungsempfehlungen und Leitlinien, die bis heute in der arbeitswissenschaftlichen Diskussion um die Gestaltung der Arbeit eine Rolle spielen.

Die Spielräume bleiben klein

Besonders die Erweiterung von Handlungsspielräumen und Gestaltungsmöglichkeiten am Arbeitsplatz hat sich zu einer Art Prüfstein für neue Managementmethoden entwickelt, zu denen auch die Zielvereinbarung zu zählen ist. Deren Beurteilung fällt unter Arbeitswissenschaftlern durchaus ambivalent aus: Kritisiert werden einerseits Leistungszunahme und der damit verbundene Konkurrenz- und Er-

---

324 Jürgen Reusch: Moderne Zeiten: Mehr Freiheit und mehr Druck, in: gute Arbeit 7/2015, S. 7 sowie Bertelsmann Stiftung und Barmer GEK Gesundheitsmonitor 01/2015.

folgsdruck dieser Vereinbarungen. Andererseits werden dieser Managementmethode größere Entscheidungsmöglichleiten und eine Zunahme von Handlungsspielräumen unterstellt, was in der Bewertung dieser Methode positiv gewürdigt wird.»Dabei werden den Beschäftigten Freiräume zugestanden, indem die Ziele nicht verordnet, sondern mit ihnen vereinbart werden«, heißt es in einer *Einführung* in die *Arbeits- und Industriesoziologie*. Und weiter:»Zielvereinbarungen sind ein Element von partizipativem Management und fordern die ›ganze‹ Person – woraus sich die Vorteile, aber auch die Nachteile dieses Instruments ergeben.«[325]

Was in Heiner Minssens soziologischer Einführung noch zurückhaltend formuliert ist, würdigen Wilfried Glissmann und Klaus Peters in ihrem Buch *Mehr Druck durch mehr Freiheit* grundsätzlich positiv. Die neuen Managementformen haben nach ihrer Einschätzung für die Beschäftigten einen realen Gewinn an Freiheit und Selbstständigkeit zur Folge. Zu beobachten sei eine»neue Autonomie in der Arbeit«, wie der Untertitel des Buches ankündigt. Das tradierte System von Befehl und Gehorsam, von Unselbstständigkeit, Bevormundung und Kontrollen werde zusehends durch eine neue unternehmerische Herrschaftsform ersetzt, die sie als»indirekte Steuerung« bezeichnen.

In dieser Herrschaftsform, in der sich der Arbeitgeber weitgehend unsichtbar macht, sollen»die Beschäftigten selbstständig auf die Veränderungen am Markt reagieren [...], ›das unternehmerisch Richtige‹ selber herausfinden und es dann fachlich richtig realisieren. Somit werden die Beschäftigten aus dem Kommandosystem in die Selbstständigkeit unternehmerischen Handelns entlassen. Sie werden zu ›unselbstständig Selbstständigen‹«.[326] Mit dieser Paradoxie definiert W. Glissmann den ambivalenten Charakter der neuen Herrschaftsform: Als Selbstständige haben die Beschäftigten frei und autonom unternehmerische Entscheidungen zu treffen, stehen aber gleichzeitig als Lohnabhängige in ökonomischer Abhängigkeit zu ihrem Unternehmen.

Die oben vorgestellten Untersuchungen aus verschiedenen Branchen zeigen, dass die an die neuen Managementformen gestellten Erwartungen sich nicht erfüllen. Dies gilt für die arbeitswissenschaftliche Handlungsempfehlung der großen beziehungsweise zu erweiternden

325 H. Minssen: Arbeits-und Industriesoziologie. Eine Einführung, Frankfurt am Main 2006, S. 165.
326 W. Glissmann, K. Peters: Mehr Druck durch mehr Freiheit. Die neue Autonomie in der Arbeit und ihre paradoxen Folgen, Hamburg 2001.

Handlungsspielräume. Denn wenn laut GEK-Monitor nur ein Drittel der Befragten bei der Festlegung der Arbeitsziele mitbestimmen kann und nur 21 Prozent die ihnen übertragene Arbeitsmenge beeinflussen können, lässt sich von großen Handlungsspielräumen der Beschäftigten bei der Arbeit mit Zielen nicht ernsthaft sprechen.

Zu hinterfragen ist auch, ob erweiterte oder hohe Handlungsspielräume tatsächlich eine gesundheitliche Ressource sind und den unterstellten belastungsmindernden Effekt haben. In der Praxis können die vielfachen psychischen und körperlichen Belastungen, die sich aus dem Leistungsdruck von Zielvereinbarungen ergeben, dazu führen, dass die positiven Effekte erweiterter Handlungsspielräume nicht wirksam zum Tragen kommen beziehungsweise neutralisiert werden.

Arbeit ohne Zugewinn an Autonomie

Dies gilt auch für die behaupteten Zugewinne an Autonomie und Selbstständigkeit, die die »indirekte Steuerung« in den neuen Managementformen zu erkennen glaubt. Auch hier zeigen die Untersuchungen, dass von einem qualitativen Sprung im Sinne von Selbstständigkeit, Freiheit und Autonomie unter den neuen Managementformen nicht gesprochen werden kann. Ein Beteiligen der Beschäftigten an der Ausgestaltung der festgelegten Ziele kann, das zeigen die Untersuchungen durchaus, stattfinden.

Rechtfertigt diese Erweiterung von Handlungsmöglichkeiten bei der Ausführung von Arbeitsaufgaben wirklich die Einschätzung, dass die Beschäftigten über größere Autonomie und Selbstständigkeit verfügen? In der betrieblichen Realität ist die Zielvorgabe offensichtlich gängige Praxis. In diesem Rahmen legen die Beschäftigten für sich selbst die Reihenfolge einzelner Arbeitsschritte fest und reflektieren ihr Arbeitshandeln in Hinblick auf die geforderte Zielerreichung. Sofern Selbstständigkeit der Beschäftigten überhaupt zum Tragen kommt, beschränkt sich diese also eher auf die konkrete Ausführung der Arbeitsaufgabe. Die dafür erforderlichen Koordinierungs- und Reflexionsleistungen, die die Beschäftigten als subjektives Vermögen in den Arbeitsprozess einbringen, sind notwendige Voraussetzungen für die Bearbeitung von Zielen – und daher auch vom Management gewünscht. Anders gesagt: Ohne die Mitwirkung der Beschäftigten lässt sich weder eine Zielvereinbarung noch die Zielhierarchie als steuerndes Unternehmensprinzip realisieren.

Diese Freiheit, sich die Arbeitsschritte nach eigener Sinnhaftigkeit einteilen zu können, bedeutet nicht, dass die Beschäftigten frei sind beziehungsweise »eine neue Autonomie in der Arbeit« Raum gewinnt. Was die Zielvereinbarung in dieser Hinsicht den Beschäftigten an Freiraum ermöglicht, lässt sich zwar als ein Zugewinn von individuellen Freiräumen verstehen, aber dadurch entsteht noch keine Autonomie. Unter Autonomie ist nach dem Verständnis verschiedener Definitionen das »Recht zur Selbstgesetzgebung und zur Selbstregierung auf allen Stufen und in allen Bereichen des Lebens« zu verstehen.[327] Dieser Autonomiebegriff umfasst weit mehr als die individuelle Ebene, er schließt den eigenen Betrieb, die Gesellschaft und die gesamte Wirtschaft ein. Zu kritisieren ist an der »indirekten Steuerung«, dass sie den Autonomiebegriff auf die individuelle Ebene reduziert und dabei die gesellschaftliche und ökonomische Ebene von Autonomie aus dem Blick gerät. Das führt dazu, dass sie unter Autonomie individuelle Freiräume, nicht aber die gemeinschaftlich ausgeübte Selbstbestimmung der Beschäftigten über die Ziele ihrer Arbeit versteht.

---

327 Vgl. https://www.bpb.de/nachschlagen/lexika/recht-a-z/21889/autonomie, (12.08.2019).

7 Die paradoxe Selbstorganisation: Arbeiten im Team

7.1 Neue Teamformen unter agilen Vorzeichen

In der Diskussion um Agilität und agile Arbeitsweisen spielt die Arbeitsform Team eine wichtige Rolle. Ein Team gilt in agilen Unternehmen als geeignete organisatorische Einheit, mit der auf schnelle Wandlungen des Marktes wirksam reagiert werden kann. Die gedankliche Verbindung von Team und Markt findet sich in einer weit verbreiteten Argumentation, die bei zahllosen Unternehmensberatern nachzulesen ist: Weil Märkte sich ständig ändern, müssen auch Teams flexibel und wendig genug sein, um auf diese »entfesselten« Märkte reagieren zu können. Daher sollen sie flexibel und eigenverantwortlich arbeiten. Hierarchische Strukturen gelten dabei als Hindernis für agile Arbeitsweisen und sollen abgeschafft werden. Die Teams sollen sich frei und selbstorganisiert in einem Netzwerk mit den anderen Teams des Unternehmens bewegen und austauschen können. Netzwerkartige Strukturen statt Herrschaftshierarchien seien daher die Grundlagen zukünftiger Unternehmensführung.

Diese Argumentation klingt plausibel und – auf den ersten Blick – sympathisch, ist es doch wünschenswert, wenn Menschen selbstorganisiert und ohne Bevormundung durch Vorgesetzte arbeiten können. Eine Vision der Arbeiterbewegung scheint konkret zu werden: Abbau von Fremdherrschaft, mehr Handlungsspielräume, Selbstorganisation, ja sogar ein wenig mehr Demokratie im Betrieb. Wer erhebt Einwände gegen eine solche Vision?

Skepsis stellt sich ein, wenn man sich vergegenwärtigt, dass Unternehmensberater wie Tom Peters und Robert Waterman bereits vor mehr als 40 Jahren Kleingruppen als essentiellen Bestandteil exzellenter Organisationen betrachteten und den Unternehmen den Rat gaben, die Beschäftigten in »quasi-autonomen Positionen«[328] zu organisieren. Die Idee der selbstorganisierten Teams ist also keineswegs so neu, wie es einschlägige Internetseiten darstellen. Auch in der Diskussion, die in den 1990er-Jahren um »Lean Production« beziehungsweise »Lean Management« geführt wurde, galten ›(teil)autonome Teams‹ als unverzichtbarer

---

328 Vgl. Ulrich Bröckling: Das unternehmerische Selbst. Soziologie einer Subjektivierungsform, Frankfurt am Main 2007, S. 62/63.

Bestandteil einer modernen Arbeitsorganisation: Nur sie seien in der Lage, mit der Konkurrenz aus Japan Schritt zu halten, lautete eine Schlussfolgerung der MIT-Studie zur schlanken Produktion.[329] Diese Beispiele
zeigen, dass Management und Unternehmensberater schon lange der Eigenständigkeit und Handlungsfreiheit von Teams das Wort reden. Aber
Rhetorik ist das eine, die Praxis das andere, denn abgesehen von einigen
kleineren Start-Ups existieren kaum Unternehmen nennenswerter Größe mit selbstorganisierten Strukturen. Nach wie vor sind Unternehmen
von Hierarchien und Leitungsapparaten geprägt.

Geht es nach der »agilen Community«, soll das nun in den Unternehmen anders werden.[330] Hierarchien sollen im Unternehmen abge-
schwächt oder aufgelöst und durch neue Strukturen ersetzt werden. Als
leuchtendes und wohl bekanntestes Beispiel für einen selbstorganisierten, hierarchiefreien Arbeitszusammenhang gilt das Scrum-Team, das
in der Software-Entwicklungsbranche weit verbreitet ist.

Auf den folgenden Seiten werden zwei in Buchform vorliegende
Leitfäden zur Teamarbeit vorgestellt, die einen vergleichbaren Leitbildcharakter haben. Beide beschreiben Aufgaben und Rollen von Teams,
betten diese aber in eine umfassendere Darstellung von agilen Unternehmen und ihren Strukturen ein. Beide Leitfäden sind deutlich beeinflusst von einem Konzept namens »Holacracy«. Verstanden wird
unter »Holacracy« sowohl eine besondere Unternehmensorganisation
als auch eine spezifische Art der Entscheidungsfindung in Teams oder
Kreisen (siehe weiter unten).

Das erste Buch stammt von einem ehemaligen Berater der großen Unternehmensberatungsfirma McKinsey, Frederic Laloux. Er beschreibt in seinem Buch »Reinventing Organizations. Ein Leitfaden zur
Gestaltung sinnstiftender Formen der Zusammenarbeit« selbstführende
Teams als Teil einer »evolutionären Organisation«. Darunter versteht
er eine zukunftweisende Unternehmensorganisation, die darauf hin-
wirkt, »unsere innere Ganzheit wiederzuerlangen und unser vollstän-
diges Selbst in die Arbeit einzubringen.«[331]

---

329 Vgl.: Womack, James P; Jones, Daniel T; Roos, Daniel Die zweite Revolution in der
   Autoindustrie – Konsequenzen aus der weltweiten Studie des Massachusetts
   Institute of Technology, Frankfurt a. M. 1991.
330 Unter agiler Community verstehe ich das Netzwerk von Selbstbeschreibungen
   aus Firmen, Infoportalen und Webseiten von Unternehmensberatern, die sich mit
   dem Thema Agil befassen.
331 Frederic Laloux: Reinventing Organizations. Ein Leitfaden zur Gestaltung sinnstiftender Formen der Zusammenarbeit, München 2014, S. 53/54.

Autoren des zweiten Buches »*Das kollegial geführte Unternehmen – Ideen und Praktiken für die agile Organisation von morgen*« sind die Unternehmensberaterin Claudia Schröder und der Unternehmensgründer Bernd Oestereich. Es hat viele inhaltliche Überschneidungen mit der Darstellung der selbstführenden Teams, die Laloux beschreibt. Es ist ebenfalls ein Blick in die Zukunft, bezeichnet aber die zukünftige Form der Unternehmen mit dem Begriff des kollegial geführten Unternehmens. Dieser Leitfaden ist Thema des Buchs.

Die beiden im Folgenden näher vorgestellten Leitbilder lassen sich in eine Diskussion einordnen, die im Managementdiskurs unter dem Stichwort »Neue Führungskonzepte« stattfindet. Diskutiert wird unter diesem Stichwort bereits seit einigen Jahren die Frage, wie Humanressourcen, also Kompetenzen, Wissen und Potenziale (Gefühle, Kreativität, Ideenfindung) von Beschäftigten im Sinne der Unternehmen effektiver genutzt werden können und wie die Strukturen in einem Unternehmen aussehen sollen, damit die Beschäftigten motiviert arbeiten. In diesem Zusammenhang wird auch die Bedeutung einer teamförmigen, »agilen« Struktur der Unternehmen hervorgehoben und eingefordert.

Lösungsansätze sieht diese Diskussion in einer Stärkung der Selbststeuerungsfähigkeiten der Beschäftigten (»Empowerment«). Durch Übertragung von Verantwortung und eine Erweiterung ihrer Handlungs- und Entscheidungsspielräume sollen Beschäftigte eigen- und selbstverantwortlich agieren und sich als selbstständige Akteure im Streben nach vereinbarten Zielen, Kunden- und Terminvorgaben begreifen. Als neue Steuerungsformen zur Mobilisierung dieser Humanressourcen erörtert dieser Diskurs verschiedene Managementmethoden: Abflachung von Hierarchien, Gruppen- und Teamarbeit, veränderte Führungskonzepte (»Coaching«, »Distance Leadership«) und Zielvereinbarungen.

Nachfolgend werden die genannten Bücher von Laloux und Schröder/Oestereich als exemplarische Leitfäden zum Verständnis dieses Managementdiskurses näher erörtert.

Das selbstführende Team (Laloux)

In der »evolutionären Organisation«, die Laloux als Zielperspektive für soziale und gemeinwirtschaftliche Einrichtungen wie für private Unternehmen vorsieht, ist die Abwesenheit von unterer und mittlerer

Hierarchieebene das entscheidende Merkmal der Arbeitsorganisation. Die klassische Pyramide, die in vielen Unternehmen die charakteristische Struktur der Machtverteilung symbolisiert, betrachtet er als ineffizient und unzeitgemäß. Stattdessen plädiert er für »flexible Hierarchien«, die »auf Anerkennung, Einfluss und Fertigkeiten basieren«. [332] Laloux nennt sie »Verwirklichungshierarchien«, die die veralteten »Herrschaftshierarchien« ablösen sollen. [333] Die Abwesenheit von Hierarchien führt aber nicht zum Verschwinden der Aufgaben einer Hierarchie. Zahlreiche Vorgesetztenaufgaben gehen auf das Team über. »Das Team überwacht die eigenen Leistungen und entscheidet über korrigierendes Eingreifen, wenn die Produktivität sinkt. Gemessen werden daher die Teamergebnisse, ›so wie in jeder anderen Organisation auch‹«. [334] Leistungsbewertungen erhalten die Beschäftigten von ihrem Team. Dies geschieht in Form von Feedback und durch Beurteilungsgespräche am Jahresende. Werden Beschäftigte neu eingestellt, erfolgen Bewerbungsgespräch und Einstellung durch die zukünftigen Teamkollegen. Neben ihrem eigentlichen Tätigkeitsbereich sollen die Teams nach Laloux auch Verwaltungsaufgaben übernehmen.

Was das bedeutet, zeigt er am Beispiel von Buurtzorg, einem niederländischen Unternehmen in der Altenpflege. Bei Buurtzorg (deutsch »Nachbarschaftspflege«) arbeiten die Beschäftigten in Teams von etwa zehn Personen. Es gibt keine Vorgesetzten. Alle Teammitglieder übernehmen alle Aufgaben, die im Unternehmen zu leisten sind. Neben der eigentlichen Pflege gehören dazu auch Aufgaben aus den Bereichen, die in anderen Pflegeunternehmen spezifischen Abteilungen oder der Einrichtungsleitung zugeordnet sind, beispielsweise die Aufnahme neuer Patienten, die Urlaubs- und Dienstplanung, Verwaltung und Dokumentation von Patienteninformationen, Neuanmietung von Büros, Planung von Weiterbildungsmaßnahmen, Neueinstellungen von Personal. Die Teammitglieder sind auch verantwortlich für die Zusammenarbeit mit sozialen Trägern und Sozialeinrichtungen, sollen Kontakte mit Hausärzten herstellen und ein Netz von Freiwilligen in der lokalen Umgebung der Patienten aufbauen.

332 F. Laloux, a.a.O., S. 184.
333 https://www.denkmodell.de/reinventing-organizations/ (30.11.2021)
334 F. Laloux, a.a.O., S. 126.

Die Teambesprechung: Beschlüsse statt Meinungsbildung

Teambesprechungen finden ohne Anwesenheit von Vorgesetzten statt. Da die einzelnen Teams bei Buurtzorg viele Aufgaben haben, ist die Zeit für Sitzungen meistens knapp bemessen. Die Effizienz von Teambesprechungen hat daher höchste Priorität. Im Vordergrund einer Teambesprechung steht nicht der Austausch über Arbeitsprobleme oder die ausführliche Diskussion eines bestimmten Themas, sondern die rasche Entscheidungsfindung. Grundlage ist ein von *Holacracy* (siehe unten) beeinflusstes Verfahren der Entscheidungsfindungen. Es besteht aus einer Reihe von Regeln, die die Kommunikation bestimmen und den Austausch im Team auf sachliche Aspekte eines Themas eingrenzen sollen. Entscheidungen können laut *Holacracy* in Form der »integrativen Entscheidungsfindung« erfolgen.

Die Mitglieder eines Kreises entscheiden nach Konsent und nicht nach Konsens. Im Unterschied zum Konsensverfahren erfolgt die Entscheidung im Konsent nicht erst dann, wenn alle Widersprüche gegen eine mögliche Entscheidung gänzlich aufgelöst sind. Mögliche »Bedenken« oder Äußerungen von Unmutsgefühlen sind für die Entscheidungsfindung nicht relevant. Entscheidungen beruhen also nicht auf Zustimmung, sondern auf (passiver) Akzeptanz der Beteiligten. Ob die Teammitglieder von der getroffenen Entscheidung überzeugt sind, spielt daher keine Rolle. Entscheidend ist, dass kein ernstzunehmender Einwand aus dem Team formuliert wird. Durch dieses Regelwerk werden längere Diskussionen weitgehend unterbunden.[335]

Leitbild: Das kollegial geführte Unternehmen

Auch im Leitbild des kollegial geführten Unternehmens von Schröder/ Oestereich ist die Übertragung von Aufgaben auf die Teams erklärte Absicht und Kennzeichen der »agilen Organisation«. Wie bei Laloux geht es in ihrem Leitfaden um die Übertragung von Führungsaufgaben. »Kollegiale Führung ist die auf viele Kollegen und Kolleginnen dynamisch und dezentral verteilte Führungsarbeit anstelle von zentralisierter Führung durch einige exklusive Führungskräfte.«[336]

Die Beschäftigten sollen alle notwendigen Entscheidungen selbst

---

335 B. Robertson: Holacracy: Ein revolutionäres ManagementSystem für eine volatile Welt. München 2016, S. 67.
336 https://next-u.de/2019/kollegial-verteilte-ziehende-fuehrung/ (30.11.2021)

fällen, sich gegenseitig kontrollieren und Konflikte klären. »Führung ist zu wichtig, um sie nur Führungskräften zu überlassen«[337], lautet es im Konzept einprägsam. Zwischen den Personen und den Aufgaben der Führung zieht das Konzept einen klaren Trennstrich. Die Führungsaufgaben sollen in die Beschäftigtenteams verlagert werden. Dafür werden Rollen bestimmt, Verantwortungs- und Aufgabenbereiche definiert und Rollenträger gewählt. Das sind Mitglieder, die in den Teams für die Durchführungen der Entscheidungen in ihrem Bereich verantwortlich sind.

Die Macht eines Teams

Was im Einzelnen zu den Führungsaufgaben eines Teams zählt, beschreibt der Leitfaden in zahlreichen Beispielen. Angefangen von Arbeitszeitregelungen über Beurteilungsgespräche bis hin zum Ausstellen von Arbeitszeugnissen sollen die Teams des kollegial geführten Unternehmens über die Entscheidungskompetenzen und Rechte verfügen, die in anderen Unternehmen die Vorgesetzten innehaben. Zwei Fallsituationen erläutern beispielhaft die Handlungsvollmachten eines Teams im kollegial geführten Unternehmen.

Fallsituation I: Ausschluss aus einem Team
Ist ein Kollege aus einem Team oder Kreis auszuschließen, kommt es in einem kollegial geführten Unternehmen zu einem »Neuordnungsverfahren«. Dies von den Autoren so bezeichnete Verfahren ersetzt die in Unternehmen arbeitsrechtlich vorgesehene Maßnahme der Versetzung an einen anderen Arbeitsplatz. Mit einer Versetzung kann der Arbeitgeber sein Weisungsrecht (§ 106 Gewerbeordnung) ausüben, wobei er mögliche Einschränkungen (beispielsweise Arbeitsvertrag, Tarifvertrag, Betriebsvereinbarung oder gesetzliche Regelungen) zu beachten hat.

Anlass für den Ausschluss aus einem Team können im kollegial geführten Unternehmen der Wegfall von Arbeitsaufgaben oder auftretende Disharmonie im Team sein: »Manchmal passt ein Kollege einfach nicht in ein Team, in eine Kultur oder zu einer Aufgabe.«[338] Der

337 https://www.artop.de/wp-content/uploads/2018/11/Bernd-Oestereich-F%C3%B-Chrung-ist-zu-wichtig-um-sie-nur-F%C3%BCChrungskr%C3%A4ften-zu-%C3%B-Cberlassen.pdf
338 Bernd Oestereich, Claudia Schröder: Das kollegial geführte Unternehmen, Ideen und Praktiken für die agile Organisation von morgen, S. 227.

dann erforderliche Ausschluss sei nicht als Sanktion oder als Mobbinghandlung zu begreifen, sondern »eine Chance für den Kollegen und das Unternehmen, seine Fähigkeiten an anderer Stelle zu erproben und zu beweisen«. [339] Selbstredend soll es im Neuordnungsverfahren darum gehen, »wertschätzend und respektvoll miteinander Lösungen zu suchen«.[340]

Stellt ein Team nicht mehr »in ausreichender Weise« Wertschöpfungsmöglichkeiten bei einem Teammitglied fest, kann es sich, wie beim Kündigungsverfahren, selbst ermächtigen und entsprechende Schritte einleiten. Droht das Procedere die Handelnden zu überfordern, »weil sie beispielsweise ihre eigene Wertschöpfung sonst zu sehr vernachlässigen würden«,[341] sollte ein »Trennungsprozess-Coach« eingeschaltet werden. Das kann ein »Personalspezialist« aus der Human-Ressource-Abteilung oder der »formale Chef« selbst sein.[342]

Fallsituation II: Kündigung
Kündigungen von Beschäftigten werden im kollegialen Unternehmen als »Trennungen« bezeichnet. Für eine Trennung müssen nicht die im Arbeitsrecht vorgesehenen personen-, verhaltens- oder betriebsbedingten Gründe (§ 1 Abs.2 Kündigungsschutzgesetz) vorliegen. Im kollegial geführten Unternehmen kann es bereits ausreichen, den Unmut der Kollegen auf sich zu ziehen, um einen Trennungsprozess in Gang zu setzen. »Wünschen sich beispielsweise mindestens drei Kollegen die Trennung von einem Mitarbeiter, dann bilden diese ein Trennungsteam«. Dieses »selbstermächtigte Team« hat die Aufgabe, mit dem betroffenen Kollegen »einen Dialog zum Trennungsanliegen« herzustellen. Nach Austausch der verschiedenen Sichtweisen fällt das Team eine Entscheidung. Hat im Team niemand Einwände oder legt ein Veto ein, ist der Betroffene entlassen. Eine weitere Möglichkeit wäre, die Entscheidung unter Einbeziehung der Geschäftsführung ins übergeordnete Team zu verlagern. Auch hier gilt: Der Betroffene hat »keine Vetomöglichkeit und die Trennung oder Abmahnung gilt als beschlossen, sofern niemand ein Veto einlegt.«[343]

---

339 Ebd.
340 Ebd.
341 Ebd.
342 Ebd.
343 Ebd, S. 225.

Ist bei einer Kündigung im geltenden Arbeitsrecht das Schutzniveau aufgrund schwacher Begründungspflichten schon niedrig genug, so soll dieses Niveau im kollegialen Unternehmen noch weiter abgesenkt werden. Eine Begründungspflicht entfällt völlig.»Man braucht keinen Grund mehr«, hält Stefan Siemens das Besondere an diesem Vorgehen fest,»um eine Entlassung vorzunehmen. Es reicht, dass drei Personen das, warum auch immer, wollen.«[344] Dann lässt sich auch eine Begründung anschließen, die die Kündigung formaljuristisch»wasserdicht« macht.

Ein Netzwerk von Kreisen (Holacracy)

Als Gegenmodell zu einer Organisation mit starren Hierarchien beschreiben beide Leitfäden ein flexibles System von Hierarchie und Entscheidungsfindung (siehe Abb. 10). Sowohl Laloux als auch Schroeder/ Oestereich kritisieren die Ungleichheit der Machtverteilung in den Unternehmen, weil sie zu Demotivation und Gleichgültigkeit führt. »Aber was wäre, wenn wir Strukturen und Praktiken schaffen würden, in denen [...] alle Macht haben und niemand machtlos ist?«, fragt Laloux und deutet damit an, dass es nicht um Abschaffung, sondern um andere Verteilung von Macht in einem agilen Unternehmen geht.[345]

Kreise sollen an die Stelle der pyramidenförmigen Hierarchie treten. Jeder dieser Kreise hat spezifische Ziele, Aufgaben und Arbeitsweisen. Ein an Kreisen orientiertes Unternehmensmodell besteht aus

*   wertschöpfenden Kreisen, die den Unternehmenszweck umsetzen,
*   Unterstützungskreisen, die dienstleitende Zuarbeit zur Wertschöpfung leisten (z. B. Aufnahmeteam, Gehaltsüberprüfungskreis, Organisations-Coaching),
*   Kreisen zur Koordination und Entscheidungsfindung (z. B. Plenum, Topkreis, Inhaber-, Strategie-, oder Interessenvertretungskreis),
*   temporär oder anlassbezogenen Unter- und Oberkreisen,
*   Rollen-, Praktiker- und Kollegengruppen: Sie kommen zur Reflexion der eigenen fachlichen und organisatorischen Tätigkeit zusammen.[346]

---

344 Stephan Siemens: Wie kollegial ist das «kollegial geführte Unternehmen?«, unveröffentlichtes Manuskript
345 Frederic Laloux: «Reinventing Organizations. Ein Leitfaden zur Gestaltung sinnstiftender Formen der Zusammenarbeit, München 2014, S. 60.
346 Vgl. Stephan Siemens: Wie kollegial ist das «kollegial geführte Unternehmen?«, unveröffentlichtes Manuskript sowie Bernd Oestereich, Claudia Schröder: Das kollegial geführte Unternehmen, Ideen und Praktiken für die agile Organisation von morgen.

Über Repräsentanten und Ansprechpartner sind die Kreise miteinander verbunden und bilden das Netzwerk des Unternehmens (siehe Abbildung). Ein jeder Beschäftigter (BE) ist nicht nur Mitglied mehrerer Teams, sondern übernimmt auch (als Inhaber einer Rolle) Verantwortung für ein Team oder mehrere Kreise. Die verschiedenen Mitgliedschaften in Kreisen und Gruppen sorgen für ein engmaschiges Netz von Kommunikation und Kontrolle. Angestrebt wird mit diesem Netz eine möglichst umfassende Verantwortungsübertragung auf jeden Beschäftigten. Niemand soll sich unternehmerischer Verantwortung entziehen können. Wirksame Kontrolle wird durch die jeweiligen Kreise oder Teams ausgeübt, denen die Beschäftigten angehören.

Das Konzept dieser Kreisstruktur wird als ›Holacracy‹ bezeichnet und leitet sich aus den griechischen Wörtern »holos« und »kratein« ab. »Holos« heißt vollständig oder ganz, »kratein« bedeutet Herrschaft oder Führung. *Holacracy* lässt sich somit als »Herrschaft der Holons« definieren. Geteilte Verantwortung und Entscheidungsmacht durch Kreise, Regeln und Strukturen sollen die klassische Hierarchie der Personen ablösen. Entwickelt wurde es 2016 von dem Softwareentwickler Brian Robertson. Er selbst bezeichnet sein Werk als ein »praktisches Betriebssystem« und formuliert ganz unzweideutig, dass es dabei nicht um die Bedürfnisse von Menschen geht, sondern um die Interessen und Sinnorientierung von Unternehmen: »Die Holakratie fokussiert sich auf die Organisation und ihren Sinn – nicht auf die Menschen und ihre Wünsche und Bedürfnisse, so positiv diese auch sein mögen.«[347] Der Vergleich mit dem Betriebssystem eines Computers charakterisiert die technisch beziehungsweise systemisch geprägte Sichtweise von *Holacracy*. Es geht um Effizienz und Schnelligkeit, nicht um eine Kultur des Austausches oder der Diskussion.

Noch vor wenigen Jahren galt »Holacracy« als *das* Konzept der Zukunft, hervorragend geeignet für selbstorganisierte Teams und Unternehmen mit einer agilen Arbeitsweise. Inzwischen hat sich die Begeisterung für dieses Konzept in der »agilen Community« spürbar gelegt. Es gibt zahlreiche Berichte über Schwierigkeiten bei der Umstellung auf die kreisförmigen Strukturen. Auch die umfangreichen Kommunikationsregeln, die »Holacracy-Verfassung«, entpuppen sich in der Praxis als kompliziertes und schwer umsetzbares Regelwerk. Als warnendes Beispiel gilt das Amazon-Tochterunternehmen Zappos, das als Folge

---

347 B. Robertson: Holacracy: Ein revolutionäres ManagementSystem für eine volatile Welt. München 2016, S. 188.

einer rigiden Umsetzung des holakratischen Ansatzes durch Fluktuation und Kündigung in kürzester Zeit ca. ein Fünftel seiner 1500 Beschäftigten verlor.[348]

Das Team als Verantwortungsträger

Die Idee des selbstführenden Teams (Laloux) und das Konzept des Teams als kollegial geführtes Unternehmen (Schröder/Oestereich) entstammen einem Managementdiskurs über neue Führungskonzepte. Beide Leitbilder sehen in Selbstorganisation, Empowerment, gemeinsamem Arbeiten ohne Hierarchie die Elemente, die ein agiles Team auszeichnet. Was ihnen als agiles Team vorschwebt, ist ein Gebilde mit vielerlei Kompetenzen und Funktionen, das über eine reine Organisation von Beschäftigten, die zur Bearbeitung einer Aufgabe fachlich zusammenarbeiten, weit hinausgeht. Unter dem Stichwort »Verantwortungsübernahme« streben sie die Verlagerung von Kompetenzen auf die Beschäftigten an. Zahlreiche Vorgesetztenaufgaben sollen auf die Teams übergehen.

Das Beispiel Buurtzog zeigt eine Übertragung von Organisations- und Personalmanagementaufgaben auf das Team. Es handelt sich dabei um einen Bereich, der in anderen Firmen üblicherweise der Verwaltung oder der Vorgesetztenebenebene obliegt. Zu den erweiterten Aufgaben kann auch die Ausübung der Disziplinar- und Sanktionierungsfunktion gehören, die dem agilen Team durch Auflösung von Hierarchiestufen im Unternehmen zufällt. Im kollegial geführten Unternehmen überwachen Teams die eigenen Leistungen und entscheiden über korrigierendes Eingreifen, wenn die Produktivität sinkt. Sie sollen sich beurteilen, gegenseitig Feedback geben, gemeinsam Einstellungen und Kündigungen durchführen. Sogar die Frage der Angemessenheit des Gehalts jedes Beschäftigten könnte demnach im Team geklärt werden.

Damit die Beschäftigten ihrer organisierenden und sanktionierenden Rolle gerecht werden, sollen sie über Macht und eine gemeinsame Wertebasis als Grundlage verfügen. Verstanden werden darunter die agilen Werte, wie sie der »Scrum«-Guide definiert.[349] Dazu gehören Commitment, Fokus, Offenheit, Respekt, Mut.

---

348 https://unternehmensdemokraten.de/2016/12/19/holacracy-eine-kurze-analyse-der-fallbeispiele/ (04.02.2021)
349 Vgl. https://scrumguides.org/docs/scrumguide/v2020/2020-Scrum-Guide-German.pdf (12.05.2021)

»Empowerment« und agile Werte gelten in den Diskursen als positive Eigenschaften und verkörpern im Sinne von Mentalitäten und Verhaltensweisen den Gegenpol zu Erscheinungen wie Lethargie, Passivität oder einer »Dienst-nach-Vorschrift-Mentalität«. »Empowert« ist ein Team, wenn es selbstständig, ohne Initiativen von außen auf Marktzwänge, Kundenwünsche oder Wettbewerbssituation reagiert. Macht (Power) wird dabei verstanden als Glaube des Teams an die eigene Kraft und an die Fähigkeit, den Herausforderungen der »VUCA«- Welt zu begegnen. Ein solches »empowertes« Team, das mit den übertragenen Managementfunktionen umzugehen weiß, ist im Verständnis des Managementdiskurses in der Lage, auf die undurchsichtigen Verhältnisse auf den Märkten zu reagieren und die technologischen Entwicklungen (Digitalisierung) zu verstehen. Es soll sich als eine Gemeinschaft begreifen, die zur Übernahme von Verantwortung bereit ist und zusammen mit Management und Unternehmensleitung an Fortbestehen und Zukunft des Unternehmens arbeitet.

Unter »Empowerment« versteht der Diskurs auch, Macht und Verantwortung im Inneren des Teams walten zu lassen. Das Team soll über Beschäftigte Macht ausüben und jeder kann mit Hilfe des Teams selbst Macht ausüben – und das mit aller Härte und Konsequenz, wie das Team des kollegial geführten Unternehmens zeigt. Wenn Beschäftigte zu ihren eigenen Vorgesetzten werden, ändert sich der Charakter eines Teams grundlegend. Aus einem Arbeitszusammenhang von verschiedenen Beschäftigten zur fachlichen Bearbeitung einer Arbeitsaufgabe wird dann ein Macht- und Kontrollgremium, das mit Hilfe von sozialem Druck und Gruppendynamik für die im Team gewünschte oder vom Unternehmen erwartete Leistungsbereitschaft sorgt.

Welche Folgen hat das für die Beschäftigten? Führen Selbstorganisation oder Selbstführung eines Teams zu mehr Demokratie im Betrieb? Verschwinden Macht und Herrschaft, wenn Hierarchien abgebaut werden? Diese Fragen sollen im Teil 3 aus der Perspektive der Beschäftigten diskutiert werden.

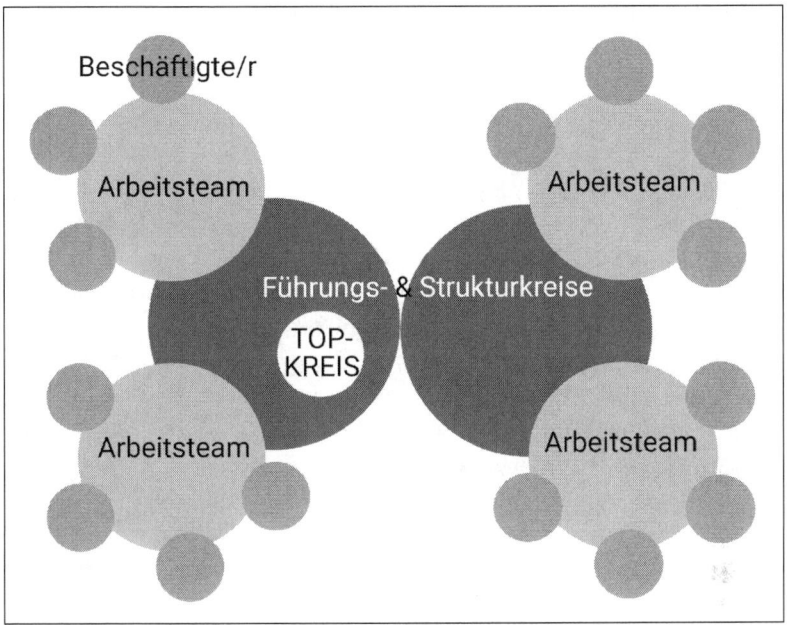

Abb. 10: Teams und Kreise in Holacracy
(Eigene Darstellung nach einer Vorlage von Dominic Lindner: https://persoblogger. de/2020/09/01/holokratie-und-soziokratie-ist-das-konzept-der-selbstorganisation-in-unternehmen-gescheitert/ (09.02.2021)

7.2 Gruppe, Team, Scrum: Varianten der Kooperation

Begriffe wie »Team«, »Teamarbeit« oder »Arbeitsteam« haben sich im deutschen Sprachgebrauch in den 1990er-Jahren durchgesetzt. Davor waren in Deutschland eher Bezeichnungen wie »Gruppe« oder »Arbeitsgruppe« geläufiger, wenn über Kooperationsformen in der Arbeitswelt gesprochen wurde. Unter dem Begriff »Gruppenarbeit« gibt es bereits eine »sehr lange Geschichte der Gruppe im Industriebetrieb«, die Timo Luks in seinem Aufsatz *Gruppe und Betrieb* nachzeichnet.[350] Angefangen bei der Gruppenfabrikation vor dem ersten Weltkrieg bei der Daimler-Motoren-Gesellschaft über arbeitspsychologische Experimente mit Arbeiterinnen in den amerikanischen Hawthorne-Werken bis hin zu industriesoziologischen Diskussionen über teilautonome Gruppen Mitte der 1970er-Jahre: Immer wieder gibt es rund um die Arbeitsform Gruppe neue und Aktualisierungen alter Konzepte. »Die Problematisierung der Gruppe im Industriebetrieb bewegte sich zwischen soziologischer Positionsbestimmung, Managementmethoden und angewandter Sozialforschung«,[351] stellt T. Luks im Rückblick auf diese mehr 100-jährige Geschichte der Gruppenarbeit fest.

Anfang der 1990er-Jahre wurde in Deutschland unter Arbeitswissenschaftlern und Soziologen, aber auch bei Arbeitgebern und Gewerkschaften eine intensive Diskussion um Teamarbeit geführt. Auslöser war eine amerikanische Studie zu den Erfolgen der japanischen Automobilindustrie, die sich zum weltweit größten Produzenten entwickelte. Große Aufmerksamkeit in den USA und Westeuropa erfuhr das Produktionssystem von Toyota, das in punkto Ablaufrationalität, Qualität und Materialfluss durch eine Verschlankung der Arbeitsprozesse Aufsehen erregte.

Gründe für den Erfolg waren laut der Studie »das dynamische Arbeitsteam, das sich als Herz der schlanken Fabrik entpuppt« und zu einer kontinuierlichen Qualitätsverbesserung führte.[352] Diese Fortschritte könnten aber nur erzielt werden, wenn die langen Fließbänder in den Fabriken in Einheiten unterteilt würden, bei denen die Arbeiter in ihrem engen Umfeld eine strikte Erfolgs- und Qualitätskontrolle aus-

350 Timo Luks: Gruppe und Betrieb. Sozialwissenschaftliche Zugriffe auf industrielle Produktionsweisen, 1920–2000, in; Mittelweg 36, 28./29. Jahrgang, Heft 6/19 – Heft 1/Jan. 20.
351 Ebd. S. 45.
352 James Womack u. a. in: Heiner Minssen: Arbeits- und Industriesoziologe, Frankfurt am Main 2006, S. 119.

üben. »Die Teammitglieder«, so kommentierte das Wirtschaftsmagazin *brand eins* mit Blick auf Japan diese Form der Gruppenarbeit, »waren Teil eines brutal hierarchischen Betriebes, ihre Gruppendynamik ein Gewaltakt. Die Teammitglieder, früher einfache Fließbandarbeiter, empfanden die vermeintliche Kompetenzerweiterung letztlich als das, was sie war: eine zusätzliche Arbeitsbelastung.«[353] Auch wenn bis heute keine einheitliche Definition von »Lean Production« oder »Lean Management« existiert, zählte die Arbeit in einem Team oder Gruppe zu den Merkmalen dieser Managementmethode. »Lean« wurde zu einem Schlüsselwort für verschiedene Ansätze und Vorhaben mit dem Ziel der Kostenverringerung und Straffung der Arbeitsorganisation. Im Managementdiskurs bekam Gruppen- oder Teamarbeit dabei als arbeitsorganisatorisches Konzept ein stärkeres Gewicht, hegten viele Unternehmen doch die Hoffnung, durch Gruppenarbeit auf eine Verbesserung ihrer Wettbewerbsposition und ihrer Flexibilität hinzuarbeiten.

Die teilautonome Gruppenarbeit

In den 1990er-Jahren begannen in Deutschland viele Unternehmen die Arbeitsorganisation in ihren Fertigungsbereichen auf Teamarbeit auszurichten. Studien aus dieser Zeit zeigten eine deutliche Zunahme des Verbreitungsgrads von Teamarbeit vor allem in der Industrie (Automobilproduktion, Metall- und Elektroindustrie). 2001 schaffte die Bundesregierung im Rahmen der Novellierung des Betriebsverfassungsgesetzes rechtliche Grundlagen für die Schaffung von Gruppenarbeit und fügte als neuen Tatbestand die »Grundsätze über die Durchführung von Gruppenarbeit« in den Katalog der Mitbestimmungsrechte des Betriebsrats ein.[354]

Ein einheitliches Konzept der Umsetzung existierte allerdings nicht. Jedes Unternehmen »strickte« sich seine eigene Form von Gruppen- oder Teamarbeit. Die von vielen Arbeitswissenschaftlern und Gewerkschaftern favorisierte teilautonome Gruppenarbeit wurde nur in den wenigsten Betrieben tatsächlich realisiert. In der Regel existiert »ein buntes Set von Mischformen«[355] mit völlig unterschiedlichen Arbeitsrealitäten.

353 https://www.brandeins.de/magazine/brand-eins-wirtschaftsmagazin/2002/ zusammenarbeit/du-und-das-team (30.11. 2021)
354 https://www.gesetze-im-internet.de/betrvg/__87.html (25.2.2021)
355 Rainer Salm: War der «deutsche» Weg der Arbeitsorganisation erfolglos? Vorurteile und Fakten zur Wirtschaftlichkeit guter Gruppenarbeit, in: Hilde Wagner (Hrsg.): Arbeit und Leistung – gestern & heute, Hamburg 2008, S. 34.

Das tat der Rhetorik um den Begriff »Team« aber keinen Abbruch. Team wurde zum Synonym für gemeinschaftliches, kollegiales Arbeiten in einer »lockeren« Arbeitskultur. Stellenanzeigen in Zeitungen forderten von Bewerbern »Teamorientierung«. Zum Anforderungsprofil eines Beschäftigten gehört nun die Eigenschaft »Teamfähigkeit«. In den Unternehmen war es üblich, vom gemeinsamen »Teamgeist« zu schwärmen oder an den »Teamspirit« zu appellieren. Lassen Beschäftigte einen solchen Geist vermissen, kann dieser durch Fortbildungen zur »Teamentwicklung« mobilisiert werden. Führungskräfte oder Teamleiter können sich in Buchläden mit Managementratgebern zum Thema »Team« versorgen.

So zahlreich diese Ratgeber waren, so einig waren sie sich in der Lesart der »Win-Win-Situation« der Arbeitsform Team, die für Beschäftigte und Unternehmen vielversprechende Möglichkeiten bereithalte: Die Beschäftigten erwarte große Handlungsspielräume und die Selbstständigkeit im eigenen Arbeitsbereich. Zudem werde die Arbeitsfreude bei jedem Einzelnen gestärkt, denn das Verhalten im Team sei nicht von Hierarchien, sondern von partnerschaftlicher Zusammenarbeit und gemeinsamer Motivation geprägt. Das potenzielle Mehr an Möglichkeiten für die Unternehmen sehen diese Ratgeber in einer Optimierung der Organisationsstrukturen und wachsender Flexibilität. So könne das Unternehmen schneller auf neue Entwicklungen und veränderte Anforderungen des Marktes reagieren.

Prägnant und optimistisch formulierten die firmeninternen Grundsätze von Daimler-Chrysler diese Win-Win-Situation der Teamarbeit: »Veränderte Ansprüche der Mitarbeiter erfordern Strukturen, die ihnen mehr Chancen bieten, eigenverantwortlich, kreativ und mit Spaß zu arbeiten. [...] Die Möglichkeit, sich selbst verwirklichen zu können und in der Arbeit Sinn zu finden, motiviert zur Leistung. So ergänzen sich die Bedürfnisse der Mitarbeiter und betriebliche Notwendigkeiten.«[356]

Die eingeschränkte Selbstorganisation

Was wie ein fairer Handel zwischen gleichberechtigten Partnern aussah, entpuppte sich als ungleicher Tausch zum Nachteil der Beschäftigten. Die Realität war anders als die Beteuerungen vermuten ließen. Um

---

356 Jörg Staute: Das Ende der Unternehmenskultur. Firmenalltag im Turbokapitalismus, München 1997, S. 156.

die Jahrtausendwende zeigten Untersuchungen aus der Metall- und Elektroindustrie, dass nur wenige Beschäftigte in Teams mit wirklichen Einfluss- und Gestaltungsmöglichkeiten arbeiteten. Alle anderen arbeiteten entweder in »einflusslosen« Teams ohne jegliche Mitwirkungsmöglichkeiten oder in »zwangsläufigen« Teams, in denen nur die Erledigung der Aufgabe eine Teamorganisation erforderte, ohne dass Merkmale wie Selbstbestimmung und Mitwirkungsmöglichkeiten vorhanden waren.[357] Selbst Teambesprechungen oder Gruppengespräche waren keine Selbstverständlichkeit. In vielen Fällen reduzierte das Management diese Kommunikation auf das notwendige Minimum.

Gewerkschaften und ihnen nahestehende Arbeitswissenschaftler hatten bei Einführung von Team- oder Gruppenarbeit im Zusammenhang mit »Lean Production« auf eine Humanisierung der Arbeitsbedingungen gehofft. Durch inhaltliche Anreichung der Arbeit, Einschränkung von Fließbandarbeit, größere Handlungsspielräume und gemeinsamer Aufgabenverteilung sollte die Arbeit belastungsärmer und vielseitiger werden. Diese Hoffnung bleibt weitgehend unerfüllt. Beobachter stellen stattdessen eine zunehmende Leistungsverdichtung in vielen Betrieben fest, manche sprechen von einem Trend zur »Re-Taylorisierung« der Arbeitsorganisation.

Der Gewerkschafter Rainer Salm, der seit vielen Jahren die Umsetzung in Team-beziehungsweise Gruppenarbeit begleitet, zieht ein ernüchterndes Fazit: »Überall dort, wo Gruppenarbeit von vornherein nur in ihrer restriktiven Form vorgesehen war oder auf halbem Wege stecken geblieben ist, klagen Betriebsräte und Beschäftigte über die Schattenseiten der Gruppenarbeit, ohne dass Sonnenseiten für sie spürbar gewesen wären. Die Selbststeuerung der Gruppen scheint sich, so der Tenor der Berichte, weitgehend auf die interne Steuerung des Personaleinsatzes und der An- und Abwesenheit in der Gruppe zu beschränken. Der Gruppensprecher gerät gerade bei halbherzigen Konzepten immer mehr in die Position des heimlichen Vorgesetzten. Unter diesen Umständen wird Gruppenarbeit vor allem als eine Form der Leistungsverdichtung, der erzwungenen Flexibilität und der Verlagerung des unternehmerischen Risikos in die Gruppen empfunden.«[358]

---

357 Vgl. Ulrich Pekruhl: Macht Gruppenarbeit glücklich? Arbeitsstrukturen, Belastungssituation und Arbeitszufriedenheit von Beschäftigten, Manuskript, 15. Juli 1999.
358 R. Salm, W. Kötter: Gruppenarbeit – ein verbrauchtes Leitbild «guter Arbeit«, in: Jürgen Peters, Horst Schmitthenner (Hrsg.): Gute Arbeit: Menschengerechte Arbeitsgestaltung als gewerkschaftliche Zukunftsaufgabe, Hamburg 2003, S. 128.

Tatsächlich kann von einer durch Team- oder Gruppenarbeit spürbaren Verbesserung der Arbeitsbedingungen in der Industrie nicht gesprochen werden. Betriebsvereinbarungen zur Gruppenarbeit in der bundesdeutschen Automobilindustrie verfolgen in der Regel zwar Wirtschaftlichkeit und Humanisierung als gleichrangige Ziele. Aber unter dem Diktum von Standortsicherung und Wettbewerbsfähigkeit werden Eigenständigkeit und Handlungsspielräume der Teams oder Gruppen häufig so stark eingeschränkt, dass von einer Selbstorganisation nicht viel übrigbleibt. Betriebsräte bei Daimler sprechen von einer »Schmalspur-Gruppenarbeit« und stellen in einem aktuellen Informationsblatt fest: »Was ab 1992 bei Daimler mit dem gemeinsamen Verständnis einer teilautonomen Gruppenarbeit eingeführt wurde, verkommt zunehmend zu einer Arbeitsorganisation, die den Namen ›Gruppenarbeit‹ überhaupt nicht mehr verdient.«[359]

Fallstudien zur betrieblichen Arbeitsorganisation zeigen ein sehr heterogenes Bild der Umsetzung. Vor allem Eigenständigkeit und Handlungsspielräume der Teams stehen auf dem Prüfstand, »weil die Führungskraft sich immer noch die letzte Entscheidungsgewalt vorbehält.«[360] Durch Kosten- und Zielvorgaben übt das obere Management Druck aus und erwartet von den Teams eine permanente Verbesserung des Produktivitätsniveaus. Als Verantwortliche können Meister, Abteilungs- oder Teamleiter an das Team delegierte Entscheidungen jederzeit wieder an sich ziehen, wenn es nach ihrer Meinung die Situation erfordert. Dieser »Zick-Zack-Kurs«[361] zwischen Gewährung und Einschränkung von Eigenständigkeit macht aus der Team- oder Gruppenarbeit einen Konfliktherd, in dem ständig um Arbeitsinhalte, Freiräume und Entscheidungsbefugnisse des Teams gestritten wird.[362]

Neue Formen: Das Projektteam

In anderen Branchen und Wirtschaftsbereichen hatten sich schon vor der Jahrtausendwende neue Formen der Teamarbeit entwickelt, die bis

359 https://www.labournet.de/wp-content/uploads/2019/03/alternative173.pdf (28.02.2021)
360 Stefan Kühl: Die Heimtücke der eigenen Organisationsgeschichte. Paradoxien auf dem Weg zum dezentralisierten Unternehmen, in: Soziale Welt 4/2001, S. 394.
361 Rainer Salm: War der »deutsche« Weg der Arbeitsorganisation erfolglos? Vorurteile und Fakten zur Wirtschaftlichkeit guter Gruppenarbeit, in: Hilde Wagner (Hrsg.): Arbeit und Leistung – gestern & heute, Hamburg 2008, S. 55.
362 Vgl Thomas Haipeter: Fallstudie Airbus, in: «Rentier ich mich noch«? Neue Steuerungskonzepte im Betrieb, Hamburg 2005, S. 265–284.

auf den Namen mit der in der Industrie praktizierten Teamarbeit kaum etwas gemeinsam hatten. Als moderne und dynamische Branche erlebte die New Economy um die Jahrtausendwende große Aufmerksamkeit. In den Start-Ups dieser Branche arbeiteten kleine Teams von jungen Menschen mit einer neuen Arbeitskultur voller Spaß, Motivation und Leistungsbereitschaft. Die Branche kam schnell in den Ruf, eine Art Gegenmodell zur »Old Economy« zu sein. Die Teams, die hier arbeiteten, agierten in einer Arbeitsorganisation, die sich selbst als hierarchiefrei und unkonventionell bezeichnete. So entstand in der Öffentlichkeit das Bild von Ungezwungenheit, Flexibilität und Spaß an der Leistung, das zum Synonym für ein »gutes« Team wurde und sich zu einer Art Mythos entwickelte. Als solcher überlebte er den Zusammenbruch der »New Economy« im Herbst 2001 und wirkt bis heute fort. In Gestalt des agilen Teams, in denen Unternehmensberater und Management mit Vokabeln wie Kreativität, »Empowerment« und Selbststeuerung eine zeitgemäße Arbeitskultur beschreiben, lebt dieser Mythos in aktualisierter Form weiter.

Unter dem Namen Projektarbeit entwickelte sich eine Form der Teamarbeit, die zunächst in die Start-Ups der New Economy, später aber auch in wichtige Funktionsbereiche der klassischen Industrieunternehmen wie etwa Forschung, Planung oder Produktentwicklung eindrang. Als »indirekte« Bereiche, die scheinbar wenig zur Kapitalvermehrung der Konzerne beitrugen, spielten diese Abteilungen in den Unternehmen zunächst eine untergeordnete Rolle. Das Hauptaugenmerk der Verantwortlichen richtete sich in der Regel auf die Fertigungsbereiche der jeweiligen Unternehmen. Das änderte sich, als Digitalisierung und Informatisierung von Arbeitsprozessen und Logistik immer bedeutsamer wurden. Nun stellten die Unternehmen Informatiker und Software-Entwickler ein. Nicht nur die Zahl hoch qualifizierter Beschäftigter wuchs in den Unternehmen stetig. Auch die Bedeutung dieser Beschäftigtengruppe für die Wertschöpfung der Unternehmen wurde angesichts der zunehmenden Digitalisierung und Informatisierung in allen gesellschaftlichen Bereichen immer wichtiger.

Ein Mythos bekommt Kratzer

Zumeist handelte es sich bei den neu Eingestellten um Beschäftigte jüngeren Alters mit Hochschul- oder Universitätsabschluss, der noch nicht allzu lange zurücklag. Der Projektarbeit, die zu dieser Zeit noch immer von ihrem in 1990er-Jahren erworbenen Ruf zehrte, eine eher unkonventionelle und »lockere« Arbeitsform zu sein, standen sie positiv gegenüber. Dass in den etablierten Unternehmen andere Regeln als in Start-Ups gelten, änderte daran wenig. Laut einer Studie des Soziologen Heinrich Bollinger scheint die Arbeitsform Projekt modernen Arbeitswerten zu entsprechen, die insbesondere von ökonomisch abgesicherten und hoch qualifizierten Erwerbstätigen vertreten werden. Erwerbsarbeit werde nicht mehr nur als Mittel angesehen, wirtschaftlichen Wohlstand zu erlangen oder eine berufliche Karriere zu machen. Vor allem jüngere und qualifizierte Arbeitskräfte erwarteten demnach eine sinnvolle Aufgabe, die ihnen die Möglichkeit bietet, ihre Fähigkeiten umzusetzen. Dabei werden von diesen insbesondere die großen Spielräume, die angenehmen Verkehrsformen und der kollegiale Umgang in dieser Arbeitsform gewürdigt.[363]

Beschäftigte, die in den Forschungs-, Konstruktions- oder Entwicklungsabteilungen großer Unternehmen arbeiten, sind hier oft in mehrere Projekte gleichzeitig eingebunden. Die einzelnen Projekte müssen die jeweilige Aufgabe weitgehend selbstständig bearbeiten und die Arbeitsverteilung intern unter sich regeln. Auch in der IT-Branche und Softwareherstellung ist das Projekt die übliche, gleichsam charakteristische Form zur Abwicklung eines Software-Entwicklungsauftrags. Bei IBM arbeiten die in Abteilungen zusammengefassten Mitarbeiter mit ähnlichen fachlichen Kompetenzen in Projekten mit unterschiedlicher Dauer und Zusammensetzung. Neben der Entwicklung von Software werden auch andere IBM-Bereiche wie Vertrieb und Unternehmensberatung als Projekte organisiert. Sie können teils nur wenige, teils mehrere Dutzend Mitarbeiter umfassen, die über einen sehr langen Zeitraum beim Kunden abgestellt sind und dort arbeiten.[364]

Der Markt für IT-Dienstleistungen und -Produktentwicklungen wächst stetig. Durch Ausgliederung von Abteilungen oder Gründung marktspezifischer Geschäftsbereiche reagierten IT- und Softwareunternehmen auf den sich verschärfenden Wettbewerb in dieser Branche. Die Arbeitsbedingungen der Beschäftigten veränderten sich dadurch erheblich. Der Mythos vom »guten« Team voller Spaß und Motivation, der als zeitgemäßes Bild von Projektarbeit nach wie vor existierte, erhielt einige Kratzer. Als Wolfgang Hien, Gesundheitsforscher aus Bre-

---

363 Vgl. H. Bollinger: Neue Formen der Arbeit – neue Formen des Gesundheitsschutzes: Das Beispiel Projektarbeit, in WSI Mitteilungen 11/2001, S. 685–691.
364 G. Nickel: Neue Steuerungssysteme bei IBM, in: H. Wagner: «Rentier ich mich noch«? Neue Steuerungskonzepte im Betrieb, Hamburg 2005, S. 256–257.

men, um 2005 im Rahmen eines Forschungsprojektes Interviews mit IT-Beschäftigten zur Thematik des Älterwerdens und der Gesundheit führte, stellte er bei seinen Interviewpartnern Ernüchterung, »vielleicht sogar eine gewisse Bitternis« fest, wenn das Gespräch auf den Beruf kommt: »Nicht nur die ›Außenstehenden‹, vielleicht auch so mancher IT-Experte selbst hatte sich die Arbeit in der IT-Branche so nicht vorgestellt. Auf jeden Fall hatte man doch gewisse Hoffnungen, dass sich diese ›neue Arbeit‹ doch deutlich von derjenigen unterscheiden würde, die man noch aus früheren Tagen kannte [...].«[365]

Neben Leistungsverdichtung, Zeitdruck und Zeitnot wurden in Untersuchungen zu den gesundheitlichen Belastungen zahlreiche Symptome wie Depressivität, Schlafmangel, psychosomatische Beschwerden von den Beschäftigten mit Projektarbeit in Verbindung gebracht.[366] Zudem lassen sich typische Arbeitssituationen in einem Projekt identifizieren, die wiederholt und häufig zu Konflikten und Widersprüchen führen.

Selbstorganisiert und agil: Das neue Leitbild vom Team

Mitte des ersten Jahrzehnts des neuen Jahrtausends entstand in den Diskursen von Management und Unternehmensberatern ein neues Leitbild für teamartige Strukturen. Eine wichtige Rolle spielte dabei der Begriff Selbstorganisation. In der Organisations- beziehungsweise Systemtheorie wird er als Fähigkeit einer Einheit (oder eines Systems) verstanden, aus scheinbar chaotischen Bewegungen durch eine innere Dynamik eine Ordnung herzustellen. Dabei sind die Bewegungen der Ordnungsbildung nicht unbedingt von außen gelenkt oder von Menschen bewusst gesteuert. Vielmehr sind es sich selbst organisierende innere Strukturen oder Elemente, die für Stabilität und Entwicklung eines Systems sorgen. Auch in der Biologie spielt Selbstorganisation als Erklärung für Vorgänge in der Natur eine Rolle. Mit Begriffen wie »Schwarmfähigkeit« und »Schwarmintelligenz« bezeichnen Biologen Leistungen und Verhaltenseigenschaften von Großgruppen wie beispielsweise einen Vogelschwarm, der eine einheitliche Flugbewegung ausführt oder das Verhalten von Makrelenschwärmen, die eine Ku-

---

365 Wolfgang Hien: «Irgendwann geht es nicht mehr.« Älterwerden und Gesundheit im IT-Beruf, Hamburg 2008, S. 26.
366 Vgl. H. Bollinger: Neue Formen der Arbeit – neue Formen des Gesundheitsschutzes: Das Beispiel Projektarbeit, in WSI Mitteilungen 11/2001.

gelform zur Abwehr von Robben bilden. Die Schwärme funktionieren von selbst und vollziehen ihre einheitliche Bewegung ohne Kommando oder Führung.

Theorien über Selbstorganisation entstanden bereits vor der Jahrtausendwende in Wissensdisziplinen wie Systemtheorie, Kybernetik, Physik oder Organisationstheorie. Auch Managementdiskurse begannen sich schon sehr bald mit der Frage zu beschäftigen, inwieweit Teams in Unternehmen sich vollkommen selbst und im Sinne des Unternehmens steuern können. »Die Selbstorganisationstheorien sind für das Kapital interessant, weil sie die Antwort auf die Frage versprechen, wie ganze Individuen und nicht mehr nur deren Detailfunktionen in den Verwertungsprozess hineingezogen werden können, während für alle bisherigen Herrschaftsformen die gewaltsame Reduktion der Individuen auf Detailfunktionen wesentlich war,« schrieb Klaus Peters bereits Mitte der 1990er-Jahre.[367]

Das gesteigerte Interesse von Unternehmern und Management galt vor allem den Köpfen ihrer Beschäftigten. In diesen vermuteten sie nicht ausgeschöpfte Ideen, Wissen und Informationen, die für den Produktionsprozess erschlossen beziehungsweise aktiviert werden müssen, wenn Unternehmen im Zeitalter von Internet und Digitalisierung im Wettbewerb bestehen wollen. Das führte zwangsläufig zu Überlegungen, wie dieses immaterielle Arbeitsvermögen der Beschäftigten aktiviert und für die Unternehmensinteressen genutzt werden kann und wie Organisationsformen beschaffen sein müssen, um das Wissen »abzugreifen«.

Eine Reihe von Unternehmen sah in der Veränderung von Strukturen die Lösung für diese Fragen. Zunächst waren es Experimente in Start-Ups der New Economy mit kleinen, übersichtlichen Teams. Später folgten größere Unternehmen, die Aufbau und Arbeitsorganisation umstrukturierten. Zumeist waren es Unternehmen, deren Profitquellen von der Verwertung von Informationen und Arbeitsvermögen ihrer Beschäftigten in besonderer Weise abhängen wie die IT-, Computer-, Software- und Biotechnologiebranche. Eine Pionierrolle besetzte dabei das 2012 gestartete Unternehmen des schwedischen Musikstreaming-Anbieters Spotify und seine im Internet häufig als modellhaft bezeichnete Organisation.

---

367 W. Glißmann, K. Peters: Mehr Druck durch mehr Freiheit. Die neue Autonomie in der Arbeit und ihre paradoxen Folgen, Hamburg 2001, S. 166.

Squads und Scrum

Den Kern dieses Modells bilden Teams mit jeweils etwa acht Mitgliedern, die – in Anlehnung an die Bezeichnung einer Teileinheit von Soldaten bei den US-Streitkräften –»Squads« genannt werden. Die »Squads« sollen selbstorganisiert arbeiten und sind mit »Scrum«-Teams vergleichbar. Mehrere »Squads«, die gemeinsam an einem Produkt arbeiten, bilden wiederum »Tribes« (Stämme). Der »Tribe«-Leader ist der Vorgesetzte und verantwortlich für die Leistungserbringung der »Squads«. Er soll für den notwendigen »Teamspirit« sorgen. Mit Chapter werden im Unternehmen die Organisationseinheiten bezeichnet, in denen Mitglieder verschiedener »Squads« gleicher Fachrichtung ihr Wissen miteinander teilen sollen. Als freiwillige Zusammenschlüsse über »Tribes« hinweg dienen die »Guilds«. Hier sollen sich die Beschäftigten zu einem bereichsübergreifenden Austausch über arbeitsbezogene Themen einfinden.

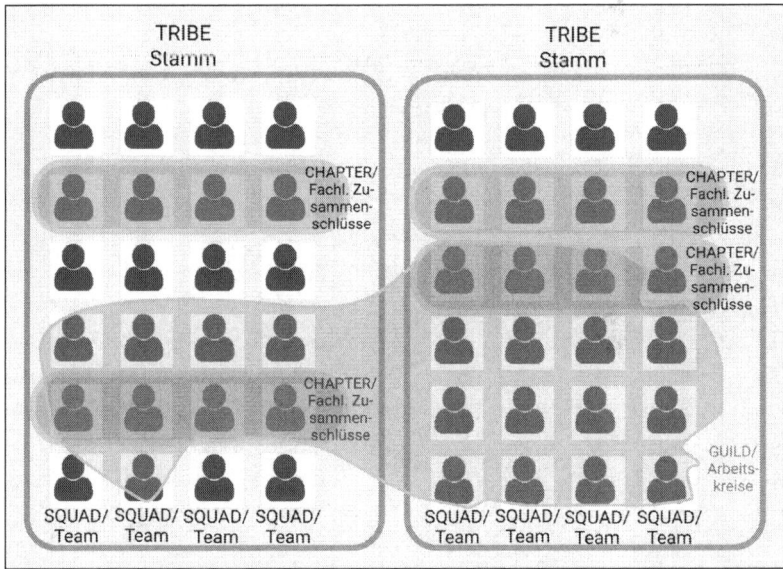

Abb. 11: Teams bei Spotify (https://agilescrumgroup.de/spotify-modell/ (12.03.2021))

Die Beschäftigten gehören also Teams verschiedener Größe an, die sich je nach Aufgaben und Inhalten voneinander unterscheiden. Spotify bezeichnet diese verschachtelte Struktur als eine »neu designte Matrixorganisation«. Diese wird aber schon 2015 im Zuge des Aufstiegs des Unternehmens zum großen Audio-Streaming-Anbieter mehrmals verändert und durch Einziehen zusätzlicher Stufen (»Product Owner«, »Triebe Leader«,»Chapter-Leader«) hierarchisiert, wodurch sie ihren Modellcharakter weitgehend einbüßt. Das ändert aber nichts daran, dass um das Spotify-Modell ein regelrechter Kult entsteht. In Managementkreisen und unter Unternehmensberatern gilt Spotify als erfolgreiches, agiles Vorzeigeunternehmen und wird zum Impulsgeber für andere. Einige Unternehmen beginnen einzelne Bereiche agil umzubauen, beispielsweise die Telekom AG oder die REWE AG.[368] Andere Unternehmen betreiben geradezu einen Generalumbau. 2015 kündigt die ING Diba an,»die erste agile Bank« zu werden und verbindet dies mit gezielten Personal- und Kosteneinsparungen. Das ruft Kritik und Widerstände unter den Beschäftigten hervor. Hierarchien werden in »Tribes« aufgelöst, sämtlichen Abteilungsleitern die Verantwortung entzogen. Die so Degradierten dürfen sich dann als »Tribe Leader« im Bewerbungsverfahren erneut für Führungsaufgaben empfehlen – viele von ihnen werden abgelehnt und verlassen daraufhin das Unternehmen.[369]

Auch die 2019 unter agilem Vorzeichen vollzogene Transformation der Commerzbank führt zu zahlreichen Konflikten und Verwerfungen. Orientiert an Spotify werden Teams (»Cell«) mit jeweils zehn Beschäftigten aus Fach- und IT-Kräften gebildet: Fachlich unterstehen sie dem Product Owner, disziplinarisch dem »Chapter Lead«. Ehemalige Abteilungen werden zu Einheiten mit bis zu 100 Beschäftigten gebündelt, die nun Cluster genannt werden. Dann durchlaufen mehrere tausend Beschäftigte ein sogenanntes Zuordnungsverfahren zur Eingliederung in die 54 Cluster der Bank in der Frankfurter Zentrale. Was sich wie ein Verwaltungsakt liest, ist in der Realität eine harte Auseinandersetzung, die Beteiligte als »kräftezehrenden Prozess« voller »kalter Konflikte« beschreiben.[370] Ausgeklügelte Mediationsverfahren, »Teambuilding«-Workshops, »Change-Agenten« und interkulturelle Trainings sollen vorhandenen Unmut in der neuen agilen Clusterstruktur kanalisieren. Führungskräften, die der Etablierung agiler Arbeitsmethoden tendenziell ablehnend gegenüberstehen, wird der Gedanke nahege-

---

368 https://www.projektmagazin.de/artikel/spotify-modell-projektorganisation (07.03.2021)
369 https://finanz-szene.de/banking/ing-deutschland-mitarbeiter-moppern-gegen-radikalumbau/ (08.03.2021)
370 https://www.cmq-consult.de/expertise/agile-transformation/ (30.11.2021)

bracht, »dass der Schritt aus der Organisation hinaus auch im eigenen Interesse liegen kann«.[371] Konflikte wie bei der ING Diba oder Commerzbank sind keine Ausnahmen. Viele Unternehmen begreifen die Umstellung auf agile Teamstrukturen als gute Gelegenheit für einen tiefgreifenden Umbau der eigenen Organisation. Die dafür vorgebrachten Gründe sind immer die gleichen: Mal sind es der Wettbewerb oder der Markt, mal ist es die Konkurrenz, die zum Umbau zwinge. Dass es bei diesem Umbau zu sozialen Härten komme, so heißt es weiter, sei leider unvermeidlich, solle aber sozialverträglich zwischen den Beteiligten geregelt werden. Auch die Trostpflaster sind immer die gleichen: Abfindungsregelungen (»freiwilliges Ausscheiden«), ein mit dem Betriebsrat ausgehandelter Sozialplan, Versetzungen und Frühverrentungen sorgen für eine Individualisierung des Konflikts.

Nicht anders läuft es bei Unternehmen, die die »Scrum«-Methode einführen. Unter den agilen Kooperationsformen ist das »Scrum«-Team mittlerweile die bekannteste Arbeitsform. Wie ein Projektteam oder ein »Squad« sollen die Beschäftigten interdisziplinär, selbstorganisiert und selbstgesteuert arbeiten. Der wichtigste Unterschied zwischen dem »Scrum«-Team und einem nach dem Wasserfallprinzip arbeitenden Projektteam liegt in der Intensivierung und Beschleunigung der Arbeitsprozesse. Diese Eigenschaften machen »Scrum« zu einer bei Unternehmen willkommenen Methodik, um flexibler, kostengünstiger und innovativer zu arbeiten.

Besonders in der Softwarebranche, die Produkte schneller an den Markt bringen will, setzte sich »Scrum« im ersten Jahrzehnt des neuen Jahrtausends durch. 2009 führte SAP die »Scrum«-Methode ein und betrieb gleichzeitig einen einschneidenden Unternehmensumbau. Mehr als 3700 Stellen wurden eingespart, Hierarchiestufen abgebaut, vorhandene Teamstrukturen umgekrempelt und neue »Scrum«-Teams gebildet. Als Vorbild für diesen Umbau diente die »Lean-Production« von Toyota mit ihrer beschleunigten Arbeitstaktung und prozessorientierten Vorgehensweise. Für die Beschäftigten des Walldorfer Unternehmens bedeutete die Einführung von »Scrum« eine Zäsur: Die stringente Taktung erzeugte Zeitdruck, vorgegebene Ziele müssen innerhalb eines kurzen Zeitraums erledigt werden. Danach folgt sofort der nächste Sprint. »Es bleibt kaum noch Spielraum für Zeit zum At-

---

371 Ebd. (08.03.2021)

men, Zeit zum Nachdenken oder für Weiterbildung. Ich muss ja im Takt arbeiten«, erklärt ein Software-Ingenieur.[372]

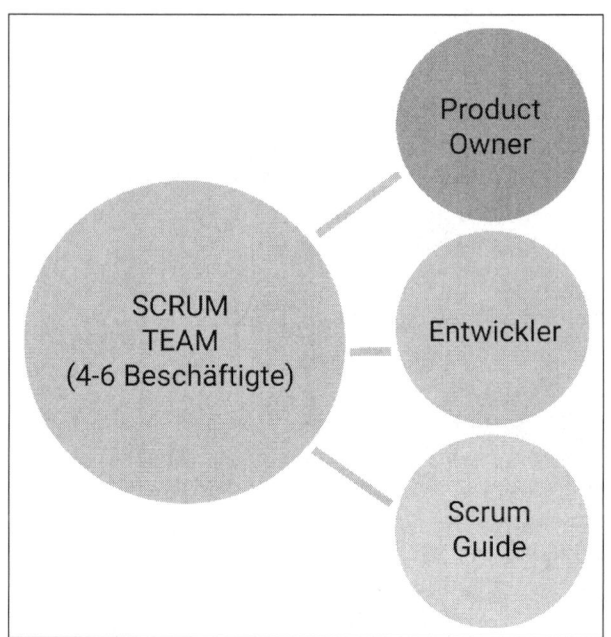

Abb. 12:
Scrum-Team
(eigene Darstellung)

Das Team als Organisationsform von Wissensarbeit

Das Beispiel SAP ist symptomatisch für eine kapitalistische Arbeitsorganisation, die zum Ziel hat, Wissen, Kreativität und Ideenfindung der Beschäftigten in den Arbeitsprozess zu integrieren. Diese Integration erfolgt durch eine Aktualisierung und Anpassung von Methoden, die unter dem Begriff »Lean Production« oder »Lean Management« bereits in den 1990er-Jahren vor allem in der industriellen Fertigung weltweit Aufsehen erregte. Sie gilt in vielen Unternehmen seitdem als ein effektives Konzept zur Steigerung von Produktivität. Im Kern geht es dabei um Methoden, mit denen Arbeitsprozesse optimiert, Verschwendung minimiert und Kosten gesenkt werden können. Dadurch werden Personal, Arbeitszeit, ja sogar ganze Hierarchieebenen in den Unternehmen eingespart.

---

372 Vgl. Michaela Böhm: Lean Office – Erfahrungen aus der Praxis, in: Lothar Schröder, Hans-Jürgen Urban (Hrsg.): Gute Arbeit, Bund-Verlag Ausgabe 2015, S. 281ff; sowie http://www.sapler.igm.de/news/meldung.html?id=53818 (08.03.2021).

Eine tragende Rolle hat dabei das agile Team. Ihm ist die Rolle zugedacht, Aufgaben der eingesparten Ebenen zu übernehmen. Aufgabenspektrum und Verantwortungsbereich des Teams erhalten dadurch eine Erweiterung. Alle Anzeichen deuten darauf hin, dass diese Arbeitsform in den agilen Unternehmen wachsende Bedeutung erhält. Die »teilautonome« Arbeitsgruppe oder die Teamarbeit sind in den Fertigungshallen der Industrie und vielen anderen Branchen schon seit längerem sehr wichtig. Für die indirekte Bereiche, in denen hoch qualifizierte Angestellte, Ingenieure und andere Spezialisten mit einem hohen Maß beruflicher Eigenständigkeit arbeiten, gilt das bisher noch nicht oder nur eingeschränkt. Diese Beschäftigten sind, wie Marx es ausdrückt, lediglich formell in den Produktionsprozess eingeordnet. Zu verstehen ist unter dieser formellen Eingebundenheit, dass die wissenschaftlich-fachliche Kompetenz dieser Bereiche zwar eine notwendige Voraussetzung für die Wertschöpfung der Unternehmen ist, aber die Organisation ihrer Arbeit weit weniger den Produktivitätsanforderungen und Effizienzkriterien unterliegt, als es für die Beschäftigten in den jeweiligen Fertigungsbereichen gilt. Dies bedeutet, fügt Alfred-Sohn-Rethel hinzu, »dass für die wissenschaftlichen und technischen Arbeiter im gegebenen Rahmen im Wesentlichen ihre wissenschaftlich-technische Fachkompetenz, ihre fachliche Entscheidung Maßstab der Arbeit sind. Lediglich die Ergebnisse dieser Arbeit werden vom Kapital angeeignet.«[373]

Die zunehmende Bedeutung von Wissen, Ideenfindung und Kreativität für die Unternehmen führt deshalb dazu, den wissenschaftlich-technischen Arbeitsprozess dieses indirekten Bereichs viel tiefgreifender zu organisieren, als es bisher der Fall ist. Es geht bei diesem Prozess, wieder in der Diktion Marx', um den qualitativen Wandel von der formalen zur reellen Subsumtion (Unterordnung) der Wissensarbeit unter die Unternehmensinteressen. Als gleichsam ideale Arbeitsform drängt sich das agile Team Unternehmensleitungen und Management geradezu auf, bildet es doch den geeigneten Rahmen für eine planvolle und »schlanke« (»lean«) Organisation der Wissensarbeit.

Die Resultate dieser Arbeit, bisher eher als isolierte und vereinzelte Innovationen entstanden, werden durch die Teamarbeit systematisiert und zielgerichtet auf den Wertschöpfungsprozess der Unternehmen

---

373 A. Sohn-Rethel: Technische Intelligenz zwischen Kapitalismus und Sozialismus, in: Jürgen H. Mendner: Technologische Entwicklung und Arbeitsprozess, Texte zur politischen Theorie und Praxis, Frankfurt am Main 1975, S. 234.

ausgerichtet. Die Verlautbarung eines globalen Chemieunternehmens aus Cleveland beschreibt diesen Wandel folgendermaßen:»Die alte Vorstellung, dass neue Forschung sich wie von selbst in Produkte verwandelt, ist passé. Forschung muss dahin gebracht werden, dass sie wohldefinierte Firmenziele unterstützt.«[374]

Es sind die Unternehmen selbst, die mit Hilfe agiler Teamstrukturen eine systematische Nutzung von Ideenfindung und Wissensarbeit betreiben. Sie lassen sich dabei von dem Gedanken leiten, dass die Entwicklung eines neuen Medikaments, einer chemischen Formel oder einer neuen Software durch die arbeitsteiligen Prozesse eines agilen Teams genauso systematisch erfolgen können wie die Montage eines PKWs in Gruppenarbeit. Die Abkehr von Hierarchien oder Streichung von Leitungsebenen zugunsten von Teamstrukturen ist daher nicht Ausdruck eines gewachsenen demokratischen Bewusstseins von Unternehmensleitung und Management. Vielmehr stellt Agilität, sei es als agiles Team, als »Squad« oder als Projektteam, eine kooperative Struktur dar, mit der Unternehmen auf das immaterielle Arbeitsvermögen der Beschäftigten gezielter zugreifen wollen.

---

374 Jürgen H. Mendner: Technologische Entwicklung und Arbeitsprozess, Texte zur politischen Theorie und Praxis, Frankfurt am Main 1975, S. 236.

7.3 Kritik – vier Thesen

Die große Erzählung vom agilen Team, das hierarchiefrei, selbstorganisiert und beseelt von agilen Werten gemeinsam arbeitet, zieht sich wie ein roter Faden durch den Managementdiskurs der vergangenen Jahrzehnte. Wie bei anderen Erzählungen auch liegt die Strahlkraft dieser Erzählung in ihrem utopischen Gehalt. In der Vorstellung von Team symbolisiert sich die Sehnsucht vieler Menschen nach einer gemeinschaftlichen Arbeit, in der jeder seine Fähigkeiten einbringen kann und alle zusammen einer gesellschaftlich sinnvollen Tätigkeit nachgehen. Gemeinsam arbeiten und sich gegenseitig unterstützen – das ist das, was viele mit einer »guten« Teamarbeit verbinden.

Selbstredend behauptet der Managementdiskurs genau diese Wünsche und Vorstellungen aufzugreifen. Was sich in Methoden oder Leitbegriffen agiler Teamarbeit harmonisch fügt, erweist sich in der Praxis aber häufig als schöner Schein oder offenbart eine deutliche Diskrepanz zwischen Theorie und Praxis.

Selbstführend oder selbstorganisiert? Im Managementdiskurs wird darunter Eigenständigkeit und die Macht, Entscheidungen zu treffen, verstanden. Aber schon der Gedanke, ob der aus den Naturwissenschaften stammende Begriff Selbstorganisation tatsächlich auf menschliches Handeln übertragbar ist, wirft Fragen zu diesem Leitbegriff auf. Mit Selbst- oder Mitbestimmung der Beschäftigten hat Selbstorganisation nicht viel zu tun. Was Unternehmen unter Selbstorganisation verstehen, ist ein Sich-selbst-Organisieren, ohne selbstbestimmt zu sein (siehe These 2).

Hierarchiefrei? Tatsächlich sind Vorgesetzte in den Leitbildern nicht vorgesehen. Aber heißt das, dass Machtausübung, Disziplin, Willkür oder Unterwerfung aus dem Arbeitsalltag verschwinden? Oder nehmen diese im agilen Team nur eine andere Gestalt an (These 1)?

Freude und Motivation? Wer in einem Team arbeitet, weiß es zu schätzen, wenn eine gute Zusammenarbeit existiert. Dafür ist das agile Team selbst zuständig. Unter dem Druck von Leistungsanforderungen ist es das Team selbst, das vom einzelnen Teammitglied Eigenschaften wie Selbstmanagement, Feedbackakzeptanz und die Bereitschaft zur Selbstoptimierung und Konkurrenzverhalten erwartet (These 3).

These 1: *Teams sollen sich selbst führen und ohne Vorgesetzte arbeiten. So lautet eine zentrale Botschaft in der Diskussion um agile Teamarbeit. Denn nur in einer flachen Hierarchie könne sich das für* *agile Arbeit notwendige Mindset eines Teams entwickeln. Flache Hierarchien bedeuten aber keinen Abbau, sondern eine andere Spielart von Hierarchie.*

Zur Diskussion um agiles Arbeiten gehört die These, dass nur starke und unabhängige Teams fähig seien, auf sich ständig ändernde Rahmenbedingungen zu reagieren und komplexe Aufgaben zu lösen. Begründet wird diese These mit dem Verweis auf die vermeintlichen Zwänge der VUCA-Welt. Demnach sei das Zeitalter der Top-Down Entscheidungen vorbei. »Unsere Organisationen sind zu komplex für solche Vorgehensweisen geworden. Denn wir können weder die Ziele noch den Weg zuverlässig vorhersagen, um eine Planung für andere Menschen vorzunehmen.« [375] Je stärker ein Unternehmen jedoch von VUCA betroffen sei, desto mehr stoße das hierarchische Führungssystem an Grenzen. Flache statt starrer Hierarchien, Freiräume für das Team, geteilte Führung (*distributed leadership*) und Eliminierung überflüssiger Funktionen im Unter- und Mittelbau des Managements sind die Stichworte eines Diskurses über Hierarchieabbau und Grenzen eines hierarchischen Führungssystems, der in der »agilen Community« geführt wird und viele Parallelen mit der Diskussion um »Neue Führungskonzepte« aufweist. [376]

Kritik der Hierarchie

Mit einer Hierarchie im Unternehmen verbindet sich die Vorstellung von einer formalen Struktur und einer bestimmten Form der Machtausübung oder der Herrschaftsverhältnisse. Als formale Struktur ist damit eine Unternehmensführung an der Spitze gemeint sowie mehr oder weniger gestaffelte Ebenen zur Wahrnehmung von Managementfunktionen, die sich unterhalb dieser Spitze in Form einer Pyramide oder Linienorganisation abbilden. Neben dieser Struktur bezeichnet Hierarchie auch eine bestimmte Form von Machtausübung oder Herrschaftsverhältnissen. Diese besteht aus Regeln, klare Zuordnungen von Entscheidungen und Kompetenzen, Techniken zur Berechenbarkeit und zur Organisation aller (internen) Vorgänge, Einhaltung vorgeschriebener Dienstwege sowie einem patriarchalisch-autoritären Führungsstil.

---

375 Vgl. https://www.tomklein.de/themenbereiche/; sowie https://www.projektmagazin.de/artikel/agile-teamarbeit-servant-leadership (14.05.2021).
376 Ebd.

Laut Jürgen Bruhn, einem Hamburger Journalisten und Buchautor, sind die Wurzeln dieser Hierarchie im Militärwesen zu finden. Er stützt sich auf Untersuchungen verschiedener US-Ökonomen, die zu dem Schluss kommen, dass Hierarchie und Management in Unternehmen nicht eine Erfindung der modernen Wirtschaft sind, sondern in der berühmten US-Militärakademie West Point entstanden seien. Im Jahr 1817 führte der damalige Direktor Sylvanus Thayer einige grundsätzliche Neuerungen in den Ablauf dieser Akademie ein. Die Wichtigste davon war ein sogenanntes »Stab-Linien-System«. Mit diesem System schuf er hierarchisch organisierte Abteilungen. Täglich, wöchentlich und monatlich wurden von den Abteilungen schriftliche Berichte gefordert. »Es entstand ein fortwährender Austausch schriftlicher Mitteilungen und Befehle, die in jeder Abteilung oder Linie von unten nach oben geliefert beziehungsweise von oben nach unten angefordert und geprüft wurden, bevor sie zusammengefasst und an eine zentrale Stabsstelle weitergegeben wurden.«[377] Was in West Point entstand, entwickelte sich zu einer Reihe von Managementprinzipien. Dazu gehören die Trennung von Planung und Ausführung, der Grundsatz der Kontrolle durch das Management und die Hierarchie als Prinzip einer Unternehmensorganisation.

Im Managementdiskurs wird dieses Prinzip nicht mehr für realitätstauglich befunden und deshalb schon seit geraumer Zeit in Frage gestellt. Auch in der der agilen »Community« hat dieser Diskurs Eingang gefunden. Agile Arbeit im Team soll sich über das Prinzip der Gleichheit und das Fehlen von Hierarchien definieren. Statt einsamer Entscheidungen von Vorgesetzten sollen Vertrauen, Offenheit, geteilte Verantwortung und gemeinsame Teamentscheidungen die Grundsätze eines agilen Teams darstellen. Selbstorganisation und verteilte Führungsverantwortung bilden die neuen Leitlinien eines agilen Unternehmens. Ausgedient haben Führungskräfte mit einem patriarchalischen oder fürsorglichen Führungsverständnis. Zentralität und Macht einzelner Verantwortungsträger soll durch die Kooperation der Vielen überwunden werden.

Nicht Abbau, sondern Umbau

Als Schlüssel zur Auflösung hierarchischer Strukturen gilt daher in den agilen Unternehmen der Abbau von Führungspositionen – vor allem in den unteren und mittleren Hierarchiepositionen. Das »Scrum«-Team

377 J. Bruhn: Raubzug der Manager oder die Zukunft des Sozialstaats, Hamburg 2005, S. 15.

arbeitet ohne eine Projektleitung. Leitungsaufgaben wie etwa eine Arbeitsplanung, die Formulierung von Sprintzielen oder die Durchführung von Besprechungen werden nun von den Beschäftigten selbst übernommen. Die Organisation von Arbeit und die Abläufe einzelner Sprints gehören auch nicht mehr zu den Aufgaben von Management und Vorgesetztenebene. »Product Owner« und »Scrum«-Master sollen diese Rollen wahrnehmen und dabei lediglich unterstützend wirken. Ähnlich ist es in den selbstführenden Teams nach F. Laloux: Teammitglieder haben keinen Vorgesetzten, sondern einen Ansprechpartner im Management. Aktiv werden soll dieser nur »auf Anfrage« aus den Teams und helfen auch nur dann, wenn die Teams nicht selbst zur Problemlösung in der Lage sind. In den Teams kollegial geführter Unternehmen soll eine flexible Struktur miteinander verbundener Kreise das hierarchische System der Vorgesetzten ersetzen.

Aus der Perspektive der Beschäftigten lässt sich die Abflachung von Hierarchie beziehungsweise der Abbau von Hierarchiepositionen als ein Schritt zu mehr Demokratie und Beteiligung betrachten. Tatsächlich scheint in den agilen Teams keine dezidiert unterscheidbare Hierarchie zu bestehen. Allerdings bedeutet der Abbau von Hierarchiepositionen nicht die Abschaffung von Hierarchie. Vielmehr geht es um einen Umbau beziehungsweise um eine Verlagerung hierarchischer Aufgaben auf das agile Team.

Der Umbau läuft auf eine Verringerung der Hierarchiestufen hinaus und hat Arbeitsplatzabbau im Mittelbau der Unternehmen zu Folge. Ziel ist die Straffung der Strukturen im agilen Unternehmen. Aufgaben, die man bisher der Hierarchie zugeordnet hat, werden dagegen auf das agile Team verlagert. Die selbstführenden Teams (F. Laloux), die Machtausübung und Disziplinarfunktionen vom Management übernehmen, arbeiten weiterhin in einer vertikalen Organisation, die Laloux als ein ineinandergreifendes System von Strukturen, Prozessen und Praktiken bezeichnet: »Dieses System bestimmt, wie Teams gebildet, Entscheidungen getroffen, wie die Rollen definiert und verteilt werden, die Gehälter festgelegt, wie Mitarbeiter eingestellt oder entlassen werden.«[378] Dieses System hat die gleichen oder ähnliche Aufgaben wie eine Hierarchie, es heißt nur nicht mehr so.

Im kollegial geführten Unternehmen ist es ähnlich: Hier sind es Kreise, die die Pyramide ersetzen. Sie arbeiten autark und unabhängig

---

378 Frederic Laloux: Reinventing Organizations. Ein Leitfaden zur Gestaltung sinnstiftender Formen der Zusammenarbeit, München 2014, S. 137.

und sollen sich im Inneren von Konsens und demokratischer Entscheidungsfindung leiten lassen. Gleichzeitig ist jeder Kreis ein Element innerhalb anderer Kreise, die gemeinsam eine Hierarchie bilden. Nach den Statuten der »Holacracy«-Verfassung verfügt der höhere Kreis gegenüber dem tieferen über eine Reihe von Eingriffsrechten: Er kann ihm sagen, was seine Aufgaben sind und was von ihm erwartet wird.[379] Er kann jederzeit Veränderungen im »untergebenen« Kreis herbeiführen und beispielsweise Personal austauschen, ja sogar den Kreis auflösen, wenn er nicht die Erwartungen des höheren Kreises erfüllt. »Auch wenn jeder Kreis noch so demokratisch ist, so arbeitet er dennoch **innerhalb einer vertikalen Hierarchie** (fett im Original) und muss sich nach oben orientieren, um Instruktionen über seinen Zweck zu erhalten.«[380]

Durch die bereits aus der »Lean Production« bekannten Ansätze tragen »Scrum«-Team, selbstführendes Team oder die Kreise des kollegial geführten Unternehmens zu einer Straffung von Strukturen und Kompetenzen eines Unternehmens bei. Am deutlichsten macht sich diese Veränderung im mittleren und unteren Bereich der Pyramide oder Linienorganisation in Form von Personaleinsparungen bemerkbar. In struktureller Hinsicht gleicht die Veränderung aber eher der Quadratur des Kreises, denn an den durch Hierarchie geprägten Verhältnissen von Macht und Herrschaft ändert sich wenig. Die agilen Teams, die sich im Inneren an egalitären oder demokratischen Grundsätzen orientieren sollen, bleiben in eine vertikale Hierarchie eingebunden. Was sich ändert, ist Form und Wahrnehmung von Herrschaft. Die Macht von Personen (Vorgesetzten, Teamleitern usw.) wird abgelöst durch Versachlichung von Herrschaft in Form von selbst gesetzten Regeln durch das »Scrum«-Team (z. B. »Commitment« im »Sprint Planning« bzw. die Statuten der »Holacracy«-Verfassung) oder durch die Initiativen aus dem Team selbst, hinter denen die Interessen des Arbeitgebers nicht zu erkennen sind. (siehe These 3).

These 2: Das agile Team arbeitet selbstorganisiert – so lautet das Credo der »agilen Community«. Was nach Selbstständigkeit und Freiheit in der gemeinsamen Organisation des gesamten Arbeitsprozesses klingt, ist faktisch Ausdruck einer paradoxen Form von Herrschaft, die den Beschäftigten lediglich eine rudimentäre Form von Selbstorganisation zugesteht.

---

379 https://github.com/holacracyone/Holacracy-Constitution-4.1-GERMAN/blob/master/Holacracy-Verfassung-(in-construction).md (15.05.2021)
380 https://www.zukunftsinstitut.de/artikel/holacracy-die-hierarchie-der-kreise/ (15.05.2021)

Es gibt keinen Begriff, der zur Beschreibung der Arbeitsweise eines Teams so häufig verwendet wird wie der der Selbstorganisation. Auf den systemtheoretischen Hintergrund dieses Begriffs wurde bereits an anderer Stelle hingewiesen. In der Rhetorik der »agilen Community« wird Selbstorganisation benutzt, um die Aktivitäten der Unternehmen in punkto Agilität in ein gutes Licht zu stellen. Mit Selbstorganisation werde Eigenverantwortung, Flexibilität und Kreativität gefördert, das Team werde von seinem Unternehmen »empowert«.

Die paradoxe Selbstorganisation

Tatsächlich kann sich durch die gemeinsame Arbeit in einem agilen Team die Arbeitssituation für jedes Teammitglied verbessern. Das menschenfreundliche und demokratische Image verschleiert aber, dass dem agilen Team lediglich eine halbierte Form von Selbstorganisation zugedacht ist. Sich selbst zu organisieren, seine Angelegenheiten selbst in die Hand zu nehmen, ist ein elementares Bedürfnis und Ausdruck des Strebens nach selbstbestimmter und sinnvoller Tätigkeit. In der kapitalistischen Arbeitsorganisation wird dies für die Beschäftigten eingeschränkt. Nähmen die Beschäftigten tatsächlich selbstbestimmt ihre Angelegenheiten in die Hand, schlössen sie Verträge mit Kunden, wären sie es, die selbst die Höhe der Projektbudgets regelten oder über Personalressourcen und Zeitvolumina entschieden, wäre ein Management überflüssig und die Macht der Leitungsebene in Frage gestellt. Um das zu verhindern und den Schein der Notwendigkeit einer Unternehmenshierarchie aufrechtzuerhalten, muss Selbstorganisation eingeschränkt sein.

Daraus resultiert ein paradoxes Verhältnis von Management und Leitungsebene zur Selbstorganisation: Einerseits wird Selbstorganisation des Teams zur Organisierung der agilen Arbeitsprozesse als erforderlich erachtet und unterstützt. Das Management zieht sich somit aus der unmittelbaren Arbeitsorganisation des Teams heraus. *Wie* die Beschäftigten eines »Scrum«-Teams ihre Sprints organisieren, bleibt ihnen ebenso überlassen wie jenen Beschäftigten des niederländischen Pflegedienstes Buurtzog, die ihre Betreuungs- und Pflegearbeit im Team selbst organisieren. Mit dem Rückzug aus der unmittelbaren Arbeitsebene des Teams erkennt das Management an, dass es nicht über die erforderlichen Kenntnisse und das »Handling« von Arbeitsabläufen verfügt und daher auf das Wissen und die Erfahrung der Beschäftigten an dieser Stelle des Arbeitsprozesses angewiesen ist. Der Freiraum, der durch diesen Rückzug entsteht, ist der Rahmen, in dem sich selbstorganisiertes Arbeiten des Teams abspielen kann.

Andererseits muss Selbstorganisation auf den unmittelbaren Arbeitsbereich begrenzt bleiben. Vor allem darf Selbstorganisation nicht in echte Selbstbestimmung münden. Dieses Paradox macht Selbstorganisation zu einem Spannungsfeld, in dem ständig Konflikte über das Ausmaß der Selbstorganisation des agilen Teams entstehen. Diese Organisationsstruktur bezeichnete der Philosoph und Ökonom Cornelius Castoriadis als zutiefst widersprüchlich »und sich ständig wiederholende Krisen der einen oder anderen Art sind deren absolut unvermeidliche Folgen. Es ist zutiefst irrational, Menschen organisieren zu wollen, [...] als ob sie Objekte wären, und systematisch zu ignorieren, was sie selbst denken beziehungsweise was sie sich hinsichtlich ihrer eigenen Organisation vorstellen.«[381]

Keine Selbstbestimmung des eigenen Arbeitstempos

Wie konfliktreich eine Selbstorganisation ohne Selbstbestimmung ist, zeigt die Auseinandersetzung über das Arbeitstempo eines agilen Teams. Es soll Sprint für Sprint »sein« Arbeitstempo selbst festlegen. Das Tempo soll laut agilem Manifest nachhaltig (»sustainable«) sein. Nicht nur unter Arbeitswissenschaftlern und -medizinern gilt ein hohes Arbeitstempo als stressauslösender Faktor, der auf eine Zunahme von Arbeitsintensität hinweist. Daten der Bundesanstalt für Arbeitsschutz (BAuA) aus Erwerbstätigenbefragungen mehrerer Jahre zeigen, dass sich die Arbeitsintensität seit einigen Jahren auf hohem Niveau befindet. Die wahrgenommene Belastung durch die Arbeitsbedingungen nimmt über die Jahre sogar zu. So berichteten 2006 beispielsweise 43 Prozent der Beschäftigten, dass sie sich durch sehr schnelles Arbeiten belastet fühlen, 2018 sind es schon 51 Prozent.[382]

Die Kontrolle über das eigene Arbeitstempo hat für Beschäftigte daher große Bedeutung. Denn wer das Tempo vorgibt, hat die Kontrolle über die Intensität der Arbeitsverausgabung. Auseinandersetzungen

---

381 C. Castoriadis: Vom Sozialismus zur autonomen Gesellschaft. Über den Inhalt des Sozialismus, Ausgewählte Schriften Bd. 2.1, Lich/Hessen, S. 98.
382 Bundesanstalt für Arbeitsschutz und Arbeitsmedizin (BAuA): BIBB/BAuA 2018: Zeitdruck und Co – Wird Arbeiten immer intensiver und belastender? Baua fakten, Januar 2019.

darüber führen immer wieder zu Konflikten mit dem Management. Schon zu Beginn des 20. Jahrhunderts wehrten sich Beschäftigte gegen die »Scientific Management«-Methoden des Ingenieurs Fr. Taylor, die darauf angelegt waren, durch verbesserte Effizienz eine Beschleunigung der Arbeit bei gleichbleibender Qualität zu erreichen. In späteren Jahren sind es die Montagearbeiter in der Automobilindustrie, die durch Kontrolle der Taktzeiten auf die Geschwindigkeit der Fließbänder Einfluss nehmen. Auch bei Amazon sind Konflikte um das Tempo an der Tagesordnung. Überschreiten Beschäftigte in den Fulfillment-Centern des Konzerns einen vorgegebenen Zeitraum für Arbeitsvorgänge, werden sie von den »Area Managern« oder »Leads« kontaktiert, »um ihre Inaktivitäten zu protokollieren und zu sanktionieren.«[383]

Konflikte um Arbeitstempo und Kontrollbefugnisse durchziehen also die gesamte Geschichte der kapitalistischen Arbeitsorganisation und sind auch in den selbstorganisierten, agilen Teams präsent. Das zeigen Untersuchungen zum Einfluss zeitlicher Faktoren auf die Arbeitsbedingungen des agilen Teams.[384] Knapp 70 Prozent der befragten agil Arbeitenden sind häufig mit Unterbrechungen und Störungen der Arbeit konfrontiert, zwei Drittel von ihnen dadurch (sehr) stark belastet (2017). Unter Zeitdruck stehen 56 Prozent der Befragten häufig oder sehr häufig, was knapp 80 Prozent von ihnen stark oder sehr stark belastet (2019). Zwei Drittel leisten Mehrarbeit und Überstunden – ein klares Signal nicht ausreichender Umsetzung des nachhaltigen Tempos. Über die Hälfte der Beschäftigten gibt an, nach der Arbeit nicht mehr abschalten zu können. [385]»Das größte Problem der Arbeitsqualität ist die hohe Arbeitsintensität, die sowohl von agil als auch von nicht-agil Arbeitenden als hochgradig problematisch eingeschätzt wird. Sie liegt in der Index-Bewertung weit im Bereich ›schlechter Arbeit‹ und er-

383 Vgl. Georg Barthel und Jan Rottenbach: Reelle Subsumtion und Insubordination im Zeitalter der digitalen Maschinerie, in: Prokla 187, Münster 2017, S. 249–269.

384 2017 und 2019 wurden im Rahmen des Projekts «Gute agile Projektarbeit in der digitalisierten Welt« (im Folgenden: diGAP-Studie) Online-Befragungen in verschiedenen Abteilungen eines international tätigen IT-Unternehmens durchgeführt. Sie zielten unter anderem auf eine vergleichende Bewertung der Arbeitsbedingungen (agil vs. nicht-agil) sowie die spezifischen Einflussmöglichkeiten und Belastungen agil Arbeitender. Als Befragungsinstrument kam der DGB-Index Gute Arbeit zum Einsatz, ergänzt um ein speziell auf Agilität zugeschnittenes Fragemodul (42 Index-Fragen zur Arbeitsqualität plus 20 Zusatzfragen zu agilem Arbeiten). An den Befragungen nahmen 425 (2017) sowie 453 (2019) Beschäftigte teil.

385 Gute Agile Projektarbeit in der digitalisierten Arbeitswelt, Abschlussbroschüre (diGAP), Nürnberg 2021, S. 27/28.

reicht ein gesundheitsgefährdendes Maß«,[386] schreiben Nadine Müller und Christian Wille in einer Auswertung der Befragungsergebnisse (diGAP). Sie verstehen die Ergebnisse als Anzeichen und Symptom einer »verengte(n) Agilität«, die in den Unternehmen praktiziert werde. Teams müssen in kurzen Takten Ergebnisse abliefern, verfügen aber nicht über ausreichend Ressourcen, um ihr Arbeitstempo anzupassen. Das führe häufig sogar zu einer verschärften Belastungssituation mit Stresssymptomen, die zum Teil stärker ausgeprägt seien als in herkömmlichen Projekten.

Die Ergebnisse dieser Befragung verdeutlichen, dass von der Selbstorganisation eines agilen Teams in der Praxis kaum etwas übrigbleibt – nicht einmal die Fähigkeit, das eigene Tempo oder Arbeitsintensität zu kontrollieren. Selbstorganisation gerät zu einer Managementmethode, mit der Beschäftigte in die gemeinsame Verantwortung genommen werden für den Leistungsprozess des Teams und das Projektergebnis.

These 3: *Für Commitment und Leistungsbereitschaft im agilen Team sorgen Inszenierungen, Spiele und Spaßsituationen. Weil diese Initiativen aus dem eigenen Team kommen, scheint dann nicht mehr das Unternehmen Initiator dieser Anforderungen zu sein, sondern die eigenen Kollegen.*

Da das Team selbstorganisiert, »empowert« und frei von hierarchischen Einschränkungen agieren soll, werden auch alle Fragen und Konflikte, die in der Zusammenarbeit entstehen, zu einer internen Angelegenheit des Teams. Die Interessensklärung, die in hierarchisch strukturierten Unternehmen zu den Zuständigkeiten des Vorgesetzten gehört, ist nun Aufgabe des agilen Teams. Gruppendynamische Vorgänge bekommen vor diesem Hintergrund ein besonderes Gewicht.

Die Rolle der Gruppendynamik

Gruppendynamik ist ein Feld, das die Arbeitspsychologie schon seit Jahrzehnten beschäftigt. Als neue, nach dem Ersten Weltkrieg entstandene Disziplin interessierten sich Wissenschaftler dieses Fachs von Anfang an für die Frage, wie Arbeits- und Leistungsverhalten der Arbeiter zugunsten der Profitabilität des Unternehmens beeinflusst wer-

386 Ebd. S. 27.

den können. Bereits in den 1930er-Jahren bildete sich um Kurt Lewin, einen aus Deutschland emigrierten Psychologen, eine Arbeitsgruppe, die Untersuchungen zur Steigerung von Leistung und Motivation von Gruppen durchführte. Bei ihren Experimenten und Versuchsanordnungen spielte die Frage nach den Wechselwirkungen zwischen (äußerer) Umwelt und Prozessen innerhalb der Gruppe eine große Rolle. Ein Ergebnis ihrer Forschungen ist die Erkenntnis, dass die Verhaltensspielräume einzelner Mitglieder sich durch Interventionen beeinflussen lassen. Druck, der von außen oder innerhalb der Gruppe ausgeübt wird, spielt dabei eine entscheidende Rolle. Erhöht sich der Druck moderat, stärkt das die Gruppe und die Integration ihrer Mitglieder. »Wird der Druck sehr groß«, erklären Stephan Siemens und Martina Frenzel in ihrem Buch *Das unternehmerische Wir*, »kann sich das quasi stationäre Gleichgewicht im Verhalten der Gruppe nicht mehr wiederherstellen.« Für den Verhaltensspielraum von Gruppenmitgliedern sei also der Druck, unter dem die Gruppe steht, von entscheidender Bedeutung.[387]

In Form von Kennziffern, strategischen Unternehmenszielen, Kalkulationsvorgaben oder Zielvereinbarungen (siehe Kapitel Zielvereinbarungen) wird dem Team vom Management die Verantwortung für das Projektergebnis übertragen. Wenn am Ende nur die Ergebnisse bewertet werden, baut sich »von selbst« Druck auf, dieses Ergebnis unter allen Umständen zu erreichen. Geleistete Mehrarbeit und Überstunden, die bei funktionierender Selbstorganisation und Kontrolle des Arbeitstempos theoretisch nicht vorkommen können, sind dann das kleinere Übel, das man um des Projekterfolges willen in Kauf nimmt. Das Team erlebt sich dann in Hinblick auf Arbeitsmenge und -belastung »als stark von außen gesteuert«,[388] wie Andreas Boes und andere in der Untersuchung. *Lean und Agil im Büro* in mehreren betrieblichen Fallstudien beobachtet haben. »Viele haben das Gefühl, dass ›von oben‹ Aufgaben und Funktionalitäten ›eingekippt‹ werden, die dann unter hohem Zeitdruck und immer wieder an der Grenze eigener Be-

387 St. Siemens, M. Frenzel: Das unternehmerische Wir. Formen der indirekten Steuerung in Unternehmen, Hamburg 2014, S. 105.
388 Andreas Boes, Tobias Kämpf, Barbara Langes, Thomas Lühr: »Lean« und »agil« im Büro, Neue Organisationskonzepte in der digitalen Transformation und ihre Folgen für die Angestellten, S. 99
Der Ablauf wurde unwesentlich gekürzt. Ausführlich: https://de.wikipedia.org/wiki/Scrum#cite_note-PlanningPoker-69 (22.04.2021).

lastbarkeit bearbeitet werden müssen.«[389] Zwar existiere theoretisch die Möglichkeit, eine virtuelle Reißlinie zu ziehen, aber in der Praxis traue sich niemand, von dieser Leine Gebrauch zu machen:»Man kann natürlich immer eine Reißleine ziehen, ich hab sie aber noch nirgends gesehen bei uns. Also man kann es nicht wirklich. Da hängt viel zu viel dran bei uns noch, und [...] ich weiß nicht, ob sich jemand trauen würde, die zu ziehen.«[390]

Inszenierung und Spaß

Von außen durch das Management ausgeübter Druck ist kein Garant für dauerhaft hohe Leistung und Motivation. Druck schwächt sich zudem mit der Zeit von selbst ab. Viel wirksamer zur Mobilisierung von Verantwortungsbereitschaft und Leistung sind Initiativen und einprägsame Situationen, die im Team selbst entstehen und die Dynamik einer Gruppe antreiben. Welche Initiativen sind das, welche Situationen schaffen die gewünschte Leistungsbereitschaft? Hierunter werden Aktivitäten verstanden, die teilweise einen gruppendynamischen Hintergrund haben oder sich auf gruppenpädagogische Aktivitäten beziehen wie etwa Inszenierungen oder Spiele, deren Ablauf oder deren Equipment auf die Arbeit des Teams zugeschnitten sind. Aktivitäten dieser Art dienen dazu, im Team eine Situation des Vergnügens und der Entspanntheit herzustellen und Arbeitsanforderungen in spielerischer Form zu organisieren.

Equipment und Spiele

Für die Inszenierung einer einprägsamen Spaßsituation existiert ein großes Set an Werkzeugen und Teamspielen, die unter der Bezeichnung *serious gaming* geführt und als eine Art Methodenkoffer des agilen Arbeitens eingesetzt werden – angefangen von Puppen oder Bällen, die im »Daily Scrum« von Hand zu Hand gehen, über Legobausteine und Rollenspiele bis hin zu Simulationen von Arbeitshandlungen und Lernspielen. *Serious gaming* hat im Zuge der Verbreitung agiler Arbeitsweisen in Unternehmen immer größere Bedeutung gewonnen, und die Spiele haben – trotz gegenteiliger Übersetzung (ernsthafte Spiele) – Spaßcharakter. Sie sind aber keine zweckfreie Betätigung,

389 Ebd.
390 Ebd.

sondern stehen für spielerisches Lernen mit Spaß und Eigenantrieb. Sie dienen der Erzeugung eines Gruppenerlebens und der Herstellung von »Commitment« durch Selbstmotivation.

Wie Spiel und Zweck ineinander gehen, zeigt *planning poker*, die wohl bekannteste Methode, um persönliche Leistungsbemessung und den Zeitaufwand von Arbeitsaufgaben (Stories) in einem »Scrum«-Team abzuschätzen. Es läuft folgendermaßen ab:[391]

1. Die Arbeitsaufgabe, die es zu schätzen gilt, wird vorgestellt; das Team klärt Einzelheiten und stellt Fragen zu der Story.
2. Jedes Teammitglied wählt für sich eine Karte, die seiner Ansicht nach der Schwierigkeit der Story entspricht.
3. Alle gewählten Karten werden gleichzeitig aufgedeckt.
4. Die Teilnehmer mit der niedrigsten und der höchsten Schätzung erklären ihre Beweggründe.
5. Der Prozess wird wiederholt, bis ein Konsens gefunden ist.

Im Unterschied zum Pokerspiel, in dem jeder Spieler aus der Bieterrunde ohne seine Karten offenzulegen aussteigen kann, sorgt die Spielanleitung des Schätzspiels für ein gemeinschaftliches Erlebnis. Das Spiel mit den verdeckten Karten verlangt ein persönliches Bekenntnis und die Bereitschaft zur Selbstoffenbarung. Statt individueller Profilierung geht es um Identifikation mit dem Team »im Sinne der angestrebten Verausgabungsbereitschaft der Menschen einerseits und im Sinne der Selbststeuerung andererseits.«[392] Die Gruppendynamik des Schätzspiels erzeugt den Sog, eigenes Handeln und Selbstwahrnehmung so auszurichten, dass die Handlungsfähigkeit und Harmonie des Teams gesichert sind. Der Konsens in der Leistungsbemessung ist das Ergebnis dieses Anpassungssogs.

Serious gaming ist Teil einer Managementmethode, die unter dem Stichwort *gamification* firmiert und in agilen Teams zur Inszenierung von Spaß und Teamverbundenheit eingesetzt wird. Verstanden werden unter *Gamification* (von englisch »*game*« für »Spiel«) die Anwendung spieltypischer Elemente in einem spielfremden Kontext.[393]Die Methode setzt auf den Effekt von Spielen oder spielerischer Elemente

---

391 Der Ablauf wurde unwesentlich gekürzt. Ausführlich: https://de.wikipedia.org/wiki/Scrum#cite_note-PlanningPoker-69 (22.04.2021).

392 Michael Bretschneider-Hagemes, Scientific Management reloaded? Zur Subjektivierung von Erwerbsarbeit durch postfordistisches Management, Wiesbaden 2017, S. 97.

393 Vgl. https://de.wikipedia.org/wiki/Gamification (27.05.2021)

und instrumentalisiert das von Kindheit an bestehende Interesse von Menschen an Spielen jeglicher Art zu Gunsten von Profitinteressen.

Zur Verbreitung dieser Methode trägt eine Beratungsbranche bei, die Spielutensilien, Brettspiele, virtuelle Lernspiele und Beratungsleistungen offeriert. Produkte und Angebote sind von dem Gedanken geleitet, dass »es bei der Arbeit zu Spaß und freudvollen Ereignissen kommen (... muss), und diese [...] unbedingt mit dem Unternehmen und den Kollegen assoziiert werden, damit sich die individuellen Wachstumsbedürfnisse daran knüpfen.«[394] Ziel der Spiele soll die Erhöhung von Motivation und Engagement sein. Eingesetzt werden Levelsysteme zur Status- oder Rangerhöhung, (zum Beispiel »Taugenichts (0 Punkte) – Rekrut (10 Punkte) – Lehrling (20 Punkte) – Halbstarker (30 Punkte) – Profi (40 Punkte), – Meister (50 Punkte«), Punkte als Belohnung für gelöste Aufgaben, Fortschrittsanzeigen zum Projektstatus, Vergabe von »Badges« als Statusabzeichen, Smileys als Belohnung für erfolgreiche Arbeit, »Scrum« Points, wenn die vereinbarte Zeit für einen Sprint unterschritten wurde und vieles mehr.[395] Der scheinbar harmlose, heitere Charakter dieser Spielformen animiert die Teammitglieder zur Beteiligung, erinnert *Gamification* doch an Spiele oder lustige Aktivitäten in der Freizeit, im Freundeskreis oder in der Familie. Aus dieser Freude am Spiel machen *Gamification* und *serious gaming* einen Wettbewerb um Punkte, Status oder Rangfolgen. Spiel als Ausdruck einer zweckfreien Betätigung wird umgedeutet in eine im Team stattfindende Aktivität mit dem Ziel, die Beschäftigten produktiver und leistungsorientierter zu machen.

Für das »Wir-Gefühl« und das gemeinsame Erleben des Teams sorgen kleine Events und Rituale, die die gleiche Verbundenheit mit dem Team und Unterwerfung unter die Autorität des Teams anstreben wie die Auditorien der großen Technologieunternehmen. Das beginnt bei gemeinsamen Regeln (»Wir respektieren die Zeit der anderen und stehlen diese nicht«. »Wir sind verlässlich!«»Niemand tötet die Ideen der Anderen!«»Jedes Team kann so arbeiten, wie jedes Team möchte!«), Verabredungen zum »Timeboxing« (»Unter Druck arbeiten wir effektiver«), der Verwendung identitätsfördernder Assessoirs (»Emojs«, »Kudokarten«) zur Vermittlung zwangloser, gegenseitiger Wert-

394 Michael Bretschneider Hagemes: a.a.o., S. 97.
395 https://jaxenter.de/wie-sie-agile-softwareentwicklung-mit-gamification-noch-effizienter-machen-23879

schätzung bis hin zur Vergabe von Abzeichen (»achievement award«) bei besonderen Leistungen Einzelner.[396]

Der öffentliche Blick und die Scham

Zum gemeinsamen Erleben gehören auch die verschiedenen Meetings eines Teams. Offiziell dienen diese dem Austausch von Fragen zum Arbeitsfortschritt des Projekts. Meetings haben allerdings auch eine inoffizielle Ebene, in der Gefühle, auch eigene, und Wahrnehmungen in der teaminternen Öffentlichkeit präsentiert werden. Eines dieser Gefühle kann das Schamgefühl sein.»Scham, das wussten bereits die antiken Philosophen, ist ein Gefühl von ungeheurer Wucht und Wirkmächtigkeit. Wer sich einmal in »Grund und Boden« geschämt hat, wird diese Erfahrung kaum je vergessen«, [397] schreibt die Historikerin Ute Frevert in *Die Politik der Demütigung*, einem Buch zur Rolle der öffentlichen Beschämung in der modernen Gesellschaft und zur Bedeutung von Demütigung und dem damit einhergehenden Gefühl der Scham als Mittel der Macht.

Scham sei ein unerträgliches Gefühl, das jeder Mensch um fast jeden Preis vermeiden wolle. Was aber macht die Scham so unerträglich?, fragt die Historikerin. Es sei vor allem der öffentliche Blick, der Schamgefühle unerträglich mache:»Es ist das leidvolle Wissen um die Macht und die Gewalt des öffentlichen Blicks, eines Blicks, der sich nicht abschütteln lässt, der unter die Haut geht und am Körper der Beschämten haften bleibt. Werden andere Menschen Zeugen individueller Fehlleistungen oder Normverstöße, heizt dies das Schamgefühl an; je mehr Wert man auf ihre Wertschätzung legt, desto größer wird die eigene Scham.« [398] Die Angst, vor aller Augen bloßgestellt zu werden, treibe Menschen dazu, alles zu tun, um sich den beschämenden Blicken zu entziehen. Aus diesem Grund lasse sich Scham als eine soziale oder interpersonale Emotion bezeichnen.»Sie stellt sich mehrheitlich in Anwesenheit Dritter ein.« [399]

In der agilen Teamarbeit sind es Meetings wie »Daily Scrum« oder »Review«, die den »öffentlichen Blick« herstellen und Scham als Machtmittel in das Geschehen einbetten. Als Mitglieder sind sie vonei-

---

396 https://erfahrungswissen.com/spielregeln-fur-agiles-arbeiten/ (27.05.2021)
397 https://www.nachdenkseiten.de/?p=69335 (30.11.2021)
398 Ebd.
399 Ebd.

nander abhängig und miteinander verbunden. Jeder ist Einzelkämpfer und Teamplayer zugleich. Sprint für Sprint sollen die Mitglieder sich verpflichten und aneinanderbinden (»commiten«). Für jedes Mitglied stellt sich selbst die Frage, welchen Beitrag es zum Gelingen des Projekts leistet. Und jedes Mitglied muss sich mit der der Beurteilung der geleisteten Arbeit durch das Team auseinandersetzen. Die Leistung der einzelnen Mitglieder wird sich um einen Wert bewegen, der den Erwartungen des Teams entspricht. So entsteht – ohne Anweisung eines Vorgesetzten – eine Leistungsnorm unter den Teammitgliedern. Scham wird das einzelne Mitglied verspüren, wenn im Daily Scrum oder im Review Leistungsdefizite in das Sehfeld des öffentlichen Blicks geraten. »Wer da nicht mithält oder mithalten kann, steht bei der täglichen Analyse des Fortschritts schnell unter Druck«, schreibt Frank Sauerland, Bereichsleiter Tarifpolitik bei der Gewerkschaft ver.di mit Blick auf die »Scrum«-Teams bei der Telekom. »Um nicht zurückzufallen gegenüber den Kolleg*innen, arbeiten viele Beschäftigte dann schneller, intensiver und auch länger, als es ihnen eigentlich lieb ist und als es die Gesundheit erträgt. Dabei sind Überstunden nach der Theorie des agilen Arbeitens eigentlich unerwünscht, denn schnell kann die individuelle Belastungsgrenze überschritten werden. Andauernder Druck macht krank, ein höherer Krankenstand wiederum lässt die verbliebenen Teammitglieder noch mehr arbeiten.«[400]

Die Angst vor dem öffentlichen Blick (des Teams) auf die eigene Leistung und die aufkommende Scham des Einzelnen, der den Leistungsnormen, die sich das Team gesetzt hat, nicht entspricht, führt damit letztlich dazu, dass im Review nicht über die Höhe der Leistungsnormen und der Arbeitsintensität, sondern über Leistungsunterschiede zwischen den Mitgliedern und individuelle Defizite diskutiert wird.

Was im agilen Team das Sprint Review, sind demgegenüber bei Spotify so genannte formelle und informelle Demo-Runden. In diesen Runden werden von den Entwicklern oder »Squads«-Demoversionen oder Prototypen ihrer Arbeit präsentiert. Die Atmosphäre dieser Runden ist locker, nicht aber die Erwartungshaltung. Bei Spotify wird diese Vorführung *demoing* genannt, was sich als Demonstrieren im Sinne von Vorzeigen oder Vorführen bezeichnen lässt. *Demoing* ist eine Pflicht zur Präsentation der eigenen Arbeit, die von allen Beschäftigten erwartet wird. Schamgefühle bekommt, wer dem öffentlichen

400 https://tk-it.verdi.de/++file++5bd06a2df7be963846071c97/download/ KOMM_7_2018.pdf (20.05.2021)

Blick nicht entsprechen kann. »Wenn du nichts Neues oder Anständiges vorzuweisen hast, vielleicht sogar zwei oder drei Demo-Sitzungen hintereinander, dann fühlt sich das echt beschissen an«, beschreibt der Verantwortliche eines »Squad« seine Schamgefühlerleben.[401] Vorbilder für den öffentlichen Blick sind die lockeren, offenen Arbeitskulturen der großen Technologiefirmen und der Start-ups aus dem Silicon Valley, in denen scheinbar zufriedene Beschäftigte ihre Erfolge vor ihren Kollegen feiern und Anerkennung erleben. Dazu werden in Anwesenheit zahlreicher Teams ein Auditorium, eine Bühne und der Einsatz multimedialer Techniken genutzt. In dem Roman *The Circle* hat Dave Eggers diese eventmäßige Inszenierung des öffentlichen Blicks in belletristischer Form verarbeitet. Die Hauptfigur namens Mae, die gerade erst bei *The Circle* angefangen hat. erlebt ihre Arbeit als spannendes, wettkampfähnliches Spiel um Punkte, Rankings und guten Bewertungen durch das eigene Team. Hier, im »großen Saal« von *The Circle*, findet jeweils freitags ein Event statt, firmenintern als »Dream Friday« deklariert. Von den Entwicklern und Designern, die vor versammelter Belegschaft ihre laufenden Projekte vorstellen, werden vollständige Transparenz der Arbeitsleistung, eine »coole« Performance mit Spaßfaktor und die vorbehaltlose Akzeptanz des Feedbacks erwartet – zeitnah und sichtbar für jeden Beteiligten. »Alles was passiert, muss bekannt sein!«, lautet das Gebot der Firma an die Beschäftigten.[402]

Der demokratische Panoptismus

Was in *The Circle* der Saal ist, ist im agilen Unternehmen der Austausch im Open Space oder Entwicklerbüro. Fortschritte in der gemeinsamen Arbeit, aber auch die Leistung des Einzelnen macht dieser Austausch transparent. Dann hängt es von der Gruppendynamik des Teams ab, wie es mit der Selbstbewertung der Leistung verfährt. Entsteht daraus Leistungsdruck, der an den Einzelnen weitergereicht wird, arbeiten Beschäftigte umso mehr, um das Tempo des Teams nicht zu bremsen. »Ich weiß ja: Wenn ich mit einer Aufgabe nicht fertig werde, dann belastet das die Kollegen. Weil die müssen ja warten und können nicht weiter. Und deshalb versuche ich schon immer, das alles zu schaffen und hin-

---

401 https://www.brandeins.de/magazine/brand-eins-wirtschaftsmagazin/2015/
fuehrung/nicht-fragen-machen (20.05.2021)
402 Vgl. Dave Eggers: Der Circle. Roman, Aus dem Amerikanischen von Ulrike Wesel
und Klaus Timmermann, Köln 2015.

zukriegen, auch wenn es mal schwierig wird. Die würden da von sich aus nichts sagen oder so, aber man will ja niemanden enttäuschen.«[403] Mit diesem Austausch soll eine Arbeitskultur der vorbehaltlosen Öffnung gepflegt werden. Dazu zählt auch die Bereitschaft zur Selbstentblößung und Selbstoffenbarung gegenüber dem Team. In der agilen Community wird diese Bereitschaft zu den Eigenschaften einer »positiven Fehlerkultur« gezählt. Der Begriff soll einen konstruktiven und offenen Umgang mit Fehlern und Misserfolgen einzelner Kollegen andeuten. Allerdings kann nicht jeder, der bereit ist, vor dem Team über eigene Fehler zu sprechen, diesen Umgang erwarten. »Nur wer offen, oft und ehrlich miteinander spricht [...] kann mit konstruktivem Feedback und erfreulichen Ergebnissen für alle Parteien rechnen«, heißt es auf der Seite eines Fachverlages zum Thema »Agiles Mindset« und Fehlerkultur.[404] Vorläufer dieses Austauschs über Fehler und Misserfolge sind die seit Jahrzehnten bestehenden therapeutischen Selbsterfahrungsgruppen, in der die eigene Person und deren individuelle Defizite vor der Gruppe thematisiert werden. Auch sogenannte »Fuckup-Nights«, die zu Anfang dieses Jahrtausends im Kreis von Start-ups entstanden, zählen zu den Vorläufern dieser Fehlerkultur. Dort offenbaren in aller Unbekümmertheit und heiterer Form Unternehmer oder Angestellte auf einer Bühne ihre Geschichten des Scheiterns. Das hier praktizierte offene und ungenierte Sprechen über eigene Fehler dient als Vorbild für agile Teams.

Beeindruckende Geschichten vom Scheitern oder eigenen Fehlern sind zwar unterhaltsam, aber nicht das eigentliche Ziel einer »positiven Fehlerkultur«. Das offene Eingeständnis von Fehlern vor dem Team ist vielmehr als Beweis für Lernwilligkeit und Selbstoptimierungsbereitschaft des Einzelnen einzuordnen und soll als Ansporn zur Nachahmung, gerichtet an das Team, verstanden werden. Und umgekehrt sollen die Reaktionen des Teams eine Stärkung der Bemühungen um Selbstverbesserung forcieren. So soll im Austausch des Teams eine Situation geschaffen werden, die der Soziologe Ulrich Bröckling als »demokratischen Panoptismus« bezeichnet: »Jeder ist Beobachter nicht nur aller anderen, sondern ist auch der von allen anderen Beobachtete sowie der Beobachter seiner selbst.«[405]

403 Stefan Sauer: Projektarbeit agilisieren und digital unterstützen – Empirische Ergebnisse und Gestaltungsempfehlungen, in: Gute Agile Projektarbeit in der digitalisierten Arbeitswelt, Abschlussbroschüre (diGAP), 2021, S. 22.
404 https://magazin.weka-elearning.de/agiles-mindset (02.06.2021)
405 Ulrich Bröckling: Gute Hirten führen sanft. Über Menschenregierungskünste, Berlin 2017, S. 118.

Im agilen Team sind es vor allem Initiativen, die aus dem Team selbst kommen und die dafür sorgen, dass das Team im Sinne des Unternehmensinteresses funktioniert. Auditorium, öffentlicher Blick, gemeinsame Spiele und Regeln für den nächsten Sprint sind nur ein Teil der Techniken oder Instrumente, mit denen Commitment und gemeinsamer Teamgeist hergestellt werden können. So verschieden diese thematisch und inhaltlich auch sind: Sie erwarten von jedem Einzelnen Eigenschaften wie Selbstmanagement, Selbstbewertung, Feedbackakzeptanz und die Bereitschaft zur Selbstoptimierung und Konkurrenzverhalten. Immer geht es dabei auch um Vergnügen und Spaß und die Inszenierung einprägsamer Situationen im Sinne einer Stärkung der Gruppendynamik und des Teamgeistes. Als Initiativen, die im Team formuliert werden oder aus dem Team kommen, scheint dann nicht mehr das »eigene« Unternehmen Initiator von Leistungsanforderungen zu sein, sondern die Kollegen aus dem eigenen Team.

These 4: *Durch Aneignung von Werten soll eine Vergemeinschaftung des agilen Teams hergestellt werden. Vision oder Ziel dieser Vergemeinschaftung ist die Partnerschaft von Leitung, Management und Beschäftigten im Sinne einer agilen Wertegemeinschaft. Diese Wertegemeinschaft soll Auseinandersetzungen und Interessenskonflikte zwischen Management und Beschäftigten um Arbeitsbedingungen aus der betrieblichen Öffentlichkeit verdrängen.*

Die Initiativen zur Beeinflussung von Gruppendynamik sollen eine emotionale Bindung und ein Zusammengehörigkeitsgefühl zwischen den Beschäftigten und dem Unternehmen herstellen. Eine ähnliche Funktion erfüllen die sogenannten agilen Werte, wie sie auf Webseiten und in Texten der agilen Community thematisiert werden. Neben »Commitment« zählt der »Scrum«-Guide auch Fokus (Zielgerichtetheit), Offenheit, Respekt, Mut und Vertrauen zu diesen Werten, von denen sich Leitung, Management und Beschäftigte eines sich als agil verstehenden Unternehmens leiten lassen sollen. Andere Texte führen weitere Werte wie Hilfsbereitschaft, Kommunikation, Achtsamkeit, Nachhaltigkeit und Wertschätzung auf. Eine als Enzyklopädie angelegte Seite listet sogar über 40 Begriffe in einer Liste agiler Werte auf, angefangen von »Abenteuer, Aktivität« bis zu »Verantwortung, Verlässlichkeit.« Wer die Auflistung dieser angenehmen positiven Werte auf den Webseiten studiert, muss den Eindruck bekommen, dass agile

Unternehmen keinen anderen Zweck verfolgen, als Glück und moralisches Befinden ihrer Beschäftigten zu mehren.[406, 407]

Werteaneignung durch erzwungene Verhaltensänderung

Der Umkehrschluss, dass es sich bei den Inhalten dieser Listen lediglich um Worthülsen handelt, wäre indes zu einfach. In Texten der agilen Community besitzen Werte einen hohen Rang. Sie gelten als »Richtungsweiser in der Agilität« oder als »Herz agiler Teams und Organisationen« und bilden eine Art Referenzfolie zur Beurteilung von Erfolg oder Misserfolg der agilen Transformation. Die einen beklagen, dass die agilen Werte im Unternehmen nicht gelebt werden, andere prognostizieren ein Scheitern der agilen Transformation und verweisen darauf, dass zwar agile Methoden kopiert, aber auf die Implementierung entsprechender Werte verzichtet werde.[408] Was aber genau die Arbeitskultur eines agilen Unternehmens von einem »traditionellen« Unternehmen unterscheidet, bleibt vage oder vieldeutig. Daher liegt die Bedeutung dieses Ansatzes nicht in der Idealisierung bestimmter Begriffen als Werte, sondern in der ideologischen Zielrichtung ihrer Propagierung.

Die Aufforderung zur Aneignung agiler Werte richtet sich vorrangig an die Beschäftigten. Diese sollen ihr »Mindset« ändern und ihre Grundhaltung in Richtung auf Kundenzentrierung, Innovation und Selbstorganisation verändern. Wer auf Verlässlichkeit und Sicherheit seiner Arbeitsbedingungen Wert legt, wer gern nach detaillierten Plänen arbeitet, hat es schwer. Die Aneignung eines agilen Mindset wird schlicht als notwendig oder alternativlos hingestellt. Dass erzwungene Verhaltensänderungen bei vielen Beschäftigten eher Stress und Reaktanz auslösen, wird als Kollateralschaden hingenommen und akzeptiert. Sie gelten als nicht geeignet für agile Methoden und können deshalb auch nicht Mitglieder der agilen Wertegemeinschaft sein. »Mitarbeitern, denen es schwer fällt, im Team Wissen zu teilen oder transparent zu machen, wie und woran sie arbeiten, weichen von dieser Wertehierarchie ab. [...] Jeder Mitarbeiter hat die Chance sein Verhalten anzupassen. Wenn Mitarbeiter dies nicht wollen oder können, gilt es dann aber auch konsequent zu sein, um die anderen Mitarbeiter zu schützen.«[409]

---

406 https://www.scrum-projekt.de/8-werte-fuer-die-zusammenarbeit/ (10.06.2021)
407 https://www.wertesysteme.de/agile-werte/ (15.06.2021)
408 Vgl. https://digitaleneuordnung.de/blog/agile-werte/, https://chancen-navigator.de/agile-werte beziehungsweise(15.06.2021).
409 https://hr-pioneers.com/2013/07/agile-methoden-fuer-jeden/ (15.06.2021)

Wertegemeinschaft durch Vergemeinschaftung

Als Vision wird eine agile »Sinn- und Wertegemeinschaft« propagiert, die »Verhalten und Tun der Mitarbeiter« prägt.[410] Hierin arbeiten die Mitglieder auf Basis einer gemeinsamen ethischen Grundlage und fühlen sich dieser verpflichtet. Diese Vision einer agilen Wertegemeinschaft findet sich in zahlreichen Texten agiler Unternehmen. Als ideologische Klammer ist damit die Aufforderung zu einer harmonischen Zusammenarbeit aller im Unternehmen Tätigen verbunden. Werte sollen das verbindende Element dieser Gemeinschaft sein. Dieser von der Betriebswirtschaftlerin Getraude Krell als »Vergemeinschaftung« bezeichnete Prozess soll die Konfliktaustragung von Beschäftigteninteressen ersetzen. »An die Stelle klassen-(kämpferischer) Auseinandersetzungen zwischen ›Kapital‹ und ›Arbeit‹ soll vertrauensvolle, partnerschaftliche Zusammenarbeit treten. Die Beschäftigten werden aufgefordert, ihre Interessen [...] an denen des Betriebs zu orientieren. Aus Individuen und Gruppen mit unterschiedlichen Interessen soll eine verschworene Betriebsgemeinschaft leistungswilliger und loyaler Mitarbeiter [...] werden«.[411]

Als personalwirtschaftliches Managementkonzept ist Vergemeinschaftung keineswegs neu. Vorläufer dieses Konzeptes finden sich bereits in den 1920er- und 1930er-Jahren unter dem Begriff der Werksgemeinschaft beziehungsweise der nationalsozialistischen Betriebsgemeinschaft. Dabei wurden Begriffe wie Treue, Ehre, Fürsorge oder Arbeitspflichten zu normsetzenden Begriffen einer Gemeinschaft im Betrieb. In den 1990er-Jahren waren Konzepte der Unternehmenskultur verbreitet. Beschäftigte galten in diesen Konzepten nicht einfach nur als Mitglieder einer anonymen Organisation, sondern sollten sich als Teil eine Unternehmensgemeinschaft mit spezifischen kulturellen Normen und Handlungen verstehen.

Die agile Wertegemeinschaft arbeitet mit vertrauten Begriffen. Worte wie Mut, Offenheit oder Vertrauen kennt jeder Mensch in seinem persönlichen Bereich im Umgang mit Freunden und Angehörigen. Wer möchte nicht mit Offenheit, Respekt und Vertrauen behandelt werden, wer möchte nicht in einer Umgebung von Menschen arbeiten, die diese

---

410 https://www.goelzner.vision/agile-kreisorganisation/ (15.06.2021)
411 Gertraude Krell: Vergemeinschaftende Personalpolitik. Normative Personallehren, Werksgemeinschaft, NS-Betriebsgemeinschaft, Betriebliche Partnerschaft, Japan, Unternehmenskultur, München 1994, S. 30.

Werte pflegen? Durch die Vereinnahmung von positiv besetzten Werten aus privaten Lebensbereichen werden die Beschäftigten nicht nur in ihrer betrieblichen Funktion, sondern auch als Persönlichkeiten angesprochen. Merkmale wie Vertrauen und Offenheit werden aus dem Nahbereich herausgelöst, auf betriebliche Zusammenhänge übertragen und dadurch »ökonomisiert«.

Agile Unternehmen mutieren damit gleichsam zu quasi-menschlichen Institutionen, teilen und predigen sie doch die gleichen Werte, die Menschen auch im privaten Alltag als handlungsleitend erachten. Die agilen Werte bilden ein Paralleluniversum, in dem alle Widersprüche und Konflikte geglättet sind. Gepflegt wird stattdessen ein Diskurs vieldeutiger, aber oberflächlicher Begriffe, der die notwendige Thematisierung von Leistungsintensität, Arbeitsverdichtung oder Personaleinsparung im agilen Team verdrängt. »Wo Arbeitern Respekt gezollt wird, ist von Ausbeutung nicht mehr die Rede, es ist die hohe Schule der romantischen Verklärung schnöder Profitvermehrung.«[412]

---

412 Felix Klopotek: Kleinbürgertrauma, in: Konkret. Politik und Kultur, 5/21.

8 Austausch statt Silo: Der agile Arbeitsplatz

8.1 New Work: Arbeitswelten für agile Beschäftigte

Zahlreiche Unternehmen haben in Zusammenhang mit der Einführung agiler Arbeitsmethoden Räume und Büroetagen modernisiert oder komplette Neubauten errichtet. Vor allem Großkonzerne wie Unilever, Vodafone, Telekom oder Allianz investieren Millionen in neue Firmengebäude. Einen einheitlichen Namen gibt es nicht. Vodafone bezeichnet die neu errichtete Firmenzentrale als »Campus«, Böhringer Ingelheim nennt die neue Arbeitsumgebung für agile Arbeitsmethoden »BI CUBE.« Unter der Kurzform »Lab« eröffnete die Allianz AG das erste »Agile Training Center (ATC)« des Unternehmens in München.[413]

So unterschiedlich diese Gebäude in Größe und Form auch sind, so ähnlich sind sie in ihrer äußeren Fassadengestaltung. Glas, Aluminium und Beton verleihen ihnen ein schlichtes und kühles Äußeres. Durch einen ressourcenschonenden Einsatz von Materialien und Baustoffen orientieren sie sich am Aspekt der Nachhaltigkeit. Ihre nüchterne Erscheinung unterscheidet sie von der barocken Herrschaftsarchitektur frühkapitalistischer Zeiten, als Firmenpatriarchen eine aufwändige Fassadengestaltung ihrer Betriebe zur Selbstdarstellung in der Öffentlichkeit nutzten.

Bevorzugte Standorte dieser Neubauten sind städtische Gebiete oder attraktive, citynahe Erschließungsgebiete mit einer kompletten Infrastruktur des Wohnens, der Kultur und des Konsums. So wurde das Unilever-Haus in Hamburg, das über zehn Jahre der Konzernsitz von Unilever Deutschland war, als eines der ersten im Quartier Strandkai der neuen Hafencity errichtet und liegt direkt an der Norderelbe. In Fachkreisen gilt es als besonders innovatives Bürogebäude unter Berücksichtigung von Grundsätzen einer nachhaltigen Architektur. Der Vodafone Campus in Düsseldorf liegt in der Nähe des Rheins unmittelbar an einem Wohnviertel der gehobenen Preislage, in dem sich auch Künstlerateliers und aufwändig renovierte Altbauwohnungen befinden.

---

413 https://m.heise.de/developer/artikel/Agiles-Arbeiten-bei-der-Allianz-3902938. html?seite=all (16.03.2020)

Die gewählten Standorte in bevorzugter Lage nah an den Stadtkernen großer Metropolen sind Ausdruck des Bestrebens der Unternehmen, eine räumliche Nähe zu der »neuen Mittelklasse« (Andreas Reckwitz) herzustellen, die sich als urbane Klasse in den Großstädten (vor allem in Metropolen und Universitätsstädten) konzentriert und häufig in der Wissensökonomie arbeitet. Die Wahl des Standortes unterscheidet sie von den Unternehmensstandorten, wie sie in der Nachkriegszeit entstanden. Damals wurde häufig auf »der grünen Wiese« oder an den Rändern der Großstädte gebaut. Die Beschäftigten mussten dann eigens dafür gebaute Zubringer oder Autobahnen nutzen, um ihre Arbeitsplätze zu erreichen.

Bei der Planung agiler Arbeitsumgebungen werden renommierte Architekturbüros engagiert, deren Architektur- und Büroentwürfe sich häufig auf das »New Work«-Konzept des kürzlich verstorbenen amerikanischen Professors Frithjof Bergmann beziehen. Unter diesem Begriff verstand man ursprünglich ein alternatives Modell des Arbeitens, das laut Bergmann das klassische Lohnarbeitssystem ablösen sollte. Doch mittlerweile hat sich »New Work« zu einem Allerweltsbegriff entwickelt. Er findet auch Verwendung, wenn Management und Unternehmensberatungen die Vorzüge einer flexiblen und agilen Arbeitswelt beschreiben.

Planer und Architekten nutzen den Begriff für die Konzeption von Büros. Sie verstehen darunter Räume, die Kooperation und vernetztes Arbeiten fördern sollen und in denen durch die Ausstattung die Kreativität der Beschäftigten günstig beeinflusst werden kann. Dabei unterstellen sie, dass die unmittelbare Arbeitsumgebung einen großen Einfluss auf Leistungsbereitschaft und Produktivität der Beschäftigten ausübt. Sie leiten daraus die Schlussfolgerung ab, dass eine Gestaltung der Arbeitsumgebung im Sinne des New Work-Konzeptes Kreativität und innovatives Denken der Beschäftigten fördere. Eine Liste bürogestalterischer Tabus der New Work-Planer enthielte folgende klassische Elemente:

- das typische Zellenbüro: Der Arbeitspatz für eine oder zwei Personen steht für Betulichkeit und Beamtenmentalität und gilt als Ort von »Silo-Denken« und Kreativitätsblockierung
- der langgezogene Bürotrakt mit einem Mittelgang: Von ihm zweigen rechts und links durch Türen verschlossene Büroräume ab. Er verhindert Kommunikation und Zusammenarbeit der Beschäftigten
- Trennungen aller Art wie Wände, Raumteiler, Mauern, Türen: Sie verhindern Austausch und Selbstorganisation der Beschäftigten.

Diese Denkrichtung stößt bei agilen Unternehmen auf große Resonanz, weil sie sich von einer Realisierung dieser Bürokonzepte nachhaltige Wirkungen auf Arbeitseinstellung und Mentalität der Beschäftigten erhoffen. Neue und veränderte Arbeitsumgebungen sollen zu dem beitragen, was Unternehmen als unerlässliche Eigenschaft ihrer Beschäftigten betrachten: »das agile Mindset«. Diesen Begriff verwenden zahlreiche Unternehmen und Unternehmensberatungen. Er bezeichnet eine innere Einstellung, die Selbstveränderung als Normalität begreift und somit auf Anforderungen von Märkten und Kunden flexibel und situativ zum Vorteil des agilen Unternehmens reagiert.

Den agilen Unternehmen ist durchaus bewusst, dass die Beschäftigten nicht von sich aus und auch nicht von heute auf morgen ihre Arbeitshaltung im Sinne eines »agilen Mindsets« ändern. Im New Work-Konzept sehen sie daher einen willkommenen Hebel, diesen Mentalitätswandel voranzutreiben. Ganz unverblümt erklärt Marc Wagner, Mitglied des Management Teams der Firma Detecon, welche Konsequenzen das für die Beschäftigten haben kann: »Neue Arbeitskonzepte wie New Work erfordern das Aufgeben der Komfortzone – und sei es die des geliebten Einzelbüros. Austausch statt Silo, Vertrauens- statt Präsenzkultur [...], Virtual Collaboration sind Pfeiler der Arbeitswelt der Zukunft.«[414] Zur Komfortzone zählt er auch grundlegende menschliche Bedürfnisse wie den Wunsch nach Nähe und sozialen Beziehungen. Das Bedürfnis nach räumlicher Nähe zu Anderen hält er im Zeitalter von »New Work« für nicht notwendig, »um gemeinsam produktiv zu sein. Teammitglieder sind auf viele Standorte verteilt, wozu auch das Homeoffice gehört«.[415] Und für soziale Beziehungen bei der Arbeit sei das »New Work«-Unternehmen die falsche Adresse. Denn aufgrund von Kostengesichtspunkten werde zukünftig nicht mehr für jeden Mitarbeiter ein eigener Schreibtisch zur Verfügung stehen. Ein Ort für die Pflege sozialer Beziehungen könne das Unternehmen daher nicht mehr sein, es fungiere zukünftig lediglich »als soziale Anlaufstelle«(!).[416] Deutlicher lässt sich nicht ausdrücken, dass es bei neuen Arbeitskonzepten nicht um die Bedürfnisse der Beschäftigten, sondern um unternehmerische Leistungs- und Effizienzgesichtspunkte geht!

---

414 https://www.detecon.com/de/wissen/home-office-jetzt (22.03.2020)
415 Ebd.
416 Ebd.

Abb. 13: Open-Space-Büro

Von welchen Gesichtspunkten oder Erwägungen lassen sich die agilen Unternehmen bei der Bürogestaltung und der Arbeitsumgebung leiten? Warum ist es ihnen so wichtig, über Räume zu verfügen, die Kommunikation und Kollaboration ermöglichen sollen? Welche Rolle spielen dabei Wohlbefinden und Zufriedenheit der Beschäftigten? Und schließlich: Verbessert sich die kommunikative Kultur im Unternehmen? Die Diskussion dieser Fragen erfolgt in einigen Thesen.

8.2 Kritik – fünf Thesen und Nachtrag

These 1: *Das agile Unternehmen betrachtet Arbeitsumgebung und Bürogestaltung als Instrumente der Wertschöpfung. Im Vordergrund der Planung steht der zur Verfügung stehende Raum eines Gebäudes, nicht die zu schaffenden Arbeitsplätze.*

Die Bedeutung von Raum und Fläche

Der Arbeitsumgebung kommt in diesem Zusammenhang eine doppelte Bedeutung zu: Sie soll Ausdruck von Flexibilität, situativer Anpassungsfähigkeit und Fluidität sein und damit die Eigenschaften widerspiegeln, die die Beschäftigten eines agilen Unternehmens täglich leben und praktizieren sollen. Andererseits soll sie selbst als bewusste Gestaltung der physischen Umgebung (von Räumen, Möbeln, Lichtverhältnissen und Einrichtungsdesign) dazu beitragen, die Normen und Werte des »agilen Mindsets« zu stärken. »Wir investieren bewusst in eine Umgebung, in der sich unsere Mitarbeiter weiterentwickeln können und die Zusammenarbeit fördert. Entwicklungen wie die Digitalisierung oder flexible Arbeitsmodelle benötigen ein angepasstes Arbeitsumfeld«, [417] erläutert Stefan Rinn, Landesleiter Deutschland bei Boehringer und unterstreicht damit, wie wichtig den agilen Unternehmen der Gestaltungsaspekt der Arbeitsumgebungen ist.

Von dem Gedanken, dass für jeden Beschäftigten ein Arbeitsplatz bereitstehen müsse, haben sich die Konzepte der Planer bereits verabschiedet. Eine wichtige Rolle spielen bei den planerischen Überlegungen die verfügbaren Flächen. Aufgrund steigender Quadratmeterpreise in den »angesagten« Metropolen haben die auftraggebenden Unternehmen Interesse an einer effizienten Nutzung der Flächen. Die Konzepte der Planer orientieren sich daher an dem Prinzip der Flächenverdichtung. Je unverbauter die Fläche, desto variabler können Arbeitsmöglichkeiten und Bürogestaltungen sein. Damit grenzen sich »New Work«-Konzepte von einer Bürogestaltung ab, wie sie typischerweise seit Beginn des 20. Jahrhunderts in zahlreichen Bürogebäuden nur unwesentlich verändert bis heute existiert.

Sie betonen stattdessen die Gleichberechtigung unterschiedlicher Büroformen und setzen bei entsprechenden Raumlösungen auf Vielfalt.

---

417 Schwäbische Zeitung: »Boehringer eröffnet zukunftsweisendes Bürogebäude«, 5.10.2018.

So hat das »BI CUBE« von Boehringer Ingelheim fünf unterschiedliche Arbeitszonen. Diese Bereiche sind auf unterschiedliche Arbeitsformen ausgelegt wie zum Beispiel die Zusammenarbeit in kleinen Teams, konzentrierte Stillarbeit, gemeinsame Projektarbeit, Kommunikation und Organisation sowie Besprechungen vor Ort oder per Videokonferenz. Beim »Bi Cube« können die drei Arbeitsräume auch zu einem großen Saal als »Open Space« zusammengelegt werden.[418]

These 2: *Durch das »Open Space«-Büro entstehen Arbeitslandschaften, in denen Kommunikation und Transparenz stattfinden und Kreativität in den Teams mobilisiert werden soll. Kommunikation und Kreativität gelten als Schlüsselfaktoren für neue Produkte, die den Mehrwert des Unternehmens steigern.*

Arbeitslandschaften und Open Space

Das »Open Space«-Prinzip hat zentrale Bedeutung und findet sich als richtungsweisendes Element in vielen neu gebauten Firmengebäuden. Unter Arbeitgebern, Unternehmensberatern und Innenarchitekten ist das »Open-Space«-Büro mittlerweile zu einem Statussymbol geworden und wird mit vielen Vorschusslorbeeren bedacht. Generell gilt es als die »Bürolandschaft der Zukunft«[419] und als »Erfolgskonzept«[420], das den Raum für eine »neue Definition von Arbeit«[421] bietet. Das mag übertrieben sein, denn die »Open Space«-Welt ist bei weitem noch nicht so verbreitet, wie die Berichterstattung darüber vermuten lässt. Aber der Trend ist eindeutig. Aus der Perspektive des Managements scheint das »Open Space«-Büro der passende Ort für agile Arbeit zu sein, denn es verfügt über eine Reihe von Eigenschaften, die das Management für Wertschöpfung und die Entwicklung neue Produktideen als außerordentlich wichtig betrachtet. Dazu gehört seine Fähigkeit zur Kommunikation, zur Transparenz und zur Aktivierung von Kreativität.

---

418 In diesem Artikel wird der Begriff Open Space verwendet. Es gibt weitere Begriffe, die ähnliche Arten von Büroarbeitsplatzkonzepten beschreiben, zum Beispiel Activity Based Working, New/Future Way of Working, Flexible Office, Multi Space usw.

419 https://planung.bueroforum.net/planung/openspace-konzept.html?gclid=EAIaI-QobChMItbij5NjM9AIVUo9oCRoKAQwvEAAYAYAAEgJAivD_BwE (30.11.2021)

420 https://www.myworkspace.de/blog/open-space-in-5-schritten-zum-erfolgskonzept-offenes-buero/ (30.11.2021)

421 https://raumagentur.de/ (30.11.2021)

Wie im klassischen Großraumbüro teilt sich hier eine größere Anzahl von Beschäftigten einen offenen Raum, wobei die Ausgestaltung
etwa hinsichtlich der Anzahl der Personen, der Offenheit des Raums
oder der Nutzungsdichte unterschiedlich sein kann. Oft nutzen Beschäftigte temporär einen ihnen zugeordneten Schreibtisch oder teilen sich die verfügbaren Schreibtische im Raum (»Desk Sharing«). Das
»Open Space«-Prinzip macht aus der gesamten Fläche eines Raums
einen Arbeitsplatz, der Schreibtisch ist nur einer von mehreren Orten,
an denen gearbeitet wird. Gedacht wird weniger in Arbeitsplätzen als
vielmehr in Arbeitslandschaften.

Aspekte wie Wohlbefinden und Zufriedenheit der Beschäftigten
sind ein willkommener Nebeneffekt der Investitionen in Open Spa-
ce-Räume. Im Vordergrund stehen die Beschäftigten in ihrer Eigenschaft als Humankapital und ihr Beitrag für die Entwicklung neuer
Produkte und Dienstleistungen. »Wie kann der Arbeitsplatz und das
Büroumfeld dazu beitragen, Innovationen entstehen zu lassen, neue
digitale Lösungen zu finden und Mitarbeiter zu agilem Arbeiten zu er-
mutigen?«, lautet die Kernfrage des Managements zur Einleitung eines
Beitrags in einem Telekomblog zu modernen Bürowelten.[422]

Die Eigenschaften des unverbauten Raums

Die Fähigkeit zur Kommunikation beruht auf der Größe des »Open
Space«. Es bietet Platz für die verschiedensten Formate von Kommunikation, die im agilen Unternehmen so wichtig sind: »Daily Scrum«
zum täglichen Informationsaustausch, »Sprint Planning«, die Retros-
pektive, Meetings zur kontinuierlichen Pflege des »Product Backlogs«,
Feedback-Runden usw.

Jedes Format verfolgt eigene Ziele, aber alle Formate dienen dazu,
dass die Beschäftigten sich gegenseitig zu neuen Ideen inspirieren, aus
denen am Ende marktfähige Produktvorschläge entstehen sollen. Das
schließt auch die informelle Kommunikation der Beschäftigten ein.
Dieser unorganisierte und ungezielte Austausch, der sich früher in der
Pause oder in den Raucherecken abspielte und von den Vorgesetzen
als unproduktiv verdammt, aber stillschweigend hingenommen wurde,
findet nun im offenen Raum statt. Dadurch soll auch informelle Kommunikation produktiv nutzbar gemacht werden.

---

422 https://www.telekom.com/de/blog/karriere/karriere/agiles-arbeiten-in-
modernen-buerowelten-508870 (12.11.2020)

Der Raum unterstreicht die Bedeutung, die der Transparenzgedanke in einem agilen Unternehmen hat. Das ergibt sich aus der weitgehenden Verbannung aller Elemente, die die Größe des Open Space einschränken. Im Sinne von Sichtbarkeit erlaubt der Raum somit die visuelle Kontrolle der Beschäftigten und ihrer jeweiligen Arbeitstätigkeiten, insbesondere, wenn der Arbeitsplatz des Vorgesetzten sich ebenfalls im Raum befindet. Im übertragenen Sinn versteht das Management unter Transparenz die Öffnung der eigenen Person für Interaktion und Zusammenarbeit in den Projektteams. Für diese Öffnung, die als Aufforderung, das eigene Silo zu verlassen, an die Beschäftigten herangetragen wird, ist das »Open Space« der dafür vorgesehene Ort.

Der Raum schafft Kreativität

Und schließlich bietet der Raum die Möglichkeit, die kreativen Potenziale der Beschäftigten wachzurufen. Kreativität gilt als Schlüsselkompetenz in der »VUCA«-Welt, in der sich das agile Unternehmen wähnt. Ihre gezielte Nutzung ermöglicht es, sich im Markt zu behaupten oder sich Konkurrenzvorteile gegenüber anderen Unternehmen zu verschaffen. Unter Kreativität versteht das Management nicht den Geistesblitz eines einzelnen Genies oder die plötzliche Eingebung des einsamen, vor sich hin werkelnden Tüftlers. Vielmehr ist unter Kreativität ein Produkt, quasi eine Leistung zu verstehen, die durch kooperative Arbeit und Kommunikation der Beschäftigten innerhalb eines agilen Unternehmens entsteht. Sie ist, wie der Soziologe Nick Kratzer ausdrückt, »ein zu bergender Schatz«, ein fruchtbarer Boden für Ideen, auf den das Management zugreifen will.[423] Das »Open Office« soll den Raum bieten, in dem mit Hilfe von Trainings und Techniken der Ideenfindung der Kreativitätsschub ausgelöst werden soll. Diese Möglichkeiten der Nutzung machen die Open-Space-Arbeitswelten so attraktiv für agile Unternehmen.

These 3: *Die Einrichtungskulturen der agilen Unternehmen sollen eine motivations- und kreativitätsfördernde Arbeitsumgebung schaffen. Diese Kulturen überbrücken die Trennung von Arbeit und Freizeit und sind häufig Teil einer »Campuswelt«. Arbeitsumgebung und Campuswelt bieten sich den Beschäftigten als Orte an, den (eigenen) Bedürfnissen des alltäglichen gesellschaftlichen Lebens nachzugehen.*

423 https://www.isf-muenchen.de/pdf/Trendanalyse_PraeGeWelt_final.pdf (28.12.2021)

Arbeiten im Wohnzimmer

Unternehmen lassen es bei der Ausgestaltung der neuen Büros an nichts fehlen. Bei »T-Systems« in Wolfsburg befinden sich im Arbeitsumfeld bunte Möbel, Sofas und »chillige« Ecken, die zum Austausch über neue Ideen anregen sollen. Es gibt Räume, in denen sich Beschäftigte in aller Ungezwungenheit auf Sitzsäcken untereinander austauschen oder besprechen können. Und der so genannte »Collaboration Room« ist kein grauer, nüchterner Büro- und Konferenzraum alten Stils, sondern verfügt über vielfältige bequeme Sitzgelegenheiten mit mobilen Metaplanwänden.

Auch bei der Global Digital Factory (GDF) der Allianz AG in München existieren keine Schreibtische mit Trennwänden oder verschließbare Türen. Die Arbeitsumgebung soll eine »Kultur des Vertrauens« ausstrahlen, wie es werbewirksam in einer Pressemitteilung des Konzerns heißt. Zur »kreativen Arbeitsgestaltung« bietet das Unternehmen den Beschäftigten statt des üblichen Whiteboards beschreibbare Wände zur Visualisierung von Ideen oder der Aktivitäten des »Scrum«-Teams. Und statt in fest eingerichteten Räumen können die Teams ihre Besprechungen auch in »beweglichen Baumhäusern« abhalten. »Die Mitarbeiter können selbst entscheiden, auf welchem Sitzsack oder Hängesessel, auf welcher Couch oder in welcher gemütlichen Ecke sie jeden Tag ihre Aufgaben am besten erledigen.«[424]

Die Verschleierung der Arbeit

Diese Einrichtungskulturen erwecken den Eindruck, dass es sich bei den Arbeitswelten nicht um Orte der Arbeit, sondern um größere Wohnzimmer handelt, in denen sich die Beschäftigten völlig entspannt und ungezwungen aufhalten. So signalisiert das agile Unternehmen nicht nur, dass es bereit ist, Spaß und Begeisterung zu tolerieren, sondern auch eine optimistische, motivations- und kreativitätsfördernde Arbeitsumgebung zur Verfügung stellen zu wollen. Die dazugehörigen Fotos zeigen »Vorzeigebüros« mit ausnahmslos jungen, zufriedenen Menschen, die in kleineren Gruppen miteinander agieren und ihre Bedürfnisse nach Zugehörigkeit und Begegnung mit Gleichgesinnten zu erfüllen scheinen. Gleichzeitig vermitteln die auf locker gestylten

---

424 https://www.allianz.com/de/presse/news/unternehmen/personalthemen/171229-das-ende-der-einzelbuerozelle-future-of-work.html (27.03.2020)

Einrichtungskulturen ein idyllisches Bild von Arbeit, dass Alexander Meschnigg und Matthias Stuhr folgendermaßen beschreiben:»Man macht am Arbeitsplatz genau das, was man auch zu Hause oder in seiner Freizeit tun würde. Alle zusammen haben Anteil am großen Spaß, der Unternehmen heißt.«[425]

So tragen die Einrichtungskulturen der agilen Unternehmen ihren Teil dazu bei, die klassische Trennlinie von entfremdeter Arbeit und glücklicher Freizeit, wie sie in der »alten Industriegesellschaft« bestand, zu verwischen. Beide Bereiche gehen ineinander über. Räumlich ist diese Verwischung in den Campuswelten gut sichtbar. In unmittelbarer Nähe der Arbeitswelten finden sich auch andere Bereiche des alltäglichen Lebens. So zählen zur Campuswelt der Telekom in Darmstadt auch Kreativräume, Bistros und Lounges. In unmittelbarer Nähe oder ebenfalls auf dem Campus befinden sich Dienstleistungseinrichtungen wie Kindertagesstätten, Restaurants, Fitnessstudios und Ärzte. Und zum Vodafone-Campus gehören auch ein Gesundheitszentrum und ein Park im Innenhof.[426]

These 4: *Die Investitionen in die Arbeitsumgebungen verändern Abläufe und soziale Beziehungen der Beschäftigten. Dies führt aber nicht zu größerem Wohlbefinden, sondern zu neuen Belastungserfahrungen.* »*Open Space*« *Arbeitslandschaften stellen keine grundlegende Verbesserung der Arbeitssituation dar.*

Die Beschäftigten als Humankapital

Die Investitionen in die Ausstattung dienen den Unternehmen dazu, die im Open Space Arbeitenden zu Leistungen und Kreativitätsschüben zu animieren. Das geschieht auf Grundlage des Gedankens, dass gestaltete Arbeitsumgebungen einen leistungsfördernden Einfluss auf diejenigen haben, die in diesen Räumen arbeiten. Das findet auch Zustimmung bei den auf diese Weise Aktivierten, denn wer möchte nicht einen Arbeitsplatz in einer angenehmen Arbeitsumgebung »sein Eigen« nennen? Nicht nur die Beschäftigten von T-Systems oder der Allianz werden sich über eine schöne Büroausstattung freuen.

---

425 A. Meschnig, M. Stuhr: www.revolution.de Die Kultur der New Economy, Hamburg 2001, S. 126.
426 https://www.vodafone.de/newsroom/unternehmen/vodafone-campus-service-dienstleistungen/

Dass allerdings die Idee »Ich gebe dir eine angenehme Arbeitsumgebung und du gibst mir Leistung und Kreativität!« so aufgeht, ist keineswegs gesagt, denn mit dem Bürokonzept verändern sich auch Abläufe, Tätigkeiten und die sozialen Beziehungen am Arbeitsplatz. In der Regel werden die Beschäftigten nicht gefragt, ob sie in einem »Open Space« arbeiten wollen. Sie müssen sich mit den Verhältnissen arrangieren – und ahnen durchaus, dass die Investitionen der Unternehmen oder der Umzug in neue Räumlichkeiten weniger mit einer neuen Kultur, sondern vor allem mit dem Wunsch der Unternehmen nach Flächenverdichtung und Kostenersparnis zu tun haben.[427]

Eine Reihe von arbeitspsychologischen und -medizinischen Untersuchungen, die Wahrnehmungen und Wirkungen von Arbeitswelten mit verschiedenen Raumoptionen untersuchten, stellten den modernen Büroformen kein gutes Zeugnis aus. Zwar wird das »Open-Space«-Büro »als moderner empfunden und auch als transparenter wahrgenommen: Man sitzt jetzt in einer attraktiveren Umgebung und bekommt auch mehr mit. Aber das neue Büro wird auch als belastend empfunden, als anstrengender, weil es eben lauter ist, man sich nur bedingt zurückziehen kann und dauernd auf dem Präsentierteller sitzt«, fasst Nick Kratzer die Befunde seiner eigenen Fallstudien aus 18 Unternehmen zusammen.[428]

Andere Studien kamen zu ähnlichen Ergebnissen: Häufig sinkt nach dem Umzug in ein Großraumbüro das Wohlbefinden, die Beschäftigten betrauern den Verlust von Privatsphäre und Vertraulichkeit. Dagegen nehmen akustische Störungen (Lärm) genauso zu wie Situationen permanenter Ablenkung im Sichtbereich. Zudem ist die neue Arbeitsumgebung ein Nährboden für immer wiederkehrende, kleinliche Diskussionen wie »Raumtemperatur runter oder rauf?« oder »Fenster auf – Fenster zu?«[429]

»Häufige Unterbrechungen werden ebenfalls als Störung im Großraum genannt, sie kosten Zeit«, heißt es auf der Website von *ergoonline,*

---

427 In der Ausgabe vom 22.3. 2019 berichtete das «Hamburger Abendblatt» vom bevorstehenden Umzug von Unilever. Der Konzern verlegt seine Deutschlandzentrale vom Strandkai in die Hamburger Altstadt. Als Grund für diesen Umzug nannte das Blatt das Interesse des Konzerns an einem kleineren Bürogebäude, nachdem die Zahl von 1150 Beschäftigten in den Jahren zuvor durch Personaleinsparungen auf 700 Beschäftigte gesunken war.
428 https://bund-verlag.de: Open Space – das Büro der Zukunft (12.03.2020)
429 Aoife Brennan, Jasdeep S. Chugh, Theresa Kline: Traditional versus Open Office Design: A Longitudinal Field Study (May 2002), Ergebniszusammenfassung von Barbara Reuhl (Febr. 2020).

einem Informationsangebot des Hessischen Ministeriums für Soziales und Integration. Daher bestehe in einem großen Teil offener und großer Büroräume ein erhöhtes Stressniveau durch Reizüberflutung, den ständigen Geräuschpegel, Verlust der Privatsphäre, Überwachungsdruck durch Kollegen und Vorgesetzte, Unterbrechungen.»Auch ein erhöhtes Risiko für Erkältungskrankheiten lässt sich nachweisen. All das wirkt sich als erhöhtes Niveau von Gesundheitsbeschwerden und einem höheren Krankenstand aus.«[430]

These 5: *Die Open-Space Arbeitswelten versetzen das Management der agilen Unternehmen in die Lage, Anzahl und Dauer kommunikativer und kooperativer Aktivitäten zu steigern. Die Kommunikationskultur verbessert sich dadurch nicht. Manche Anzeichen deuten eher auf zunehmende Belastungen der Beschäftigten infolge intensiver Kooperation.*

Die gelenkte Kommunikation führt ...

Über Möglichkeiten der Kooperation und Kommunikation in der alltäglichen Arbeit zu verfügen, ist ein soziales Bedürfnis. Zusammenarbeit und Austausch vermindern die persönliche Beanspruchung und tragen zur Bewältigung des Arbeitsalltags bei. Unter Kooperation und Kommunikation verstehen die Beschäftigten, sich über Fragen der Arbeit auszutauschen, sich Rat und Unterstützung bei den Kollegen und Kolleginnen zu holen, wenn Schwierigkeiten auftauchen oder sich einfach über die Dinge des alltäglichen Lebens im»Smalltalk« miteinander zu unterhalten. Maßstab ihrer Kommunikation sind ihre eigenen Bedürfnisse und der Wunsch, in einem guten Binnenklima zu arbeiten.

Auch das Management wünscht den Austausch und die Zusammenarbeit der Beschäftigten. Unter Kommunikation und Kooperation versteht das Management, anders als die Beschäftigten, eine Pflicht zum Austausch. Statt der lockeren Kommunikation nach eigenen Bedürfnissen schafft das Management geregelte und starre Formate, in denen diese Kooperation abzulaufen hat. Er ist eine strukturierte, gelenkte Kommunikation, die das Management einfordert und die das Open Space dank seiner Beschaffenheit möglich macht.

430 https://www.ergo-online.de/ergonomie-und-gesundheit/buerokonzepte/artikel/offene-buerokonzepte-open-space-und-business-club/folgen-und-anforderungen/

Das beginnt beim Daily Scrum, führt zu Besprechungen aller Art, Videokonferenzen, Meetings bis hin zu Dienstgesprächen und Personalgesprächen. Nicht nur die Varianten, auch die Häufigkeit und Dauer der Kommunikation nehmen zu. Untersuchungen zeigen, dass auf der Managementebene und bei so genannten Wissensarbeitern Besprechungen aller Art zwischen 20 Prozent und 50 Prozent der Arbeitszeit einnehmen, wobei ein Wert von etwa einem Viertel der Arbeitszeit, die für Besprechungen aufgewendet wird, am häufigsten in den aufgeführten Studien zu finden ist. Andere Untersuchungen aus den USA stellen fest, dass die mit Abstimmungen und Teamaktivitäten verbrachte Zeit der Bürobeschäftigten seit Ende der Neunzigerjahre um 50 Prozent gestiegen ist.[431]

... zum Verlust von Kommunikationskultur und kollektiver Überforderung

Über die zunehmende Verwendung kommunikativer Formate wird schon längere Zeit diskutiert. Schon vor zehn Jahren sprachen wissenschaftliche Untersuchungen von einer enttäuschten Meeting-Euphorie unter Beschäftigten. Diese würden nach Aussagen der befragten Beschäftigten viel Arbeitszeit verschlingen, als ineffektiv gelten und hätten häufig keine Relevanz für die eigene Arbeit. »Mitarbeiter erleben und erleiden das Meeting deshalb oft als Zeitkiller, als Entscheidungskiller, als Dilemma der Problemgenese oder als Absicherungszwang unter Experten«, heißt es in einer Untersuchung in sechs Unternehmen aus verschiedenen Branchen.[432]

Ähnliches gilt für die Zunahme von Kooperation in agilen Unternehmen. In der *Zeit* widmen sich Kerstin Bund und Marcus Rohwetter dem Phänomen des ständigen Teamworks und Gruppendrucks, der Ideen verhindere und Kreativität blockiere. Das Übermaß an Kommunikation, so ihre These, führe zu einer sinkenden Qualität der sozialen Beziehungen und schaffe eine Situation kollektiver Überforderung durch Teamarbeit. »Die Angestellten sind gefangen in einer Endlos-

---

431 Vgl. Stefan Rief: Methode zur Analyse des Besprechungsgeschehens und zur Konzeption optimierter, räumlich-technischer Infrastrukturen für Besprechungen, Schriftenreihe zu Arbeitswissenschaft und Technologiemanagement, Universität Stuttgart, Institut für Arbeitswissenschaft und Technologiemanagement IAT, Dissertation, Stuttgart 2015
432 Vgl. Stephanie Porschen: Enttäuschte Meeting-Euphorie, WSI Mitteilungen 6/2008, S. 264.

schleife aus Dauerkommunikation, Zwangsvergemeinschaftung und immerwährender Präsentation. Sie sind verschüttet unter einer Lawine von Anfragen.«[433] Dabei berufen sich die Autoren auf Forschungen aus den USA, wonach Bürobeschäftigte sich in einem Stadium des *collaborative overload* befänden:»kollektive Überforderung durch Teamarbeit.«[434] Demnach führe Kommunikation durch Emails und Smartphonenutzung zu einer massiven Ablenkung von der eigentlichen Arbeit; ständige Abstimmung mit den Kolleginnen über die nächsten Arbeitsschritte raube im wahrsten Sinne genauso Zeit wie KollegInnen, die ständig Rat suchend andere von der Arbeit abhalten. Das führe dazu, dass die Bürobeschäftigten durchschnittlich alle 12 Minuten bei ihrer Arbeit gestört werden.»In vielen Firmen gehen acht von zehn Arbeitsstunden für »Kooperationsarbeiten« drauf:[435] Telefonkonferenzen, Teampräsentationen, Abstimmungsschleifen. Wichtige Angelegenheiten würden die Angestellten dann oft zu Hause erledigen.

Die geschilderten Phänomene deuten an, dass die Zunahme von kommunikativen und kooperativen Aktivitäten in den agilen Unternehmen nicht zwangsläufig mit einer qualitativen Verbesserung der sozialen Beziehungen einhergeht. Vielmehr können daraus neue Belastungen bei den Beschäftigten entstehen – durch intensive Beanspruchung ihres Kommunikations- und Kooperationsvermögens.

Nachtrag

Der Text wurde zu Beginn der Corona-Krise geschrieben. Daher berücksichtigt er nicht die Auswirkungen der Pandemie auf die Arbeitsumgebungen der agilen Unternehmen. Dazu seien hier abschließend einige Überlegungen dargelegt, die neue Fragen aufwerfen:

Die im Text dargestellten »New Work« und »Open Space«-Raum- und Managementkonzepte geraten durch die Pandemie erheblich unter Druck und lassen sich in der bisherigen Art wohl kaum weiterhin praktizieren. Das Open-Space-Konzept ist unter dem Gesichtspunkt der Pandemie mit dem Infektionsschutz nicht vereinbar. Welche Schlussfolgerungen Management und Architekten daraus ziehen, ist gegenwärtig noch nicht klar ersichtlich. Eine Rückkehr zum Ein-Per-

---

433 K. Bund, M. Rohwetter: Leiser, bitte!, in: Die Zeit, 28.11.2019.
434 Ebd.
435 Ebd.

sonen-Büro oder Zweierbüro würde Ansteckungsrisiken zwar erheblich mindern. Diese Erwägung kollidiert aber mit dem Interesse des Managements nach einer Arbeitsumgebung, die den Ansprüchen von Agilität unter räumlichen Gesichtspunkten gerecht wird. Viele Beschäftigte arbeiten seit März 2020 zeitweise oder permanent im Homeoffice. Unternehmen wie beispielsweise die Telekom haben einen großen Teil ihrer Kundenbetreuung aus den Niederlassungen ins Homeoffice verlagert. Die Personalleiterin des Mobilfunkanbieters Telefonica verkündete im August pressewirksam eine weitgehende Abschaffung der Präsenzpflicht:»Künftig sollen unsere Mitarbeiter da arbeiten, wo es für sie am produktivsten ist.«[436] Allein die Bundesanstalt für Arbeit investierte laut Angaben des *Spiegel* 13 Millionen Euro in technische Ausrüstungen, um die Arbeit der Behörde auf Homeoffice umzustellen. Dabei stellen diese Behörden und Unternehmen erstaunt fest, dass viele ihrer Dienstleistungen und Angebote mit entsprechender Technikausstattung auch von zu Hause erledigt werden können. Schon kündigt die Allianz AG an, Homeoffice zur Dauerlösung zu machen und »40 Prozent der Mitarbeiter von zu Hause arbeiten« zu lassen.[437]

Für die Leistungserbringung ihrer Beschäftigten brauchen Unternehmen also nicht unbedingt ein schickes Gebäude mit agiler Arbeitsumgebung. Das Homeoffice verstärkt Tendenzen zunehmender Verflechtung von Arbeit und Freizeit. Die sich eröffnenden Möglichkeiten zu einem orts- und zeitunabhängigen Arbeiten greifen immer mehr Unternehmen auf. Sie sind, wie Felix Klopotek schreibt,»Bestandteil einer umfassenden Innovationsoffensive des Kapitals, für die Covid 19 ein Anlass, aber nicht die Ursache gewesen ist.«[438] Genutzt werden können diese Möglichkeiten zu einer Neuausrichtung agiler Arbeit und der Arbeitsumgebungen in den agilen Unternehmen.

Zu dieser Ausrichtung gehört eine stärkere räumliche Flexibilisierung agiler Arbeit. VPN-Zugänge, Notebooks, Videokonferen-

---

436 https://www.handelsblatt.com/finanzen/banken-versicherungen/neue-arbeitswelt-allianz-macht-homeoffice-zur-dauerloesung-mit-weitreichenden-folgen/26075398.html?ticket=ST-12954784-xxjLkG1JF3dwUbsMFZPd-ap3 sowie https://www.telefonica.de/news/corporate/2020/08/nicole-gerhardt-im-rnd-interview-auch-mich-hat-es-ueberrascht-wie-reibungslos-die-arbeit-im-homeoffice-funktioniert.html (14.11.2020)
437 Ebd.
438 F. Klopotek: Freiheit und Anpassung. Homeoffice – ein neues Arbeitsregime in der sich ständig umformierenden Industrialisierung, in: Konkret 7/2020.

zen,Headsets und vieles mehr schaffen die Grundlagen für diese räumliche Verbindung des eigenen Zuhauses mit der Firma. Die in den agilen Teams vereinbarten Projektschritte werden dann so zerlegt, dass eine Bearbeitung individuell zu Hause geleistet werden kann. Einzelarbeit, die Konzentration und Ruhe braucht, solle dann im Homeoffice erfolgen. An dem Anspruch, die Beschäftigten permanent zu kontrollieren, hält das Management trotz aller Veränderungen fest: Digitale Überwachungsprogramme, beschönigend auch »Monitoring-Tools« genannt, und der tägliche Chat mit den Vorgesetzten sorgen für die Überwachung der Beschäftigten in den eigenen vier Wänden. Den Abstimmungs- und Koordinierungsproblemen, die bei räumlicher Flexibilisierung zwischen den Beschäftigten und ihren Vorgesetzten unweigerlich auftreten, versucht das Management durch einen neuen Führungsstil zu begegnen: Favorisiert wird in Zeiten des Homeoffice ein »Führen auf Distanz« oder eine »Distance Leadership«. Zahlreiche Unternehmensberater wittern hier einen neuen Markt und bieten bereits entsprechende Fortbildungen an.

Die mit viel Geld ausgestatteten Arbeitsumgebungen in den agilen Unternehmen werden nicht sofort überflüssig, wenn Beschäftigte immer häufiger zu Hause arbeiten. Für Kommunikation und Kooperation, von denen sich das Management kreative Geschäftsideen erhofft, ist das eigene Arbeitszimmer nur bedingt geeignet. Für den kommunikativen Austausch im Projekt und in den agilen Teams, für die »Ausnutzung von Schwarmintelligenz« sowie für »punktgenaues Arbeiten in kleinen Gruppen«[439] bleiben die Arbeitsumgebungen und Büros der agilen Unternehmen aus Sicht der Managements der geeignete Ort.

---

439 Ebd.

9 Exkurs. Kybernetisches Management digital verschärft – KI, people analytics und intelligente Auswege

Von Michael Bretschneider-Hagemes

Die vorliegende Schrift von Hermann Bueren trägt zu einer kritischen Reflexion dessen bei, was gemeinhin als »Management« bezeichnet wird und in dieser Begriffsform schon bagatellisierend daherkommt. *Herrschaft*, bereits im nüchternen Sinne Max Webers, mutet ungleich unbequemer an, und viel zu selten traut sich der wissenschaftliche und erst recht der betrieblich orientierte Diskurs eben jene Formen und Strukturen zu benennen, zu kritisieren und im Sinne eines humanistischen Erbes zu überwinden, wo immer Herrschaftsausübung bedeutet, aus dem Menschen ein »*erniedrigtes, ein geknechtetes, ein verlassenes, ein verächtliches Wesen zu machen*« (Marx, 1981, S.385). Auch und gerade am Arbeitsplatz. Verschiedene Spielarten des Managements leisten dazu einen vortrefflichen Beitrag.

Tritt *Herrschaft* an der kapitalistischen Peripherie heute wie gestern unverblümt auf, in den Sweatshops und Minen der so genannten verlängerten Werkbänke, so sieht es hierzulande anders aus. Arbeiter/innen *committen* sich auf gemeinsame Ziele mit ihrem Team und arbeiten *agil* und sinnbeaufschlagt in inszenierten Settings. So genannte Einfacharbeit stellt gelegentlich die unbequeme Kehrseite dar, wird aber erfolgreich versteckt oder verklärt in Lagerhäusern und Produktionshallen. Als solle sie den schönen Schein nicht stören, und so verschwindet offensichtliche Herrschaftsausübung der besagten Art hinter den Verflechtungen der Lieferketten, auf deren Verantwortung die Profiteure pfeifen, wo immer sie es politisch durchzusetzen vermögen.

So gesehen hätte es immer auch etwas zynisches, *nur* einzelne Facetten von Management zu besprechen, die doch vergleichsweise *humanisiert* daherzukommen scheinen. *Hätte*, denn wer genau hinsieht, dem fällt auf, dass die Arbeit der Einen in einer »Entfremdung zweiter Ordnung« (vgl. Bretschneider-Hagemes, 2017) zwar anders, aber nicht weniger entäußernd ist als die der Anderen und einer kritischen Betrachtung mehr als würdig sind. Einiges dazu wurde in der vorliegenden Schrift besprochen.

Weiterhin fällt auf, dass jene Entäußerungen einen organischen Zusammenhang aufweisen, der sich im akkumulierten Mehrwert eint und in seiner Einheit wiederum jeden Zusammenhang leugnet. Wer den Anlauf unternimmt, die Verhältnisse doch zumindest punktuell zu dechiffrieren, dem muss zugesprochen werden. In diesem Sinne versteht sich dieser Exkurs als bescheidener Beitrag, der wenigstens anekdotisch und nicht minder punktuell sowie anlassbezogen fragmentarisch aufgreift, was derzeit, neben anderen Facetten, unter dem Debattenstrang der Digitalisierung und künstlichen Intelligenz einerseits und damit verwobener Herrschaftspraxis andererseits beobachtet werden kann.

AGIL durch den Wolf gedreht

Im Fazit zum *agilen Unternehmen* des vorliegenden Buches resümiert der Autor die Motive zur besseren Rationalisierbarkeit, Kontrollierbarkeit und Reduktion von Reibungsverlusten durch die manchem noch immer neu anmutenden Managementmethoden rund um die so genannte »Agilität«. Dem zustimmend soll hier der Verweis darauf gestärkt werden, dass AGIL (hier stellvertretend für vergleichbare Ansätze unter anderem Etikett firmierend), eine Spielart der Managementkybernetik darstellt. Dabei handelt es sich um die Anwendung kybernetischer Grundlagen auf soziale, soziotechnische und sozioökonomische Systeme, um die Steuerbarkeit bei zunehmender Komplexität und Unvorhersehbarkeit der systemischen Umweltbedingungen zu gewährleisten (zumindest lautet so das hoffnungsschwangere Mantra). Wie überhaupt die Kybernetik, so ist auch die Managementkybernetik alles andere als neu. Talcott Parsons formulierte das AGIL-Schema bereits in den 1950ern, um solche Systemfunktionen zu beschreiben, die zum Existenzerhalt eines jeden (sozialen, und damit auch organisatorischen) Systems erforderlich seien. Dabei steht AGIL für A wie Adaptation (Anpassbarkeit), G wie Goal Attainment (Zielerreichung/-verfolgung), I wie Integration (Einbindung/-beziehung) und L wie Latency (Strukturelle Stabilität/Aufrechterhaltung).

Kontrastiert mit den Versprechungen der heutigen Advokaten von *AGIL&Co.* klingt es ketzerisch, aber nimmt man die Sache ernst, dann gilt die Folgerung: *Eine Organisation kann nicht nicht-agil sein!* So genannte Change-Prozesse in Richtung Agilität werden damit äußerst fragwürdig. Kartenhäuser fallen schnell zusammen ...

Die vier Funktionen nochmals aufgegriffen, fügt sich bspw. auch die durch Peter F. Drucker bekannt gemachte Praxis der Zielvorgabe/-vereinbarung, die einst dem militärisch-industriellen Komplex entsprang, in das Schema. Angefangen von berühmt-berüchtigten Tötungsquoten, namentlich dem Bodycount in Vietnam, über die Ford-Werke (übrigens in Personalunion durch Hr. McNamara) und einschlägige Managementschulen, vollzog die Methode eine erstaunliche Karriere über Jahre und Jahrzehnte hinweg. Wo immer sie auch Anwendung fand, es wurde genau das angestrebt, was hier resümiert wurde: Rationalisierbarkeit, Kontrollierbarkeit und Steuerbarkeit unter komplexen und unvorhersehbaren Umweltbedingungen.

Damit dies gelingt, bedurfte es der Quantifizierung der Prozesse, Tätigkeiten, Ergebnisse und möglichst auch der Folgen. Eine regelrechte *Automatenlogik* erhielt Einzug in die Steuerung organisationaler Systeme, denn das Maß der Zahl stellt immer eine Abstraktion und Reduktion tatsächlicher sozialer Prozesse dar, das gilt auch für das Arbeitshandeln der Menschen, ganz gleich, wie formalisiert es auch sein mag. Diese quantifizierte Automatenlogik ermöglicht scheinbar ein Monitoring und Controlling der darauf zugerichteten Organisationen, das IT-gestützt einen regelrechten Siegeszug antrat. Jede Organisationseinheit bis hin zum einzelnen Arbeitshandelnden wird im Flowchart der Organisation verortet und mit In-/throug- und Output-Parametern materieller wie immaterieller Art zur scheinbar berechenbaren und steuerbaren Größe. Einige dieser *Größen* gehen dabei dann bis ins Perverse, wenn etwa den Beschäftigten eine *Lächelquote* und andere Lebensäußerungen in ihrer Zielerreichung (oder eben Nicht-Erreichung) vorgerechnet werden.

Die jüngste, nun durch künstliche Intelligenz gestützte Ausprägung stellt das so genannte *people analytics* dar, das seine Ursprünge in der Psychologie und den Verhaltenswissenschaften hat (vgl. exemplarisch Moore, 2018). Durch people analytics sollen auf Basis von *big data* gerade im Bereich der Wissensarbeit Verhaltensanalysen ermöglicht und informelle Tätigkeitszusammenhänge aufgedeckt und damit im Sinne der AGIL-Advokaten steuerbar gemacht werden, aber auch Fragen des so genannten Humankapitals bis hin zum Tagesgeschäft des Human Resource Managements (Recruiting etc.) werden behandelt. Auf Grundlage statistischer Wahrscheinlichkeiten und durch machine learning gestützte Optimierungen wird nicht nur das Hier und Heute *gemonitored* und in Rankings überführt, nein, auch Zukunftsprojektionen werden errechnet, die über das Wohl und Wehe der Beschäftigten richten sollen, sei es durch Etablierung einer Performance Culture und/oder durch individualisierte Klassifikation als »rising star«, Beförderung o.ä. beziehungsweise »Underperformer«. Management wird durch die technologische Verfügbarkeit solcher Tools totalitärer, schneller und undurchsichtiger. In Summe ergibt sich ein digital verschärftes kybernetisches Management, die Rede ist nun auch vom *algorithmic management*: Mehr Abstraktion, mehr Kontrolle, mehr (scheinbare) Rationalität, mehr, mehr, mehr ...

Die systemstrukturelle Automatenlogik hat den Weg bereitet, den die heutigen Akteure neu interpretieren und digital vermittelt gestalten, ohne oft überhaupt noch dem abstrakten Zustandekommen des Soseins und ihres Tuns folgen zu können.

Künstliche Intelligenz macht dumm!?

KI ist derzeit in aller Munde, und durch den kürzlich vorgelegten Vorschlag der EU-Kommission zu einer Verordnung zum weltweit ersten Regulierungsrahmen künstlicher Intelligenz vermischen sich in der Debatte Hoffnung vor dem Schutz der Menschenrechte und Angst, dem Standort zu schaden, zu scheinbar gleichen Teilen. Der Entwurf greift viele wichtige Aspekte auf, die hier im Einzelnen nicht diskutiert werden können, doch tatsächlich werden mit recht scharfem Blick die Praktiken des besagten *people analytics* im HR-Management, des *social scoring* uvm. in Organisationen und Gesellschaft insgesamt in Betracht gezogen. Wenigstens so weit, wie es trotz einer Dominanz der wirtschaftlichen Akteure in Konsultationsprozessen und der High-level expert group on artificial intelligence möglich war. Ob aus dem Entwurf geltendes Recht wird oder ob die Prozesse im europäischen Rat und im Parlament der anstehenden Verhandlungsmonate und Jahre jedweden kritischen Blick entschärfen, bleibt abzuwarten. Klar ist aber, durch den Kommissionsentwurf ist manche Unternehmenspraktik angeprangert, die seit einigen Jahren auf dem Rücken der KI-vermittelten Managementkybernetik um sich griff. Ein ungehemmtes *people analytics* sollte bereits auf der heute vorliegenden Diskussionsgrundlage geächtet werden.

Neben einer politisch und ethisch motivierten Argumentation gegen diese neuen Spielarten des Managements formiert sich eine ergänzende und etwas unerwartete Opposition durch Anwenderkreise. Der

Grund ist einfach, vielfach verstellt die Abstraktion der Prozesse, die durch KI eine nie gesehene Verschärfung erfährt, den Blick und zeitigt ungewollte Ergebnisse, wie sie nun auch vermehrt von der Anwenderseite reklamiert werden. So fiel der Ausspruch *KI macht dumm* auf einer Konferenz, die aufgrund ihrer technischen Ausrichtung nicht gerade gesellschaftskritische Themen auf der Agenda hatte. Eine Gruppe der betrieblichen Anwender hielt dem Hersteller der HR-Software vor, ihr Prozesse *unverstehbar* zu machen und nach dem Motto *One size fits all* zu behandeln. Letztlich würden sie dadurch *dümmer als sie vor der hoffnungsvollen Einführung der Tools waren*. Wie passt das zusammen? Wenige Gründe seien zusammengefasst:

KI funktioniert nur so gut, wie die ihr zugrundeliegende Datenbasis für die gewünschten Prozesse repräsentativ ist! KI basiert auf der Aggregation von Daten – mit oder ohne Bias. Erst durch big data wird KI funktional, generiert einen einigermaßen zuverlässigen, der gewünschten Funktion entsprechenden Output. In aller Regel wird die KI aber mit Fremddaten des Inverkehrbringers beziehungsweise Herstellers trainiert, allenfalls im Rahmen des *machine learnings* (ML) mit Unternehmensdaten über den Lifecycle hinweg weiterentwickelt. Eine Reihe des von Anwenderseite erlebten Frusts ließ sich auf die Erwartung zurückführen, KI würde die Prozesse *out of the box* optimieren. Ein oftmals fataler Trugschluss.

Machine Learning funktioniert nur im Rahmen eines vorgegebenen Optimierungskalküls und ist ausgesprochen unflexibel! Die Vermeintliche Flexibilität von KI-Anwendungen und dem Mantra der Agilität passt keineswegs zu den tatsächlichen Eigenschaften der verfügbaren Tools. Zwar kann eine KI, die ihrem Namen einigermaßen Ehre macht, auf Basis von ML über den Lifecycle eine funktionale Weiterentwicklung erfahren, wenn sie darauf ausgelegt ist. Diese Weiterentwicklung, dieses unterstellte Selbstlernen folgt aber immer einem vorgegebenen Optimierungskalkül, einer Automatenlogik fern jedwedem Anspruch an *Intelligenz*, die sich lediglich in einem engen Entwicklungsfenster quasi-konditionieren lässt. Die Anwendung von KI im so genannten *algorithmic management* führt mit hoher Wahrscheinlichkeit zu Fehlschlüssen, zur Nicht-Nachvollziehbarkeit von Schlussfolgerungen und erheblichen Folgekosten für Nachbesserungen aller Art.

KI ist immer eine Blackbox!

Jede KI ist eine Blackbox, deren Funktionszusammenhang durch einfache Beobachtung nicht mehr zu erschließen ist. Wenn der Legislativvorschlag der EU-Kommission auch darauf abzielt, KI transparent, robust und nachvollziehbar zu machen, dann ist genau diese Eigenschaft damit adressiert. Betrieblich heißt das aber vorerst, dass man sozusagen einen neuen *Akteur* im soziotechnischen Zusammenhang etabliert, dessen Opazität hingenommen, ignoriert oder willentlich ins Feld geführt wird.

Künstliche Intelligenz und die Distribution von Arbeit

Das benannte people analytics ist nicht die einzige Spielart des algorithmic managements, nicht minder verbreitet ist die so genannte *Distribution von Arbeit* durch KI.

Die Datengrundlage bildet die Quantifizierung und mit einer 100fach vergrößerten *Taylor-Lupe* analysierten Arbeitsprozesse, beispielsweise in der Intralogistik. In der Folge erhalten die Beschäftigten, hier genannt *Picker*, ihre Order in Echtzeit über ein digitales Endgerät (von Tablet bis Datenbrille kann man alles beobachten). Die Tätigkeit erfolgt unter optimierter Routenführung und Prozessabwicklung undurchsichtig und nicht nachvollziehbar für die Ausführenden, deren ehemals so wichtige Qualifikation durch die Technik beziehungsweise die vorherigen Analysen systemisch antizipiert wurde und auf persönlicher Ebene nicht mehr gewünscht ist. Wer nichts weiß und nichts will, ist nicht nur gefügiger, sondern auch billiger. Vor allem billiger und flexibler als eine Vollautomatisierung.

Jeder, der sich auch nur ansatzweise mit Arbeitssystemgestaltung oder gar Arbeitsschutz beschäftigt hat, kann erahnen, welche Konsequenzen diese Variante des neuen Taylorismus im Hinblick auf die menschengerechte Gestaltung von Arbeit hat (zur Kritik eines konsequenten *Scientific Management reloaded* vgl. Bretschneider-Hagemes, 2017). Beschäftigten wird in solchen Szenarien ihre gattungscharakterliche Potenz zur Ausbildung eines immensen Arbeitsvermögens und Innovationsstrebens abgeschnitten. Zudem wird die salutogene wirkende Dimension des Selbstwirksamkeitserlebens im Arbeitsprozess unterbunden. Selbstwirksam ist hier nur noch der Algorithmus.

Dieser kleine Exkurs bleibt notwendigerweise unvollständig, und doch wird der Hoffnung Ausdruck verliehen, gerade in der Zuspitzung einen Teil der einsetzenden Zurichtung der Beschäftigten skizziert und die gesteigerte, blindmachende Technikabhängigkeit eines digital verschärften kybernetischen Managements aufgezeigt zu haben. Detailliertere Analysen wurden durch den Autor an anderer Stelle schriftlich vorgelegt und in Form von Betriebsräteseminaren und vielem anderen verfügbar gemacht (vgl. ebd). Wenn ein *intelligenter Ausweg* gesucht wird, dem mehr, schneller, blinder und dümmer entronnen werden soll, ein Weg eingeschlagen werden soll, der dem Anspruch folgt, Technik nicht dem Diktat eines algorithmic Managements, sondern den Interessen der Werktätigen und überhaupt gesellschaftlich emanzipativen Interessen unterzuordnen, dann hilft gestern wie heute nur die scharfe kategoriale Kritik der Verhältnisse, kritische wissenschaftliche Analyse gepaart mit solidarisch-politischer Aktion, und diese fängt im Teilen von Wissen und dessen Reflexion an. Möge das vorliegende Buch einen wirksamen Beitrag leisten.

Literatur

Bretschneider-Hagemes, M. (2017). *Scientific Management reloaded? – Zur Subjektivierung von Erwerbsarbeit durch postfordistisches Management*. Wiesbaden: Springer VS.

Marx, K., & Engels, F. (1981). KARL MARX 1842–1844. In *MEW Band 1*. Berlin: Dietz Verlag.

Moore, P. V. (2018). *Artificial Intelligence: Occupational Safety and Health and the Future of Work*. Bilbao.

10 Jenseits des Normalvollzugs: »Anders arbeiten!«

Kehren wir an den Ausgangspunkt dieses Buches zurück. Eingangs haben wir den Betrieb oder das Unternehmen als ein Räderwerk bezeichnet, das Menschen koordiniert, kontrolliert und organisiert. Wie diese Menschenführung unter dem Vorzeichen agiler Unternehmensführung geschieht, hat das das Buch am Beispiel einiger ausgewählter Managementmethoden diskutiert.

Agile Menschenführung verläuft nicht konfliktfrei und harmonisch. Die Umsetzung einzelner Methoden ist von Verwerfungen und Konflikten begleitet, die unterschiedlich akzentuiert sind. In ökonomisch-sozialer Hinsicht äußern sich diese Konflikte in gesteigerter Leistungsintensität, Ausweitung beziehungsweise Entgrenzung von Arbeitszeiten, Personaleinsparungen, Arbeitsplatzabbau oder engen Termin- und Zielvorgaben. Erlebt werden am eigenen Arbeitsplatz Arbeitsverdichtung und eine Abfolge ständiger Veränderungen, die im Managementjargon als *change management* oder *disruption* firmieren. Zur subjektiv erlebten Seite von Managementmethoden zählen Stresserfahrungen, emotionale und körperliche Belastungen, Angststörungen, Burnout, erlebte Abwertungen der eigenen Person und Ohnmacht, Überlastung, ständige Bewährungsproben und fehlende Anerkennung.

Menschen machen am Arbeitsplatz ihre eigenen Erfahrungen und reagieren unterschiedlich auf die betriebliche Situation. Aber die Überzeugung, dass eigener Misserfolg als individuelles Versagen und nicht in Zusammenhang mit gesellschaftlichen oder ökonomischen Strukturen zu betrachten ist, scheint im Bewusstsein tief verankert zu sein und bildet ein gemeinsames, von vielen Beschäftigten geteiltes Verarbeitungsmuster im Umgang mit den im Betrieb und am eigenen Arbeitsplatz praktizierten Methoden.

Als zusätzliche Belastung kommen die Probleme hinzu, die bei Umsetzung von Managementmethoden unweigerlich auftauchen: Ziele entpuppen sich in der Praxis als unrealistisch, Teams werden permanent neu zusammengesetzt, Vorgesetzte oder wichtige Ansprechpartner wechseln, Projekte erweisen sich als überdimensioniert oder drohen zu scheitern, notwendige Tools entpuppen sich als wenig oder gar nicht geeignet. Begleitet wird diese alltägliche Erfahrung von teils offen, teils unterschwellig geführten Kleinkriegen, die in den Unternehmen ausgetragen werden. Sie sind geradezu typisch für eine hierarchische Unternehmensstruktur und offenbaren den anarchischen Charakter kapitalistischer Arbeitsorganisation: Konkurrenz zwischen Vorgesetzten der Hierarchieebene und den Projekt- beziehungsweise Teamleitern, Auseinandersetzungen um Budgets und Einfluss sowie Streit um und Abgrenzung der jeweiligen Zuständigkeiten und Verantwortungsbereiche, Störungen und Unterbrechungen der Arbeitsabläufe, weil notwendige Entscheidungen »von oben« nicht gefällt werden oder neue Kundenanforderungen situativ bewältigt werden müssen; widersprüchliche, nur schwer miteinander zu vereinbarende Arbeitsanforderungen, fehlende Informationen, Abstriche an Qualität und Arbeitsgüte, Budgetrestriktionen, Diskrepanzen in Kalkulation und Planung.

Hier könnte man diesen Abschnitt und das Buch mit der Feststellung beenden, dass der Raubbau an menschlichen Ressourcen und Anarchie der Organisation immer existiert haben und auch weiterhin existieren werden, solange wir uns in einer Arbeitsorganisation unter kapitalistischen Vorzeichen befinden. Was wir erleben, ist der Normalvollzug einer Organisierung von Arbeit unter kapitalistischen Vorzeichen. In Anlehnung an die These des Soziologen Alfred Kieser vom Kommen und Gehen der Managementmethoden wäre in naher Zukunft eine neue Methode am Sternenhimmel des Managements und ihrer Berater zu erwarten, die dann unter einer neuen Bezeichnung gleiche oder ähnliche Ziele anstrebt wie die agile Menschenführung.

Bleibt also alles anders, bleibt es beim Normalvollzug? Erleben wir »the same procedure as every year«? Oder stecken in den Managementmethoden Potenziale, »Keime der Autonomie, des selbstbestimmten Handelns« [440], vorweggenommene Utopien, die uns Hinweise geben können auf eine Arbeitsorganisation, die tatsächlich eine Aufhebung von Hierarchie, Selbstbestimmung, Zeitsouveränität beinhalten und über die bisherige Form der Organisation von Arbeit hinausgehen?

»Anders Arbeiten!«

Erinnern wir uns: Gegen die Zumutungen und Verwerfungen von Managementmethoden und fremdbestimmter Arbeitsorganisation haben sich Beschäftigte in der Vergangenheit immer wieder gewehrt. Schon der gelernte Ingenieur und Unternehmensberater Frederic Taylor be-

---

440 Harald Wolf: Arbeit und Autonomie. Ein Versuch über Widersprüche und Metamorphosen kapitalistischer Produktion, Münster 1999, S. 174.

klagte sich vor mehr als 100 Jahren über die Abwehrhaltung der Arbeiter im Bethlehem-Stahlwerk in Pennsylvania, die sich seine Bemühungen einer Arbeitsintensivierung *(scientific management)* partout nicht gefallen lassen wollten. Später waren es die Arbeiter in den Autofabriken von Henry Ford, die vor dem mörderischen Tempo der Fließbänder die Flucht ergriffen.

Abwehr oder Fluktuation waren und sind nicht die einzigen Reaktionen auf die Zumutungen gesteigerter Leistungsintensität durch neue Managementmethoden. So wie ein Normalvollzug in der Arbeitsorganisation existiert, so zieht sich durch die Geschichte der kapitalistischen Arbeitsorganisation auch ein Ringen der Beschäftigten um eine andere Form und Organisation der Arbeit. In diesen Kämpfen werden neben Widerständigkeit und einer gesunden Form von Eigensinn auch Aufgeschlossenheit sowie Interesse an einer intelligenteren, menschlicheren, ressourcenschonenden Arbeit erkennbar. Der kapitalistischen Arbeitsorganisation stellen die Beschäftigten andere Formen einer solidarisch-kooperativen Arbeitsorganisation entgegen, in der ihre Fähigkeiten besser zur Geltung kommen.

Ein markantes Beispiel für dieses Interesse an ein »Anders arbeiten!« jenseits des kapitalistischen Normalvollzugs wurde im Abschnitt zur Projektarbeit bereits vorgestellt: Die Techniker, Angestellten oder Ingenieure von Lucas Aerospace, die als Pioniere der Arbeitsform Projekt beispielhaft für die Auseinandersetzung mit neuen Arbeitsabläufen und Planungsmethoden und die Kritik an den bürokratischen Verhältnissen in den Unternehmen der 1970er-Jahre standen.

Bereits in den 1920er-Jahren schufen sich die Arbeiterinnen der Hawthorne Werke in Chicago ihre eigene Form der Arbeitsorganisation zum Schutz gegen das betriebliche Leistungssystem und handelten so, wie viele Akkordarbeiterinnen vor und nach ihnen: Sie organisierten eine gemeinsame Leistungszurückhaltung, verständigten sich untereinander über die Leistungshöhe und legten ihre eigenen Regeln und Normen fest. Zwischen offizieller Vorgabe und tatsächlich aufgewendeter Zeit bauten sie »Pufferzeiten« ein, um einen »Vorrat« zu haben, wenn es einmal nicht lief. Trotz eines auf Einzelakkord abgestellten Lohnsystems halfen sie einander aus und wechselten die Arbeitsplätze.

Inspiriert durch den Aufschwung der Friedens- und Umweltbewegung entstanden in Deutschland unter dem Dach der Gewerkschaft IG Metall in den 1970er- und 1980er-Jahren Arbeitskreise zur Rüstungskonversion. »Statt Waffen nützliche Dinge produzieren« lautete der

Anspruch dieser Arbeitskreise, in denen Gewerkschafter und technisch Interessierte sich über Technologiefragen austauschten und über die Konversion der Rüstungsindustrie diskutierten. Andere Arbeitskreise befassten sich mit Fragen der Produktionstechnik und der Herstellung sinnvoller Güter vor dem Hintergrund der bereits zu dieser Zeit heraufziehenden Klima- und Ökologiekrise.

Wie verbreitet die Kritik an den existierenden Arbeits- und Produktionsverhältnissen und der Wunsch nach einem »Anders Arbeiten!« war, wie aktuell diese Diskussion heute ist, beschreibt der ehemalige Betriebsrat Tom Adler in einem Beitrag mit dem Titel *Blick zurück nach vorn. Auto, Umwelt, Verkehr – Produktionskonversion revisited.* Er erinnert an eine Veranstaltung des IG-Metall-Ingenieursarbeitskreises im Stuttgarter Gewerkschaftshaus in den 1970er-Jahren, an der 500 Metaller (!) teilnahmen. Hier kritisierten Betriebsräte von Bosch den im Unternehmen um sich greifenden Trend zur Entwicklung von Bauteilen, die Autos immer schwerer machten. Zu einem Zeitpunkt, als der Begriff SUV völlig unbekannt war, geschweige denn irgendjemand an eine Massenproduktion dieser Geländewagen dachte, hinterfragten sie den Sinn von Investitionen in den Transferstraßenbau für Elektromotoren, der dazu führe, dass immer mehr Motoren für unsinnige elektrische Betätigung von Fenstern, Kofferraumdeckeln, Sitzen oder Spiegeln für künftige Autos produziert würden.

Zur gleichen Zeit führte die Plakat-Gruppe, eine oppositionelle Gruppe von Betriebsräten, im Daimler-Werk Untertürkheim eine Debatte über den Produktionsapparat und warf die Frage auf: »Was können wir eigentlich mit so einer Anlage anderes herstellen als Achsen, Kurbelgehäuse und Zylinderköpfe für Pkw?« Als Alternative zu dem auf hohe Stückzahlsteigerungen ausgelegten Einzweck-Transfermaschinenstraßenkonzept der Werkleitung stellte die Gruppe, zu der auch Tom Adler gehörte, ein Konzept vor, das auf flexiblen Universalmaschinen basierte und eine Konversion weg von der Autoproduktion als Option ermöglicht hätte.

»Zehntausende von Flugblättern wurden dazu verteilt, Diskussionen in den Werkstätten mit den KollegInnen geführt, monatelang wurde das alternative Produktionskonzept im Betrieb diskutiert, die Werkleitung musste sich auf Betriebsversammlungen damit auseinandersetzen und mit eigenen Info-Blättern dagegenhalten.« [441] Von den Daimler-Be-

---

441 Tomas Adler: Blick zurück nach vorn. Auto, Umwelt, Verkehr – Produktionskonversion revisited, in: www.sozonline.de/2019/10/blick-zurueck-nach-vorn/ (19.07.2021).

schäftigten hingegen wurde das Konzept nicht als weltfremde Spinnerei einiger linker Weltverbesserer abgetan, sondern als ernsthafter Versuch bewertet, vor dem Hintergrund der bereits zu dieser Zeit erkennbaren Schäden durch PKW-Aufkommen und Individualverkehr Qualifikation und Arbeitsplätze der Beschäftigten im Werk zu sichern.

Die Auseinandersetzung um ein »Anders arbeiten!« hat nach der Jahrtausendwende an Relevanz und Aktualität nichts eingebüßt. Sie ist auch in anderen Branchen präsent. Unzufriedenheit über Schwerfälligkeit und hohe Belastungsintensität der Projektarbeit veranlasste einige Entwickler und Projektleiter, neue Methoden und Praktiken in der Software-Entwicklung zu erproben, ohne sich vorher dafür den Segen des Managements der Unternehmen einzuholen, in denen sie als Projektleiter arbeiteten. Was mit Arbeitsweisen wie »Extreme programming,« begann, entwickelte sich einige Jahre später als agile Methoden zu einem neuen Arbeitsmodell.

Bei Google protestierten 2018 tausende Mitarbeiter gegen die Unternehmensleitung, als die enge Zusammenarbeit der Firma mit dem US-Verteidigungsministerium bekannt wurde. Sie machten deutlich, dass sie sich als Beschäftigte nicht an Waffenproduktionen für zukünftige Kriege beteiligen wollten. Seit 2017 hatte Google künstliche Intelligenz (KI) für das sogenannte »Project Maven« des Verteidigungsministeriums geliefert. Die Technologie sollte das Videomaterial, das unbewaffnete US-Überwachungsdrohnen aufzeichnen, effizienter als bisher nach militärisch bedeutungsvollen Objekten absuchen. »Wir finden, dass Google nichts im Kriegsgeschäft zu tun haben sollte«, hieß es in ihrem Brief an den Google-Chef.[442]

In der Autoindustrie bekommt die bereits seit den 1970er-Jahren geführte Diskussion um ein »Anders arbeiten!« durch den Klimawandel neue Brisanz. Gegenwärtig diskutieren die Daimler-Beschäftigten Vor- und Nachteile verschiedener Antriebstechnologien als Alternativen zum Verbrennungsmotor oder die Produktpolitik des eigenen Unternehmens (immer größere und schnellere Autos?). In einer kürzlich veröffentlichten Befragung von Beschäftigten dieser Branche zum sozial-ökologischen Umbau der Autoindustrie schreiben die Autoren:»Nahezu alle Interviewten haben nicht nur ein tiefes Verständnis von den

442 https://www.zeit.de/digital/internet/2018-06/maven-militaerprojekt-google-ausstieg-ruestungsexperte-paul-scharre (26.07. 2021); https://www.manager-magazin.de/digitales/it/google-project-maven-kuendigungen-wegen-drohnen-projekts-a-1207847.html (02.08.2020)

Produktionstechnologien, Fabrikabläufen und Produkten, sondern zugleich auch eine hohe Sensibilität für die gesellschaftlichen und ökologischen Konsequenzen des ‚Automobilismus'. Facharbeiter*innen und Ingenieur*innen geben kenntnisreich und differenziert Auskunft über die technologischen Potenziale unterschiedlicher Antriebstechnologien und deren Anwendungsmöglichkeiten. Sie setzen sich mit den Folgen des auf die Massenproduktion meist großer und schneller Autos ausgerichteten Geschäftsmodells ihrer Unternehmen auseinander. Für alle Interviewten ist es selbstverständlich, sich Gedanken darüber zu machen, wie die Ökobilanz ihrer Betriebe angesichts von Klimawandel, endlichen Ressourcen und einer immer problematischer werdenden Pkw-Dichte in Ballungsräumen verbessert werden kann.«[443]

In den Auseinandersetzungen um ein »Anders Arbeiten!« drückt sich ein Phänomen aus, das schwer zu beschreiben ist und in der öffentlichen Diskussion in der Regel unbeachtet bleibt. Es ist das Erfahrungswissen, das technologische Know-how, die organisatorischen Fähigkeiten, über die Beschäftigte verfügen – eine eigene Welt, in der sinnliche Wahrnehmung, subjektive Einschätzungen, ein emotionales Verhältnis zum Arbeitsgegenstand, aber auch ein pragmatisches Gespür und Geschick für das Mögliche ein wichtiges Moment des Handelns und des Denkens sind. Dieses »Anders Arbeiten!« gerät immer wieder in Konflikt zu den Arbeits- und Produktionsmethoden des Managements. Es bezieht sich auf gesellschaftliche Interessen am Sinn und Nutzen einer Arbeit, artikuliert Eigensinn, Wünsche nach Entfaltung der eigenen Fähigkeiten und deutet auf ein Verständnis von Arbeit, das den Zwang permanenter Produktivitätssteigerung in Frage stellt. Wichtig ist eine fachlich einwandfreie, »saubere« Arbeit, die (gesellschaftliche) Anerkennung findet und für jeden selbst als sinnvoll und gesundheitsfördernd erlebt wird. Zugleich beinhaltet dieses Verständnis einen Abschied von der Logik des »Immer mehr und immer schneller.«

Manche Arbeitssoziologen bezeichnen dieses Verständnis von Arbeit als »Produzentenwissen« oder als »Produzentenintelligenz.«[444] Beide Begriffe treffen allerdings nicht genau die Zusammenhänge: Denn es handelt nicht allein um eine Frage des Wissens oder der Intelligenz,

443 Jörn Boewe, Stephan Krull, Johannes Schulten: «E-Mobilität, ist das die Lösung?« in: RLS-Stiftung (Hrsg.): luxemburg beiträge Nr.1, Juni 2021, S. 15.
444 Michael Schumann: Kampf um Rationalisierung – Suche nach neuer Übersichtlichkeit in: WSI Mitteilungen. Zeitschrift des Wirtschafts- und Sozialwissenschaftlichen Instituts der Hans-Böckler-Stiftung, Heft 7/2008.

die Arbeitsverständnis und Auseinandersetzung der Beschäftigten um eine andere Form und Organisation der Arbeit ausmachen. Vielmehr ist es eine Kombination verschiedener Eigenschaften wie Wissen, Erfahrung, Auffassungsgabe und Einfühlungsvermögen, die dazu führt, dass Beschäftigte oftmals mehr Kompetenzen hinsichtlich ihrer Tätigkeiten, Arbeitsabläufe und Produkte haben als ihre Vorgesetzten.

Die paradoxe Arbeitsorganisation

Diese Arbeiterinnen, Fließbandarbeiter, Ingenieure oder Entwickler leisten täglich Außergewöhnliches und das in einer Art und Weise, die wir uns nur selten vergegenwärtigen. Da ist der »einfache« Flugzeugmechaniker, der auf den Rollfeldern der Flughäfen die Motoren für den nächsten Start der Passagiermaschine wartet, oder die Busfahrerin, die für einen sicheren Transport der Schüler sorgt. Dazu gehört ebenso die Krankenschwester auf der Intensivstation, die Beatmungsgeräte behandlungsgerecht einstellt und deren Funktionen kontrolliert, der Bauingenieur, der die Statik von Gebäuden berechnet und überprüft. Von der Verlässlichkeit ihrer Entscheidungen und ihres Leistungsvermögens hängen nicht nur andere Menschen ab; sie selbst verbringen ihr eigenes Berufsleben damit, sich das Wissen und das Knowhow anzueignen, das ihnen diese Entscheidungsfähigkeit ermöglicht und das dafür notwendige Vertrauen in sich selbst vermittelt.

Ob wir im Krankenhaus liegen, uns auf der Straße bewegen oder in einer Beratungssituation als Klient oder Kunde befinden: Wir hängen vom Wissen und Können, von der Kompetenz und der Erfahrung dieser Beschäftigten und ihrer fachgerechten Arbeit ab. Doch trotz all der hohen Verantwortung und des Erfahrungswissens, die sie in ihre Arbeit einbringen, werden sie von den wichtigsten Entscheidungen, die ihre Arbeitsbedingungen bestimmen, ausgeschlossen. Die Frage nach dem Was und Wie der Produktion oder Dienstleistung, die Frage nach dem Sinn und Nutzen ihrer Arbeit wird stets von anderen und von außen als Anforderung gesetzt, nie selbst bestimmt. Und niemals oder allenfalls in Ausnahmefällen können sie ihre eigenen Wünsche verfolgen, sondern sie bewegen sich tagaus, tagein in einem vorgegebenen Räderwerk, dem Management und Unternehmensleitung mit Worten wie »VUCA Welt«, »Unternehmensgewinn« oder »Markt« Priorität einräumen und das sie durch die Praktizierung immer neuer Managementmethoden am Laufen halten.

Es ist paradox: Die kapitalistische Arbeitsorganisation überträgt diesen Beschäftigten die Verantwortung, spricht ihnen aber gleichzeitig die Fähigkeit zur Organisation des eigenen Unternehmens ab und bietet ihnen bestenfalls eine Beteiligung an. Diese Beteiligung wird dann sprachlich zur »Selbstorganisation« aufgeblasen, ohne dass sich an den Ungleichheitsverhältnissen zwischen Management und Beschäftigten substanziell etwas ändert.»Die im Rahmen des kapitalistischen Projekts heute propagierte und realisierte Selbstorganisation [...] zielt auf die Perpetuierung gesellschaftlicher und individueller Heteronomie. Sie wird nur unter Bedingungen ungleicher Teilhabe an Macht und Einfluss eingeräumt«, [445] schreibt Harald Wolf in *Arbeit und Autonomie*.»Sie bleibt in jeder Hinsicht – gesamtgesellschaftlich gesehen wie auf der Ebene des Einzelunternehmens – faktisch eine Selbstorganisation von relativ privilegierten Gruppen und Einzelpersonen. Sie bezieht sich zudem immer auf eng begrenzte, von außen diktierte Gegenstände und schließt Entscheidungen über die Art der Produktionstechnik und -organisation sowie vor allem der Produktionsziele in aller Regel aus. Und sie intendiert die Internalisierung fremdgesetzter Werte und Normen, die nicht in Frage gestellt werden dürfen.«[446]

Dieses Paradox ist rational nicht begründbar. Der Grund für eine halbierte Form der Teilhabe oder Beteiligung ist vielmehr in den Eigentums- und Verfügungsverhältnissen dieser Gesellschaft zu suchen, die die Trennung von Leitung und Ausführung der Arbeit zum grundlegenden Prinzip der Arbeitsorganisation erhoben hat: Hier das Management, das im Auftrag der Unternehmensleitung den Arbeitsprozess planen und organisieren soll. Als Leitung fehlt ihm der vollständige Überblick über die Arbeitsprozesse und Arbeitsabläufe, es verfügt aber über umfassende Machtbefugnisse, Anordnungen zu treffen. Auf der anderen Seite sind die Beschäftigten, die zwar die Arbeitsprozesse kennen und dank ihres Erfahrungswissen und Knowhows die (eigenen) Arbeitsabläufe organisieren, aber von Leitung und Organisation der Arbeit weitgehend ausgeschlossen sind. Diese Irrationalität der Arbeitsorganisation bedingt den Raubbau menschlicher Ressourcen und die Anarchie der Produktion.

445 Harald Wolf: Arbeit und Autonomie. Ein Versuch über Widersprüche und Metamorphosen kapitalistischer Produktion, Münster 1999, S. 175.
446 Ebd.

Arbeiten ohne Management

Diesen Zustand verändern die Methoden der agilen Menschenführung nicht, und es ist auch nicht zu erwarten, dass die Managementmethoden der kommenden Generation, die im Zuge digitaler Vernetzung und Automatisierung der Produktion durch Künstliche Intelligenz und Roboter praktiziert werden, eine grundsätzlich andere Weichenstellung vornehmen. Für eine tiefgreifende Änderung müssen Ungleichheitsverhältnisse zum Vorteil der Beschäftigten im Unternehmen aufgehoben werden. Als diejenigen, die sich Wissen angeeignet haben und über umfangreiche Erfahrungen mit dem Arbeitsprozess verfügen, können sie auch über die Entscheidungsprozesse und Organisation des Unternehmens selbst bestimmen.

Ein Management, wie es am Anfang dieses Buches definiert worden ist als Leitungsebene von Personen, die führen und Beschäftigte kontrollieren, ist unter diesen Vorzeichen nicht mehr erforderlich. »Hierarchisches Management wird ineffizient, weil die Planung, Bewertung und Integration von Leistungen durch die Arbeitenden flexibler und sachlich angemessener ist. Komplexe Kooperation kann also besser durch [...] die Arbeitenden selbst gewährleistet werden. Aufgrund der neuen dominanten Form der Arbeitsteilung als Spezialisierung von Wissen [...] wird die Trennung von Leitung und Ausführung zum Problem und eine Demokratisierung der Arbeitsteilung unumgänglich«, stellt Nadine Müller in einem Beitrag fest, der sich mit der Frage der Demokratisierung von Arbeit befasst.[447]

Dieses Plädoyer der Autorin für eine Entmachtung des Managements und eine Aufhebung der Trennung von Leitung und Ausführung gehört als Bestandteil zu Konzepten, die seit den 1920er-Jahren im sozialdemokratischen, sozialistischen und gewerkschaftlichen Spektrum diskutiert werden und eine generelle Demokratisierung der Wirtschaft anstreben. »Dies würde die Verfügungsrechte über die Produktionsmittel verallgemeinern, so dass Arbeitnehmer und Konsumenten an Entscheidungen über Produkte, Produktionslinien, Arbeitsorganisation, Marktverhalten der Unternehmen beteiligt wären«,[448] ergänzt sie in einer Fußnote das Ziel dieser Konzepte.

---

447 Nadine Müller: Computerisierung: Software und Demokratisierung der Arbeit als Produktivkraft, in: F. Butollo, S. Nuss (Hrsg.): Marx und die Roboter. Vernetzte Produktion, Künstliche Intelligenz und lebendige Arbeit, Berlin 2019, S. 227/228.
448 Ebd. S. 227.

Zu einer umfassenden Wirtschaftsdemokratie, die eine Arbeitsorganisation ohne Management und eine direkte Demokratie der Produzenten anstrebt, zählt auch Klaus Dörres Projekt eines Neosozialismus, das an eine Konzeption des Tschechen Ota Sik, einem Reformer aus der Zeit des Prager Frühlings im Jahre 1968, anknüpft. Im Kontext neuer Eigentumsformen durch Mitarbeitergesellschaften sollen transparente, demokratische Entscheidungsstrukturen und erweiterte Beteiligungsmöglichkeiten in den Unternehmen geschaffen werden. Grundlage soll eine selbstbestimmte Arbeitsorganisation sein, »die weit über bestehende Mitbestimmungsrechte hinausgeht und sich auf das Was, Wie und Wozu der Produktion erstreckt.«[449] Zudem sollen die Beschäftigten materiell an den Geschäftsergebnissen beteiligt werden.

In den 1960er-Jahren diskutierte »Socialisme ou Barbarie«, eine linkslibertäre Gruppe aus dem Spektrum der französischen Linken, eine konkrete Utopie, in der Erfahrungswissen, Eigensinn und Selbstbestimmung der Arbeitenden eine besondere Rolle spielten. Im Mittelpunkt der Diskussion stand der Begriff der Autonomie und der Selbstverwaltung in der Arbeitssphäre. Unter Autonomie versteht Cornelius Castoriadis, der bekannteste Vertreter dieser Gruppe, die »bewußte Herrschaft der Menschen über ihr Tun und die Resultate dieses Tuns.«[450] Damit geht er über das in den Arbeitswissenschaften geläufige Verständnis von Autonomie als Gestaltung und Wahrnehmung von Handlungsspielräumen weit hinaus. Vielmehr bedeutet Autonomie die »Gestaltung des Produktionsprozesses durch die organisierten Arbeiter, und zwar auf allen Ebenen, dem Betrieb, der Industrie, der Gesamtwirtschaft. Diese Arbeiterverwaltung darf aber ihrerseits selbst nicht äußerlich, d.h. vom eigentlichen Produktionsvorgang getrennt bleiben. [...] Sie bedeutet vielmehr, dass sich durch die Arbeit und in Bezug auf die Arbeit ganz neue Beziehungen innerhalb der gesamten Arbeiterschaft herstellen. Sie bedeutet, dass sich der eigentliche *Inhalt* der Arbeit schlagartig zu ändern beginnt.«[451]

Die Aufstellung von Normen oder Vorgaben soll demnach in einer Arbeitsorganisation, deren Ziel und Inhalt die Autonomie der Beschäftigten ist, durch die Beschäftigten selbst erfolgen. Leitungsaufga-

---

449 K. Dörre: Was ist neu am Neosozialismus? Replik und Ausblick, in: Klaus Dörre, Christine Schickert (Hrsg.): Neosozialismus, Solidarität, Demokratie und Ökologie vs. Kapitalismus, München 2019, S. 204.

450 C. Castoriadis: Vom Sozialismus zur autonomen Gesellschaft. Über den Inhalt des Sozialismus, Lich/Hessen 2007, S. 110.

451 Ebd. S. 111.

ben wie Kontrolle und Überwachung der Beschäftigten könnten dann verschwinden, die nach wie vor notwendige Aufgabe der Entscheidungsfindung wird durch demokratische Verfahren ersetzt. An Stelle der Hierarchie treten ein Fabrikrat, der aus gewählten Delegierten verschiedener Abteilungen besteht und eine Generalversammlung aller im Unternehmen Beschäftigten, denen die Aufgabe der Entscheidungsfindung übertragen werden soll.[452]

Das Ende der Managementmethoden

An solche Überlegungen lässt sich anknüpfen, wenn wir uns eine demokratische Wirtschaft vorstellen, in der die Leitungsaufgabe nicht mehr durch einige wenige, mehr oder weniger kompetente Unternehmensleitungen und Personen aus dem Management wahrgenommen wird und dieses ungeachtet der Bedürfnisse der Beschäftigten und der Gesellschaft geschieht. Stattdessen würden die Beschäftigten an ihre Stelle treten und selbstbestimmt über Mittel und Ziele ihrer Arbeit entscheiden. Was würde dann aus den Managementmethoden?

Wenn die entsprechende Personengruppe in einem demokratischen, selbst verwalteten Unternehmen nicht mehr existiert, haben auch die Managementmethoden ausgedient, denn die Ziele, die mit ihnen in der kapitalistischen Arbeitsorganisation verbunden sind und die wir eingangs als Beeinflussung von Verhalten und Arbeitsleistung von Beschäftigten und Arbeitsteams definiert haben mit dem Ziel, Leistung, Motivation und Identifikation mit dem Unternehmen zu steigern, hätte in dieser Form ebenfalls ausgedient. Natürlich muss auch in einer Arbeitsorganisation ohne hierarchisches Management die Arbeit vieler Menschen organisiert und aufeinander abgestimmt werden. Dies geschieht mit Unterstützung von Methoden, die die Entfaltung der menschlichen Fähigkeiten (Erfahrungswissen, technologisches Know-How und Einfühlungsvermögen) und dem Produzentenwissen absolute Priorität einräumen.

Aus Managementmethoden würden dann Instrumente zur Strukturierung und Unterstützung der Arbeit. Methoden wie *Controlling, Kennziffernsysteme, Benchmarking*, die sich in der kapitalistischen Arbeitsorganisation an anonymen Märkten und Zielmargen zukünftiger Profite orientieren, verändern sich dann zu Planungsmethoden, die auf

452 Ebd. S. 112ff.

der Evaluierung menschlicher und gesellschaftlicher Bedürfnisse beruhen. Die dafür vorhandene Technologie (z. B. *anticipatory shipping*) ist bereits vorhanden. »Wie leicht könnte Planung daher sein, wenn diese Unwägbarkeiten beseitigt würden und das bewegliche Ziel der Profitmaximierung durch eine schlichte Versorgung der Bevölkerung ersetzt würde?«[453]

Ist der Versorgungsbedarf an Gütern oder Dienstleistungen ermittelt, können die Beschäftigten eines Unternehmens auf dieser Grundlage eine Arbeitsplanung erstellen. Leitlinie sind dabei Langlebigkeit und Verbrauchernutzen von Gütern oder Dienstleistungen. Bauteile werden mit einer möglichst langen Nutzungsdauer konstruiert. Der Zugang zu Ersatzteilen wird erleichtert, Wartung und Reparatur von Produkten haben Vorrang vor dem Neukauf von Geräten.

Ähnlich der agilen Vorgehensweise von Scrum-Teams arbeiten die Beschäftigten dabei mit iterativen Verfahren, um Versorgungsbedarf und Bearbeitungsstand miteinander abzugleichen. Durch Einsatz kybernetischer Steuerung und elektronischer Netzwerke, wie sie bereits im Projekt Cybersin Anfang der 1970er-Jahre in Chile während der Amtszeit des sozialistischen Präsidenten Salvador Allende verwendet wurden, könnten Informationen in Echtzeit als Grundlage von Bedarf und Produktion generiert werden.[454] Wie sie die Aufträge bearbeiten, entscheiden die Beschäftigten selbst. Ob sie dabei eine agile oder eine Arbeitsweise nach dem Wasserfallprinzip wählen, welche Aufgaben in Teamarbeit oder in Einzelarbeit erfolgen, klären sie untereinander genauso wie die Frage nach der Zusammensetzung der Arbeitsteams (Spezialisten und/oder Generalisten, Qualifizierte und/oder nicht Qualifizierte) und den Möglichkeiten, im Homeoffice zu arbeiten. Die Teams verfügen über die für ihre Arbeit erforderlichen Ressourcen wie verfügbare Zeit, Finanzen und Personal. Die entsprechenden Kapazitäten oder Ausstattungen orientieren sich an dem Gedanken einer solidarischen Kooperation und einer Stärkung der Zusammenarbeit.

Bei Zeitplanung und Arbeitsaufteilung innerhalb der Teams spielen neben fachlichen Gesichtspunkten auch die persönlichen Lagen der einzelnen Mitglieder eine wichtige Rolle. Pflege von Angehörigen, Erziehung von Kindern, Weiterbildungsbedarfe und gesellschaftliches

---

453 Der Wissenschaftsphilosoph Oliver Schlaudt in: Stephan Kaufmann: Planwirtschaft: Wir haben einen Plan – OXI Blog (22.05.2021).
454 Vgl. Alvaro Garreaud, Nils Brock: Alle Macht den Menschen, in Jungle World 45, 11.11.2021.

Engagement (etwa in Vereinen oder der Kommunalpolitik) sind bei der personellen Planung und im Zeitbudget berücksichtigt. Reicht der Zeitrahmen nicht aus, wird der Arbeitsumfang angepasst, da niemand Arbeit mit nach Hause nimmt oder Überstunden leistet. Oberste Priorität hat die Nachhaltigkeit des Arbeitstempos, auf die Zielplanungen und Kalkulationen des Unternehmens abgestimmt sind.

Die im Unternehmen zu fällenden Entscheidungen werden von der Gesamtheit derer getroffen, die jeweils vom Gegenstand der Entscheidungen betroffen sind. Entscheiden bedeutet: Selbst entscheiden. Es heißt nicht, die Entscheidung »kompetenten Leuten« zu übertragen.

In dieser – zugegeben – sehr optimistischen Darstellung einer demokratischen, selbstverwalteten Organisation der Arbeit hat der Begriff Management keinerlei Bedeutung mehr. Vielleicht wird er irgendwann aussterben oder das Urteil der Menschen über diesen Begriff wird etwa so lauten wie das von Mike Cooley, der als Ingenieur und gewerkschaftlicher Aktivist bei dem englischen Rüstungskonzern Lucas Aerospace arbeitete: »Management ist weder eine Fertigkeit noch eine Wissenschaft, sondern eine reine Herrschaftsbeziehung. Es ist ganz einfach ein schlechter Brauch, den wir von Kirche und Armee geerbt haben.«[455]

---

455 Mike Cooley in: Peter Löw-Beer: Industrie und Glück. Der Alternativplan von Lucas Aerospace, Berlin 1981, S. 114.

Rechtliche Grundlagen der menschengerechten Gestaltung der Organisation

Von Prof. Dr. Ralf Pieper, Bergische Universität Wuppertal

1. Allgemeine und spezielle Rechtsgrundlagen einer »geeigneten Organisation«

Der öffentlich-rechtliche Rahmen der Verpflichtungen des Arbeitgebers zur Ermittlung, Durchführung und Verbesserung von Maßnahmen des Arbeitsschutzes wird durch die drei staatlichen »Grundgesetze« des betrieblichen Arbeitsschutzes – ArbSchG (1996), ASiG (1974), ArbZG (1994) – gebildet, ergänzt durch das autonome Vorschriften- und Regelwerk der Träger der gesetzlichen Unfallversicherung (vgl. § 14 ff. SGB VII, UVV – 1884/1996), flankiert durch staatliche Vorschriften des sozialen Arbeitsschutzes im Hinblick auf besonders schutzbedürftige Gruppen von Beschäftigten (SGB IX, MuSchG, JArbSchG) sowie gestützt auf das vorgreifende Produkt- und Stoffsicherheitsrecht (insbesondere ProdSG und ChemG, verbunden mit dem europäischen Binnenmarktrecht). Diese Vorschriften enthalten die wesentlichen **allgemeinen Rechtsgrundlagen** zur Gestaltung der Strukturen und Prozesse der Betriebs- und Arbeitsorganisation sowie der hiermit verbundenen Beschäftigungs- und Arbeitsbedingungen mit dem Ziel der Vermeidung beziehungsweise Minimierung hiermit verbundener Gefährdungen des Lebens sowie der physischen und psychischen Gesundheit der Beschäftigten bei der Arbeit.

Der Arbeitgeber hat gemäß § 3 Abs. 2 ArbSchG für eine **geeignete Organisation** im Hinblick auf die Festlegung, Durchführung, Wirksamkeitsüberprüfung und Anpassung von Maßnahmen des Arbeitsschutzes zu sorgen (vgl. § 3 Abs. 1 ArbSchG), die erforderlichen Mittel bereitzustellen sowie Vorkehrungen zu treffen,

- dass diese Maßnahmen erforderlichenfalls bei allen Tätigkeiten und eingebunden in die betrieblichen Führungsstrukturen beachtet werden und
- die Beschäftigten ihren Mitwirkungspflichten nachkommen können[456].

---

456 Zur Arbeitsschutzorganisation vgl. 3.1.

In Bezug auf die Sicherstellung einer »geeigneten Organisation« muss der Arbeitgeber die Sicherheit und den Gesundheitsschutz der Arbeitnehmer insbesondere bei der **Arbeitszeitgestaltung** gewährleisten; dies gilt auch in Bezug auf Verbesserung der Rahmenbedingungen für flexible Arbeitszeiten (vgl. § 1 ArbZG sowie die damit begründeten Maßnahmen mit zahlreichen Ausnahmeregelungen gemäß §§ 3 ff. ArbZG).

Entsprechend der vorstehenden allgemeinen öffentlich-rechtlichen Bestimmungen hat der Arbeitgeber die Planung, Festlegung, Aufrechterhaltung und Änderung der Strukturen und Abläufe im Betrieb (**Aufbau- und Ablauforganisation**) durchzuführen, unabhängig von der konkreten Art und Weise der betrieblichen Organisation sowie ihrer Veränderung. Dies ist eine wesentliche Voraussetzung für die Durchführung der in § 3 Abs. 1 ArbSchG geforderten Maßnahmen des Arbeitsschutzes i. S. von § 2 Abs. 1 ArbSchG (vgl. hierzu 2.).

Inwieweit die betriebliche Organisation i.S. von § 3 Abs. 2 ArbSchG und gemäß Arbeitsschutzverordnungen sowie sonstiger Rechtsvorschriften »geeignet« ist, verbunden mit den weiteren dort festgelegten organisationsbezogenen Verpflichtungen des Arbeitgebers, ergibt sich wesentlich aus den **Kriterien der menschengerechten Gestaltung der Arbeit** zur Realisierung und verbesserungsorientierten Anpassung der Sicherheit- und Gesundheitsziele (= keine Unfallgefahren und -verletzungen sowie keine arbeitsbedingten Gesundheitsgefahren und Erkrankungen beziehungsweise Vermeidung oder Minimierung von Gefährdungen; vgl. hierzu 2.1). Unabhängig von der angewandten Methodik und Konzeption der jeweiligen Art und Weise der betrieblichen Organisation müssen diese Kriterien Anwendung finden, um deren Eignung i.S. von § 3 Abs. 2 ArbSchG sicherzustellen. Weiterhin ist in diesem Zusammenhang das **E-S-TOP Prinzip** einzubeziehen (vgl. 2.2).

Die diesbezüglichen Maßnahmen sind gemäß dem Grundsatz in § 4 Nr. 4 ArbSchG mit dem Ziel zu planen, Technik, Arbeitsorganisation, sonstige Arbeitsbedingungen, soziale Beziehungen und Einfluss der Umwelt auf den Arbeitsplatz sachgerecht zu verknüpfen, womit vom Arbeitgeber eine **übergreifende betriebliche Präventionspolitik** gefordert wird.

Weiterhin hat der Arbeitgeber bei den Maßnahmen gemäß § 4 Nr. 3 ArbSchG den **Stand der Technik, Arbeitsmedizin und Hygiene sowie sonstige gesicherte arbeitswissenschaftliche Erkenntnisse** zu berücksichtigen. Dies bezieht sich auch auf den Stand der wissenschaftlichen Erkenntnisse in Bezug auf die »geeignete Organisation« i.S. von § 3 Abs. 2 ArbSchG.

Die Ermittlung der Maßnahmen zur Sicherstellung einer »geeigneten Organisation« erfolgt, bestimmt durch die Grundpflichten gemäß § 3 sowie die Grundsätze gemäß § 4 ArbSchG im Rahmen der allgemeinen **Beurteilung der Arbeitsbedingungen** gemäß § 5 sowie der Dokumentation der Gefährdungsbeurteilung gemäß § 6 ArbSchG. Hierbei ist auf die formal spezielle, inhaltlich aber übergreifende, allgemeine Regelung gemäß § 3 Abs. 2 Betriebssicherheitsverordnung (BetrSichV) hinzuweisen, wonach bei der Beurteilung in Bezug auf die Zurverfügungstellung und Verwendung von Arbeitsmitteln einzubeziehen sind: die Gebrauchstauglichkeit von Arbeitsmitteln einschließlich der ergonomischen, alters- und alternsgerechten Gestaltung, die sicherheitsrelevanten einschließlich der ergonomischen Zusammenhänge zwischen Arbeitsplatz, Arbeitsmittel, Arbeitsverfahren, Arbeitsorganisation, Arbeitsablauf, Arbeitszeit und Arbeitsaufgabe sowie die physischen und psychischen Belastungen der Beschäftigten, die bei der Verwendung von Arbeitsmitteln auftreten. In Bezug auf Einrichtung und Betrieb von Arbeitsstätten müssen bei der Beurteilung von Gefährdungen gemäß den speziellen Regelungen nach § 3 Abs. 1 Arbeitsstättenverordnung (ArbStättV) die Auswirkungen der Arbeitsorganisation und der Arbeitsabläufe in der Arbeitsstätte berücksichtigt werden.

Ausgehend von der allgemeinen Grundpflicht gemäß § 3 Abs. 2 ArbSchG werden in Arbeitsschutzverordnungen weitere **spezielle Rechtsgrundlagen** zur Sicherstellung einer »geeigneten Organisation« bestimmt, die tätigkeits- beziehungsweise arbeitssystembezogen i. V. mit den Pflichten und Grundsätzen gemäß ArbSchG zu ermitteln, festzulegen und durchzuführen sind:

- Das **Betreiben von Arbeitsstätten** umfasst gemäß § 2 Abs. 9 ArbStättV 2016 das Benutzen, Instandhalten und Optimieren der Arbeitsstätten sowie die Organisation und Gestaltung der Arbeit einschließlich der Arbeitsabläufe in Arbeitsstätten. Entsprechende Maßnahmen sind im Rahmen der Gefährdungsbeurteilung nach § 3 ArbStättV i. V. mit § 5 ArbSchG zu ermitteln und festzulegen. Die entsprechende Einrichtung von Arbeitsstätten schafft hierfür wesentliche Grundlagen. Dies gilt, bezogen auf eine erstmalige Gefährdungsbeurteilung (vgl. § 3 ArbStättV, die Unterweisung (§ 6 ArbStättV) sowie die Anforderungen an Bildschirmarbeitsplätze (Nr. 6 Anhang ArbStättV), auch für Telearbeitsplätze i. S. von § 2 Abs. 7 ArbStättV.

- In Bezug auf die **Verwendung von Arbeitsmitteln** hat der Arbeitgeber gemäß § 4 Abs. 6 BetrSichV 2015 die Belange des Arbeitsschutzes angemessen in seine betriebliche Organisation einzubinden und hierfür die erforderlichen personellen, finanziellen und organisatorischen Voraussetzungen zu schaffen. Insbesondere hat er dafür zu sorgen, dass bei der Gestaltung der Arbeitsorganisation, des Arbeitsverfahrens und des Arbeitsplatzes sowie bei der Auswahl und beim Zur-Verfügung-Stellen der Arbeitsmittel alle mit der Sicherheit und Gesundheit der Beschäftigten zusammenhängenden Faktoren, einschließlich der psychischen, ausreichend berücksichtigt werden. Entsprechende Maßnahmen sind im Rahmen der Gefährdungsbeurteilung nach § 3 BetrSichV i. V. mit § 5 ArbSchG zu ermitteln und festzulegen

- Bei **Tätigkeiten mit Biostoffen** wird gemäß § 8 Abs. 2 Biostoffverordnung (BioStoffV) gefordert, dass der Arbeitgeber geeignete Maßnahmen zu ergreifen hat, um bei den Beschäftigten ein Sicherheitsbewusstsein zu schaffen und den innerbetrieblichen Arbeitsschutz fortzuentwickeln. Entsprechende Maßnahmen sind im Rahmen der Gefährdungsbeurteilung nach § 4 BioStoffV i. V. mit § 5 ArbSchG zu ermitteln und festzulegen.

- Maßnahmen der **arbeitsmedizinischen Vorsorge** sollen auch einen Beitrag zum Erhalt der Beschäftigungsfähigkeit und zur Fortentwicklung des betrieblichen Gesundheitsschutzes leisten (vgl. § 1 Arbeitsmedizinvorsorgeverordnung, ArbMedVV). Dementsprechend kann arbeitsmedizinische Vorsorge auch weitere Maßnahmen der Gesundheitsvorsorge umfassen (vgl. § 3 Abs. 1 ArbMedVV), die Merkmale einer »geeigneten Organisation« sein können.

2 Rechtliche Kriterien und Prinzipien einer »geeigneten Organisation«

Zur Ermittlung, Planung, Festlegung, Durchführung und Anpassung der Maßnahmen des Arbeitsschutzes einschließlich der menschengerechten Gestaltung der Arbeit legen §§ 3, 4, 5 und 6 ArbSchG die allgemeinen Grundpflichten des Arbeitgebers fest sowie die von ihm zu beachtenden allgemeinen Grundsätze des Arbeitsschutzes und die Pflicht zur allgemeinen Beurteilung der Arbeitsbedingungen samt der Dokumentation der Gefährdungsbeurteilung, die durch Arbeitsschutzverordnungen und sonstige Rechtsvorschriften spezifisch ergänzt werden (vgl. 1.). Maßnahmen des Arbeitsschutzes sind seit dem Inkrafttreten ArbSchG im Jahre 1996 gemäß § 2 Abs. 1 als Maßnahmen zur Prävention gegenüber Unfällen bei der Arbeit, arbeitsbedingten Gesundheitsgefahren (arbeitsbedingte Erkrankungen, Berufskrankheiten) sowie zur menschengerechten Gestaltung der Arbeit definiert. Letztere Maßnahmen bilden, wie aus der folgenden Darstellung hervorgeht eine übergreifende Klammer für die Sicherstellung einer »geeigneten Organisation« (2.1). Die Festlegung und Durchführung der Maßnahmen unterliegt zudem einer Rangfolge, die im sogenannten E-S-TOP Prinzip zum Ausdruck kommt (2.2).

2.1 Kriterien der menschengerechten Gestaltung der Arbeit

Basierend auf gesicherten arbeitswissenschaftlichen Erkenntnissen, die der Arbeitgeber gemäß des Grundsatzes in § 4 Nr. 3 ArbSchG zu berücksichtigen hat (vgl. 1.), liegen zum Konzept der menschengerechten Gestaltung der Arbeit beziehungsweise der Arbeitsbedingungen systematische Bewertungskriterien vor[457]. Diese Kriterien sind in die Beurteilung der Arbeitsbedingungen gemäß § 5 ArbSchG und die darauf basierende Festlegung und Durchführung entsprechender Maßnahmen des Arbeitsschutzes einzubinden. Dabei sind folgende Gestaltungsfelder identifizierbar, die miteinander verschränkt und zusammengenommen das Konzept der menschengerechten Gestaltung der Arbeit einschließlich der Arbeitsorganisation konkretisieren:

Schädigungslosigkeit und Erträglichkeit:
Maßnahmen zur Vermeidung beziehungsweise Minimierung der Gefährdungen gemäß § 5 Abs. 3 ArbSchG (physische und psychische Belastungen sowie physikalische, chemische und biologische, arbeitsorganisations- und arbeitszeitbezogene Gefährdungsquellen und darauf bezogene spezielle Arbeitsschutzvorschriften). Maßnahmen zur Vermeidung und in zweiter Linie Minimierung von Gefährdungen für das Leben sowie die physische und psychische Gesundheit der Beschäftigten bei der Arbeit gemäß § 4 Nr. 1. Gefahrenbekämpfung an der Quelle gemäß § 4 Nr. 2. Berücksichtigung spezieller Gefahren für besonders schutzbedürftige Beschäftigtengruppen gemäß § 4 Nr. 6. Gesundheitsorientierte Regelungen der Arbeitszeit auf Grundlage der Festlegungen

---

457 Vgl. Schlick/Bruder/Luczak, 2018, S. 45 ff. m.w.N.

des ArbZG zum 8-Stunden-Tag, zur Höchstarbeitszeit, zu Ruhezeiten und zu Pausen sowie zur Nacht- und Schichtarbeit. Maßnahmen zur sicherheits- und gesundheitsgerechten Verwendung von Arbeitsmitteln gemäß BetrSichV sowie zu Einrichtung und Betrieb von Arbeitsstätten gemäß ArbStättV. Maßnahmen der arbeitsmedizinischen Vorsorge gemäß Arbeitsmedizinvorsorgeverordnung (ArbMedVV), die gemäß § 1 auch der Fortentwicklung des betrieblichen Gesundheitsschutzes dient. Unter Beachtung des Vorrangs kollektiver Maßnahmen (vgl. § 4 Nr. 5 ArbSchG) und des Gebots der kontinuierlichen Verbesserung (vgl. § 3 Abs. 1 ArbSchG): Zuverfügungstellung und Verwendung von persönlicher Schutzausrüstung gemäß PSA-Benutzungsverordnung (PSA-BV).

Ausführbarkeit:
Präventive Arbeitssystemgestaltung (vgl. § 4 Nr. 4 ArbSchG und insbesondere § 3 Abs. 2 Satz 1 BetrSichV); anthropometrisch angemessene Gestaltung der Arbeitssysteme (vgl. z.B. § 3 Abs. 2 Satz 2 BetrSichV zur Berücksichtigung der Gebrauchstauglichkeit von Arbeitsmitteln); Regelungen zu Einrichtung und Betrieb von Arbeitsstätten gemäß ArbStättV; vgl. auch § 7 ArbSchG zur arbeitsschutzbezogenen Befähigung der Beschäftigten zur Erfüllung ihrer Arbeitsaufgaben sowie die damit korrespondierenden Pflichten des Arbeitgebers zur Unterweisung gemäß § 12 beziehungsweise § 5 Abs. 2 Nr. 5 sowie zu geeigneten Anweisungen gemäß § 4 Nr. 7 ArbSchG.

Zumutbarkeit und Beeinträchtigungsfreiheit:
Aufgabenanreicherung und -erweiterung, Gestaltung der betrieblichen Organisation, insbesondere der Arbeitsorganisation (vgl. § 4 Nr. 4 und § 5 Abs. 3 Nr. 4 ArbSchG und insbesondere Nr. 6.1 Anhang ArbStättV sowie § 3 Abs. 2 Satz 2 Nr. 3 BetrSichV), inklusionsorientierte Regelungen für Menschen mit Behinderung gemäß SGB IX.

Zufriedenheit und Persönlichkeitsförderlichkeit:
Maßnahmen einer übergreifenden betrieblichen Präventionspolitik gemäß § 4 Nr. 4, hier insbesondere die dort geforderte Einbeziehung sozialer Beziehungen (vgl. auch § 8 Abs. 2 BioStoffV im Hinblick auf Maßnahmen zur Schaffung eines Sicherheitsbewusstseins bei den Beschäftigten), Maßnahmen gegen Benachteiligungen und Diskriminierungen (§ 12 AGG, vgl. § 4 Nr. 8 ArbSchG, MuSchG, SGB IX).

Sozialverträglichkeit:
Beteiligung der Beschäftigten und des Betriebs- beziehungsweise Personalrats (vgl. insbesondere §§ 3 Abs. 2, 14, 17 ArbSchG sowie BetrVG und PersVG).

Übergreifende primäre Gestaltungsfelder
im Hinblick auf diese Kriterien der menschengerechten Gestaltung der Arbeit sind

- Partizipation (Beteiligung und Mitbestimmung; BetrVG, PersVG, §§ 14, 17 ArbSchG)
- Qualifizierung und Unterweisung (§ 12 ArbSchG),
- alters- und alternsgerechte Arbeitssystemgestaltung (§ 4 Nr. 6 ArbSchG, § 3 Abs. 2 BetrSichV),
- inklusionsorientierte Arbeitsgestaltung (§ 4 Nr. 6 ArbSchG, § 3 Abs. 2 BetrSichV, ArbStättV),
- Beseitigung und Verhinderung von Formen der unmittelbaren und mittelbaren Diskriminierung (§ 4 Nr. 8 ArbSchG, AGG) sowie
- Sicherung des Rechts auf informationelle Selbstbestimmung in Bezug auf den Datenschutz (BDSG/EU-DSGVO, Nr. 6.5 Abs. 5 Anhang ArbStättV).

Zu den übergreifenden Gestaltungsfeldern gehört weiterhin die den betrieblichen Arbeitsschutz ergänzende **betriebliche Gesundheitsförderung**, die gemäß §§ 20, 20b SGB V der Verminderung sozial bedingter sowie geschlechtsbezogener Ungleichheit von Gesundheitschancen sowie dem Aufbau und die Stärkung gesundheitsförderlicher Strukturen dienen soll und mit Maßnahmen zur Gesundheitsförderung und Prävention in Lebenswelten gemäß § 20a SGB V verknüpft ist[458].

Der rechtlich fixierte Kriterienkatalog der menschengerechten Gestaltung der Arbeit i.S. von § 2 Abs. 1 ArbSchG ist implizit in den Grundsätzen für die Maßnahmen des Arbeitsschutzes in § 4 verankert, basiert auf den allgemeinen und organisationsbezogenen Pflichten gemäß § 3 ArbSchG, insbesondere der Pflicht zur Integration des Arbeitsschutzes in die betriebliche Aufbau- und Ablauforganisation (§ 3 Abs. 2 ArbSchG).

2.2 E-S-TOP-Prinzip
Ausgehend von den Regelungen des vorgreifenden, auf die Produkt- und Stoffsicherheit bezogenen Arbeitsschutzes (insbesondere ProdSG,

---

458 Vgl. Faller (Hrsg.), 2017.

ChemG in Verbindung mit dem EU-Binnenmarktrecht), der zu einer inhärenten Produkt- beziehungsweise Stoffsicherheit beziehungsweise einer Minimierung von Gefährdungen für Verbraucher einschließlich Beschäftigte beitragen soll, bestimmen die vom Arbeitgeber zu beachtenden allgemeinen Grundsätze des betrieblichen Arbeitsschutzes gemäß § 4 ArbSchG insbesondere die Pflicht zur Gefahrenbekämpfung an der Quelle (**Elemination** und **Substitution**) sowie den Vorrang von, Gefährdungen vermeidenden Maßnahmen gegenüber Gefährdungen minimierenden Maßnahmen und den Vorrang kollektiver gegenüber individuellen Maßnahmen (den Grundgedanken des **TOP-Prinzips**; s. u.). Dazu kommen inklusionsorientierte und auf Antidiskriminierung zielende Grundsätze, die in einer übergreifenden betrieblichen Präventionspolitik kohärent einzubinden sind. Mit diesen Grundsätzen wird auch der Vorrang verhältnispräventiver Maßnahmen gegenüber verhaltensbezogenen Maßnahmen festgelegt; letztere sind unmittelbar mit ersteren als deren Voraussetzung verknüpft. Diese Grundsätze beziehen sich auch auf die Aspekte einer »geeigneten Organisation« i.S. von § 3 Abs. 2 ArbSchG.

Die Prinzipien einer präventionsorientierten Rangfolge und systematischen Verknüpfung von Maßnahmen des Arbeitsschutzes des ArbSchG werden durch die Regelungen der Verordnung über Sicherheit und Gesundheitsschutz bei der **Verwendung von Arbeitsmitteln** (kurz: Betriebssicherheitsverordnung – BetrSichV) und damit ubiquitär spezifiziert. In § 4 Abs.2 BetrSichV heißt es: »*Ergibt sich aus der Gefährdungsbeurteilung, dass Gefährdungen durch technische Schutzmaßnahmen nach dem Stand der Technik nicht oder nur unzureichend vermieden werden können, hat der Arbeitgeber geeignete organisatorische und personenbezogene Schutzmaßnahmen zu treffen. Technische Schutzmaßnahmen haben Vorrang vor organisatorischen, diese haben wiederum Vorrang vor personenbezogenen Schutzmaßnahmen* [**TOP-Prinzip**]. *Die Verwendung persönlicher Schutzausrüstung ist für jeden Beschäftigten auf das erforderliche Minimum zu beschränken.*«

Personenbezogene Maßnahmen sind in Verknüpfung mit den vorrangigen technischen und organisatorischen Maßnahmen festzulegen und durchzuführen. Das in der BetrSichV bestimmte TOP-Prinzip bindet sich insofern in die in § 3 BetrSichV aufgeführten Rechtspflichten des Arbeitgebers ein, d.h. die arbeitssystembezogene Ermittlung und Bewertung von Maßnahmen sowie die Berücksichtigung ergonomischer Grundsätze und Zusammenhänge (Gebrauchstauglichkeit sowie alters- und alternsgerechte Gestaltung, sicherheitsrelevanten einschließlich der ergonomischen Zusammenhänge zwischen Arbeitsplatz, Arbeitsmittel, Arbeitsverfahren, Arbeitsorganisation, Arbeitsablauf, Arbeitszeit und Arbeitsaufgabe, physischen und psychischen Belastungen der Beschäftigten). Diese Aspekte sind gemäß § 4 Abs. 6 BetrSichV im Rahmen der Einbindung der Belange des Arbeitsschutzes in die betriebliche Organisation zu beachten, wofür die erforderlichen personellen, finanziellen und organisatorischen Voraussetzungen zu schaffen sind (vgl. 1.). Insbesondere hat der Arbeitgeber dafür zu sorgen, dass bei der Gestaltung der Arbeitsorganisation, des Arbeitsverfahrens und des Arbeitsplatzes sowie bei der Auswahl und beim Zurverfügungstellen der Arbeitsmittel alle mit der Sicherheit und Gesundheit der Beschäftigten zusammenhängenden Faktoren, einschließlich der psychischen, ausreichend berücksichtigt werden. Schließlich erfolgt in § 6 BetrSichV die Regelung grundlegender Schutzmaßnahmen, wobei die vorgenannten Aspekte im Hinblick auf ihre Festlegung und Durchführung nochmals betont werden. In Verbindung mit den Regelungen des ArbSchG gelten diese Vorgaben generell für die Gestaltung der Arbeitsbedingungen. Und zwar unter Beachtung der Kriterien für ihre menschengerechten, inklusiven sowie diskriminierungsfreien Gestaltung. Die Maßnahmen sind gemäß § 3 Abs. 1 ArbSchG beziehungsweise § 3 Abs. 7 BetrSichV kontinuierlich auf ihre Wirksamkeit zu überprüfen und an den Stand der Technik sowie sonstige gesicherte wissenschaftliche Erkenntnisse anzupassen (vgl. hierzu EmpfBS 1114). Gerade die letztere Forderung verweist auf den prozessualen, dynamischen Aspekt in Bezug auf die iterative Verknüpfung der Ebenen des TOP-Prinzips (vgl. Nr. 3.4 EmpfBS 1114).

Das E-S-TOP-Prinzip ist ohne die Einbeziehung der vorstehenden, rechtlich fixierten Arbeitgeberpflichten nicht nachvollziehbar und auch nicht umsetzbar. Die Maßnahmen sind dementsprechend **fachkundig** zu ermitteln und durchzuführen (vgl. § 3 Abs. 3 BetrSichV), d. h. mit entsprechender Beratung und Unterstützung durch entsprechend qualifizierte und erfahrene Funktionsträger, insbesondere im Rahmen der betrieblichen Arbeitsschutzorganisation gemäß ASiG und sonstiger Rechtsvorschriften (vgl. 3.1).

Unterstrichen wird der übergreifende, iterative Ansatz des E-S-TOP-Prinzips durch die Regelungen des ArbSchG (s.o.) sowie des Betriebsverfassungsgesetzes und der Personalvertretungsgesetze in Bezug auf die **Rechte der Beschäftigten beziehungsweise ihrer be-**

trieblichen Interessenvertretung (vgl. 3.2): Die konkrete Ausgestaltung und Umsetzung des E-S-TOP-Prinzips i.S. der Grundsätze gemäß § 4 ArbSchG und insbesondere gemäß § 4 Abs. 6 BetrSichV unterliegt, aufgrund ihres Charakters als Rahmenvorschriften, den Mitbestimmungsrechten des Betriebs- beziehungsweise Personalrats. Dies wird im Betriebsverfassungsgesetz ergänzt durch spezielle Beteiligungs- und Mitbestimmungsrechte in Bezug auf die Gestaltung von Arbeitsplatz, Arbeitsablauf und Arbeitsumgebung. Davon isoliert durchgeführte personenbezogene Maßnahmen, beziehungsweise in Bezug auf die Benutzung von PSA oder auf Maßnahmen der Verhaltensprävention sind geeignet, die Arbeitnehmer in besonderer Weise zu belasten und widersprechen offensichtlich den gesicherten arbeitswissenschaftlichen Erkenntnissen über die menschengerechte Gestaltung der Arbeit (vgl. § 91 BetrVG).

3. Rechtsgrundlagen der Realisierung einer »geeigneten Organisation«

Basierend auf den allgemeinen und speziellen Rechtspflichten des Arbeitgebers zur Sicherstellung einer »geeigneten Organisation« (vgl. 1.) sowie den für diese relevanten Kriterien und Prinzipien (vgl. 2.) werden im Folgenden die wesentlichen Aspekte ihrer Realisierung dargestellt: Arbeitsschutzorganisation (3.1), Beteiligung und Mitbestimmung (3.2), Arbeitsschutzmanagement (3.3) sowie der Bezug zur Organisationsentwicklung und zum Management (3.4).

3.1 Arbeitsschutzorganisation

Im Hinblick auf die Sicherstellung einer »geeigneten Organisation« i. S. von § 3 Abs. 2 ArbSchG werden beratende und unterstützende Aufgaben im Rahmen der öffentlich-rechtliche vorgeschriebenen, speziellen Arbeitsschutzorganisation nach ASiG i. V. mit UVV DGUV Vorschrift 2 sowie SGB VII / DGUV Vorschrift 1 insbesondere durch die vom Arbeitgeber zu bestellenden Betriebsärzte und Fachkräfte für Arbeitssicherheit sowie Sicherheitsbeauftragten wahrgenommen (vgl. auch § 10 ArbSchG zu weiteren Funktionen in Bezug auf Erste Hilfe, Brandschutz und Evakuierung). Die entsprechenden Bedarfe sind vom Arbeitgeber auf Grundlage der genannten Vorschriften und weiterer spezifischen fachkundlichen Anforderungen (vgl. z. B. § 3 Abs. 3 BetrSichV) sowie der Beurteilung der Arbeitsbedingungen beziehungsweise Gefährdungsbeurteilung (§§ 5, 6 ArbSchG) zu ermitteln, ggfls. auch mit dem Ergebnis der Feststellung erweiterter Anforderungen.

3.2 Beteiligung und Mitbestimmung

Hinsichtlich der Sicherstellung einer »geeigneten Organisation« i. S. von § 3 Abs. 2 ArbSchG ist ergänzend zu den Pflichten des Arbeitgebers zum einen auf die **Pflichten und Rechte der Beschäftigten** hinzuweisen: Sie ergeben sich insbesondere aus §§ 14, 15 und 16 sowie 17 ArbSchG und, für Arbeitnehmer i.s. des Betriebsverfassungsgesetzes, aus §§ 81 ff. BetrVG. Zudem entsteht bei allen Regelungen im Vorschriften- und Regelwerk, die geeignet sind, den Gegenstand einer vertraglichen Vereinbarung zu bilden, ein Erfüllungsanspruch der Beschäftigten gemäß § 618 Abs. 1 Bürgerliches Gesetzbuch (BGB). Dadurch besteht für Beschäftigte eine arbeitsgerichtlich durchsetzbare, individualrechtliche Anspruchsgrundlage, wie sie das Bundesarbeitsgericht (BAG) u.a. im Hinblick auf die Beurteilung der Arbeitsbedingungen nach § 5 ArbSchG anerkannt hat.

Zum anderen, und von den individuellen Pflichten und Rechten der Beschäftigten unabhängig, ergeben sich die allgemeinen Aufgaben und Rechte der gemäß BetrVG beziehungsweise der PersVG von den Arbeitnehmern gewählten betrieblichen Interessenvertretungen (**Betriebs- beziehungsweise Personalrat**) hinsichtlich der Sicherstellung einer »geeigneten Organisation« ergeben sich nicht unmittelbar aus den öffentlich-rechtlichen Arbeitsschutzvorschriften, sondern aus ebendiesen privat- und kollektivrechtlichen Vorschriften:

- Betriebs- beziehungsweise Personalrat haben die Einhaltung des öffentlich-rechtlichen Vorschriften- und Regelwerks des Arbeitsschutzes im Interesse der Beschäftigten zu überwachen und sich für seine Durchführung einzusetzen (vgl. §§ 80 Abs. 1 Nr. 1, 89 ff. BetrVG beziehungsweise analoge Regelungen in den PersVG).
- Zur Wahrnehmung seiner Überwachungsaufgabe, wie auch der Beteiligungsrechte nach dem BetrVG beziehungsweise nach den PersVG, muss der Arbeitgeber den Betriebs- beziehungsweise Personalrat im Hinblick über die betriebliche Situation und Entwicklung von Sicherheit und Gesundheitsschutz der Beschäftigten rechtzeitig und umfassend unterrichten sowie ihm auf deren Verlangen die zur Durchführung dieser Aufgabe erforderlichen Unterlagen zur Verfügung stellen (vgl. § 80 Abs. 2 BetrVG beziehungsweise analoge Regelungen in den PersVG).

- Zur Erfüllung seiner Aufgaben kann der Betriebsrat grundsätzlich auch interne oder externe Sachverständige hinzuziehen; hierzu liegt eine konkretisierende Rechtsprechung vor (vgl. § 80 Abs. 3 BetrVG sowie vergleichbare Regelungen in den PersVG).

- Bereits im Planungsstadium ist der Betriebsrat über die Gestaltung von Betriebsstätten, technischen Anlagen, Arbeitsmitteln, Arbeitsverfahren und Arbeitsabläufen (einschließlich des Einsatzes von Künstlicher Intelligenz) oder Arbeitsplätzen rechtzeitig zu unterrichten (vgl. § 90 Abs. 1 BetrVG); dies schließt die Gestaltung der Arbeitsorganisation mit ein. Der Betriebsrat hat damit verbunden den Anspruch auf eine entsprechende Beratung mit dem Arbeitgeber (vgl. § 90 Abs. 2 BetrVG). Diese Beratung muss so rechtzeitig erfolgen, dass Vorschläge und Bedenken des Betriebsrats bei der Planung berücksichtigt werden können (vgl. § 90 Abs. 2 Satz 1 BetrVG). Arbeitgeber und Betriebsrat haben bei ihren Beratungen auch die gesicherten arbeitswissenschaftlichen Erkenntnisse über die menschengerechte Gestaltung der Arbeit zu berücksichtigen (vgl. § 90 Abs. 2 Satz 2 BetrVG).

- Die materiellen Regelungen im öffentlich-rechtlichem Vorschriften- und Regelwerk des Arbeitsschutzes sind überwiegend Rahmenvorschriften i.S. von § 87 Abs. 1 Nr. 7 BetrVG beziehungsweise i.S. analoger Regelungen in den PersVG. In Bezug die sich auf diese Vorschriften beziehenden Entscheidungen des Arbeitgebers besteht daher grundsätzlich ein Mitbestimmungsrecht des Betriebsrats wie auch des Personalrats, einschließlich eines Initiativrechts. Lässt das Vorschriften- und Regelwerk offen, welche konkreten Maßnahmen festgelegt werden sollen, bestimmt diese der Arbeitgeber und löst damit die Mitbestimmungsmöglichkeit für den Betriebsrat aus. Der Betriebsrat kann auch weitergehende Maßnahmen als die bereits vom Arbeitgeber ergriffenen verlangen: Ob er diese dann im Streitfall in einer betrieblichen Einigungsstelle durchsetzen kann, wenn z.b. die Anforderungen einer staatlichen Regel (TRBS, ASR, MuSchR etc.) bereits erfüllt sind, spielt für die Entscheidung keine Rolle. Ausgeschlossen wäre das Mitbestimmungsrecht nur dann, wenn es bereits eine mitbestimmte Regelung im Betrieb gäbe. Zudem greift das Mitbestimmungsrecht nicht erst bei einer objektiven Gefahrenlage, sondern bereits im Falle der Ermittlung von Gefährdungen des Lebens beziehungsweise der physischen und psychischen Gesundheit der

Beschäftigten[459]. Neben dem spezifischen Mitbestimmungsrecht nach § 87 Abs. 1 Nr. 7 BetrVG ist in Bezug auf die Arbeitsorganisation insbesondere auf die weiteren Mitbestimmungsrechte hinzuweisen: bei Einführung und Anwendung von technischen Einrichtungen, die dazu bestimmt sind, das Verhalten oder die Leistung der Arbeitnehmer zu überwachen (Nr. 6), zu Grundsätzen über die Durchführung von (autonomer/teilautonomer) Gruppenarbeit (Nr. 13) sowie bei Ausgestaltung von mobiler Arbeit, die mittels Informations- und Kommunikationstechnik erbracht wird (Nr. 14).

3.3 Arbeitsschutzmanagementsysteme

Arbeitsschutzmanagementsysteme (AMS), und ergänzend das betriebliche Gesundheitsmanagement (BGM; vgl. § 20b SGB V), können, der Intention nach, grundsätzlich dazu beitragen, die Einbindung der Kriterien und Prinzipien für eine »geeignete Organisation« gemäß § 3 Abs. 2 ArbSchG (vgl. Nr. 2) sowie das Compliance des Arbeitgebers (vgl. Nr. 1) zu unterstützen. Der grundsätzliche Ansatz dafür ist bereits in den verbindlichen Regelungen des ArbSchG enthalten (insbesondere §§ 3, 4, 5 und 6 ArbSchG).

Unverbindliche Anforderungen für AMS, und implizit auch für BGM, ergeben sich aus dem »Gemeinsamen Standpunkt zu Arbeitsschutzmanagementsystemen« (BMA, 1997), den »Eckpunkten zur Entwicklung und Bewertung von Konzepten für Arbeitsschutzmanagementsysteme« (BMA, 1999), dem »Nationalen Leitfaden für Arbeitsschutzmanagementsysteme« (BAuA, 2003) sowie – soweit damit kompatibel – aus der privatrechtlichen Norm DIN ISO 45001:2018 »Anforderungen an Arbeitsschutz- & Gesundheitsschutz-Managementsysteme in Unternehmen«. Die Anforderungen beziehen sich im Kern auf die folgenden Elemente beziehungsweise Teilelemente des Arbeitsschutzmanagements: Politik (Leitbild und Ziele), Organisation (Kooperation, Kommunikation, Qualifizierung, Mitbestimmung), Planung und Umsetzung (Prozessbetrachtung, Ermittlung und Beurteilung, Festlegung und Durchführung von Maßnahmen), Messung und Bewertung (Überwachung, Audit), Änderung und Verbesserung (kontinuierliche Verbesserung).

---

459 Vgl. Pieper, 2022, arbeitsschutzbezogene Kommentierung zum, BetrVG und BPersVG.

3.4 Organisationsentwicklung, Management und Arbeitsschutz

Die Anforderungen zur Sicherstellung einer »geeigneten Organisation« i. S. von § 3 Abs. 2 ArbSchG sind zwingend in die jeweilige betriebliche Organisationsentwicklung beziehungsweise in das Management systematisch und nachhaltig einzubinden (vgl. die exemplarische Synopse zu Kriterien und Anforderungen in Tabelle 1). Dabei ist der Dynamik der Organisationsentwicklung durch Wirksamkeitsüberprüfungen und Anpassung sowie kontinuierliche Verbesserung der Maßnahmen des Arbeitsschutzes Rechnung zu tragen, sofern Sicherheit und Gesundheitsschutz einschließlich der menschengerechten Gestaltung der Arbeit davon beeinflusst werden[460]:

Literatur

Faller, G. (Hrsg.): Lehrbuch Betriebliche Gesundheitsförderung, 2. Auflage, 2017

Komus/Kamlowski: »Gemeinsamkeiten und Unterschiede von Lean Management und agilen Methoden«; Working Paper des BPM-Labors Hochschule Koblenz; Version 1.0 vom 6.5.2014 (www.hs-koblenz.de/fileadmin/media/fb_wirtschaftswissenschaften/ Forschung_Projekte/Forschungsprojekte/BPM-Labor/BPM-Lab-WP-Lean-vs-Agile-v1.0.pdf; Zugriff am 05.10.2021)

Pieper, R.: ArbSchR. Arbeitsschutzrecht. 7. Auflage, 2022

Schlick/Bruder/Luczak: Arbeitswissenschaft, 4. Auflage, 2018

---

460 Vgl. Komus/Kamlowski; 2014, modifiziert.

Kriterien und Anforderungen

Organisationsentwicklung und Management	Sicherheit und Gesundheitsschutz bei der Arbeit (beispielhaft)
Kundenorientierung	Beschäftigtenorientierung, Beteiligung und Mitbestimmung (Betriebsverfassung und Personalvertretung)
Eigenverantwortung	Arbeitgeberverantwortung und Delegation; Rechte und Pflichten der Beschäftigten Beurteilung der Arbeitsbedingungen und Maßnahmen des Arbeitsschutzes; geeignete Anweisungen, Unterweisung, Berücksichtigung der arbeitsschutzbezogenen Befähigung der Beschäftigten
Zielvereinbarungen Arbeits-/Projektgruppen	Integration von Sicherheit und Gesundheitsschutz im Hinblick auf eine geeignete Organisation. Bildung übergreifender und koordinierender Gruppen beziehungsweise Gremien (z.B. Arbeitsschutzausschuss, Gesundheitszirkel) Realisierung von Konzepten (teil-) autonomer Gruppenarbeit und vergleichbarer Arbeitsformen
Kurze, planbare Intervalle Fließende Prozesse Verschwendung vermeiden / verringern Produktionsnivellierung	Sicherstellung einer »geeigneten Organisation«, insbesondere Integration des Arbeitsschutzes in die Management- und Kernprozesse sowie Sicherstellung der Ressourcen im Hinblick auf die Ermittlung, Festlegung und Durchführung von Maßnahmen des Arbeitsschutzes
Reflexion	Förderung der arbeitsschutzbezogene Befähigung und Qualifizierung, Wirksamkeitsüberprüfung der Maßnahmen, Sicherheits- und Funktionsprüfungen
Ständige Verbesserung	Kontinuierliche Verbesserung von Sicherheit und Gesundheitsschutz

Tabelle 1: Organisationsentwicklung, Management und Arbeitsschutz –
Exemplarische Synopse

Stichwortverzeichnis

Abbildungsverzeichnis

Der Autor

Hermann Bueren ist gelernter Tief-
drucker, war sieben Jahre Betriebsrat und hat Arbeits-und Industriesoziologie studiert. Von 2002 bis
2020 war er Geschäftsführer bei
Arbeit und Leben DGB/VHS e. V.
im Kreis Herford, seitdem in Rente.